高职高专工科类规划教材
浙江省重点建设教材

工科高等数学

（第二版）

主　编　陈沛森
副主编　金慧萍　吴金勇　潘　媛　张胜兵

ZHEJIANG UNIVERSITY PRESS
浙江大学出版社

图书在版编目（CIP）数据

工科高等数学/陈沛森主编. —杭州:浙江大学
出版社,2011.6(2024.6 重印)
ISBN 978-7-308-08796-4

Ⅰ.①工… Ⅱ.①陈… Ⅲ.①高等数学－高等学校－
教材 Ⅳ.①O13

中国版本图书馆 CIP 数据核字（2011）第 119839 号

工科高等数学

陈沛森　主编

责任编辑	石国华
封面设计	刘依群
出版发行	浙江大学出版社
	（杭州市天目山路 148 号　邮政编码 310007）
	（网址:http://www.zjupress.com）
排　　版	杭州星云光电图文制作有限公司
印　　刷	广东虎彩云印刷有限公司绍兴分公司
开　　本	787mm×1092mm　1/16
印　　张	17
字　　数	435 千
版 印 次	2013 年 12 月第 2 版　2024 年 6 月第 9 次印刷
书　　号	ISBN 978-7-308-08796-4
定　　价	45.00 元

前　言

　　《工科高等数学》是浙江省重点建设教材,是作者长期为高职高专工科类学生讲授"高等数学"课的经验总结。

　　本教材共分为十一章,包括函数、极限及连续;导数与微分;微分学的应用;不定积分;定积分及其应用;微分方程及其应用;向量与空间解析几何;多元函数的微分学;无穷级数;傅里叶级数;MATLAB数学实验简介。每章后都配有本章小结,供读者复习用。每章节后也配有相应的练习,供读者巩固所学知识。本教材还试图做到:

　　1.理论知识,够用为度,注重知识的传授,淡化理论推理。一方面不失知识的系统性和连贯性,另一方面对一些重要但纯粹是理论性的定理和性质仅仅给予叙述而不一一论证。

　　2.知识处理上,实用为主。为避免因一些数学概念和内容的抽象枯燥而影响读者的学习兴趣,该教材力图遵循"问题引入→产生数学→解决问题"的思路。在不影响整体的前提下,本书第一章后面也介绍了极限概念的精确描述,这为一部分数学功底好的学生深入理解极限这一重要概念提供了帮助。

　　3.例子的选择,体现针对性和应用性。该书是工科类学生专用的,因此在例子的选择时,尽量把与工科类专业联系紧密的具体例子呈现给读者,便于激发学习热情。

　　另外,本教材的每一章开始都有部分数学家的故事介绍。每个数学家的故事都是一部数学史,通过阅读它们,可培养读者热爱数学的热情,同时得到良好意忑品质的熏陶。在最后一章,引入数学软件,用以解决繁琐的计算和作图,为今后读者提高解决具体问题的效率作一准备。

　　参加本教材编写工作的有陈沛森、金慧萍、吴金勇、潘媛、张胜兵等,陈沛森负责第一、二、三和四章的编写;金慧萍负责第六、七章;吴金勇负责第八、十一章;潘媛负责第九、十章;张胜兵负责第五章。

　　全书由陈沛森负责审稿。

　　限于编者水平,同时编写时间也较仓促,书中难免存在不妥之处,希望读者批评指正。

编　者

目　　录

第 1 章　函数、极限与连续 ·· 1

　　阅读材料：数学王子高斯(Gauss) ································· 1

　1.1　预备知识 ··· 2

　　　1.1.1　实　数 ··· 2

　　　1.1.2　三角公式或三角恒等式 ································ 5

　　　1.1.3　行列式 ··· 6

　1.2　函　数 ·· 8

　　　1.2.1　函数的概念及基本性质 ································ 8

　　　1.2.2　初等函数 ··· 11

　　　1.2.3　非初等函数举例 ·· 15

　　　习题 1.2 ·· 16

　1.3　数列的极限与函数的极限 ······································ 17

　　　1.3.1　中国古代数学家的极限思想 ··························· 17

　　　1.3.2　数列的极限 ·· 18

　　　1.3.3　函数的极限 ·· 19

　　　习题 1.3 ·· 22

　1.4　极限的运算 ··· 22

　　　1.4.1　极限的四则运算 ·· 22

　　　1.4.2　两个重要极限 ·· 25

　　　习题 1.4 ·· 29

　1.5　无穷小量与无穷大量 ·· 29

　　　1.5.1　无穷小量 ··· 30

　　　1.5.2　无穷大量 ··· 30

　　　1.5.3　无穷小量阶的比较 ······································ 31

　　　习题 1.5 ·· 31

　1.6　函数的连续性 ··· 31

　　　1.6.1　函数 $y=f(x)$ 在 $x=x_0$ 处的连续与间断 ·········· 32

　　　1.6.2　函数 $y=f(x)$ 在区间上的连续及性质 ·············· 33

　　　1.6.3　闭区间上连续函数的性质 ····························· 34

　　　习题 1.6 ·· 35

1.7 极限(续) …………………………………………………………………… 35

本章小结 ……………………………………………………………………… 40

综合练习 ……………………………………………………………………… 42

第2章 导数与微分 …………………………………………………………… 44
  阅读材料:最早提出导数思想的人——费马(Fermat) …………………… 44
  2.1 导数的概念 …………………………………………………………… 45
    2.1.1 问题的引入 …………………………………………………… 45
    2.1.2 导数的定义 …………………………………………………… 46
    2.1.3 导数的几何意义 ……………………………………………… 47
    2.1.4 左、右导数 …………………………………………………… 47
    2.1.5 函数的可导与连续的关系 …………………………………… 48
    习题 2.1 …………………………………………………………… 48
  2.2 导数的基本公式与求导法则 ………………………………………… 49
    2.2.1 导数的基本公式 ……………………………………………… 49
    2.2.2 导数的四则运算法则 ………………………………………… 50
    2.2.3 复合函数的求导法则 ………………………………………… 51
    2.2.4 两种求导方法 ………………………………………………… 53
    2.2.5 高阶导数 ……………………………………………………… 55
    习题 2.2 …………………………………………………………… 56
  2.3 函数的微分 …………………………………………………………… 57
    2.3.1 问题的引入 …………………………………………………… 57
    2.3.2 微分的定义 …………………………………………………… 58
    2.3.3 微分的几何意义 ……………………………………………… 59
    2.3.4 微分在近似计算中的应用 …………………………………… 59
    2.3.5 微分基本公式和微分的运算法则 …………………………… 60
    习题 2.3 …………………………………………………………… 61
  本章小结 ………………………………………………………………… 62
  综合练习 ………………………………………………………………… 63

第3章 导数的应用 …………………………………………………………… 66
  阅读材料:法国最有成就的数学家——拉格朗日(Lagrange) …………… 66
  3.1 微分中值定理与函数的单调性 ……………………………………… 66
    3.1.1 罗尔(Rolle)定理 …………………………………………… 67
    3.1.2 拉格朗日(Lagrange)中值定理 …………………………… 67
    3.1.3 拉格朗日中值定理的两个重要推论 ………………………… 68
    3.1.4 函数的单调性 ………………………………………………… 68
    习题 3.1 …………………………………………………………… 70

3.2 函数的极值与最值 ………………………………………………………… 70

    3.2.1 函数的极值 ………………………………………………………… 70

    3.2.2 函数的最大值和最小值 …………………………………………… 72

    3.2.3 极值理论在工科中的应用举例 …………………………………… 73

    习题 3.2 ………………………………………………………………… 73

3.3 洛必达法则 ……………………………………………………………… 74

    3.3.1 $\lim\limits_{\substack{x \to x_0 \\ (x \to \infty)}} \dfrac{f(x)}{g(x)}$ 为 $\dfrac{0}{0}$ 型 ……………………………………… 74

    3.3.2 $\lim\limits_{\substack{x \to x_0 \\ (x \to \infty)}} \dfrac{f(x)}{g(x)}$ 为 $\dfrac{\infty}{\infty}$ 型 ……………………………………… 75

    *3.3.3 其他未定型 ……………………………………………………… 76

    习题 3.3 ………………………………………………………………… 77

3.4 曲线的凸性与拐点 ……………………………………………………… 78

    3.4.1 曲线的凸性及其判别法 …………………………………………… 78

    3.4.2 拐点及其求法 ……………………………………………………… 79

    3.4.3 曲线的渐近线 ……………………………………………………… 79

    3.4.4 函数图像的描绘 …………………………………………………… 80

    习题 3.4 ………………………………………………………………… 81

本章小结 ……………………………………………………………………… 82

综合练习 ……………………………………………………………………… 82

第 4 章 不定积分 ……………………………………………………………… 85

  阅读材料:微积分创立的优先权 ……………………………………………… 85

4.1 不定积分的概念 ………………………………………………………… 86

    4.1.1 原函数 ……………………………………………………………… 86

    4.1.2 不定积分的概念 …………………………………………………… 86

    4.1.3 不定积分的几何意义 ……………………………………………… 87

    习题 4.1 ………………………………………………………………… 87

4.2 不定积分的性质及基本积分表 ………………………………………… 88

    4.2.1 不定积分的性质 …………………………………………………… 88

    4.2.2 基本积分表 ………………………………………………………… 89

    习题 4.2 ………………………………………………………………… 90

4.3 换元积分法 ……………………………………………………………… 90

    4.3.1 第一类换元积分法(凑微分法) …………………………………… 90

    4.3.2 第二类换元积分法 ………………………………………………… 93

    习题 4.3 ………………………………………………………………… 95

4.4 分部积分法 ……………………………………………………………… 95

    习题 4.4 ………………………………………………………………… 97

4.5　有理函数的积分举例 ……………………………………………………… 98

　　习题 4.5 …………………………………………………………………………… 98

本章小结 ………………………………………………………………………………… 99

综合练习 ……………………………………………………………………………… 100

第 5 章　定积分及其应用 ……………………………………………………… 102

5.1　定积分的概念与性质 …………………………………………………………… 102

　　5.1.1　生活中不均匀、不规则整体量的计算 ………………………………… 102

　　5.1.2　定积分的概念 ………………………………………………………… 103

　　5.1.3　定积分的几何意义和物理意义 ………………………………………… 104

　　5.1.4　定积分的性质 ………………………………………………………… 105

　　习题 5.1 ………………………………………………………………………… 106

5.2　微积分的基本定理 …………………………………………………………… 106

　　5.2.1　变动上限积分与原函数存在定理 ……………………………………… 106

　　5.2.2　牛顿—莱布尼兹公式 …………………………………………………… 107

　　习题 5.2 ………………………………………………………………………… 109

*5.3　定积分的换元积分法与分部积分法 ………………………………………… 110

　　5.3.1　定积分的换元积分法 …………………………………………………… 110

　　5.3.2　定积分的分部积分法 …………………………………………………… 111

　　5.3.3　无穷限的广义积分——无穷积分 ……………………………………… 112

　　习题 5.3 ………………………………………………………………………… 113

5.4　定积分的应用 ………………………………………………………………… 113

　　*5.4.1　定积分应用的微元法 ………………………………………………… 114

　　5.4.2　定积分的几何应用 ……………………………………………………… 115

　　5.4.3　定积分在物理学中的应用举例 ………………………………………… 117

　　习题 5.4 ………………………………………………………………………… 121

本章小结 …………………………………………………………………………… 121

综合练习 …………………………………………………………………………… 122

第 6 章　微分方程及其应用 ……………………………………………………… 124

阅读材料:世界数学史上伟大的数学家欧拉(Euler) …………………………… 124

6.1　微分方程的基本概念 ………………………………………………………… 126

　　习题 6.1 ………………………………………………………………………… 128

6.2　一阶微分方程 ………………………………………………………………… 128

　　6.2.1　可分离变量的微分方程 ……………………………………………… 128

　　*6.2.2　齐次型的微分方程 …………………………………………………… 130

　　6.2.3　一阶线性微分方程 …………………………………………………… 132

　　习题 6.2 ………………………………………………………………………… 134

6.3 二阶微分方程 ……………………………………………… 135

  *6.3.1 可降阶的二阶微分方程 ……………………………… 135

  6.3.2 二阶常系数线性微分方程 …………………………… 136

  习题 6.3 ……………………………………………………… 141

6.4 微分方程的应用举例 …………………………………… 142

  习题 6.4 ……………………………………………………… 146

本章小结 ………………………………………………………… 146

综合练习 ………………………………………………………… 148

第 7 章 向量与空间解析几何 ……………………………… 150

阅读材料:解析几何的创始人笛卡尔(Rene Descartes) … 150

7.1 空间直角坐标系与向量的概念 ……………………… 151

  7.1.1 空间直角坐标系 ……………………………………… 151

  7.1.2 向量的基本概念及坐标表示 ……………………… 153

  习题 7.1 ……………………………………………………… 154

7.2 向量的运算 ……………………………………………… 155

  7.2.1 向量的线性运算 …………………………………… 155

  7.2.2 功·向量的数量积 …………………………………… 158

  7.2.3 力矩·向量的向量积 ……………………………… 160

  习题 7.2 ……………………………………………………… 161

*7.3 平面与直线 ……………………………………………… 162

  7.3.1 平面的方程 ………………………………………… 162

  7.3.2 直线的方程 ………………………………………… 164

  7.3.3 直线与平面的位置关系 …………………………… 166

  习题 7.3 ……………………………………………………… 167

*7.4 曲面与空间曲线 ………………………………………… 167

  7.4.1 曲面与空间曲线的概念 …………………………… 167

  7.4.2 常见的曲面和空间曲线 …………………………… 168

  习题 7.4 ……………………………………………………… 172

本章小结 ………………………………………………………… 172

综合练习 ………………………………………………………… 174

第 8 章 多元函数的微积分学 ……………………………… 177

阅读材料:第三次数学危机——罗素悖论 …………………… 177

8.1 多元函数的概念 ………………………………………… 177

  8.1.1 二元函数的概念 …………………………………… 177

  8.1.2 二元函数的极限与连续 …………………………… 179

  习题 8.1 ……………………………………………………… 180

8.2 多元函数的偏导数与全微分 ……………………………………………… 180
  8.2.1 多元函数的偏导数 ……………………………………………… 180
  8.2.2 多元函数的全微分及其在近似计算中的应用举例 …………… 182
  8.2.3 多元函数的高阶偏导数 ………………………………………… 183
  习题 8.2 …………………………………………………………………… 184
8.3 多元函数的复合函数偏导数 …………………………………………… 185
  8.3.1 中间变量是一元函数的情况 …………………………………… 185
  8.3.2 中间变量是多元函数的情况 …………………………………… 186
  习题 8.3 …………………………………………………………………… 187
8.4 多元函数的极值 ………………………………………………………… 187
  8.4.1 二元函数的极值 ………………………………………………… 187
  8.4.2 二元函数的最大(小)值 ……………………………………… 188
  *8.4.3 条件极值——拉格朗日乘数法 ………………………………… 189
  习题 8.4 …………………………………………………………………… 190
*8.5 二重积分的概念和计算 ………………………………………………… 190
  8.5.1 二重积分的概念和性质 ………………………………………… 190
  8.5.2 二重积分的计算 ………………………………………………… 192
本章小结 ……………………………………………………………………… 195
综合练习 ……………………………………………………………………… 196

第9章 无穷级数 ……………………………………………………………… 198
阅读材料:英国数学家泰勒(Taylor) ……………………………………… 198
9.1 常数项级数 ……………………………………………………………… 199
  9.1.1 常数项级数的概念 ……………………………………………… 199
  9.1.2 正项级数收敛性判别法 ………………………………………… 202
  9.1.3 任意项级数、绝对收敛和条件收敛 …………………………… 205
  习题 9.1 …………………………………………………………………… 206
9.2 幂级数 …………………………………………………………………… 208
  9.2.1 幂级数的概念与性质 …………………………………………… 209
  9.2.2 函数的幂级数展开 ……………………………………………… 211
  习题 9.2 …………………………………………………………………… 214
9.3 级数在近似计算中的应用举例 ………………………………………… 215
  习题 9.3 …………………………………………………………………… 216
本章小结 ……………………………………………………………………… 217
综合练习 ……………………………………………………………………… 218

第10章 傅里叶级数 ………………………………………………………… 221
10.1 傅里叶级数 …………………………………………………………… 221

10.1.1 三角级数、正交函数系 ············ 221

10.1.2 傅里叶级数 ············ 222

10.1.3 收敛定理 ············ 223

10.1.4 正弦级数和余弦级数 ············ 227

10.2 以 $2l$ 为周期的函数的傅里叶级数 ············ 229

10.2.1 以 $2l$ 为周期的函数的傅里叶级数 ············ 229

*10.2.2 傅里叶级数的复数形式 ············ 231

*10.3 傅里叶变换 ············ 232

10.3.1 傅里叶变换的概念 ············ 233

10.3.2 傅里叶变换的一些性质 ············ 234

*10.4 拉普拉斯变换 ············ 235

10.4.1 拉普拉斯变换的概念 ············ 236

10.4.2 拉普拉斯变换的存在定理 ············ 237

10.4.3 拉普拉斯变换的性质 ············ 237

综合练习 ············ 238

第 11 章 MATLAB 数学软件简介 ············ 240

11.1 MATLAB 基础知识 ············ 240

11.1.1 数学软件基本知识介绍 ············ 240

11.1.2 MATLAB 常用函数与计算 ············ 242

11.2 用 MATLAB 软件解方程、求极限、导数、积分、微分方程 ············ 243

11.2.1 解方程 ············ 243

11.2.2 求极限 ············ 243

11.2.3 求导数 ············ 244

11.2.4 求积分 ············ 245

11.2.5 解微分方程 ············ 245

11.3 向量、矩阵及其运算 ············ 246

11.3.1 向量的表示与运算 ············ 246

11.3.2 矩阵的表示及运算 ············ 248

11.3.3 解线性方程组 ············ 249

11.4 MATLAB 图像处理 ············ 250

11.4.1 二维图像 ············ 251

11.4.2 三维图像 ············ 255

11.5 优化工具箱简介 ············ 256

11.5.1 无约束最小值 ············ 256

11.5.2 线性规划 ············ 257

综合练习 ············ 259

第 1 章　函数、极限与连续

　　初等数学的研究对象基本上是不变的量,即通常所讲的常量,而高等数学研究的主要对象是变量及变量之间的关系即函数.函数是高等数学最基本的概念之一,本章从讨论函数的概念开始,通过对一般函数特性的概括,引入初等函数,为学习"高等数学"打下基础.

　　极限、连续的概念也是高等数学的最基本概念.在高等数学里,极限方法是深入研究函数和解决各种问题的基本思想方法,微积分学中的其他重要概念如导数、定积分等都是用极限来表述的.为了便于理解和掌握极限概念,我们从讨论一种最简单的情形 —— 数列的极限入手,进而讨论函数的极限.函数的连续性与函数的极限密切相关,在本章里我们将介绍函数的连续性概念及连续函数的一些重要性质.

　　在高等数学中,函数的自变量和因变量都取实数,所以研究函数离不开实数,这里我们将对实数及实数集(如区间、邻域等)作一简单介绍.鉴于初学者在学习本课程前所掌握的初等数学知只的差异,我们将适当地介绍或复习初等数学中的一些重要结果和公式,供学习者选用.同时为让初学者对数学王国史有一定的了解,我们在每章开头或结尾部分会插入一些数学历史上著名数学家的简介,以增加学习者对数学尤其是高等数学历史的了解,增强学习兴趣与爱好.

阅读材料　►READ　数学王子高斯(Gauss)

　　高斯(Johann Carl Friedrich Gauss)(1777—1855),德国著名数学家、物理学家、天文学家、大地测量学家,生于不伦瑞克,卒于哥廷根.

　　高斯出生于德国的一个农民家庭,他的母亲是一个贫穷石匠的女儿,虽然十分聪明,但却没有接受过教育.在她成为高斯父亲的第二个妻子之前,她从事女佣工作.他的父亲曾做过园丁、工头、商人的助手和一个小保险公司的评估师.

　　在古今中外的著名数学家当中,像高斯那样从小就具有高度数学才华的,恐怕极为少见.他从小就酷爱数学,据说在他还不满三岁的时候,有一天,他观看父亲算账,计算结束后,父亲念出了钱数准备写下时,身边传来细小的声音:"爸爸,算错了,总数应该是 ……".父亲惊讶不止,复算结果,发现孩子的答案是正确的.高斯读小学的时候,有一次,老师出了一道难题,要他们从 1 加起,加 2,加 3,加 4,… 一直加到 100,满以为这下准能把学生们难住.没想到高斯一会儿就算了出来,老师一看,答数是5050,一点不错,大吃一惊.高斯是这样算的:1 与 100、2 与 99、3 与 98、… 每一对的和都是101,而 100 以内这样的数共有 50 对,$101 \times 50 = 5050$,他的这种计算方法,代数上称为等差级数求和公式.那时高斯才 9 岁.

　　高斯对数学的兴趣越来越浓,数学上的定理、公式和求证方法一个又一个地被他发现和证实.11 岁时,他发现了 $(x+y)^n$ 的展开式.17 岁时,他发现了数论中的二次互反律.18 岁时,

高斯又有了堪称数学史上最惊人的发现,他用代数方法解决两千年来的几何难题,而且找到了只使用直尺和圆规作圆内接正 17 边形的方法,也称 17 边形直尺圆规画法.为了纪念他少年时的这一最重要的发现,高斯表示希望死后在他的墓碑上能刻上一个正 17 边形.21 岁时,高斯又证明了一个重要的定理:任何一元代数方程都有一个根,这一结果数学上称为"代数基本定理",也被称做"高斯定理".23 岁时,高斯出版了他的《算术论文集》,并开始研究天文,解决了测量星球椭圆轨道的方法,也称椭圆函数.

高斯所取得的成就,一方面来自天赋,一方面来自勤奋.他家里很穷,冬天,爸爸为了节省灯油,吃完晚饭就要他上床睡觉,高斯自己做了个油灯,在微弱的灯光下全神贯注地读书到深夜.15 岁时,他就读了牛顿、欧拉、拉格朗日等著名数学家的数学著作,并熟练地掌握了微积分理论.高斯的成功,不是天上掉下来的,而是刻苦学习得来的.他把科学研究工作看得高于一切.妻子病重时,高斯正在钻研一个深奥的数学问题,仆人几次来叫他:"如果您不马上过去,就不能见她最后一面了!"高斯却说:"叫她等一下,等到我过去".直到他把手头的研究告一段落,这才匆匆跑去看望妻子.

高斯就是这样,天资聪明,更勤奋好学,终于成为著名的数学家,被誉为"数学王子".高斯不仅被公认为是 19 世纪最伟大的数学家,并且与阿基米德、牛顿并称为历史上三个最伟大的数学家.现在阿基米德和牛顿的名字早已进入了中学的教科书,他们的工作或多或少成为大众的常识,而高斯和他的数学仍遥不可及甚至于在大学的基础课程中也不出现.但高斯的肖像画却赫然印在 10 马克——流通最广泛的德国纸币上,相应地出现在美元和英镑上的分别是乔治·华盛顿和伊丽莎白二世.

高斯不仅是数学家,还是那个时代最伟大的物理学家和天文学家之一.在物理学方面,高斯最引人注目的成就是在 1833 年和物理学家韦伯发明了有线电报,这使高斯的声望超出了学术圈而进入公众社会.除此以外,高斯在力学、测地学、水工学、电动学、磁学和光学等方面均有杰出的贡献.即使是数学方面,我们谈到的也只是他年轻时候在数论邻域里所做的一小部分工作,在他漫长的一生中,他几乎在数学的每个邻域都有开创性的工作.例如,在他发表了《曲面论上的一般研究》之后大约一个世纪,爱因斯坦评论说:"高斯对于近代物理学的发展,尤其是对于相对论的数学基础所作的贡献(指曲面论),其重要性是超越一切,无与伦比的".

高斯 22 岁获博士学位,25 岁当选圣彼得堡科学院外籍院士,30 岁任哥廷根大学数学教授兼天文台台长.虽说高斯不喜欢浮华荣耀,但在他成名后的五十年间,这些东西就像雨点似的落在他身上,几乎整个欧洲都卷入了这场授奖的风潮,他一生共获得 75 种形形色色的荣誉,包括 1818 年英王乔治三世赐封的"参议员",1845 年又被赐封为"首席参议员".高斯的两次婚姻也都非常幸福,第一个妻子死于难产后,不到十个月,高斯又娶了第二个妻子.高斯于 1855 年 2 月 23 日凌晨 1 点在哥廷根去世,享年 78 岁.

1.1　预备知识

1.1.1　实　　数

1. 集合

集合是数学中一个基本的概念,我们可通过例子来理解它.某一个教室里的学生构成一个集合;太阳及围绕太阳运动的星体构成集合,称为太阳系;所有有理数或全体实数也分别构成

集合 我们通常称为有理数集或实数集,等等.一般地,集合(简称集)即具某种属性的事物的全体.集合一般用大写字母 $A,B,C,\cdots$ 来记,而组成这个集合的事物称为该集合的元素,一般用小写字母 $a,b,c,\cdots$ 来记.事物 a 是集合 A 的元素记作 $a\in A$(读作 a 属于 A);事物 a 不是集合 A 的元素记作 $a\notin A$(读作 a 不属于 A).很显然,事物 a 与集合 A 的关系是:要么 $a\in A$,要么 $a\notin A$.

集合一般有两种表示法,即列举法和描述法.所谓列举法就是集合中的所有元素都一一列出来的方法,如 A 是由 $2,4,6,8,10$ 五个数构成的集合,记作 $A=\{2,4,6,8,10\}$,也就是说 $\{\}$ 把 A 的元素一一列举出来了.而描述法就是通过给出元素的特性来表示集合的方法,一般用 $A=\{a\mid a$ 具有性质$\}$ 来表示具有某种性质的全体元素 a 构成的集合.如上述的集合 A 也可记为:

$$A=\{2n\mid n\leqslant 5,n \text{ 为正整数}\}.$$

又如满足方程 $x^3+4x^2+3x=0$ 的全体根的集合 A,用列举法表示为 $A=\{0,-1,-3\}$;用描述法表示为 $A=\{x\mid x^3+4x^2+3x=0\}$.

由此可见,一个集合可以有不同的表示法,即集合的表示法不是唯一的.

只含有一个元素的集合也叫单元集;不含有任何元素的集合叫空集,记为 $\varnothing$,如方程 $x^2+1=0$ 的全体实数根的集合就是一个空集,事实上,$x^2+1=0$ 在实数范围内无实根.

现在来考察两个集合:

$A=\{1,2,3,4,5\}$ 与 $B=\{1,2,3,4,5,7,9\}$.

可以看出 A 中的每一个元素都是 B 中的元素,即属于 A 的元素都属于 B,我们称 A 包含于 B.并记作 $A\subset B$.当 $A\subset B$ 时称 A 为 B 的子集.

【例 1.1】 设 $A=\{0,1,2\}$,则集合 A 的所有子集有 2^3 个,它们是 $\varnothing,\{0\},\{1\},\{2\}$,$\{0,1\},\{0,2\},\{1,2\},\{0,1,2\}$.一般地,由 n 个元素组成的集合,子集的总数共有 2^n 个.

要注意,在考虑集合 A 的所有子集时不要漏掉集合 A 本身和空集 $\varnothing$.

设 A,B 是两个集合,如果 $A\subset B,B\subset A$,则称 A 与 B 相等,记作 $A=B$.

很明显,两个集合只有含相同元素时才相等.

【例 1.2】 集合 $A=\{0,-1,-3\}$ 与集合 $B=\{x\mid x^3+4x^2+3x=0\}$ 是相等的.

设集合 A,B,C,如果 $x\in C$,则 $x\in A$ 或 $x\in B$,则称 C 为 A 与 B 的并集,记为 $C=A\bigcup B$,显然并集 C 把集合 A,B 作为子集,即 $A\subset C$ 且 $B\subset C$.

【例 1.3】 $\{1,2,3\}\bigcup\{1,2,4,5\}=\{1,2,3,4,5\}$.

设集合 A,B,C,如果 $x\in C$,则 $x\in A$ 且 $x\in B$,则称 C 为 A 与 B 的交集,记为 $C=A\bigcap B$.可以看出集合 C 是由集合 A,B 的公共元素所构成,它是 A,B 的子集.例 1.3 中给出的两集合 $\{1,2,3\}$ 与 $\{1,2,4,5\}$,其交集为 $\{1,2\}$,即

$$\{1,2,3\}\bigcap\{1,2,4,5\}=\{1,2\}.$$

2. 实数集

高等数学这门课程主要是在实数范围之内讨论问题的,因此对于实数或实数集必须有比较清晰的认识.在这一节我们将对此作一简单的介绍.

人们对实数的认识是逐步发展的,首先是自然数 $0,1,2,3,4,\cdots$ 其全体记为 N,并称之为自然数集,在 N 内我们可定义加法与乘法运算.随着客观事物的发展,从自然数集扩充到有理数集,任一有理数都可以表示成 $\dfrac{p}{q}$(p,q 为整数,且 $q\neq 0$),有理数集用 Q 表示.有理数集对通常的四则运算是封闭的(所谓封闭即对数集中各元素经四则运算后其值仍在数集中,当然除数不能为 0).

显然有理数集的引进解决了许多实际问题,但对如何表示方程 $x^2 = 2$ 的根这一问题却无能为力. 前人在有理数集基础上引进了实数集的概念. 实数包括有理数与无理数(如满足 $x^2 = 2$ 的 x 就是无理数,我们已知道 x 就是 $\sqrt{2}$ 或 $-\sqrt{2}$),实数集通常用 R 表示. 实数集对通常的四则运算也是封闭的.

有关实数的许多性质诸如有序性、稠密性及连续性都可通过数轴直观地加以解释. 数轴可如下确定:在一条直线上取定一点,记作 O ,称其为原点;取直线的一个方向为正向,并用箭头表示;再取一个单位长度,就可构成数轴. 数轴上的任意一点 P ,都对应一个实数 x . 这个实数 x 是这样确定的:若 P 与原点 O 重合,则 $x = 0$;若 P 不与原点 O 重合,首先用所取的单位长度量出线段 OP 的长度 $|OP|$,如果有向线段 OP 与数轴正向相同,则 $x = |OP|$;如果有向线段 OP 与数轴正向相反,则 $x = -|OP|$. 反之,任给一个实数 x ,都可以在数轴上找到一个点 P ,使该点 P 所对应的实数为 x . 这样,数轴上的点与实数之间建立起一一对应关系(如图 1.1 所示).

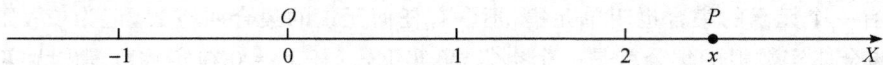

图 1.1

实数集合等价于数轴上点的集合. 在今后的讨论中,我们总把数轴上的点与实数同等看待.

3. 实数的绝对值

对任意实数 x ,其绝对值用 $|x|$ 表示,并且当 $x > 0$ 时 $|x| = x$;当 $x = 0$ 时 $|x| = 0$;当 $x < 0$ 时 $|x| = -x$. 如 $|3| = 3$,$|-3| = 3$,$|0| = 0$ 等等.

绝对值 $|x|$ 有明显的几何意义:实数 x 的绝对值等于数轴上点 x 到原点 O 的距离.

绝对值有如下几个主要性质(以下的 x, y 为任意实数):

(1) $-|x| \leqslant x \leqslant |x|$;

(2) $|x + y| \leqslant |x| + |y|$;

(3) $||x| - |y|| \leqslant |x - y|$;

(4) $|xy| = |x||y|$;

(5) $\left| \dfrac{y}{x} \right| = \dfrac{|y|}{|x|} (x \neq 0)$.

4. 区间与邻域

在实数集合 R 的子集中,区间是我们讨论问题时经常涉及的. 所谓区间就是数轴上介于某两点之间的一切点所构成的集合,这两个点称为区间的端点. 如果端点都是定数,则称为有限区间(并称两端点之差的绝对值为区间长度),否则称为无限区间. 常见的区间有:

开区间 $\qquad (a, b) = \{x \mid a < x < b\}$;

闭区间 $\qquad [a, b] = \{x \mid a \leqslant x \leqslant b\}$;

半开半闭区间 $\quad [a, b) = \{x \mid a \leqslant x < b\}$;

$\qquad\qquad\quad (a, b] = \{x \mid a < x \leqslant b\}$;

无穷区间 $\qquad [a, +\infty) = \{x \mid x \geqslant a\}$;

$\qquad\qquad\quad (a, +\infty) = \{x \mid x > a\}$;

$\qquad\qquad\quad (-\infty, a] = \{x \mid x \leqslant a\}$;

$\qquad\qquad\quad (-\infty, a) = \{x \mid x < a\}$;

$\qquad\qquad\quad (-\infty, +\infty) = R$.

通常用大写字母如 I 表示某个给定的区间,另外需说明的是,上述提到的 $-\infty$、$+\infty$ 及 ∞ 是一种符号(分别叫做负无穷大,正无穷大和无穷大),既不能看做数,也不能参与运算.

为了今后讨论问题在表达上的方便,还要介绍有关邻域的概念.

设 $a \in R, \delta \in R$ 且 $\delta > 0$,则集合

$$\{|x| \,|\, |x-a| < \delta\}$$

称为点 a 的 δ — 邻域,记作 $U(a, \delta)$.

由于不等式 $|x-a| < \delta$ 等价于不等式 $a-\delta < x < a+\delta$,所以 a 的 δ — 邻域就是:

$$U(a, \delta) = (a-\delta, a+\delta),$$

这是以点 a 为中心,区间长度为 2δ 的开区间,正数 δ 叫做邻域的半径.

集合

$$\{x \,|\, 0 < |x-a| < \delta\},$$

称为点 a 的 δ — 空心邻域,记作 $U^0(a, \delta)$.

集合

$$\{x \,|\, a-\delta < x \leqslant a\} \text{ 和} \{x \,|\, a \leqslant x < a+\delta\}$$

称为 a 的左邻域和右邻域,分别记作 $U^-(a, \delta)$ 和 $U^+(a, \delta)$.

当不必指明邻域半径时,上述记号中的正数 δ 可省略,即邻域、空心邻域、右邻域和左邻域可简记为 $U(a), U^0(a), U^-(a)$ 和 $U^+(a)$.

【例 1.4】　利用区间表示不等式

$$x^2 + x - 12 > 0$$

的全部解.

【解】　先对不等式左端分解因式,原不等式为

$$(x-3)(x+4) > 0,$$

即有 $x-3 > 0$ 或 $x+4 < 0$,即 $x > 3$ 或 $x < -4$.

也就是说,对任何大于 3 或小于 -4 的实数都满足要求,故

$$\{x \,|\, x^2 + x - 12 > 0\} = (-\infty, -4) \bigcup (3, +\infty).$$

1.1.2　三角公式或三角恒等式

设实数 α、β,则 $\sin\alpha, \cos\alpha, \tan\alpha, \cot\alpha, \sec\alpha, \csc\alpha$ 称作为"角"α 的正弦、余弦、正切、余切、正割和余割,其中 $\tan\alpha = \dfrac{\sin\alpha}{\cos\alpha}, \cot\alpha = \dfrac{1}{\tan\alpha} = \dfrac{\cos\alpha}{\sin\alpha}, \sec\alpha = \dfrac{1}{\cos\alpha}, \csc\alpha = \dfrac{1}{\sin\alpha}$. 它们之间符合如下关系:

(1) $\sin^2\alpha + \cos^2\alpha = 1$;

(2) $\sin(\alpha \pm \beta) = \sin\alpha\cos\beta \pm \cos\alpha\sin\beta$;

(3) $\cos(\alpha \pm \beta) = \cos\alpha\cos\beta \mp \sin\alpha\sin\beta$;

由上述三个基本公式,可以推导出其他公式或恒等式:

(4) $\sec^2\alpha = 1 + \tan^2\alpha, \csc^2\alpha = 1 + \cot^2\alpha$;

(5) $\tan(\alpha \pm \beta) = \dfrac{\tan\alpha \pm \tan\beta}{1 \mp \tan\alpha\tan\beta}$;

(6) $\sin\alpha + \sin\beta = 2\sin\dfrac{\alpha+\beta}{2}\cos\dfrac{\alpha-\beta}{2}$;

$$\sin\alpha - \sin\beta = 2\cos\frac{\alpha+\beta}{2}\sin\frac{\alpha-\beta}{2};$$

$$\cos\alpha + \cos\beta = 2\cos\frac{\alpha+\beta}{2}\cos\frac{\alpha-\beta}{2};$$

$$\cos\alpha - \cos\beta = -2\sin\frac{\alpha+\beta}{2}\sin\frac{\alpha-\beta}{2};$$

(7) $\sin\alpha\cos\beta = \dfrac{1}{2}[\sin(\alpha+\beta) + \sin(\alpha-\beta)];$

$$\cos\alpha\cos\beta = \frac{1}{2}[\cos(\alpha+\beta) + \cos(\alpha-\beta)];$$

$$\sin\alpha\sin\beta = -\frac{1}{2}[\cos(\alpha+\beta) - \cos(\alpha-\beta)];$$

(8) $\sin 2\alpha = 2\sin\alpha\cos\alpha;$

$\cos 2\alpha = \cos^2\alpha - \sin^2\alpha = 2\cos^2\alpha - 1 = 1 - 2\sin^2\alpha;$

$\tan 2\alpha = \dfrac{2\tan\alpha}{1 - \tan^2\alpha};$

(9) $\sin\alpha = \dfrac{2\tan\dfrac{\alpha}{2}}{1 + \tan^2\dfrac{\alpha}{2}};$

$$\cos\alpha = \frac{1 - \tan^2\dfrac{\alpha}{2}}{1 + \tan^2\dfrac{\alpha}{2}}.$$

1.1.3 行列式

1. 二阶行列式

我们把由 4 个实数 $a_{ij}(i=1,2,j=1,2)$ 构成的代数式 $a_{11}a_{22} - a_{12}a_{21}$ 叫做由元素 a_{ij} $(i=1,2,j=1,2)$ 组成的一个行列式,记

$$\begin{vmatrix} a_{11} & a_{12} \\ a_{21} & a_{22} \end{vmatrix} = a_{11}a_{22} - a_{12}a_{21}. \tag{1}$$

从左边看到,这 4 个元素分别处在从上到下和从左到右计序的行、列位置上,每一个元素右下角的一对数字 ij 恰表示了其在行列式中所处的行和列的位置,i 表示行,j 表示列,如 a_{12} 表示该元素在第一行和第二列的位置,而 a_{22} 表示它处在第二行和第二列的位置. 由于行列式恰好有 2 行和 2 列且每行、每列上恰有 2 个元素,进而恰有 2^2 个元素构成,故我们特意叫它为二阶行列式.

注意,若把二阶行列式中行与行交换位置或列与列交换位置,结果要发生变化,如 $\begin{vmatrix} 3 & 2 \\ 1 & 5 \end{vmatrix} = 3\times 5 - 2\times 1 = 13$,而 $\begin{vmatrix} 1 & 5 \\ 3 & 2 \end{vmatrix} = 2 - 15 = -13.$

2. 三阶行列式

取 3^2 个实数(也称为元素)$a_{ij}(i=1,2,3,j=1,2,3)$,则记号

$$\begin{vmatrix} a_{11} & a_{12} & a_{13} \\ a_{21} & a_{22} & a_{23} \\ a_{31} & a_{32} & a_{33} \end{vmatrix} = a_{11}a_{22}a_{33} + a_{13}a_{21}a_{32} + a_{12}a_{23}a_{31} - a_{13}a_{22}a_{31} - a_{11}a_{23}a_{32} - a_{12}a_{21}a_{33} \tag{2}$$

叫做三阶行列式,它含有三行、三列,是六个乘积项的代数和;每个乘积项由三个元素构成,这三个元素均取自不同的行和列.

不难看到,要从定义出发计算出三阶行列式的数值有一定难度.为此我们要借助于所谓代数余子式的概念,并通过计算二阶行列式的值来计算三阶行列式.

把三阶行列式中某一元素 $a_{ij}(i=1,2,3,j=1,2,3)$ 所在行和列中的各元素划去后,剩下的 4 个元素按其原来先后顺序组成的二阶行列式称为这三阶行列式对应于 a_{11} 的余子式,如式(2)中对应于 a_{11} 的余子式是 $\begin{vmatrix} a_{22} & a_{23} \\ a_{32} & a_{33} \end{vmatrix}$,而对应于 a_{12} 的余子式就是 $\begin{vmatrix} a_{21} & a_{23} \\ a_{31} & a_{33} \end{vmatrix}$.

设元素 a_{ij} 的余子式为 D_{ij},则称 $(-1)^{i+j}D_{ij}$ 为 a_{ij} 的代数余子式,记为 A_{ij}.

由此我们不加证明地推出按某一行(列)展开计算三阶行列式的方法:三阶行列式等于它的任意一行(列)上的各元素与对应于它的代数余子式的乘积之和.

三阶行列式的展开式有六种,例如(2)中按第二行展开为

$$\begin{vmatrix} a_{11} & a_{12} & a_{13} \\ a_{21} & a_{22} & a_{23} \\ a_{31} & a_{32} & a_{33} \end{vmatrix} = a_{21}A_{21} + a_{22}A_{22} + a_{23}A_{23}$$

$$= a_{21} \cdot (-1)^{2+1} \cdot \begin{vmatrix} a_{12} & a_{13} \\ a_{32} & a_{33} \end{vmatrix} + a_{22} \cdot (-1)^{2+2} \cdot \begin{vmatrix} a_{11} & a_{13} \\ a_{31} & a_{33} \end{vmatrix} +$$

$$a_{23} \cdot (-1)^{2+3} \cdot \begin{vmatrix} a_{11} & a_{12} \\ a_{31} & a_{32} \end{vmatrix}$$

$$= -a_{21} \begin{vmatrix} a_{12} & a_{13} \\ a_{32} & a_{33} \end{vmatrix} + a_{22} \begin{vmatrix} a_{11} & a_{13} \\ a_{31} & a_{33} \end{vmatrix} - a_{23} \begin{vmatrix} a_{11} & a_{12} \\ a_{31} & a_{32} \end{vmatrix}.$$

从这里我们看到了,要计算一个三阶行列式只需计算三个二阶行列式即可,而二阶行列式的计算是容易的.

必须指出的是,从二阶、三阶行列式可推广至 n 阶行列式,但这里不作进一步的介绍.

【例 1.5】　试计算行列式 $\begin{vmatrix} 2 & 1 & 0 \\ 3 & 5 & 0 \\ 1 & 3 & 1 \end{vmatrix}$.

【解】　方法一:按第一行展开,原式 $= 2 \times (-1)^{1+1} \begin{vmatrix} 5 & 0 \\ 3 & 1 \end{vmatrix} + 1 \times (-1)^{1+2} \begin{vmatrix} 3 & 0 \\ 1 & 1 \end{vmatrix} = 7$;

方法二:按第三列展开,原式 $= 0 + 0 + 1 \times (-1)^{3+3} \begin{vmatrix} 2 & 1 \\ 3 & 5 \end{vmatrix} = 7$;

方法三: $\begin{vmatrix} 2 & 1 & 0 \\ 3 & 5 & 0 \\ 1 & 3 & 1 \end{vmatrix} = 2 \times 5 \times 1 + 0 + 0 - 0 - 0 - 3 = 7.$

从以上解法看到,如果三阶行列式中出现零元素,那么按零元素所在的行或列展开往往能简化计算,因为零乘所有的实数都为零.

1.2　函　　数

1.2.1　函数的概念及基本性质

1. 函数的概念

在研究自然的、社会的以及工程技术的某个过程时,常常会碰到各种不同的量,如时间、速度、距离、质量、温度、成本和利润等.这些量一般可分成两类,其中一类量在所研究过程中保持不变,这种量被称为常量;而另一类量在所研究过程中总是变化着的,我们把它叫做变量.如在地球表面某处,考察物体从不太高的空中自由下落,物体离地面的距离是变量,而重力加速度 g 是常量;又如在热胀冷缩过程中,金属圆盘的周长与直径都是变量,但周长与直径之比为圆周率 π 是常量.

【例 1.6】　考虑圆的面积 S 与它的半径 R 之间的关系,大家知道,它们之间的关系由公式

$$S = \pi R^2$$

给出,当半径 R 在区间 $(0, +\infty)$ 内任意取出一个数值,由上式就可以确定圆面积 S 的相应数值.

【例 1.7】　在自由落体运动中,设物体下落的时间为 t,落下的距离为 h.假设开始下落时刻 $t = 0$,那么 h 与 t 之间的相互关系由公式

$$h = \frac{1}{2} g t^2$$

给出,其中 g 是重力加速度(是常量).假设物体着地时间为 $t = T$,那么当时间 t 在闭区间 $[0, T]$ 上任意取出一个数值时,由上式就可以确定 h 的相应数值.

【例 1.8】　在电阻两端加直流电压 V,电阻中有电流 I 通过,V 改变时,I 随之改变.若设电阻值为 R_0,则由欧姆定律 I 与 V 的相互关系由公式

$$I = \frac{V}{R_0}$$

给出,当 V 在 $(-\infty, +\infty)$ 内任取一数值(V 取负值表示给电阻加反向电压)时,I 在 $(-\infty, +\infty)$ 内取得相应数值(I 取负值表示电阻加上反向电压时,电阻取得反向电流).

抽去上面三个例子中所考虑的量的实际意义,它们都表达了两个变量之间的相互依存关系,这种关系给出了一种对应法则.根据这一法则,当其中一个变量在其变化范围内任取一个值时,另一个变量就有相应的值与对应.两个变量之间的这种对应关系就是函数概念的实质.

【定义 1.1】　设 D 是给定的数集,x、y 是两个变量,如果任取一个数 $x \in D$,变量 y 按照一定的法则(设为 f)总有值与对应,则称变量 y 是 x 的函数,记作 $y = f(x)$.数集 D 叫做这个函数的定义域,x 叫做自变量,y 叫做因变量,而函数值 $y = f(x)$ 的全体

$$W = \{y \mid y = f(x), x \in D\}$$

叫做函数的值域.

当自变量在定义域内任取一个值时,对应的数值是唯一确定的,则称此函数为单值函数,如果对应的函数值不止一个,我们就称这个函数为多值函数.例 1.6、例 1.7、例 1.8 中给出的函数是单值函数.下面举一个多值函数的例子.

【例 1.9】　由方程 $y^2 = 2px(p > 0)$ 给出了变量 y 与 x 的关系,在 $[0, +\infty)$ 内确定了一个以 x 为自变量,y 为因变量的函数.当 $x = 0$ 时,y 有唯一的值 0 与 $x = 0$ 对应;而当 x 在 $(0, -\infty)$ 内任意取值时,因变量 y 有两个值与 x 对应,它们分别是 $\sqrt{2px}$ 和 $-\sqrt{2px}$,所以这个函数就是多值函数.

以后凡是没有特别说明,函数都是指单值函数.

应特别指出的是,从函数的定义看,定义域与对应法则是构成函数的两个要素,在描述任何一个函数时,必须同时说明这两个要素.另外,函数的描述方式(即表示法)既可以是公式法(例 1.6、例 1.7、例 1.8、例 1.9)那样,也可以用表格法或图像法.限于篇幅不作详细介绍.

【例 1.10】　函数 $y = \log_a x^2$ 与 $y = 2\log_a x$ 能否视为同一函数?

【解】　由对数的定义 $y = \log_a x^2$ 的定义域为 $(-\infty, 0) \bigcup (0, +\infty)$,而 $y = 2\log_a x$ 的定义域为 $(0, +\infty)$,由于两者定义域不相同,不能视为同一函数,当然在它们的公共定义域 $(0, +\infty)$ 内,两者完全一致.

设函数 $y = f(x)$ 的定义域 D,任取 $x \in D$ 得相应值 $y = f(x)$,则数对 (x, y) 在 xOy 平面内确定了一点 (x, y),我们称集合(平面上点的集合)

$$C = \{(x, y) \mid y = f(x), x \in D\}$$

为函数 $y = f(x)$ 的图像(或图像).

【例 1.11】　函数 $y = \dfrac{1}{x}$ 的图像,如图 1.2 所示,它包含第 Ⅰ、Ⅲ 象限内的两支双曲线.

2. 函数的几个基本性质

研究函数的目的就是为了了解它所具有的性质,以便掌握它的变化规律.

(1) 单调性

设函数 $y = f(x)$,定义域为 D,I 是 D 的子集,如果对任意 x_1、$x_2 \in I$,

当 $x_1 < x_2$ 时,有 $f(x_1) < f(x_2)$,则称函数 $y = f(x)$ 在 I 内单调递增;

当 $x_1 < x_2$ 时,有 $f(x_1) > f(x_2)$,则称函数 $y = f(x)$ 在 I 内单调递减.

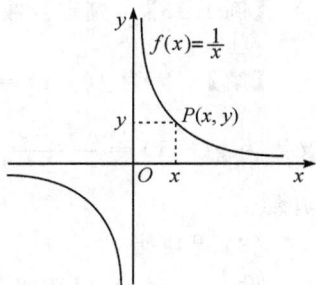

图 1.2

单调递增或单调递减的函数,统称为单调函数,若 I 为区间,则上述情形下 I 分别叫做单调增区间和单调减区间.单调增区间和单调减区间统称为单调区间.在单调增区间内,函数的图像随 x 的增大而上升;在单调减区间内,函数的图像随 x 的增大而下降.

【例 1.12】　证明 $f(x) = x^3$ 在 $(-\infty, +\infty)$ 内是单调递增的.

【证明】　任取 $x_1, x_2 \in (-\infty, +\infty)$ 且 $x_1 < x_2$,则有

$$f(x_2) - f(x_1) = x_2^3 - x_1^3 = (x_2 - x_1)(x_2^2 + x_2 x_1 + x_1^2)$$

$$= (x_2 - x_1)\left[\left(x_2 + \frac{1}{2}x_1\right)^2 + \frac{3}{4}x_1^2\right] > 0,$$

即 $f(x_2) > f(x_1)$,也就是说 $f(x) = x^3$ 在 $(-\infty, +\infty)$ 内单调递增的.

函数的单调性与自变量所取范围有关,因此讨论函数的单调递增或递减时,首先要搞清楚自变量的取值范围.例如函数 $y = x^2$ 在区间 $(-\infty, 0)$ 内是单调递减的,而在 $(0, +\infty)$ 内是单调递增的.

另外,用单调性的定义去直接检验函数是否具单调性一般是比较困难的,关于这个问题我们将在第 3 章运用导数方面的知识去讨论它.

(2) 奇偶性

设函数 $y = f(x)$ 的定义域 D 是一个对称集(即:若 $a \in D$,则有 $-a \in D$),

如果对所有的 $x \in D$,都有 $f(-x) = -f(x)$,则称 $y = f(x)$ 在 D 内为奇函数;

如果对所有的 $x \in D$,都有 $f(-x) = f(x)$,则称 $y = f(x)$ 在 D 内为偶函数.

例如 $y = x^2$ 在 $(-\infty, +\infty)$ 内是偶函数;而 $y = x^3$ 在 $(-\infty, +\infty)$ 内是奇函数.其实对幂函数,当 n 为偶数时,$y = x^n$ 在定义域内是偶函数;当 n 为奇数时,$y = x^n$ 在定义域内是奇函数.

显然偶函数的图像关于 y 轴对称(图 1.3);奇函数的图像关于坐标原点对称(图 1.4).

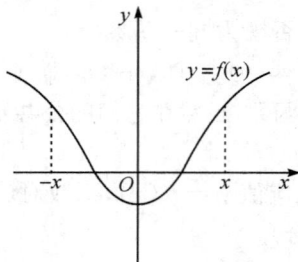

图 1.3

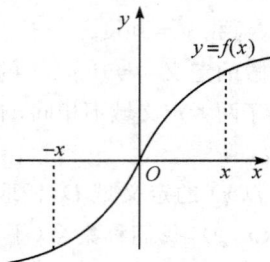

图 1.4

【例 1.13】 判定函数 $f(x) = \dfrac{e^x + e^{-x}}{2}$ 与函数 $g(x) = \dfrac{e^x - e^{-x}}{2}$ 的奇偶性.

【解】 因为 $f(-x) = \dfrac{e^{-x} + e^x}{2} = f(x)$,所以 $f(x)$ 在定义域 $(-\infty, +\infty)$ 内是偶函数;

又因为 $g(-x) = \dfrac{e^{-x} - e^x}{2} = -\dfrac{e^x - e^{-x}}{2} = -g(x)$,所以 $g(x)$ 在定义域 $(-\infty, +\infty)$ 内是奇函数.

(3) 周期性

设 $y = f(x)$,定义域 D 为 $(-\infty, +\infty)$,如果存在非零常数 T,使得对任意的 $x \in D$,都有

$$f(x + T) = f(x),$$

则称 T 为函数 $y = f(x)$ 的一个周期,并称 $y = f(x)$ 为周期函数.容易证明,若 T 为 $f(x)$ 的一个周期,则 T 的任意非零整数倍数都是 $f(x)$ 的周期.这就是说,周期函数有无穷多个周期.周期函数无最大正周期和最小负周期.通常所说的周期是指周期函数的最小正周期,同样记为 T.

例如正弦函数 $y = \sin x$ 中,$\pm 2\pi, \pm 4\pi, \pm 6\pi, \cdots$ 都是它的周期,其最小正周期 $T = 2\pi$.又例如,$y = \sin(\omega x + \varphi)$,其最小正周期为 $T = \dfrac{2\pi}{|\omega|}$.

(4) 有界性

设函数 $y = f(x)$,定义域为 D,如果存在正数 M,使得对所有的 $x \in D$,都有

$$|f(x)| \leqslant M,$$

则称函数 $y = f(x)$ 在 D 上有界,或称 $y = f(x)$ 是 D 上的有界函数.否则称 $y = f(x)$ 在 D 上无界,$y = f(x)$ 也就称为 D 上的无界函数.

【例 1.14】 函数 $y = \dfrac{1}{x}$ 在 $(0, +\infty)$ 内无界,而在 $[1, +\infty]$ 内有界.

可见函数的有界性同样与自变量的取值范围有关.

3. 反函数

设函数 $y = f(x)$ 的定义域为 D,值域为 W,因为 W 是函数值组成的数集,所以对任意的 $y_0 \in W$,必定有 $x_0 \in D$,使 $f(x_0) = y_0$ 成立.把 y 看成自变量,x 看成因变量,则由函数的概念,x 就成为 y 的函数,称之为 $y = f(x)$ 的反函数,记 $x = \varphi(y)$.如果对应于 y 的 x 唯一,则 $x = \varphi(y)$ 是单值函数;如果对应于 y 的值 x 不唯一,则 $x = \varphi(y)$ 是多值函数.

【例 1.15】　设 $y = f(x)$ 在其定义域 D 内单调,则其反函数 $x = \varphi(y)$ 也为单调函数.

【证明】　不妨设 $y = f(x)$ 在 D 内单调递增,值域为 W.任取 $y_1, y_2 \in W$,且 $y_1 < y_2$,则必有 $x_1 = \varphi(y_1), x_2 = \varphi(y_2) \in D$[也即 $f(x_1) = y_1, f(x_2) = y_2$].

倘若 $x_1 \geqslant x_2$,则由 $y = f(x)$ 的单调递增有 $f(x_1) \geqslant f(x_2)$,即 $y_1 \geqslant y_2$,这与 $y_1 < y_2$ 矛盾,故有 $x_1 < x_2$,即 $\varphi(y_1) < \varphi(y_2)$.

同理可证单调递减函数的反函数也单调递减.

为记忆上的方便,我们把 $y = f(x)$ 的反函数 $x = \varphi(y)$ 中的对应法则 φ 用 f^{-1} 代替,同时按照习惯,自变量取 x,因变量取 y,这样函数 $y = f(x)$ 的反函数可写成

$$y = f^{-1}(x).$$

如果把 $y = f(x)$ 与其反函数 $y = f^{-1}(x)$ 的图像画在同一坐标平面上,那么这两个图像关于直线 $y = x$ 对称(如图 1.5 所示).

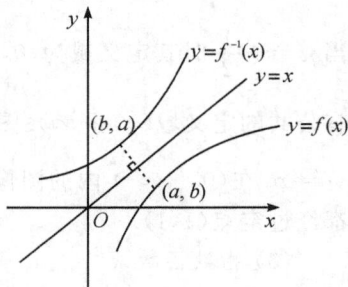

图 1.5

1.2.2　初等函数

1. 复合函数

对于一些函数,例如 $y = \tan(2x+1)$,我们可以把它看成是将 $u = 2x+1$ 代入 $y = \tan u$ 中而得.像这样在一定条件下,将一个函数"代入"到另一个函数中的运算在数学上叫做函数的复合运算,由此而得的函数就叫做复合函数.

【定义 1.2】　设函数 $y = f(u)$,定义域为 D_0;$u = \varphi(x)$,定义域为 D,值域为 D_1.若 $D_1 \subset D_0$,则对每一个值 $x \in D$,通过对应法则 φ 和 f 有确定的值 y 与 x 对应,按照函数的定义,变量 y 成为 x 的函数,称之为 x 的复合函数,记

$$y = f[\varphi(x)],$$

变量 u 称为中间变量.

【例 1.16】　设 $y = u^2, u = \sin x$,求复合函数 $y = f[g(x)]$.

【解】　因 $y = u^2$ 的定义域为 $(-\infty, +\infty)$,$u = \sin x$ 的定义域为 $(-\infty, +\infty)$,值域为 $[-1\ 1] \subset (-\infty, +\infty)$,故有在 $(-\infty, +\infty)$ 内的复合函数 $y = f[g(x)] = \sin^2 x$.

必须注意,不是任意两个函数都可以复合成一个复合函数的.如 $y = \arccos u$ 及 $u = 3 + x^2$ 就不能复合成一个复合函数,因为第一个函数的定义域与第二个函数的值域其交集为空集.换句话说,第二个函数当自变量在定义域内任取一值,对应函数值 u 都使得第一个函数无意义.

2. 基本初等函数

我们接触到的函数大部分都是由几种最常见、最基本的函数经过一定的运算而得到,这几种函数就是我们已经很熟悉的函数,它们是常值函数、幂函数、指数函数、对数函数、三角

函数、反三角函数.这几种函数统称为基本初等函数.

（1）常值函数

形如 $y = C$ 的函数称为常值函数,其中 C 为常数.常值函数在其定义域内函数值处处相同.图 1.6 表示定义域为 $(-\infty, +\infty)$ 的常值函数图像,它是一条平行于 x 轴的直线.

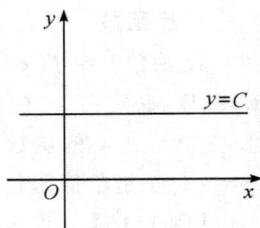

图 1.6

（2）幂函数

形如 $y = x^\mu$ 的函数叫做幂函数,其中 μ 是非零的任意常数.

幂函数 $y = x^\mu$ 的定义域随 μ 取值的不同而发生变化,若 μ 为正整数时,其定义域为 $(-\infty, +\infty)$;当 μ 取负整数时,其定义域为 $(-\infty, 0) \bigcup (0, +\infty)$.又当 $\mu = \dfrac{1}{2}$ 时,其定义域为 $[0, +\infty)$,当 $\mu = -\dfrac{1}{2}$ 时其定义域为 $(0, +\infty)$.但对任意实数 μ,$y = x^\mu$ 都有公共的定义域 $(0, +\infty)$.图 1.7 给出了 $\mu = 1, 2, \dfrac{1}{2}, -1$ 时,$y = x^\mu$ 在 $(0, +\infty)$ 内的图像,从图像上可看出,每一个幂函数都经过定点 $(1, 1)$.

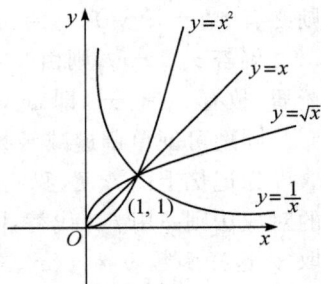

图 1.7

（3）指数函数

形如 $y = a^x$（其中 $a > 0$ 且 $a \neq 1$）的函数称为指数函数,定义域为 $(-\infty, +\infty)$.

指数函数具有性质:当 $a > 1$ 时,$y = a^x$ 是单调递增函数;当 $0 < a < 1$ 时,$y = a^x$ 是单调递减函数.图 1.8 描绘了 a 取不同值时指数函数 $y = a^x$ 图像.

指数函数还满足如下运算规律:

$$a^m \cdot a^n = a^{m+n}, \quad \frac{a^m}{a^n} = a^{m-n}, \quad (a^m)^n = a^{mn}.$$

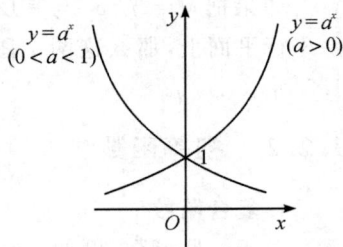

图 1.8

（4）对数函数

指数函数 $y = a^x$ 的反函数,记作 $y = \log_a x$（其中 $a > 0$ 且 $a \neq 1$）叫做对数函数,其定义域为 $(0, +\infty)$.

对数函数的图像,可以从它所对应的指数函数 $y = a^x$ 的图像根据反函数作图法的一般规则得到,因为两者关于直线 $y = x$ 对称(如图 1.9 所示).

根据例 1.15,单调递增(减)函数的反函数也单调递增(减),由指数函数 $y = a^x$ 的单调性即可知对数函数 $y = \log_a x$ 的单调性.

以 10 为底的对数 $\log_{10} x$ 记为 $\lg x$,叫做常用对数;以 e 为底的对数 $\log_e x$ 记为 $\ln x$,叫做自然对数,其中 e 是介于 2.7 与 2.8 之间的无理数.

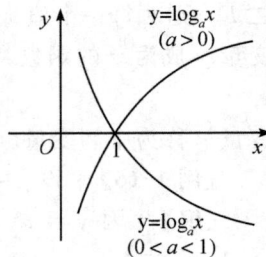

图 1.9

对数函数满足如下运算规律:

$$\log_a bc = \log_a b + \log_a c;$$

$$\log_a \frac{b}{c} = \log_a b - \log_a c;$$

$\log_a b = \dfrac{\log_c b}{\log_c a}$;

$\log_a b^\mu = \mu \log_a b$;

$\log_a 1 = 0$.

其中 a,b,c 为任意正数(作底数时不能取 1),μ 为任意常数.上述性质连同前面指出的指数函数运算规律,读者应熟记.

(5) 三角函数

三角函数在中学阶段读者已比较熟悉,鉴于它们在高等数学里时常要用到,这里仍作一简单的介绍.

在初等数学中,三角函数是通过单位圆来描述的(如图 1.10),其中自变量单位是弧度,弧度与度的关系是:

$$2\pi = 360°, 1 = \frac{180°}{\pi}, \begin{cases} x = \cos\varphi \\ y = \sin\varphi \end{cases}.$$

常用三角函数有 $\sin x, \cos x, \tan x, \cot x, \sec x, \csc x$,它们都是周期函数(注意这里的 x 与图 1.10 中坐标 x 不同).

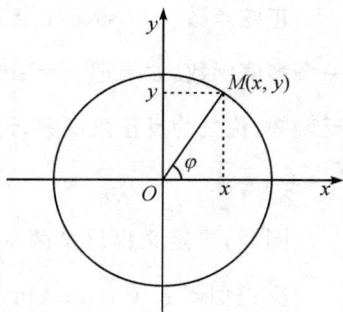

图 1.10

① 正弦函数 $y = \sin x$,余弦函数 $y = \cos x$

正弦函数 $y = \sin x$ 和余弦函数 $y = \cos x$,其定义域为 $(-\infty, +\infty)$,周期都是 2π,其图像如图 1.11 和如图 1.12 所示.

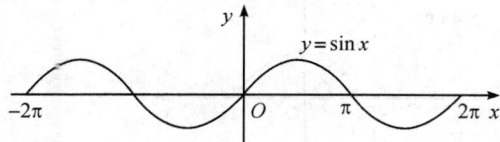

图 1.11

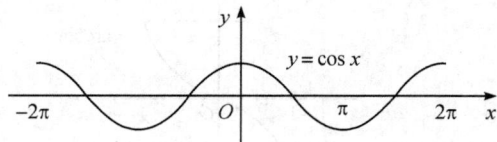

图 1.12

② 正切函数 $y = \tan x$,余切函数 $y = \cot x$

正切函数 $y = \tan x$ 的定义域为:

$$D = \left\{ x \mid x \in \mathbf{R}, x \neq k\pi + \frac{\pi}{2}, k \in \mathbf{Z} \right\};$$

余切函数 $y = \cot x$ 的定义域为:

$$D = \{ x \mid x \in \mathbf{R}, x \neq k\pi, k \in \mathbf{Z} \}.$$

它们都以 π 为周期,其图像如图 1.13 和图 1.14 所示.

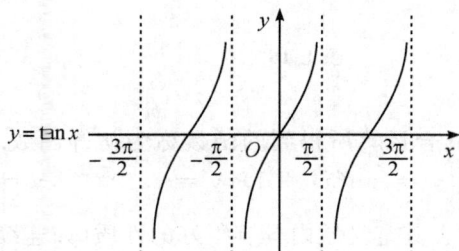

图 1.13

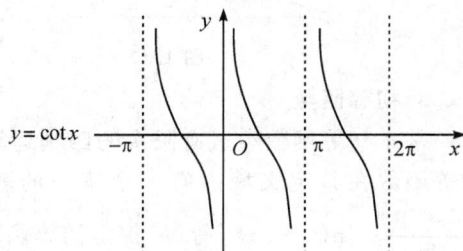

图 1.14

③ 正割函数 $y = \sec x$,余割函数 $y = \csc x$

正割函数 $y = \sec x$ 的定义域为:

$$D = \left\{ x \mid x \in R, x \neq k\pi + \frac{\pi}{2}, k \in Z \right\};$$

余割函数 $y = \csc x$ 的定义域为:

$$D = \{ x \mid x \in R, x \neq k\pi, k \in Z \}.$$

它们都以 2π 为周期.

(6) 反三角函数

正弦函数 $y = \sin x$ 在定义域 $(-\infty, +\infty)$ 上是以 2π 为周期的周期函数,因此其反函数是一个多值函数. 如果把 $y = \sin x$ 限制在区间 $\left[-\frac{\pi}{2}, \frac{\pi}{2} \right]$ 上,则 $y = \sin x$ 有单值(甚至是单调)的反函数,称之为反正弦函数,记 $y = \arcsin x$. 反正弦函数 $y = \arcsin x$ 的定义域是 $[-1,1]$,值域是 $\left[-\frac{\pi}{2}, \frac{\pi}{2} \right]$.

同样,可定义出反余弦函数 $y = \arccos x$,其定义域是 $[-1,1]$,值域是 $[0,\pi]$;

反正切函数 $y = \arctan x$,它的定义域是 $(-\infty, +\infty)$,值域是 $\left(-\frac{\pi}{2}, \frac{\pi}{2} \right)$;

反余切函数 $y = \text{arccot} x$,它的定义域是 $(-\infty, +\infty)$,值域是 $(0,\pi)$.

反正弦函数、反正切函数在各自的定义域单调递增;反余弦函数、反余切函数在各自的定义域内单调递减. 它们的图像见图 1.15、图 1.16、图 1.17 和图 1.18.

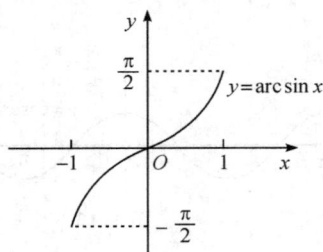

图 1.15

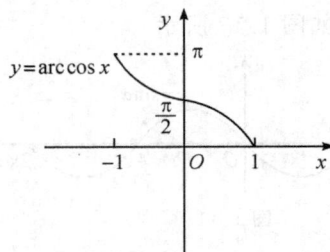

图 1.16

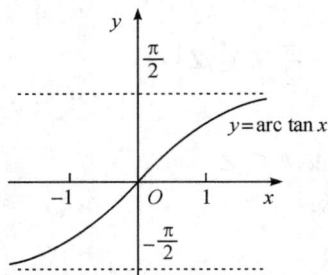

图 1.17

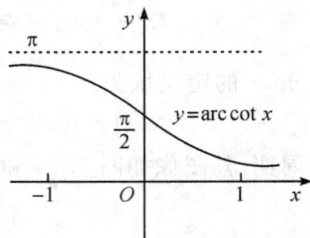

图 1.18

3. 初等函数

基本初等函数经过有限次的四则运算和有限次复合运算所得到的函数称为初等函数. 初等函数在其定义域内有一个统一的表达式,例如 $y = \sin(x^2 + 1), y = 3e^{\tan(5x+2)}, y = \frac{x^2 - 1}{2 + \sin x} + \ln(2 + 3x^4)$ 等等,都是初等函数. 初等函数在其定义域内具有很好的性质(如连续性),它是高等数学课程中的主要研究对象.

1.2.3 非初等函数举例

除初等函数外,高等数学课程中还会碰到一些非初等函数的例子,尽管它们只占很小比例,但有了它们,给读者对诸如极限、连续、导数等重要概念的加深理解提供较好的帮助. 以下我们举几个例子.

【例 1.17】 符号函数

$$y = \text{sgn}x = \begin{cases} 1, & x > 0 \\ 0, & x = 0 \\ -1, & x < 0 \end{cases}$$

符号函数的图像如图 1.19 所示.

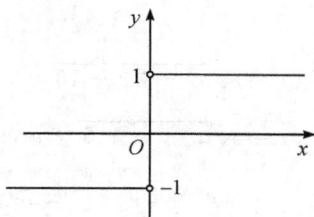

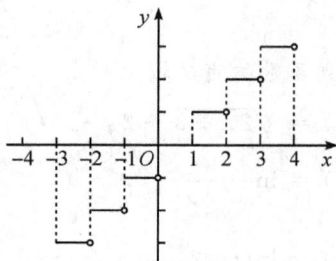

图 1.19   图 1.20

【例 1.18】 取整函数 $y = [x]$,其中符号 $[x]$ 表示不大于 x 的最大整数,其图像如图 1.20 所示.

【例 1.19】 设 $y = f(x)$ 定义域为 $(-\infty, +\infty)$,以 2π 为周期,它在 $[-\pi, \pi]$ 内为:

$$f(x) = \begin{cases} -x, & -\pi \leqslant x < 0 \\ x, & 0 \leqslant x \leqslant \pi \end{cases}$$

其图像如图 1.21 所示.

由于 $y = f(x)$ 的图像(添加 x 轴后)像由一系列全等三角形组成的,故物理学中称之为三角波.

【例 1.20】 某交流电经半波整流后的电压 $U(t)$ 变化由下面表达式表示:

$$U(t) = \begin{cases} U_m \sin wt, & 0 \leqslant t \leqslant \dfrac{T}{2} \\ 0, & \dfrac{T}{2} \leqslant t \leqslant T \end{cases}$$

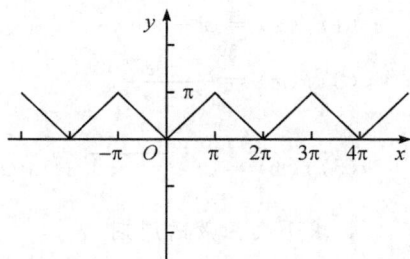

图 1.21

其中 U_m 为电压振幅,w 为角频率,T 为电压变化周期,它的图像如图 1.22 所示.

【例 1.21】 某物体的振动规律 $y = f(x)$ 是以 2π 为周期的函数,它在 $[0, 2\pi]$ 内的表达式为:

$$f(x) = -\frac{1}{\pi}(x - \pi),$$

其图像如图 1.23 所示.

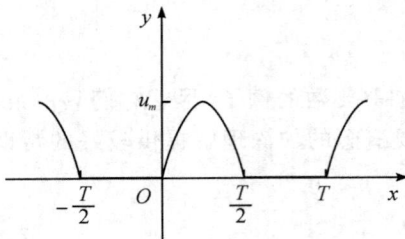

图 1.22

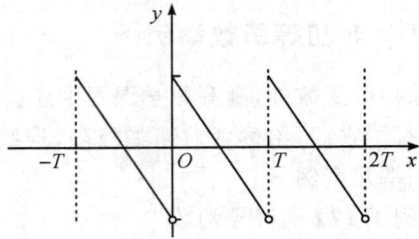

图 1.23

若每个周期间图像用虚线相连,则该振动波形图如同锯齿,故有时我们形象地称之为锯齿波.

习题 1.2

1. 求下列函数的定义域

(1) $f(x) = \sqrt{2x-3} + 2$

(2) $f(x) = \sqrt{x^2 + 2x - 15}$

(3) $f(x) = \ln \dfrac{1}{1-x}$

(4) $f(x) = \sqrt{x^2 - x - 6} + \arcsin \dfrac{2x-1}{7}$

(5) $f(x) = \ln(\cos 2x)$

(6) $f(x) = \begin{cases} e^x - 2, & x > 0 \\ x^2 - 8, & -2 < x \leqslant 0 \end{cases}$

2. 试找出下列在其定义域中是单调的函数

(1) $y = \sin x$

(2) $y = \arcsin x$

(3) $y = \tan x$

(4) $y = \arctan x$

(5) $y = x^{-\frac{1}{2}}$

(6) $y = x^2 - 1$

(7) $y = \ln(x^2 + 1)$

(8) $y = 3^{ax} (a \neq 0)$

3. 讨论下列函数的奇偶性

(1) $f(x) = x + \sin x$

(2) $f(x) = x\cos x$

(3) $f(x) = \dfrac{e^x + e^{-x}}{e^x - e^{-x}}$

(4) $f(x) = \dfrac{2^{|x|}}{\sqrt{1-x^2}}$

(5) $f(x) = x\sqrt{x^2 - 1} + \tan x$

(6) $f(x) = \begin{cases} 1 - x, & x < 0 \\ 1 + x, & x \geqslant 0 \end{cases}$

4. 求下列函数的周期

(1) $f(x) = \sin(2x + 3)$

(2) $f(x) = \sin^2 x$

(3) $f(x) = |\cos x|$

(4) $f(x) = 1 + |\sin 2x|$

5. 求下列函数的反函数

(1) $y = 3x + 1$

(2) $y = \dfrac{x+3}{x-3}$

(3) $y = \log_4 \sqrt{x} + \log_4 2$

(4) $y = \dfrac{e^x - e^{-x}}{2}$

6. 将下列函数分解成较简单的函数

(1) $y = \sin(x^2 + 1)$

(2) $y = \sqrt{x^3 - 4}$

(3) $y = \arctan e^{\sqrt{x-1}}$

(4) $y = \sqrt{\ln \sqrt{x}}$

1.3　数列的极限与函数的极限

1.3.1　中国古代数学家的极限思想

极限概念是高等数学中最基本的概念,微积分学中的其他重要概念如导数、积分都是用极限来表述的,并且它们的主要性质和法则也可通过极限的方法推导出来.要学好高等数学这门课程,首先必须掌握好极限的概念、性质和计算.

我国古代数学家在世界数学史中占有杰出地位.《庄子·天下篇》中记载的惠施(约公元前 370 年 — 公元前 310 年)的一段话:"一尺之棰,日取其半,万世不竭."充分反映了我们先人关于"极限"概念的朴素、直观的理解.公元 3 世纪,我国数学家刘徽成功地把极限思想应用于实践,其中最典型的例子就是在计算圆的面积和周长时建立的"割圆术",即将圆周用内接正多边形或外切正多边形逼近的一种求圆面积和周长的方法.他在求解过程中提出的"割之弥细,所失弥少,割之又割以至于不可割,则与圆合体而无所失矣"观点,可谓中国古代极限思想的集中体现.

下面用现在的语言把刘徽的割圆术表述出来.用圆的内接正三边形、正六边形、正十二边形、…、正 $3 \cdot 2^{n-1}$ 边形去代替圆(如图 1.24),即用正多边形的面积代替圆面积,正多边形的周长代替圆周长.尽管随着内接正多边形的边数(这里为 $3 \cdot 2^{n-1}$)增多,正多边形面积(周长)也越来越大,但始终不能超过圆面积(周长),且趋向于一个稳定的值,这个稳定值就是我们现在很熟悉的圆的面积 $S = \pi R^2$(周长 $C = 2\pi R$).

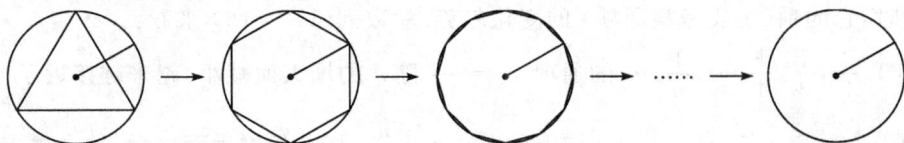

图 1.24

我们设正三边形,正六边形,正十二边形,…,正 $3 \cdot 2^{n-1}$ 边形的面积分别为 $S_1, S_2, S_3,$ …, S_n,于是得一数列

$$S_1, S_2, S_3, \cdots, S_n, \cdots$$

其中 $S_n = 3 \times 2^{n-2} \times R^2 \times \sin \dfrac{\pi}{3 \times 2^{n-2}}$.

同样若设正三边形,正六边形,正十二边形,…,正 $3 \cdot 2^{n-1}$ 边形的周长分别为 $C_1, C_2, C_3,$ …, C_n,于是得另一数列

$$C_1, C_2, C_3, \cdots, C_n, \cdots$$

其中 $C_n = 3 \times 2^n \times R \times \sin \dfrac{\pi}{3 \times 2^{n-1}}$.

可见图 1.24 中表示的正多边形面积(周长)与圆面积(周长)的关系可归结为上述两个数列中一般项(也叫通项)$S_n (C_n)$ 与 $S(C)$ 之间的关系.由前面的分析可知,当 n 越来越大时,通项 $S_n (C_n)$ 越来越接近数 $S(C)$.

这种通过考察数列一般项而获得的常数,在数学上就叫做数列的极限.

1.3.2　数列的极限

1. 数列极限的定义

所谓数列,是指按一定顺序排列起来的一列数,如

(1)$1, \dfrac{1}{2}, \dfrac{1}{3}, \dfrac{1}{4}, \cdots, \dfrac{1}{n}, \cdots$

(2)$\dfrac{1}{2}, \dfrac{2}{3}, \dfrac{3}{4}, \dfrac{4}{5}, \cdots, \dfrac{n}{n+1}, \cdots$

(3)$1, 2, 3, 4, \cdots, n, \cdots$

(4)$1, -\dfrac{1}{2}, \dfrac{1}{3}, -\dfrac{1}{4}, \cdots, \dfrac{(-1)^{n-1}}{n}, \cdots$

(5)$1, 0, 1, 0, \cdots, \dfrac{1-(-1)^n}{2}, \cdots$

(6)$a, a, a, a, \cdots, a, \cdots$

都是数列,一般地,数列可写为:

$$x_1, x_2, x_3, \cdots, x_n, \cdots$$

简记为 $\{x_n\}$. 数列中的每一个数叫做数列的项,第 n 项 x_n 叫做数列的一般项或通项. 上述六个数列的通项分别为 $x_n = \dfrac{1}{n}, x_n = \dfrac{n}{n+1}, x_n = n, x_n = \dfrac{(-1)^{n-1}}{n}, x_n = \dfrac{1-(-1)^n}{2}, x_n = a$. 通项为 $x_n = a$(a 为常数)的数列叫做常数数列.

对于给定的数列 $\{x_n\}$,重要的不是它的每一个项如何,而是要研究,当 n 无限增大(记作 $n \to \infty$)时,它的项(主要考察通项)的变化趋势. 就数列(1)～(6)来看:

数列 $1, \dfrac{1}{2}, \dfrac{1}{3}, \dfrac{1}{4}, \cdots, \dfrac{1}{n}, \cdots$ 的通项 $x_n = \dfrac{1}{n}$ 随 n 的增大而减小,越来越接近于 0.

数列 $\dfrac{1}{2}, \dfrac{2}{3}, \dfrac{3}{4}, \dfrac{4}{5}, \cdots, \dfrac{n}{n+1}, \cdots$ 的通项 $x_n = \dfrac{n}{n+1}$ 随 n 的增大而增大,越来越接近于 1.

数列 $1, 2, 3, 4, \cdots, n, \cdots$ 的通项 $x_n = n$ 随 n 的增大而增大,且无限增大.

数列 $1, -\dfrac{1}{2}, \dfrac{1}{3}, -\dfrac{1}{4}, \cdots, \dfrac{(-1)^{n-1}}{n}, \cdots$ 的通项 $x_n = \dfrac{(-1)^{n-1}}{n}$ 随着 n 的变化在 0 两边跳跃,且随着 n 的增大而趋近于 0.

数列 $1, 0, 1, 0, \cdots, \dfrac{1-(-1)^n}{2}, \cdots$ 的通项 $x_n = \dfrac{1-(-1)^n}{2}$ 随着 n 的增大始终交替取值 0 和 1,而不能趋向于某一个确定的数.

数列 $a, a, a, a, \cdots, a, \cdots$ 的各项都是同一个数 a,故当 n 越来越大时,该数列的变化趋势总是确定的.

当 $n \to \infty$ 时,数列 $\{x_n\}$ 的通项 x_n 能与某个常数 a 无限接近,那么就称这个数列收敛,而常数 a 就叫做数列的极限,记作 $\lim\limits_{x \to \infty} x_n = a$. 否则就称这个数列是发散. 如数列(1)、(2)、(4)、(6)就是收敛的数列,它们的极限分别是 $0, 1, 0, a$.

2. 收敛数列的重要性质

(1) 收敛的数列极限唯一.

(2) 收敛的数列有界.

这两个性质的证明留在以后解决.

1.3.3　函数的极限

对于函数 $y = f(x)$ 的极限,根据自变量的变化分以下两种情况讨论.

1. 自变量趋于无穷时的极限

自变量 x 趋于无穷(记 $x \to \infty$)可分为两种情况:自变量 x 趋于正无穷(记 $x \to +\infty$)和自变量 x 趋于负无穷(记 $x \to -\infty$).

【定义 1.3】　设函数 $y = f(x)$,如果 x 无限增大时,函数值 $f(x)$ 无限接近一个常数 A,则称 A 为函数 $y = f(x)$ 当 x 趋于正无穷大($x \to +\infty$)时的极限,记为

$$\lim_{x \to +\infty} f(x) = A.$$

【例 1.22】　设 $f(x) = \dfrac{1}{x}$,求 $\lim\limits_{x \to +\infty} \dfrac{1}{x}$.

【解】　函数 $f(x) = \dfrac{1}{x}$ 的图像如图 1.25 所示,当 x 增大时,$\dfrac{1}{x}$ 就要变小,当 $x \to +\infty$ 时,$\dfrac{1}{x}$ 无限变小并趋于 0,因此有

$$\lim_{x \to +\infty} \frac{1}{x} = 0.$$

数列 $\{x_n\}$ 中的通项 x_n 实际上可看成是正整数 n 的函数. 从这点上看,数列的极限完全可归结为当自变量趋于正无穷大时的函数极限.

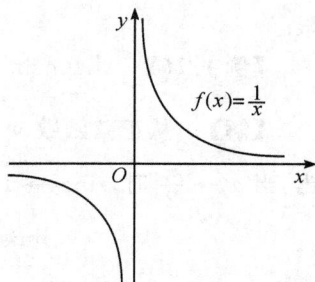

图 1.25

同理,可定义当 x 趋于负无穷($x \to -\infty$)时的函数极限,即当自变量 $x < 0$ 且 $|x|$ 无限增大时,函数值 $f(x)$ 无限接近常数 A,则称 A 为函数 $y = f(x)$ 当 $x \to -\infty$ 时的极限,记为

$$\lim_{x \to -\infty} f(x) = A.$$

【例 1.23】　求 $\lim\limits_{x \to -\infty} e^x$.

【解】　因当 $x < 0$ 时,有 $e^x = \dfrac{1}{e^{-x}} = \dfrac{1}{e^{|x|}}$,

由于 $e > 1$,故当 $|x|$ 增大时,$e^{|x|}$ 也增大,而当 $x \to -\infty$ 时,$|x|$ 无限增大,因而 $e^x = \dfrac{1}{e^{|x|}}$ 趋于 0,从而有 $\lim\limits_{x \to -\infty} e^x = 0$.

2. 自变量趋于有限值 x_0 时的极限

先看两个例子

【例 1.24】　讨论当 x 逐渐靠近 1 时,函数值 $y = x^2 - 3x + 3$ 的变化情况.

【解】　我们列出自变量 $x \to 1$ 时的某些值,考察对应函数值的变化趋势

x	0.9	0.99	0.999	$\cdots$	1	$\cdots$	1.001	1.01	1.10
y	1.11	1.0101	1.001001	$\cdots$	1	$\cdots$	0.999001	0.9901	0.91

从表中可看出,当 x 越靠近 1,对应函数值越靠近常数 1,即 $x \to 1$ 时,$y = x^2 - 3x + 3 \to 1$.

【例 1.25】　讨论当 x 趋于 1 时,函数值 $f(x) = \dfrac{x^2 - 1}{x - 1}$ 的变化趋势.

【解】　我们列出自变量 $x \to 1$ 时的某些值,考察对应函数值的变化趋势

x	0.75	0.9	0.99	0.9999	$\cdots$	1	$\cdots$	1.000001	1.01	1.25	1.5
$f(x)$	1.75	1.9	1.99	1.9999	$\cdots$	2	$\cdots$	2.000001	2.01	2.25	2.5

从表中可看出,当 x 越靠近 1 时,对应函数值 $f(x)$ 就越靠近 2,尽管 $f(x)$ 在 $x=1$ 处没有意义,但只要 x 接近 1,$f(x)$ 就接近 2,即

$$当 x \to 1 时, f(x) = \frac{x^2-1}{x-1} \to 2 \quad (x \neq 1).$$

上述两个例子都说明了当自变量 x 趋于某个值 x_0 时,函数值就趋于某个确定值,而这个确定值的存在与否跟函数在 x_0 处是否有定义无关,这个确定值就是函数在某点处的极限.

【定义 1.4】   设函数 $f(x)$ 在 x_0 的某空心邻域 $U^0(x_0)$ 内有定义,如果当 x 无限接近 x_0 时,函数值 $f(x)$ 就无限靠近某一个常数 A,则称 A 为函数 $f(x)$ 当 x 趋于 $x_0 (x \to x_0)$ 时的极限,记为

$$\lim_{x \to x_0} f(x) = A$$

并称 $f(x)$ 在 $x=x_0$ 处收敛或存在极限,否则称 $f(x)$ 在 $x=x_0$ 处发散或极限不存在或无极限.

【例 1.26】   求 $\lim\limits_{x \to \frac{\pi}{2}} \sin x$.

【解】   从正弦函数 $y = \sin x$ 的图像(图 1.26)中可看出,当 $x \to \dfrac{\pi}{2}$ 时,$\sin x \to 1$,即

$$\lim_{x \to \frac{\pi}{2}} \sin x = 1.$$

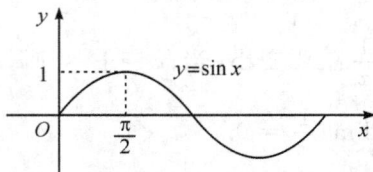

图 1.26

在例 1.24 至例 1.26 中,我们都是考虑自变量 x 既从 x_0 的左侧,又从 x_0 的右侧趋于 x_0 时,函数值 $f(x)$ 的变化趋势的.有时只需考虑自变量从 x_0 的左侧或右侧趋于 x_0 时,函数值的变化趋势,这就是所谓的左、右极限.

【定义 1.5】   设 $f(x)$ 在 $x=x_0$ 的左邻域 $U^-(x_0)$(x_0 可除外)内有定义,如果当 x 趋于 x_0(记 $x \to x_0^-$)时,函数值 $f(x)$ 趋于常数 A,则称 A 为 $f(x)$ 在 x_0 处的左极限,记为

$$\lim_{x \to x_0^-} f(x) = A.$$

设函数 $f(x)$ 在 x_0 的右邻域 $U^+(x_0)$(x_0 可除外)内有定义,当 x 趋于 x_0(记 $x \to x_0^+$)时,函数值 $f(x)$ 趋于常数 B,则称 B 为函数 $f(x)$ 在 x_0 处的右极限,记为

$$\lim_{x \to x_0^+} f(x) = B.$$

【例 1.27】   试讨论函数 $f(x) = \begin{cases} x+1, & x > 1 \\ x, & x < 1 \end{cases}$,在 $x=1$ 处的左、右极限.

【解】   函数 $y = f(x)$ 的图像如图 1.27 所示,当 $x < 1$ 时,$f(x) = x$,因此当 x 趋近于 1 时,$f(x)$ 趋近于 1,即

$$\lim_{x \to 1^-} f(x) = \lim_{x \to 1^-} x = 1;$$

同理可得

$$\lim_{x \to 1^+} f(x) = \lim_{x \to 1^+} (x+1) = 2.$$

由于当 x 分别从 1 的左、右两侧趋近于 1 时,函数值 $f(x)$ 的变化趋势不一致,故 $y = f(x)$ 在 $x=1$ 处不存在极限.前面所提到的符号函数在 $x=0$ 处也不存在极限.

由定义 1.4 与定义 1.5 并结合例 1.27 得到:

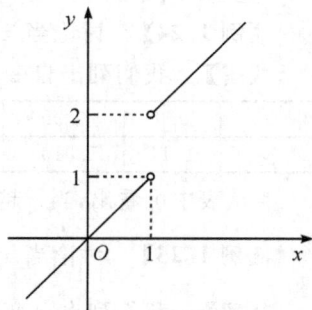

图 1.27

【定理 1.1】　函数 $y = f(x)$ 在 $x = x_0$ 处存在极限的充分必要条件是 $y = f(x)$ 在 $x = x_0$ 处的左、右极限存在且相等. 即

$$\lim_{x \to x_0} f(x) = A \Leftrightarrow \lim_{x \to x_0^-} f(x) = \lim_{x \to x_0^+} f(x) = A.$$

【例 1.28】　设函数 $y = f(x) = \begin{cases} x^2 & x > 0 \\ -x & x < 0 \end{cases}$，求 $\lim\limits_{x \to 0} f(x)$.

【解】　因为函数 $y = f(x)$ 在 $x = 0$ 的左、右邻域内是有不同的表达式，故要研究 $f(x)$ 在 $x = 0$ 处极限存在否，必须分开讨论当 $x \to 0$ 时函数值的变化趋势.

当 $x \to 0^-$ 时，$\lim\limits_{x \to 0^-} f(x) = \lim\limits_{x \to 0^-} (-x) = 0$；

当 $x \to 0^+$ 时，$\lim\limits_{x \to 0^+} f(x) = \lim\limits_{x \to 0^+} x^2 = 0$；

根据定理 1.1 于是有 $\lim\limits_{x \to 0} f(x) = 0$.

【例 1.29】　设函数 $f(x) = \begin{cases} x\sin\dfrac{1}{x}, & x \neq 0 \\ 0, & x = 0, \end{cases}$ 求 $\lim\limits_{x \to 0} f(x)$.

【解】　当 $x \neq 0$ 时，$|f(x)| = \left| x\sin\dfrac{1}{x} \right| = |x| \left| \sin\dfrac{1}{x} \right| \leqslant |x|$，

又当 $x \to 0$ 时，$|x| \to 0$，所以当 $x \to 0$ 时，有 $|f(x)| \to 0$，即 $\lim\limits_{x \to 0} f(x) = 0$.

另一方面，由函数 $f(x) = \begin{cases} x\sin\dfrac{1}{x}, & x \neq 0 \\ 0, & x = 0 \end{cases}$ 的

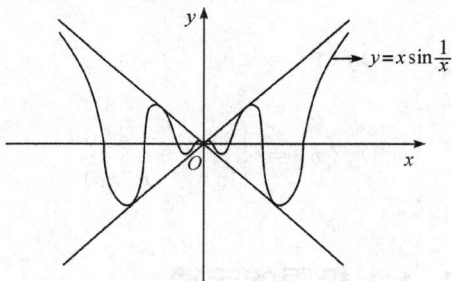

图像（如图 1.28 所示）中也可看出，当 $x \to 0$ 时，函数的极限为 0.

图 1.28

3. 极限的性质

与数列的极限一样，函数的极限若存在则具有很好的性质.

【性质 1.1】　如果函数 $y = f(x)$ 在自变量的某个变化过程中（如 $x \to x_0$，$x \to \infty$ 等）极限存在，则极限是唯一的.

性质 1.1 告诉我们，在自变量的同一变化过程中，不能有两个不同常数作为函数的极限，性质 1 叫做函数极限的唯一性.

【性质 1.2】　设 $y = f(x)$，若 $\lim\limits_{x \to x_0} f(x) = A$，则存在 $\delta > 0$ 使得 $y = f(x)$ 在 $U^0(x_0, \delta)$ 内有界.

对 $x \to \infty$ 的情形，性质 1.2 可这样描述：设函数 $y = f(x)$，若 $\lim\limits_{x \to \infty} f(x) = A$，则存在 $X > 0$，使函数 $y = f(x)$ 在 $|x| > X$ 内有界.

性质 1.2 叫做函数的局部有界性.

【性质 1.3】　设函数 $y = f(x)$，若 $\lim\limits_{x \to x_0} f(x) = A > 0 (< 0)$，则存在 $\delta > 0$，使得函数 $y = f(x)$ 在 $U^0(x_0, \delta)$ 内恒有 $f(x) > 0 (< 0)$.

性质 1.3 叫做函数的局部保号性.

从性质 1.3 还可得到下面的推论：

【推论 1.1】　设函数 $y = f(x) \geqslant 0 (\leqslant 0)$，且 $\lim\limits_{x \to x_0} f(x) = A$，则 $A \geqslant 0 (\leqslant 0)$.

【推论 1.2】　如果 $f(x) \geqslant g(x), \lim\limits_{x \to x_0} f(x), \lim\limits_{x \to x_0} g(x)$ 存在,则 $\lim\limits_{x \to x_0} f(x) \geqslant \lim\limits_{x \to x_0} g(x)$.

习题 1.3

1.已知数列的通项,试写出数列的前四项,并观察判定该数列是否收敛.

(1) $x_n = (-1)^n n$

(2) $x_n = \dfrac{n + (-1)^{n+1}}{n}$

(3) $x_n = \dfrac{n+1}{n^2}$

(4) $x_n = \dfrac{1}{1 \cdot 2} + \dfrac{1}{2 \cdot 3} + \cdots + \dfrac{1}{n(n+1)}$

2.试写出下列数列的通项,并观察判定是否收敛,若收敛,写出其极限.

(1) $1, \dfrac{1}{3}, \dfrac{1}{9}, \dfrac{1}{27}, \dfrac{1}{81}, \cdots$

(2) $0, 1, 0, \dfrac{1}{2}, 0, \dfrac{1}{3}, \cdots$

(3) $\sin 1, \sin 2, \sin 3, \sin 4, \cdots$

3.观察判定下列极限是否存在,若存在试写出其极限.

(1) $\lim\limits_{x \to 0} \sin \dfrac{1}{x}$

(2) $\lim\limits_{x \to \infty} \sin \dfrac{1}{x}$

(3) $\lim\limits_{x \to 0} x \cdot \sin \dfrac{1}{x}$

(4) $\lim\limits_{x \to \infty} x \sin \dfrac{1}{x}$

4.求下列函数的 $\lim\limits_{x \to 0^-} f(x), \lim\limits_{x \to 0^+} f(x), \lim\limits_{x \to 0} f(x)$.

(1) $f(x) = |x|$

(2) $f(x) = \dfrac{|x|}{x}$

(3) $f(x) = \begin{cases} e^{\frac{1}{x}}, & x < 0 \\ \ln x, & x > 0 \end{cases}$

(4) $f(x) = \begin{cases} x^3 + 1, & x < 0 \\ 0, & x = 0 \\ 3^x, & x > 0 \end{cases}$

1.4　极限的运算

　　研究函数的极限,目的之一是计算函数的极限.在前几节中,我们曾计算过几个简单函数的极限,但要计算较为复杂一些的函数极限,还是要掌握极限的运算法则,以及两个重要极限.

1.4.1　极限的四则运算

　　为了下面定理 1.2 叙述方便,这里总假定在自变量的某变化过程中($x \to x_0$ 或 $x \to \infty$)$f(x)$ 和 $g(x)$ 的极限存在,并用 $\lim f(x)$、$\lim g(x)$ 代替 $\lim\limits_{x \to x_0} f(x)$、$\lim\limits_{x \to x_0} g(x)$ 或 $\lim\limits_{x \to \infty} f(x)$、$\lim\limits_{x \to \infty} g(x)$.

【定理 1.2】　如果 $\lim f(x) = A, \lim g(x) = B$,则

(1) $\lim(f(x) \pm g(x)) = A \pm B$;

(2) $\lim(f(x) g(x)) = AB$;

(3) 若 $B \neq 0, \lim \dfrac{f(x)}{g(x)} = \dfrac{A}{B}$.

定理 1.2 的证明略.

定理 1.2 的(1)(2)式子可推广到有限个函数的情形,即

若 $\lim f_1(x) = A_1, \lim f_2(x) = A_2, \cdots, \lim f_n(x) = A_n$,则

$$\lim(f_1(x) \pm f_2(x) \pm \cdots \pm f_n(x)) = A_1 \pm A_2 \pm \cdots \pm A_n;$$

$$\lim(f_1(x) f_2(x) \cdots f_n(x)) = A_1 A_2 \cdots A_n.$$

若定理 1.2 中的 $g(x) = c$ 为常数,则由(2)式子有

$$\lim cf(x) = c \lim f(x)$$

我们称定理 1.2 为极限的四则运算法则. 它们在计算函数的极限中起着重要的作用. 但要注意,运用极限四则运算法则时,必须考虑到运算法则成立的前提.

【例 1.30】　求 $\lim\limits_{x \to x_0} a_0 x^n$,其中 a_0 为常数,n 为正整数.

【解】　因为 $\lim\limits_{x \to x_0} x = x_0$,所以

$$\lim_{x \to x_0} x^n = \underbrace{\lim_{x \to x_0} x \lim_{x \to x_0} x \cdots \lim_{x \to x_0} x}_{n \uparrow} = \left(\lim_{x \to x_0} x\right)^n = x_0^n,$$

从而有

$$\lim_{x \to x_0} a_0 x^n = a_0 \lim_{x \to x_0} x^n = a_0 x_0^n.$$

一般地,用极限四则运算法则可得到

$$\lim_{x \to x_0} (a_0 x^n + a_1 x^{n-1} + \cdots + a_{n-1} x + a_n) = a_0 x_0^n + a_1 x_0^{n-1} + \cdots + a_{n-1} x_0 + a_n,$$

也就是说,对于任一个 n 次多项式函数 $p_n(x)$,都有

$$\lim_{x \to x_0} p_n(x) = p_n(x_0).$$

【例 1.31】　求 $\lim\limits_{x \to 1} \dfrac{x^3 + 2x^2 + 4x + 1}{3x^4 + x^3 - 2x^2 + 4x + 2}$

【解】　因为分母的极限

$$\lim_{x \to 1} (3x^4 + x^3 - 2x^2 + 4x + 2) = 3 \times 1^4 + 1^3 - 2 \times 1^2 + 4 \times 1 + 2 = 8 \neq 0,$$

由定理 1.2 的(3)式子得,

$$\lim_{x \to 1} \frac{x^3 + 2x^2 + 4x + 1}{3x^4 + x^3 - 2x^2 + 4x + 2} = \frac{\lim\limits_{x \to 1}(x^3 + 2x^2 + 4x + 1)}{\lim\limits_{x \to 1}(3x^4 + x^3 - 2x^2 + 4x + 2)} = \frac{8}{8} = 1.$$

一般地,如果 $R(x) = \dfrac{p_n(x)}{q_m(x)}$,其中 $p_n(x), q_m(x)$ 分别是 n 次和 m 次多项式函数[此时也称 $R(x)$ 为有理函数],且 $q_m(x_0) \neq 0$,则

$$\lim_{x \to x_0} R(x) = R(x_0) = \frac{p_n(x_0)}{q_m(x_0)}.$$

【例 1.32】　求 $\lim\limits_{x \to 2} \dfrac{x^3 - 8}{x^2 - 4}$.

【解】　因为 $\lim\limits_{x \to 2}(x^2 - 4) = 4 - 4 = 0$,故不能直接运用极限四则运算法则,但当 $x \to 2$,而 $x \neq 2$ 时,有

$$\frac{x^3 - 8}{x^2 - 4} = \frac{x^2 + 2x + 4}{x + 2},$$

从而得到

$$\lim_{x \to 2} \frac{x^3 - 8}{x^2 - 4} = \lim_{x \to 2} \frac{x^2 + 2x + 4}{x + 2} = 3.$$

【例 1.33】 求 $\lim\limits_{x \to +\infty} \dfrac{3x^2 - 2x + 1}{-2x^2 + x - 4}$.

【解】 当 $x \to +\infty$ 时,分子、分母都没有极限,因此不能直接运用极限四则运算法则,如果将分子、分母同除 x^2,即

$$\frac{3x^2 - 2x + 1}{-2x^2 + x - 4} = \frac{3 - \dfrac{2}{x} + \dfrac{1}{x^2}}{-2 + \dfrac{1}{x} - \dfrac{4}{x^2}},$$

由于等式右端分子、分母当 $x \to +\infty$ 时极限存在且分母极限为 $-2 \neq 0$,故有

$$\lim_{x \to +\infty} \frac{3x^2 - 2x + 1}{-2x^2 + x - 4} = \lim_{x \to +\infty} \frac{3 - \dfrac{2}{x} + \dfrac{1}{x^2}}{-2 + \dfrac{1}{x} - \dfrac{4}{x^2}} = -\frac{3}{2}.$$

【例 1.34】 求 $\lim\limits_{x \to 0} \dfrac{1 - \sqrt{1 + x^2}}{x^2}$.

【解】 因为分母极限 $\lim\limits_{x \to 0} x^2 = 0$,所以不能直接运用极限四则运算法则,我们对分子进行有理化,得

$$\frac{1 - \sqrt{1 + x^2}}{x^2} = \frac{(1 - \sqrt{1 + x^2})(1 + \sqrt{1 + x^2})}{x^2(1 + \sqrt{1 + x^2})} = \frac{-x^2}{x^2(1 + \sqrt{1 + x^2})} = \frac{-1}{1 + \sqrt{1 + x^2}},$$

从而有

$$\lim_{x \to 0} \frac{1 - \sqrt{1 + x^2}}{x^2} = \lim_{x \to 0} \frac{-1}{1 + \sqrt{1 + x^2}} = -\frac{1}{2}.$$

【例 1.35】 求 $\lim\limits_{n \to \infty} \dfrac{1 + \dfrac{1}{2} + \dfrac{1}{4} + \cdots + \dfrac{1}{2^{n-1}}}{1 + \dfrac{1}{3} + \dfrac{1}{9} + \cdots + \dfrac{1}{3^{n-1}}}$.

【解】 由于分子、分母当 n 无限增大时,都有无穷多项,无法直接求极限,考虑到分子、分母分别是公比为 $\dfrac{1}{2}$ 和 $\dfrac{1}{3}$ 的等比数列的前 n 项和,故可先求出这个和,即

$$1 + \frac{1}{2} + \frac{1}{4} + \cdots + \frac{1}{2^{n-1}} = \frac{1 - \dfrac{1}{2^n}}{1 - \dfrac{1}{2}},$$

$$1 + \frac{1}{3} + \frac{1}{9} + \cdots + \frac{1}{3^{n-1}} = \frac{1 - \dfrac{1}{3^n}}{1 - \dfrac{1}{3}},$$

而

$$\lim_{n \to \infty} \frac{1}{2^n} = 0, \lim_{n \to \infty} \frac{1}{3^n} = 0,$$

所以有

$$\lim_{n \to \infty} \frac{1 + \frac{1}{2} + \frac{1}{4} + \cdots + \frac{1}{2^{n-1}}}{1 + \frac{1}{3} + \frac{1}{9} + \cdots + \frac{1}{3^{n-1}}} = \lim_{n \to \infty} \frac{\frac{1 - \frac{1}{2^n}}{1 - \frac{1}{2}}}{\frac{1 - \frac{1}{3^n}}{1 - \frac{1}{3}}} = \frac{\lim\limits_{n \to \infty} \frac{1 - \frac{1}{2^n}}{1 - \frac{1}{2}}}{\lim\limits_{n \to \infty} \frac{1 - \frac{1}{3^n}}{1 - \frac{1}{3}}} = \frac{4}{3}.$$

1.4.2 两个重要极限

我们已经讨论了极限的性质和运算法则,但对于一个给定的函数是否有极限的问题还没有解决.

当我们已经计算出某极限的值时,这个极限的存在与否也就肯定了.但是当我们难以求出极限值时,极限是否存在就应首先考虑了.肯定了它的存在,再设法计算才有意义.在这一节里,我们先介绍判定极限存在的两个准则,并以此为基础,推导出两个重要极限.

1. 极限存在准则

【**准则 I**】 (夹逼定理)设三个函数 $f(x)$,$g(x)$,$h(x)$ 满足 $f(x) \leqslant g(x) \leqslant h(x)$,并且

$$\lim_{\substack{x \to x_0 \\ (x \to \infty)}} f(x) = \lim_{\substack{x \to x_0 \\ (x \to \infty)}} h(x) = A,$$

则有

$$\lim_{\substack{x \to x_0 \\ (x \to \infty)}} g(x) = A.$$

证明略.

【**例 1.36**】 求 $\lim\limits_{n \to \infty} \left(\dfrac{n}{n^2 + 1} + \dfrac{n}{n^2 + 2} + \cdots + \dfrac{n}{n^2 + n} \right)$.

【**解**】 因为 $\dfrac{n}{n^2 + n} \times n < \dfrac{n}{n^2 + 1} + \dfrac{n}{n^2 + 2} + \cdots + \dfrac{n}{n^2 + n} < \dfrac{n}{n^2 + 1} \times n$,令

$$x_n = \frac{n^2}{n^2 + n}, y_n = \frac{n}{n^2 + 1} + \frac{n}{n^2 + 2} + \cdots + \frac{n}{n^2 + n}, z_n = \frac{n^2}{n^2 + 1}$$

由于

$$\lim_{n \to \infty} x_n = \lim_{n \to \infty} \frac{n^2}{n^2 + n} = \lim_{n \to \infty} \frac{1}{1 + \frac{1}{n}} = 1,$$

$$\lim_{n \to \infty} z_n = \lim_{n \to \infty} \frac{n^2}{n^2 + 1} = \lim_{x \to \infty} \frac{1}{1 + \frac{1}{n^2}} = 1,$$

由准则 I 得 $\lim\limits_{n \to \infty} y_n = 1$,即

$$\lim_{n \to \infty} \left(\frac{n}{n^2 + 1} + \frac{n}{n^2 + 2} + \cdots + \frac{n}{n^2 + n} \right) = 1.$$

现在考虑数列 $\{x_n\}$,

如果满足 $x_1 \leqslant x_2 \leqslant \cdots \leqslant x_n \leqslant \cdots$,则称 $\{x_n\}$ 为单调递增数列;

如果满足 $x_1 \geqslant x_2 \geqslant \cdots \geqslant x_n \geqslant \cdots$,则称 $\{x_n\}$ 为单调递减数列.

单调递增数列和单调递减数列统称为单调数列.

【准则 Ⅱ】　单调有界数列必收敛.

1.3.1中提到的正多边形（正 $3 \cdot 2^{n-1}$ 边形），其面积 S_n 构成的数列 $S_1, S_2, \cdots, S_n, \cdots$ 就是一个单调递增数列，且 $S_n \leqslant \pi R^2$，故 $\{S_n\}$ 是一个单调有界数列，从而它必收敛.

2. 两个重要极限

【极限一】　$\lim\limits_{x \to 0} \dfrac{\sin x}{x} = 1$

【证明】　因为 $f(x) = \dfrac{\sin x}{x}$ 是一个偶函数，所以只要能证明 $\lim\limits_{x \to 0^+}$ $\dfrac{\sin x}{x} = 1$ 成立即可. 另外，由 $x \to 0^+$，不妨限制 x 在 $\left(0, \dfrac{\pi}{2}\right)$ 内取值. 如图 1.29 所示，设单位圆的圆心为 O，在圆周上取一定点 A，在圆周上任取一点 B 使 $\angle AOB = x\left(0 < x < \dfrac{\pi}{2}\right)$. 过点 A 作圆周的切线交 OB 的延长线于 N，连结 AB，则得 $\triangle AOB$、扇形 AOB、$\triangle AON$ 三个图像，设其面积分别为 $S_{\triangle AOB}$，$S_{扇形 AOB}$，$S_{\triangle AON}$，则有关系

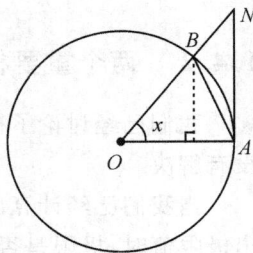

$$S_{\triangle AOB} < S_{扇形 AOB} < S_{\triangle AON}.$$

图 1.29

根据三角形、扇形面积公式，于是有

$$\frac{1}{2}\sin x < \frac{1}{2}x < \frac{1}{2}\tan x,$$

即

$$\sin x < x < \tan x.$$

因为 $x \in \left(0, \dfrac{\pi}{2}\right)$，所以 $\sin x > 0$，上式各端同除以 $\sin x$ 得

$$1 < \frac{x}{\sin x} < \frac{1}{\cos x},$$

即

$$\cos x < \frac{\sin x}{x} < 1.$$

因为 $\lim\limits_{x \to 0^+}\cos x = 1, \lim\limits_{x \to 0^+} 1 = 1$，于是由准则 Ⅰ 得到 $\lim\limits_{x \to 0^+} \dfrac{\sin x}{x} = 1$，从而

$$\lim\limits_{x \to 0} \frac{\sin x}{x} = 1.$$

【例 1.37】　求 $\lim\limits_{x \to 0} \dfrac{\sin 3x}{x}$.

【解】　令 $u = 3x$，则当 $x \to 0$ 时，$u \to 0$，所以

$$\lim\limits_{x \to 0} \frac{\sin 3x}{x} = \lim\limits_{u \to 0} \frac{\sin u}{\dfrac{u}{3}} = 3 \lim\limits_{u \to 0} \frac{\sin u}{u} = 3.$$

一般地，

$$\lim\limits_{x \to 0} \frac{\sin kx}{x} = k.$$

【例 1.38】　求 $\lim\limits_{x \to 0} \dfrac{1 - \cos x}{x^2}$.

【解】 因为 $\dfrac{1-\cos x}{x^2} = \dfrac{(1-\cos x)(1+\cos x)}{x^2(1+\cos x)} = \dfrac{1-\cos^2 x}{x^2(1+\cos x)} = \left(\dfrac{\sin x}{x}\right)^2 \cdot \dfrac{1}{1+\cos x}$,

所以

$$\lim_{x \to 0} \frac{1-\cos x}{x^2} = \lim_{x \to 0}\left(\frac{\sin x}{x}\right)^2 \lim_{x \to 0}\frac{1}{1+\cos x} = 1^2 \times \frac{1}{1+1} = \frac{1}{2}.$$

【例 1.39】 考虑 1.3.1 中正 $3 \cdot 2^{n-1}$ 边形面积 S_n 构成的数列 $\{S_n\}$,我们已计算出

$$S_n = 3 \cdot 2^{n-2} \cdot R^2 \cdot \sin\frac{\pi}{3 \cdot 2^{n-2}},$$

$$\lim_{n \to \infty} S_n = \lim_{n \to \infty} 3 \cdot 2^{n-2} \cdot R^2 \cdot \sin\frac{\pi}{3 \cdot 2^{n-2}} = R^2 \lim_{n \to \infty}\frac{\sin\dfrac{\pi}{3 \cdot 2^{n-2}}}{\dfrac{1}{3 \cdot 2^{n-2}}},$$

令 $u = \dfrac{1}{3 \cdot 2^{n-2}}$,则当 $n \to \infty$ 时,$u \to 0$,所以

$$\lim_{n \to \infty} S_n = R^2 \lim_{u \to 0}\frac{\sin \pi u}{u} = R^2 \times \pi = \pi R^2.$$

这个结果正是我们需要的,即圆面积等于其内接正多边形面积当其边数无限增大时的极限

【极限二】 $\lim\limits_{x \to \infty}\left(1 + \dfrac{1}{x}\right)^x = e$

【证明】 我们先来证明极限 $\lim\limits_{n \to \infty}\left(1 + \dfrac{1}{n}\right)^n = e$ 成立,这里 n 为正整数.

令 $x_n = \left(1 + \dfrac{1}{n}\right)^n$,按二项式定理展开得

$$x_n = 1 + C_n^1\frac{1}{n} + C_n^2\frac{1}{n^2} + C_n^3\frac{1}{n^3} + \cdots + C_n^n\frac{1}{n^n}$$

$$= 1 + 1 + \frac{1}{2!}\left(1 - \frac{1}{n}\right) + \frac{1}{3!}\left(1 - \frac{1}{n}\right)\left(1 - \frac{2}{n}\right) + \cdots + \frac{1}{n!}\left(1 - \frac{1}{n}\right)\left(1 - \frac{2}{n}\right)\cdots\left(1 - \frac{n-1}{n}\right), (1)$$

同样对 x_{n+1},有

$$x_{n+1} = 1 + 1 + \frac{1}{2!}\left(1 - \frac{1}{n+1}\right) + \frac{1}{3!}\left(1 - \frac{1}{n+1}\right)\left(1 - \frac{2}{n+1}\right) + \cdots +$$

$$\frac{1}{n!}\left(1 - \frac{1}{n+1}\right)\left(1 - \frac{2}{n+1}\right)\cdots\left(1 - \frac{n-1}{n+1}\right) +$$

$$\frac{1}{(n+1)!}\left(1 - \frac{1}{n+1}\right)\left(1 - \frac{2}{n+1}\right)\cdots\left(1 - \frac{n}{n+1}\right), \tag{2}$$

比较式(1)和式(2)的对应各项,有

$$x_n < x_{n+1},$$

也就是说,数列 $\{x_n\}$ 是单调递增数列. 另外由式(1)明显有

$$x_n < 1 + 1 + \frac{1}{2!} + \frac{1}{3!} + \cdots + \frac{1}{n!},$$

考虑到 $1 = 2^0, 2! = 2^1, 3! > 2^2, \cdots, n! > 2^{n-1}$ 成立,故又有

$$x_n < 1 + 1 + \frac{1}{2} + \frac{1}{2^2} + \cdots + \frac{1}{2^{n-1}} = 1 + \frac{1 - \dfrac{1}{2^n}}{1 - \dfrac{1}{2}} = 1 + 2\left(1 - \frac{1}{2^n}\right) = 3 - \frac{1}{2^{n-1}} < 3.$$

这说明数列 $\{x_n\}$ 是有界数列,由准则 Ⅱ,数列 $\{x_n\}$ 是收敛数列,设数列极限为 e,则有

$$\lim_{n \to \infty}\left(1 + \frac{1}{n}\right)^n = e.$$

实际上,数 e 是一个介于 2.7 与 2.8 之间的无理数,是我们前面提到的自然对数的底.

其次证明 $\lim\limits_{x \to +\infty}\left(1 + \frac{1}{x}\right)^x = e$.

事实上,对充分大的正数 x,必有正整数 n,使 $n \leqslant x < n + 1$,即

$$1 + \frac{1}{n+1} < 1 + \frac{1}{x} \leqslant 1 + \frac{1}{n},$$

由于上式中每项都大于 1,因此有

$$\left(1 + \frac{1}{n+1}\right)^n \leqslant \left(1 + \frac{1}{n+1}\right)^x < \left(1 + \frac{1}{x}\right)^x \leqslant \left(1 + \frac{1}{n}\right)^x < \left(1 + \frac{1}{n}\right)^{n+1},$$

又由 $n \leqslant x < n + 1$,当 $x \to +\infty$ 时,必有 $n \to +\infty$,而

$$\lim_{n \to \infty}\left(1 + \frac{1}{n+1}\right)^n = \lim_{n \to \infty}\left(1 + \frac{1}{n+1}\right)^{n+1} \times \frac{1}{\left(1 + \frac{1}{n+1}\right)} = e \times 1 = e,$$

$$\lim_{n \to \infty}\left(1 + \frac{1}{n}\right)^{n+1} = \lim_{n \to \infty}\left(1 + \frac{1}{n}\right)^n \times \left(1 + \frac{1}{n}\right) = e \times 1 = e,$$

从而由准则 Ⅰ

$$\lim_{x \to +\infty}\left(1 + \frac{1}{x}\right)^x = e.$$

此外,对 $\lim\limits_{x \to -\infty}\left(1 + \frac{1}{x}\right)^x$,令 $u = -x$,则

$$\lim_{x \to -\infty}\left(1 + \frac{1}{x}\right)^x = \lim_{u \to +\infty}\left(1 - \frac{1}{u}\right)^{-u} = \lim_{u \to +\infty}\left(\frac{u}{u-1}\right)^u = \lim_{u \to +\infty}\left(1 + \frac{1}{u-1}\right)^u$$

$$= \lim_{u \to +\infty}\left(1 + \frac{1}{u-1}\right)^{u-1} \times \left(1 + \frac{1}{u-1}\right) = e \times 1 = e.$$

这样,不论 $x \to +\infty$ 还是 $x \to -\infty$ 都有 $\left(1 + \frac{1}{x}\right)^x \to e$,我们把这两种情况合并为

$$\lim_{x \to \infty}\left(1 + \frac{1}{x}\right)^x = e.$$

【例 1.40】　求 $\lim\limits_{x \to \infty}\left(1 + \frac{4}{x}\right)^x$.

【解】　令 $u = \frac{x}{4}$,则

$$\lim_{x \to \infty}\left(1 + \frac{4}{x}\right)^x = \lim_{u \to \infty}\left(1 + \frac{1}{u}\right)^{4u} = \lim_{u \to \infty}\left[\left(1 + \frac{1}{u}\right)^u\right]^4 = e^4.$$

极限 $\lim\limits_{x \to \infty}\left(1 + \frac{1}{x}\right)^x = e$ 还有另一种等价形式

$$\lim_{x \to 0}(1 + x)^{\frac{1}{x}} = e.$$

【例 1.41】　求 $\lim\limits_{x \to 0}(1 + kx)^{\frac{1}{x}}(k \neq 0)$.

【解】　令 $t = kx$,则

$$\lim_{x \to 0}(1 + kx)^{\frac{1}{x}} = \lim_{t \to 0}(1 + t)^{\frac{k}{t}} = \lim_{t \to 0}\left[(1 + t)^{\frac{1}{t}}\right]^k = e^k.$$

【例 1.42】 求 $\lim\limits_{x\to\infty}\left(\dfrac{x+2}{x-1}\right)^x$.

【解 1】 因为 $\dfrac{x+2}{x-1}=1+\dfrac{3}{x-1}$，令 $t=\dfrac{1}{x-1}$，则 $x=1+\dfrac{1}{t}$，并且当 $x\to\infty$ 时，$t\to0$，所以

$$\lim_{x\to\infty}\left(\frac{x+2}{x-1}\right)^x=\lim_{t\to0}(1+3t)^{\frac{1}{t}+1}=\lim_{t\to0}(1+3t)^{\frac{1}{t}}\times(1+3t)=e^3\times1=e^3.$$

【解 2】 $\lim\limits_{x\to\infty}\left(\dfrac{x+2}{x-1}\right)^x=\lim\limits_{x\to\infty}\dfrac{\left(\dfrac{x+2}{x}\right)^x}{\left(\dfrac{x-1}{x}\right)^x}=\lim\limits_{x\to\infty}\dfrac{\left(1+\dfrac{2}{x}\right)^x}{\left(1-\dfrac{1}{x}\right)^x}=\dfrac{\lim\limits_{x\to\infty}\left(1+\dfrac{2}{x}\right)^x}{\lim\limits_{x\to\infty}\left(1-\dfrac{1}{x}\right)^x}=\dfrac{e^2}{e^{-1}}=e^3.$

习题 1.4

1. 求下列极限

(1) $\lim\limits_{x\to1}(2x^3-x+4)$

(2) $\lim\limits_{x\to2}\dfrac{x+3}{x^2+x+1}$

(3) $\lim\limits_{x\to2}\dfrac{x-2}{x^2+3x-10}$

(4) $\lim\limits_{x\to-1}\dfrac{x^2-x-2}{x^2+6x+5}$

(5) $\lim\limits_{x\to0}\dfrac{3x+2}{x}$

(6) $\lim\limits_{x\to-\infty}(e^{\frac{1}{x}}-1)$

(7) $\lim\limits_{x\to4}\dfrac{x-4}{\sqrt{x}-2}$

(8) $\lim\limits_{x\to+\infty}\dfrac{\cos x}{x}$

(9) $\lim\limits_{x\to+\infty}\dfrac{\sqrt{x^2+2x+2}-1}{x+2}$

(10) $\lim\limits_{x\to\infty}\dfrac{(3x-2)^{12}(4x+1)^{13}}{(5x+1)^{25}}$

(11) $\lim\limits_{x\to\infty}\dfrac{x^3-1}{x^2+2x+3}$

2. 求下列极限

(1) $\lim\limits_{x\to0}\dfrac{\sin3x}{x}$

(2) $\lim\limits_{x\to0}\dfrac{\sin nx}{\sin mx}(m\neq0)$

(3) $\lim\limits_{x\to0}\dfrac{\sin5x}{\tan4x}$

(4) $\lim\limits_{x\to\infty}x\sin\dfrac{a}{x}$

(5) $\lim\limits_{x\to0^+}\dfrac{\sin3x}{\sqrt{x}}$

(6) $\lim\limits_{x\to0}\dfrac{x-1}{\sin2(x-1)}$

(7) $\lim\limits_{x\to0}\dfrac{\tan x-\sin x}{x^3}$

(8) $\lim\limits_{x\to\pi}\dfrac{\tan x}{x-\pi}$

(9) $\lim\limits_{x\to0}\dfrac{\sin x^n}{(\sin x)^m}$

3. 求下列极限

(1) $\lim\limits_{x\to\infty}\left(1+\dfrac{1}{x}\right)^{-x}$

(2) $\lim\limits_{x\to0}\left(1-\dfrac{1}{2}x\right)^{\frac{1}{x}}$

(3) $\lim\limits_{x\to0}(\sec^2 x)c_0 t^2 x$

(4) $\lim\limits_{x\to0}\dfrac{\ln(a+x)-\ln a}{x}$

1.5   无穷小量与无穷大量

本节讨论一个在理论上和应用上都有重要地位的变量 —— 无穷小量.

在前面几节里,我们介绍了几种函数极限(包括数列极限),这些极限尽管在表述形式上有所区别,但其实质是相同的.它们之间的区别仅仅是自变量的变化方式不同.如果我们将"$x \to \infty$(包括 $n \to \infty$)和 $x \to x_0$"等概括为"自变量的某一个变化过程",那么可把以上各种极限归结为一般变量的极限;如果在自变量的某一变化过程中,(因)变量 $y = f(x)$ 无限趋近常数 A,则称 A 为变量 y 在自变量变化过程中的极限(本小节仍借用定理 1.2 中的极限写法).

1.5.1　无穷小量

【定义 1.6】　如果在自变量 x 的某一变化过程中,变量 $y = f(x)$ 以 0 为极限,即 $\lim f(x) = 0$,则称变量 $y = f(x)$ 为该变化过程中的无穷小量.

例如,因为 $\lim\limits_{x \to 2}(x^2 - 4) = 0$,所以变量 $y = x^2 - 4$ 是当 $x \to 2$ 时的无穷小量,同样,变量 $y = \dfrac{1}{x}$ 是当 $x \to \infty$ 时的无穷小量.

关于无穷小量应注意:

(1) 无穷小量是一个变量(常数 0 例外),不能与很小的正数(如百万分之一等)混为一谈.

(2) 一个变量是否是无穷小量与自变量的变化过程密切相关,离开了自变量的变化过程,无穷小量无从说起.

上面提到的变量 $y = x^2 - 4, y = \dfrac{1}{x}$ 分别是当 $x \to 2$ 和 $x \to \infty$ 时的无穷小量,如果令 $x \to 3$,则这两个变量都不是无穷小量.

考虑变量 $y = f(x)$ 且 $\lim f(x) = A$,则有 $\lim[f(x) - A] = 0$,令 $\alpha(x) = f(x) - A$,则 $f(x) = A + \alpha(x)$

由此得到变量极限与无穷小量的关系.

【定理 1.3】　$\lim f(x) = A$ 的充分必要条件是 $f(x) = A + \alpha(x)$,其中 $\lim \alpha(x) = 0$.

无穷小量还有以下常用性质:

(1) 两个无穷小量之和仍为无穷小量;

(2) 两个无穷小量之积仍为无穷小量;

(3) 无穷小量与有界变量之积为无穷小量.

性质(1)和性质(2)还可推广到有限个的情形.

1.5.2　无穷大量

【定义 1.7】　如果在自变量 x 的某一变化过程中,变量 $y = f(x)$ 的绝对值无限增大,趋于正无穷,则称变量 $y = f(x)$ 为该变化过程中的无穷大量.

由这个定义,变量 y(无穷大量)在自变量的变化过程中不存在极限,但为了描述的方便,仍记为 $\lim y = \infty$.

变量 $x^2 - 4(x \to \infty)$,$\dfrac{1}{x}(x \to 0)$,$e^x(x \to +\infty)$,$\ln x(x \to 0^+)$ 都是无穷大量.

无穷大量与无穷小量有如下关系:

无穷大量的倒数是无穷小量;

无穷小量(非零)的倒数是无穷大量.

如 $x^2 - 4(x \to 2)$ 是无穷小量,$\dfrac{1}{x^2-4}(x \to 2)$ 是无穷大量;$\ln x(x \to 0^+)$ 是无穷大量,

$\dfrac{1}{\ln x}(x \to 0^+)$ 是无穷小量.

考虑变量 x, x^2, x^3,当 $x \to 0$ 时,它们都是无穷小量,即当 $x \to 0$ 时,它们都趋于 0. 但很明显,三者趋于 0 的快慢程度不同,x^3 最快,x 最慢. 为比较这种快慢程度,我们引进无穷小量"阶"的概念.

1.5.3　无穷小量阶的比较

【定义 1.8】　设 $\lim \alpha(x) = 0, \lim \beta(x) = 0$,且 $\beta(x) \neq 0$,

(1) 若 $\lim \dfrac{\alpha(x)}{\beta(x)} = 0$,则称 $\alpha(x)$ 是比 $\beta(x)$ 高阶的无穷小量,记作 $\alpha(x) = 0(\beta(x))$;

(2) 若 $\lim \dfrac{\alpha(x)}{\beta(x)} = l \neq 0$,则称 $\alpha(x)$ 和 $\beta(x)$ 是同阶无穷小量;

特别地,若 $l = 1$,则称 $\alpha(x)$ 与 $\beta(x)$ 等价,记 $\alpha(x) \sim \beta(x)$;

(3) 若 $\lim \dfrac{\alpha(x)}{\beta(x)} = \infty$,则称 $\alpha(x)$ 是比 $\beta(x)$ 低阶的无穷小量,换句话说,无穷小量 $\beta(x)$ 是比 $\alpha(x)$ 高阶的无穷小量.

根据定义 1.8　当 $x \to 0$ 时,无穷小量 x^3 比 x^2 高阶,x^2 比 x 高阶,当然 x^3 也比 x 高阶. 由重要极限 I:$\lim\limits_{x \to 0} \dfrac{\sin x}{x} = 1$ 知,当 $x \to 0$ 时 $\sin x$ 与 x 是等价无穷小量,即 $\sin x \sim x$.

习题 1.5

1. 试证明当 $x \to 0$ 时

(1) $\sqrt{1+x} - 1 \sim \dfrac{x}{2}$　　　　　　　　　　(2) $1 - \cos x \sim \dfrac{1}{2} x^2$

(3) $\arcsin x \sim \ln(1+x)$　　　　　　　　　(4) $\sqrt{1+\sin x} - \sqrt{1-\sin x} \sim x$

2. 求下列函数的极限

(1) $\lim\limits_{x \to 0} \dfrac{\ln(1+x)}{e^x - 1}$　　　　　　　　　　(2) $\lim\limits_{x \to 0} \dfrac{e^{2x} - 1}{\sin x}$

(3) $\lim\limits_{x \to 0} \dfrac{(e^{\sin x} - 1)\cos x}{\tan^2 x}$　　　　　　　(4) $\lim\limits_{x \to 0} \dfrac{\ln(1+xe^x)}{\sqrt{1+x} - 1}$

1.6　函数的连续性

我们在介绍函数 $y = f(x)$ 在 $x = x_0$ 处极限的概念时,并不要求 $y = f(x)$ 在 $x = x_0$ 有定义. 从几何上看,曲线 $y = f(x)$ 可被直线 $x = x_0$ 隔开而不必相连,如符号函数 $y = \mathrm{sgn}\,x$,其图像被直线 $x = 0$ 分成两条不相连的"半直线". 又如函数 $y = |x|$,不但其图像由两条"半直线"构成,而且它们在原点 $(0,0)$ 处相连,此时,我们说,函数 $y = |x|$ 在 $x = 0$ 处连续. 函数的连续性也是高等数学中的重要概念. 在自然界里,也存在着体现连续性的情况,如一天内气温的变化、河水的流动、植物的生长等.

1.6.1 函数 $y = f(x)$ 在 $x = x_0$ 处的连续与间断

1. $y = f(x)$ 在 $x = x_0$ 处的连续

【定义 1.9】 设函数 $y = f(x)$ 在 x_0 的某邻域 $U(x_0, \delta_0)$ 内有定义,且

$$\lim_{x \to x_0} f(x) = f(x_0),$$

则称函数 $y = f(x)$ 在 $x = x_0$ 处连续,x_0 叫做 $y = f(x)$ 的连续点.

例如,函数 $y = x^2$ 在其定义域 $(-\infty, +\infty)$ 内任一点 x_0 处都有 $\lim\limits_{x \to x_0} x^2 = x_0^2$,因此,函数 $y = x^2$ 在其定义域内任一点 x_0 处连续.

又如函数 $f(x) = \begin{cases} x\sin\dfrac{1}{x} & x \neq 0 \\ 0 & x = 0 \end{cases}$,因为 $\lim\limits_{x \to 0} f(x) = \lim\limits_{x \to 0} x\sin\dfrac{1}{x} = 0 = f(0)$,所以该函数在 $x = 0$ 处连续.

函数 $y = f(x)$ 在 $x = x_0$ 处连续,意味着同时满足下列三个条件:

(1) 函数 $y = f(x)$ 在 x_0 的某邻域 $U(x_0, \delta_0)$ 内有定义;

(2) 极限 $\lim\limits_{x \to x_0} f(x)$ 存在;

(3) 极限值 $\lim\limits_{x \to x_0} f(x)$ 与函数值 $f(x_0)$ 相等.

如果 $y = f(x)$ 不满足 (1) $\sim$ (3) 中的一条,我们就说函数 $y = f(x)$ 在 $x = x_0$ 处间断,并称 x_0 为函数的间断点(即不连续点).例如符号函数 $y = \mathrm{sgn}\, x$ 在 $x = 0$ 处间断,$x = 0$ 是间断点.

从连续的定义 $\lim\limits_{x \to x_0} f(x) = f(x_0)$ 看,x 趋于 x_0 是指从 x 从 x_0 的左、右两侧都趋于 x_0. 如果单从 x_0 的左侧或右侧趋于 x_0 看,就可得到左、右连续的概念.

如果 $\lim\limits_{x \to x_0^-} f(x) = f(x_0)$,则称 $y = f(x)$ 在 $x = x_0$ 处左连续;

如果 $\lim\limits_{x \to x_0^+} f(x) = f(x_0)$,则称 $y = f(x)$ 在 $x = x_0$ 处右连续.

由此有:$y = f(x)$ 在 $x = x_0$ 处连续的充分必要条件是 $y = f(x)$ 在 $x = x_0$ 处左、右都连续.

2. 间断点的分类

根据函数 $y = f(x)$ 在间断点处左、右极限的存在与否,可以把间断点分成两类:

(1) 第一类间断点

如果函数 $y = f(x)$ 在间断点 $x = x_0$ 处存在左、右极限,则称 x_0 为函数的第一类间断点.

例如符号函数 $f(x) = \mathrm{sgn}\, x$,在 $x = 0$ 处的左、右极限分别是 -1 和 1,所以 $x = 0$ 为第一类间断点.

特别地,如果函数在间断点处左、右极限相等,则称 $x = x_0$ 为函数的可去间断点.

例如函数

$$f(x) = \begin{cases} e^x, & x < 0 \\ x+1, & x > 0 \end{cases}$$

其图像(如图 1.30 所示)在 $x = 0$ 处的左、右极限都是 1,即 $\lim\limits_{x \to 0^-} e^x = 1, \lim\limits_{x \to 0^+} (x+1) = 1$,因为定义域不包括 $x = 0$,故 $x = 0$ 是第一类间断点.对于该函数,我们补充定义 $y = f(x)$ 在 $x =$

0 处的值：$f(0)=1$，则此函数经过重新定义后在 $x=0$ 处就连续了. 这种经过补充或适当改变函数在间断点处的函数值使函数在该点连续，是可去间断点的特征.

如果函数在间断点处左、右极限存在但不相等，则称 $x=x_0$ 为函数的跳跃间断点.

例如函数

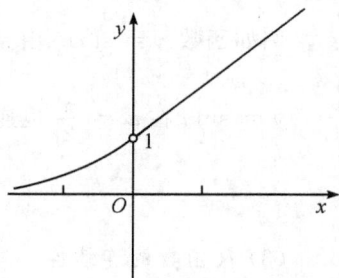

图 1.30

$$f(x)=\begin{cases} x-1, & x<0 \\ 0, & x=0 \\ x+1, & x>0 \end{cases}$$

其图像（如图 1.31 所示）在 $x=0$ 处的左、右极限分别是 $-1,1$，即 $\lim\limits_{x\to 0^-}(x-1)=-1, \lim\limits_{x\to 0^+}(x+1)=1$，故 $x=0$ 是第一类间断点的跳跃间断点.

（2）第二类间断点

函数 $y=f(x)$ 在间断点 $x=x_0$ 处左、右极限至少有一个不存在，则称 x_0 为函数的第二类间断点. 例如函数 $f(x)=\dfrac{1}{x}$ 在 $x=0$ 处是第二类间断点；函数 $y=\tan x$ 在 $x=\dfrac{\pi}{2}$ 也是的第二类间断点，等等.

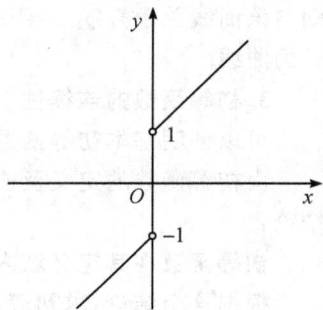

图 1.31

1.6.2 函数 $y=f(x)$ 在区间上的连续及性质

1. $y=f(x)$ 在区间上的连续

由函数在一点上连续的定义，很自然地推广到一个区间上.

【定义 1.10】 若函数 $y=f(x)$ 在区间 I 上每一点都连续，则称函数 $y=f(x)$ 在 I 上连续，并称 $y=f(x)$ 为区间 I 上的连续函数，称 I 为函数 $y=f(x)$ 的连续区间. 对闭区间 $[a,b]$，区间端点的连续性，按左、右连续来确定，即若 $\lim\limits_{x\to a^+}f(x)=f(a), \lim\limits_{x\to b^-}f(x)=f(b)$，则说 $y=f(x)$ 在端点 $x=a$ 只要右连续和 $x=b$ 处只要左连续.

例如，函数 $y=f(x)=x^2$ 在其定义域 $(-\infty,+\infty)$ 上连续；$f(x)=\dfrac{1}{x}$ 在 $(1,2)$ 上连续，在 $[1,2]$ 上也连续，但在 $[0,1]$ 上就不连续了，因为它在 $x=0$ 处没有意义.

区间上的连续函数其图像是一条连续的曲线.

2. 连续函数在其连续点上的性质：

（1）四则运算性质

若函数 $f(x),g(x)$ 在 $x=x_0$ 处连续，则它们的和、差、积、商（分母不为 0）在 $x=x_0$ 处也连续.

（2）复合函数的连续性

设函数 $u=\varphi(x)$ 在 $x=x_0$ 处连续，且 $u_0=\varphi(x_0)$，而函数 $y=f(u)$ 在 $u=u_0$ 处连续，则复合函数 $y=f[\varphi(x)]$ 在 $x=x_0$ 处也连续，且

$$\lim_{x\to x_0}f[\varphi(x)]=f[\varphi(x_0)].$$

例如函数 $y = \sin x^2$ 由 $y = \sin u, u = x^2$ 复合而成，因为 $u = x^2$ 在 $x = \sqrt{\dfrac{\pi}{2}}$ 处连续，而

$y = \sin u$ 在 $u = \dfrac{\pi}{2}$ 也连续，所以函数 $y = \sin x^2$ 在 $x = \sqrt{\dfrac{\pi}{2}}$ 处连续，且有

$$\lim_{x \to \sqrt{\frac{\pi}{2}}} \sin x^2 = \sin \frac{\pi}{2} = 1.$$

（3）反函数的连续性

单调递增（递减）且连续的函数，其反函数也单调递增（递减）且连续.

从几何上能很好地理解这一性质，假如函数 $y = f(x)$，其图像是一条连续上升的曲线，则与该曲线关于直线 $y = x$ 对称的曲线 $y = f^{-1}(x)[y = f(x)$ 的反函数]，也肯定是连续上升的曲线.

3. 初等函数的连续性

可以证明基本初等函数在其定义域上连续.

由初等函数的定义及连续函数的四则运算性质、复合函数的连续性，可得出下面重要结论：

初等函数在其定义域内是连续的.

根据这个结论，求初等函数在其定义域内点 x_0 处的极限时，只需求出函数在 x_0 处的函数值就可以了.

【例 1.43】 求 $\lim\limits_{x \to 0} \left[\dfrac{\lg(100 + x)}{a^x + \arcsin x} \right]^{\frac{1}{2}}$ $\quad (a > 0$ 且 $a \ne 1).$

【解】 因为初等函数 $f(x) = \left[\dfrac{\lg(100 + x)}{a^x + \arcsin x} \right]^{\frac{1}{2}}$ 在 $x = 0$ 处有定义，故由初等函数的连续性得

$$\lim_{x \to 0} \left[\frac{\lg(100 + x)}{a^x + \arcsin x} \right]^{\frac{1}{2}} = \left[\frac{\lg(100 + 0)}{a^0 + \arcsin 0} \right]^{\frac{1}{2}} = \sqrt{2}.$$

1.6.3　闭区间上连续函数的性质

闭区间上的连续函数具有其他区间上（如开区间）连续函数所没有的重要性质，如最大（小）值的存在性、有界性等.

设函数 $y = f(x)$ 在区间 I 上有定义，如果存在 $x_1, x_2 \in I$，使得对任意的 $x \in I$，有
$$f(x_2) \leqslant f(x) \leqslant f(x_1),$$
则称 $f(x_1), f(x_2)$ 分别为函数 $y = f(x)$ 在 I 上的最大值和最小值，点 x_1, x_2 叫做 $y = f(x)$ 的最大值点和最小值点.

【定理 1.4】 （最大、小值定理）若函数 $y = f(x)$ 在 $[a,b]$ 上连续，则 $y = f(x)$ 在 $[a,b]$ 上必取得最大值和最小值.

【注】 定理中闭区间这个条件很重要，若是开区间，则未必有这个结论. 如 $y = x^2$，它在 $(0,1)$ 上连续，但在 $(0,1)$ 上取不到最大值与最小值.

由定理 1.4 即可推出下面的推论.

【推论 1.3】 若函数 $y = f(x)$ 在 $[a,b]$ 上连续，则 $y = f(x)$ 在 $[a,b]$ 上有界.

推论 1.3 叫做闭区间上连续函数的有界性定理.

【定理 1.5】（零点定理）　若函数 $y = f(x)$ 在 $[a,b]$ 上连续，且 $f(a)f(b) < 0$，则存在 $\xi \in (a,b)$，使得

$$f(\xi) = 0.$$

即 ξ 成为 $y = f(x)$ 的一个零点.

从图 1.32 来看，这个结论是很明显的，若点 $A(a,f(a))$ 与点 $B(b,f(b))$ 分别在 x 轴的上下两侧，则连接 A 与 B 的连续曲线 $y = f(x)$ 与 x 轴至少交于一点.

零点定理说明，若 $y = f(x)$ 在 $[a,b]$ 上连续，且 $f(a)$，$f(b)$ 异号，则方程 $f(x) = 0$ 在 (a,b) 至少有一个根.

【例 1.44】　证明方程 $x^5 - 3x = 1$ 至少有一个根介于 1 和 2 之间.

【解】　设 $f(x) = x^5 - 3x - 1$，则 $f(x)$ 在 $[1,2]$ 在连续，且 $f(1) = -3 < 0$，$f(2) = 25 > 0$，即 $f(1) \cdot f(2) < 0$，由零点定理知，在 $(1,2)$ 上至少有一个根 ξ，使得 $f(\xi) = 0$，即方程 $x^5 - 3x = 1$ 至少有一个根介于 1 和 2 之间.

由定理 1.5 可得下面的推论.

【推论 1.4】　（介值定理）设 $y = f(x)$ 在 $[a,b]$ 上连续，M 和 m 为 $y = f(x)$ 在 $[a,b]$ 上的最大值和最小值，则对任给值 $c: m < c < M$，存在 $\xi \in (a,b)$，使得

$$f(\xi) = c.$$

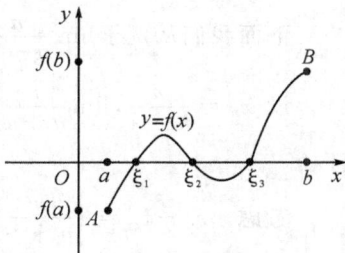

图 1.32

习题 1.6

1. 讨论下列函数在 $x = 0$ 处的连续性

(1) $f(x) = \begin{cases} e^{-\frac{1}{x^2}}, & x \neq 0 \\ 0, & x = 0 \end{cases}$

(2) $f(x) = \begin{cases} \dfrac{\sin x}{|x|}, & x \neq 0 \\ 1, & x = 0 \end{cases}$

(3) $f(x) = \begin{cases} \dfrac{x}{1 - \sqrt{1-x}}, & x < 0 \\ x + 2, & x \geq 0 \end{cases}$

2. 求下列函数的不连续点，并说明是哪类间断点

(1) $f(x) = \dfrac{1}{x^2 - 3x + 2}$

(2) $f(x) = \dfrac{x-1}{|x-1|}$

(3) $f(x) = \dfrac{x}{\sin x}$

(4) $f(x) = \begin{cases} 3 + x^2, & x \leqslant 0 \\ \dfrac{\sin 3x}{x}, & x > 0 \end{cases}$

3. 设函数 $f(x) = \begin{cases} e^x, & x < 0 \\ a + x, & x \geqslant 0 \end{cases}$，应当怎样选择数 a，使 $f(x)$ 在 $(-\infty, +\infty)$ 内连续.

1.7　极限（续）

如果课时有限，可以跳过本节. 不学本节，不会影响读者对本书其他章节的学习.

在前面,我们对数列 $\{x_n\}$ 的极限概念作了直观而简单的描述:数列 $\{x_n\}$ 以 a 为极限,即当 n 无限增大时,x_n 无限接近于 a.

我们知道,两个数 a 和 b 之间的接近程度可以用这两数差的绝对值 $|b-a|$ 来衡量(在数轴上,$|b-a|$ 表示点 a 与点 b 之间的距离),$|b-a|$ 越小,a 与 b 越接近.

下面我们从例子 $\lim\limits_{n\to\infty}\dfrac{n}{n+1}=1$ 着手,引出数列极限的精确定义.

设 $x_n=\dfrac{n}{n+1}$,$\lim\limits_{n\to\infty}\dfrac{n}{n+1}=1$,意味着当 n 无限增大(记 $n\to\infty$)时,$x_n=\dfrac{n}{n+1}$ 无限接近于 1.

考虑 $|x_n-1|=\left|\dfrac{n}{n+1}-1\right|=\dfrac{1}{n+1}$,可看出 n 越大,$\dfrac{1}{n+1}$ 越小,从而 x_n 就越来越接近 1.因为只要 n 足够大,$|x_n-1|$ 即 $\dfrac{1}{n+1}$ 可以小于任意事先给定的正数.所以当 n 无限增大时,x_n 无限接近于 1.例如给定 0.01,由 $\dfrac{1}{n+1}<0.01$,得 $n>99$,即只要从数列 $\{x_n\}$ 的第 100 项开始一切项 $x_{100}=\dfrac{100}{101}$,$x_{101}=\dfrac{101}{102}$,$\cdots$,就能使 $|x_n-1|<0.01$ 成立.同样的,如果给定 0.0001,则从第 10000 项开始的一切项 x_{10000},x_{10001},$\cdots$,都有 $|x_n-1|<0.0001$.一般地,不论给定的正数 ε 多么小,总存在正整数 N,使得对于 $n>N$ 的一切 x_n,不等式 $|x_n-1|<\varepsilon$ 成立.这就是数列 $\left\{x_n=\dfrac{n}{n+1}\right\}$,当 $n\to+\infty$ 时,无限接近于 1 的实质.

一般地,对于数列 $\{x_n\}$,有:

【定义 1.11】 如果对任意给定的正数 ε,总存在正整数 N,使得满足 $n>N$ 的一切 x_n,不等式

$$|x_n-a|<\varepsilon$$

成立,则称常数 a 为数列 $\{x_n\}$ 当 $n\to\infty$ 时的极限,记

$$\lim_{n\to\infty}x_n=a.$$

从不等式 $|x_n-a|<\varepsilon$ 知道,从第 $N+1$ 项起的一切项,x_{N+1},x_{N+2},$\cdots$,都落在以 a 为中心以 ε 为半径的开区间 $(a-\varepsilon,a+\varepsilon)$ 内,即 $U(a,\varepsilon)$ 内,如图 1.33 所示.

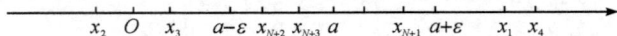

图 1.33

【例 1.45】 证明 $\lim\limits_{n\to\infty}(\sqrt{n+1}-\sqrt{n})=0$.

【证明】 令 $x_n=\sqrt{n+1}-\sqrt{n}$,则

$$|x_n-0|=|\sqrt{n+1}-\sqrt{n}|=\frac{1}{\sqrt{n+1}+\sqrt{n}}<\frac{1}{2\sqrt{n}}$$

任给 $\varepsilon>0$,要使 $|x_n-0|<\varepsilon$,只要 $\dfrac{1}{2\sqrt{n}}<\varepsilon$,即 $n<\dfrac{1}{4\varepsilon^2}$,取 $N=\left[\dfrac{1}{4\varepsilon^2}\right]$,使得对一切 $n>N$ 的 x_n,有 $|x_n-0|<\varepsilon$,从而

$$\lim_{n\to\infty}(\sqrt{n+1}-\sqrt{n})=0.$$

对自变量趋于无穷时函数极限的精确定义可按如下描述:

【定义 1.12】　如果对于任意的正数 ε，存在正数 X，使对满足不等式 $|x| > X$ 的一切 x，都有 $|f(x) - A| < \varepsilon$，则称常数 A 为 $y = f(x)$ 当 $x \to \infty$ 时的极限，记作

$$\lim_{n \to \infty} f(x) = A$$

这里的记号 ∞ 可根据实际情况取 $+\infty$ 或 $-\infty$：如果 $x > 0$ 且无限增大（记 $x \to +\infty$），那么只要把上面定义中的 $|x| > X$，改为 $x > X$，即得 $\lim\limits_{n \to +\infty} f(x) = A$ 的定义；同样，若 $x < 0$，而 $|x|$ 无限增大（记 $x \to -\infty$），则把 $|x| > X$ 改为 $x < -X$，便有 $\lim\limits_{n \to -\infty} f(x) = A$ 的定义.

从不等式 $|f(x) - A| < \varepsilon$ 可以了解到：当 $|x| > X$ 时，曲线 $y = f(x)$ 都落在两条平行直线 $y = A + \varepsilon$ 和 $y = A - \varepsilon$ 之间，如图 1.34 所示（$x \to +\infty$）.

【例 1.46】　证明 $\lim\limits_{n \to \infty} \dfrac{\sin x}{x} = 0$.

【证明】　考虑到 $|\sin x| \leqslant 1$，故

$$\left| \frac{\sin x}{x} - 0 \right| = \left| \frac{\sin x}{x} \right| \leqslant \frac{1}{|x|},$$

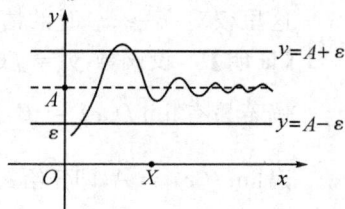

图 1.34

任给 $\varepsilon > 0$，要使 $\left| \dfrac{\sin x}{x} - 0 \right| < \varepsilon$，只要 $\dfrac{1}{|x|} < \varepsilon$，即 $|x| > \dfrac{1}{\varepsilon}$，取 $X = \dfrac{1}{\varepsilon}$，则当 $|x| > X$ 时，$\left| \dfrac{\sin x}{x} - 0 \right| < \varepsilon$. 即对任意的正数 ε，存在正数 $X\left(X = \dfrac{1}{\varepsilon}\right)$，使对满足 $|x| > X$ 的一切 x 都有

$$\left| \frac{\sin x}{x} - 0 \right| < \varepsilon,$$

于是由定义得，$\lim\limits_{n \to \infty} \dfrac{\sin x}{x} = 0$.

如果 $x \to x_0$，对应的变量 $y = f(x)$ 无限接近于 A，即 $|f(x) - A|$ 能任意小，正如定义 1.11 中描述的那样，$|f(x) - A|$ 任意小可用 $|f(x) - A| < \varepsilon$ 表达，其中 ε 是任意给定的正数. 另一方面 $f(x)$ 无限接近 A 是在 $x \to x_0$ 过程中实现的，而 $x \to x_0$ 意味着 x 和 x_0 充分接近，而 x 和 x_0 的接近程度可用 $|x - x_0| < \delta$ 表示. 这样我们得到前面定义 1.4 的精确叙述.

【定义 1.13】　如果对任意的正数 ε，存在正数 δ，使得对满足 $0 < |x - x_0| < \delta$ 的一切 x，都有 $|f(x) - A| < \varepsilon$ 成立，则称常数 A 为函数 $y = f(x)$ 当 $x \to x_0$ 时的极限，记作

$$\lim_{x \to x_0} f(x) = A$$

从几何上看，可对极限 $\lim\limits_{x \to x_0} f(x) = A$ 作如下解释：如果函数 $y = f(x)$ 在 $x \to x_0$ 处的极限为 A，则必有正数 δ，使得函数 $y = f(x)(x \neq x_0)$ 在 $(x_0 - \delta, x_0) \bigcup (x_0, x_0 + \delta)$［即空心邻域 $U^0(x_0, \delta)$］内的图像完全落在两条平行直线 $y = A - \varepsilon$ 和 $y = A + \varepsilon$ 之间，如图 1.35 所示.

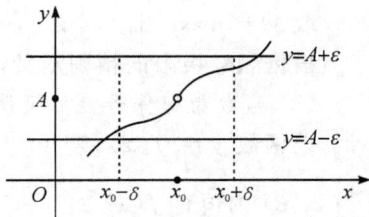

图 1.35

【例 1.47】　证明 $\lim\limits_{x \to 1} \dfrac{x^2 - 1}{x - 1} = 2$.

【证明】　这里函数 $f(x) = \dfrac{x^2 - 1}{x - 1}$ 在 $x = 1$ 处无定义，但与函数在 $x = 1$ 处是否存在极限无关.

事实上，当 $x \neq 1$ 时，$\dfrac{x^2 - 1}{x - 1} = x + 1$，故 $\left| \dfrac{x^2 - 1}{x - 1} - 2 \right| = |x - 1|$，任给正数 ε，要使

$\left|\dfrac{x^2-1}{x-1}-2\right|<\varepsilon$，即 $|x-1|<\varepsilon$，只要取 $\delta=\varepsilon$，则当 $0<|x-1|<\delta$ 时，就有 $\left|\dfrac{x^2-1}{x-1}-2\right|<\varepsilon$，所以

$$\lim_{x\to 1}\frac{x^2-1}{x-1}=2.$$

下面对函数极限（包括数列极限）的一些重要结果加以证明：

(1) 收敛函数其极限唯一

这里仅对 $x\to x_0$ 时的情形加以证明.

【证明】 设函数 $y=f(x)$ 且 $\lim\limits_{x\to x_0}f(x)=A$.

倘若另有 $\lim\limits_{x\to x_0}f(x)=B$，则

因 $\lim\limits_{x\to x_0}f(x)=A$，即任给 $\varepsilon>0$，存在 $\delta_1>0$，使 $0<|x-x_0|<\delta_1$ 时，$|f(x)-A|<\dfrac{\varepsilon}{2}$.

又 $\lim\limits_{x\to x_0}f(x)=B$，即对上述的 ε，存在 $\delta_2>0$，使 $0<|x-x_0|<\delta_2$ 时，$|f(x)-B|<\dfrac{\varepsilon}{2}$.

取 $\delta=\min(\delta_1,\delta_2)$，则对满足 $0<|x-x_0|<\delta$ 的一切 x 都有

$$|f(x)-A|<\frac{\varepsilon}{2},\ |f(x)-B|<\frac{\varepsilon}{2},$$

而在 $0<|x-x_0|<\delta$ 内，

$$|A-B|=|A-f(x)+f(x)-B|\leqslant|f(x)-A|+|f(x)-B|<\frac{\varepsilon}{2}+\frac{\varepsilon}{2}=\varepsilon.$$

我们知道，在非负数中，只有数 0 才小于任意正数，从而

$$|A-B|=0,\ \text{即}\ A=B.$$

关于唯一性的其他情形如 $x\to\infty$（包括 $n\to\infty$）等，同理可证，我们把它留给读者完成.

(2) 收敛的数列必有界

设数列 $\{x_n\}$ 收敛，且 $\lim\limits_{n\to\infty}x_n=a$，则 $\{x_n\}$ 有界（所谓数列 $\{x_n\}$ 有界即存在正数 M，使得对所有的 n 有 $|x_n|\leqslant M$).

【证明】 因 $\lim\limits_{n\to\infty}x_n=a$，即任给正数 ε，存在正数 N，使得 $x>N$ 时，$|x_n-a|<\varepsilon$.

取 $\varepsilon=1$，则对这个 $\varepsilon(=1)$，存在 N_1，使 $n>N_1$ 时，有 $|x_n-a|<1$，

从而有 $|x_n|\leqslant|a|+1$.

取 $M=\max\{|x_1|,|x_2|,\cdots,|x_{N_1}|,|a|+1\}$，则对任意 n 都有 $|x_n|\leqslant M$，从而 $\{x_n\}$ 有界.

根据函数极限的精确定义，同理可证当 $x\to\infty$ 时和 $x\to\infty$ 时函数的（局部）有界性.

(3) 函数局部保号性的证明

设函数 $y=f(x)$，若 $\lim\limits_{x\to x_0}f(x)=A>0(<0)$，则存在 $\delta>0$，使得函数 $y=f(x)$ 在 $U^0(x_0,\delta)$ 内恒有 $f(x)>0(<0)$.

【证明】 因 $\lim\limits_{x\to x_0}f(x)=A$（不妨设 $A>0$），即任给正数 ε（取 $\varepsilon\leqslant\dfrac{A}{2}$），存在正数 δ，使得 $0<|x-x_0|<\delta$ 时，有 $|f(x)-A|<\varepsilon$，即 $0<\dfrac{A}{2}\leqslant A-\varepsilon<f(x)<A+\varepsilon$，即 $f(x)>0$，从而得到结果.

同理可证 $A<0$ 的情形，我们把它留给读者完成.

(4) 准则 I（夹逼定理）的证明

设在自变量同一变化过程中，三个变量 $f(x),g(x),h(x)$ 满足

$$f(x) \leqslant g(x) \leqslant h(x),$$

且 $\lim\limits_{\substack{x \to x_0 \\ (x \to \infty)}} f(x) = \lim\limits_{\substack{x \to x_0 \\ (x \to \infty)}} h(x) = A$，则

$$\lim\limits_{\substack{x \to x_0 \\ (x \to \infty)}} g(x) = A$$

【证明】　这里仅考虑 $x \to x_0$ 时的情形.

因为 $\lim\limits_{x \to x_0} f(x) = A$，所以任给正数 ε，存在正数 δ_1，使满足 $0 < |x - x_0| < \delta_1$ 的一切 x 有 $|f(x) - A| < \varepsilon$.

由 $\lim\limits_{x \to x_0} h(x) = A$ 及上述的 ε，存在正数 δ_2，使满足 $0 < |x - x_0| < \delta_2$ 的一切 x 有 $|h(x) - A| < \varepsilon$.

取 $\delta = \min\{\delta_1, \delta_2\}$，则对 $0 < |x - x_0| < \delta$ 的一切 x 有

$$|f(x) - A| < \varepsilon \text{ 及 } |h(x) - A| < \varepsilon,$$

即

$$A - \varepsilon < f(x) < A + \varepsilon \text{ 及 } A - \varepsilon < h(x) < A + \varepsilon.$$

由 $f(x) \leqslant g(x) \leqslant h(x)$，于是有

$$A - \varepsilon < f(x) \leqslant g(x) \leqslant h(x) < A + \varepsilon,$$

即

$$|g(x) - A| < \varepsilon.$$

即对满足 $0 < |x - x_0| < \delta$ 的一切 x 有 $|g(x) - A| < \varepsilon$，从而

$$\lim\limits_{x \to x_0} g(x) = A.$$

同理可证自变量趋于无穷的情形.

(5) 极限四则运算的证明

这里仅对 $\lim\limits_{\substack{x \to x_0 \\ (x \to \infty)}} (f(x) \cdot g(x)) = A \cdot B$ 加以证明，其他留给读者完成.

【证明】　下面选 $x \to x_0$ 情形加以证明，其他同理可证.

设 $\lim\limits_{x \to x_0} f(x) = A, \lim\limits_{x \to x_0} g(x) = B$. 由 $\lim\limits_{x \to x_0} f(x) = A$，即任给正数 ε，存在正数 δ_1，使得满足 $0 < |x - x_0| < \delta_1$ 的一切 x 有 $|f(x) - A| < \varepsilon$. 由 $\lim\limits_{x \to x_0} g(x) = B$，对上述的 ε，存在正数 δ_2，使得满足 $0 < |x - x_0| < \delta_2$ 的一切 x 有 $|g(x) - B| < \varepsilon$.

取 $\delta_0 = \min\{\delta_1, \delta_2\}$，则对一切 $x: 0 < |x - x_0| < \delta_0$ 有

$$|f(x) - A| < \varepsilon \text{ 及 } |g(x) - B| < \varepsilon.$$

而在 $0 < |x - x_0| < \delta_0$ 内，即 $U^0(x_0, \delta_0)$ 内

$$
\begin{aligned}
|f(x)g(x) - AB| &= |f(x)g(x) - Ag(x) + Ag(x) - AB| \\
&= |(f(x) - A)g(x) + A(g(x) - B)| \\
&\leqslant |g(x)||f(x) - A| + |A||g(x) - B|.
\end{aligned}
$$

因为 $\lim\limits_{x \to x_0} g(x) = B$，所以由局部有界性，存在正数 δ'，使 $g(x)$ 在 $U^0(x_0, \delta')$ 内有界，即存在正数 M，使 $|g(x)| \leqslant M, x \in U^0(x_0, \delta')$.

取 $\delta = \min\{\delta_0, \delta'\}$，则

$$
\begin{aligned}
|f(x)g(x) - AB| &\leqslant |g(x)||f(x) - A| + |A||g(x) - B| \\
&\leqslant M|f(x) - A| + |A||g(x) - B| < M\varepsilon + |A|\varepsilon
\end{aligned}
$$

$$= (M + |A|)\varepsilon.$$

（由 ε 的任意性，保证了 $(M + |A|)\varepsilon$ 的任意性），

从而

$$\lim_{x \to x_0}(f(x)g(x)) = AB.$$

(6) 无穷小量性质的证明

无穷小量有前面所讲的三个常用性质：

(1) 两个无穷小量之和为无穷小量；

(2) 两个无穷小量之积为无穷小量；

(3) 无穷小量与有界变量之积为无穷小量.

【证明】 仅对 $x \to x_0$ 时性质 (3) 的证明，其余留给读者证明.

设变量 $y = f(x)$ 为当 $x \to x_0$ 时的无穷小量，变量 $y = g(x)$ 在 x_0 的某邻域内有界，即存在 δ_0，使 $x \in U^0(x_0, \delta_0)$ 时有 $|g(x)| \leqslant M(M$ 为正常数$)$.

因为 $\lim\limits_{x \to x_0} f(x) = 0$，即对任意正数 ε，存在正数 δ（取 $\delta < \delta_0$）使满足 $0 < |x - x_0| < \delta$ 的一切 x 有 $|f(x)| < \varepsilon$.

因 $\delta < \delta_0$，所以在 $U^0(x_0, \delta)$ 内也有 $|g(x)| \leqslant M$，从而在 $U^0(x_0, \delta)$ 内恒有

$$|f(x)g(x)| \leqslant M\varepsilon,$$

即

$$\lim_{x \to x_0} f(x)g(x) = 0.$$

也就是说，无穷小量与有界变量之积为无穷小量.

本章小结

本章共分七个小节内容，但主要的内容包括函数的概念及函数的基本特性；函数的极限概念及运算；无穷小量；函数的连续性等.

一、基本概念

1. 函数

$y = f(x)$ 它表示两个变量之间的一种对应关系，是工科高等数学的最基本概念之一. 函数的单调性、奇偶性、周期性和有界性构成函数的基本特性，是进一步了解函数和学习工科高等数学的其他重要知识的基础.

2. 极限

极限概念也是工科高等数学的基础概念，它包括数列的极限、函数的极限. 函数的极限又分为当自变量趋于有限点时的极限和自变量趋于无穷时的极限两部分：$\lim\limits_{x \to x_0} f(x) = A$ 和 $\lim\limits_{x \to \infty} f(x) = A$.

结合函数概念，数列的极限也可归结到函数的极限中.

须特别指出，函数的极限表示函数当自变量处在某一变化过程中的变化趋势，与函数在某点处有否意义无关.

在引入了左、右极限概念之后，我们对极限概念及存在性看得更清楚了：

函数 $y = f(x)$ 在 $x = x_0$ 处极限存在的充分必要条件是 $y = f(x)$ 在 $x = x_0$ 处的左、右、极限存在且相等.

另外,若函数在自变量的某一变化过程中极限存在,则具有:极限的唯一性(函数变化趋势的确定性)、函数的局部有界性和局部保号性.它们是通过极限理论挖掘出来的函数的更深层的特性.

3.连续和连续函数

函数 $y=f(x)$ 在 $x=x_0$ 处连续的概念是以函数 $y=f(x)$ 在 $x=x_0$ 处极限存在的前提下定义出来的.下面的等式

$$\lim_{x \to x_0} f(x) = f(x_0),$$

清楚地概括出 $y=f(x)$ 在 $x=x_0$ 连续的特性:

(1) $y=f(x)$ 在 $x=x_0$ 及附近有定义;

(2) $y=f(x)$ 在 $x=x_0$ 处的极限存在;

(3) $y=f(x)$ 在 $x=x_0$ 处的极限与 $f(x_0)$ 相等.

要使 $y=f(x)$ 在 $x=x_0$ 处连续,(1)、(2)、(3) 缺一不可,否则 $y=f(x)$ 在 $x=x_0$ 间断. $x=x_0$ 成为 $y=f(x)$ 的间断点.

相比之下连续函数是一个整体性概念:当 $y=f(x)$ 在区间 I 上点点连续时, $y=f(x)$ 称为 I 上的连续函数.区间上的连续函数,其图像是一段连续的曲线,特别的,闭区间上的连续函数有很好的一些性质:最大(小)值的存在性、有界性和介值存在性.

4.无穷小量和无穷大量

在自变量 x 的某一变化过程中,以 0 为极限的变量 $y=f(x)$ 叫做自变量在这变化过程中的无穷小量.

无穷小量是变量,无穷小量与自变量的变化过程密切相关,无穷小量具有如下性质:

(1) 有限个无穷小量的和或积仍为无穷小量;

(2) 无穷小量与有界变量之积为无穷小量.

相对于无穷小量,所谓的无穷大量即:如果在自变量 x 的某一变化过程中,变量 $y=f(x)$ 的绝对值无限增大,趋于正无穷.

非零的无穷小量与无穷大量互为倒数关系.

二、极限的运算

除了上述提到的概念和性质对极限运算有帮助之外,下面的公式或定理在极限的运算中起主要作用:

1.极限的四则运算

在自变量的某一变化过程中有 $\lim f(x)=A$,$\lim g(x)=B$(A,B 为常数),则

(1) $\lim[f(x) \pm g(x)]=A \pm B$

(2) $\lim[f(x) \cdot g(x)]=A \cdot B$

(3) 若 $B \neq 0$,$\lim \dfrac{f(x)}{g(x)}=\dfrac{A}{B}$

注意,(1)、(2) 可推广到有限个函数的情形,特别地对(2),若 $g(x)=k$(常数),则有 $\lim[kf(x)]=k \lim f(x)$ 这个等式通俗地讲"常数可与极限符号交换",能给计算极限带来方便!

2.二个重要极限

(1) $\lim\limits_{x \to 0} \dfrac{\sin x}{x}=1$

(2) $\lim\limits_{x \to \infty} \left(1+\dfrac{1}{x}\right)^x = e$ 或 $\lim\limits_{x \to 0}(1+x)^{\frac{1}{x}}=e$

这两个公式解决了一些仅仅用极限四则运算无法解决的极限计算问题.

综合练习

一、单项选择题

1. 下列集合中,表示不等式 $|x-2|<3$ 的解是( ).

A. $x<5$ B. $x>5$ C. $2<x<3$ D. $-1<x<5$

2. 设函数 $y=f(x)$ 在 $(-\infty,+\infty)$ 内有定义,则下列函数中为偶函数的是( ).

A. $y=|f(x)|$ B. $y=\cos x \cdot f(x^2)$

C. $y=[f(x)]^2$ D. $y=-f(-x)$

3. 设 n 为自然数,则 $f(x)=(-1)^{\frac{n(n+1)}{2}}\sin\frac{x}{n}$ 是( ).

A. 无界函数   B. 有界函数   C. 单调函数   D. 周期函数

(4) 在下列函数中,属于基本初等函数的是( ).

A. $f(x)=2x^2$ B. $f(x)=\dfrac{1}{x^2}$

C. $f(x)=\begin{cases}1 & x\leqslant 1\\ 0 & x>1\end{cases}$ D. $f(x)=x+1$

5. 设 $f(x)=\cos x^2$,且 $\varphi(x)=x^2+1$,则 $f(\varphi(x))=($ $),\varphi(f(x))=($ $)$.

A. $\cos(x^2+1)^2$ B. $\cos^2(x^2+1)$ C. $\cos(x^2+1)$ D. $\cos^2 x^2+1$

6. 变量 $y=x\sin x$ 是( ).

A. 无穷大量$(x\to\infty)$ B. 无界变量   C. 有界变量   D. 不可确定

7. 下列变量中是无穷小量的是( ).

A. $\ln x(x\to 1)$ B. $\sin\dfrac{1}{x}(x\to 0)$ C. $\dfrac{x-3}{x^2-9}(x\to 3)$ D. $e^{\frac{1}{x}}(x\to 0)$

8. 当 $x\to 0$ 时,$\tan x$ 是比 x 的( ).

A. 高价无穷小量   B. 低价无穷小量   C. 等价无穷小量   D. 不能确定

9. 函数 $f(x)$ 在 $x=0$ 处连续的有( ).

A. $f(x)=\begin{cases}\dfrac{x}{|x|}, & x\neq 0\\ 0, & x=0\end{cases}$ B. $f(x)=\begin{cases}\dfrac{\sin x}{x}, & x\neq 0\\ 1, & x=0\end{cases}$

C. $f(x)=\begin{cases}|x|, & x\neq 0\\ -1, & x=0\end{cases}$ D. $f(x)=\begin{cases}e^x, & x\neq 0\\ 0, & x=0\end{cases}$

10. 设函数 $f(x)$ 在 $[a,b]$ 上有定义,则方程 $f(x)=0$ 在 (a,b) 内有唯一实根的条件是( ).

A. $f(x)$ 在 $[a,b]$ 上连续

B. $f(x)$ 在 $[a,b]$ 上连续,且 $f(a)\cdot f(b)<0$

C. $f(x)$ 在 $[a,b]$ 上单调,且 $f(a)\cdot f(b)<0$

D. $f(x)$ 在 $[a,b]$ 上连续单调,且 $f(a)\cdot f(b)<0$

二、填空题

1. 设 $f(x)=x^2-2$,则 $f(e^x-2)=$ _____.

2. $\begin{vmatrix} 2 & 3 & 0 \\ 2 & 1 & 0 \\ 4 & 3 & 0 \end{vmatrix} = $ _____.

3. 函数 $f(x) = x\sin\dfrac{1}{x}$ 的间断点是 _____.

4. 函数 $f(x) = \dfrac{1}{\sqrt{x^2-4}}$ 的定义域是 _____,连续区间是 _____.

三、有一边长为 a 的正方形厚纸,在各角剪去边长为 x 的小正方形,然后把四边折起来成为一个无盖的盒子.试写出这个盒子的容积 V 与 x 之间的函数关系式,并指出这个函数的定义域.

四、回答下列问题

1. 回答下列问题

(1) 设 $\lim\limits_{n\to\infty}x_n = a$,$\lim\limits_{n\to\infty}y_n = b$,且 $a\neq b$,则数列 $x_1,y_1,x_2,y_2,\cdots,x_n,y_n,\cdots$ 是否收敛?为什么?

(2) 设 $\lim\limits_{n\to\infty}x_n = a$,若把数列前有限项去掉得新数列,则该新数列是否收敛?若收敛,极限是什么?

五、证明方程 $x = a\sin x + b$(其中 $a>0,b>0$)至少有一个正根 x_0,且 $x_0\leqslant a+b$.

六、证明若 $f(x)$ 在 $(-\infty,+\infty)$ 内连续,且 $\lim\limits_{x\to\infty}f(x)$ 存在,则 $f(x)$ 在 $(-\infty,+\infty)$ 内有界.

七、证明若 $f(x)$ 在 $U^0(x_0,\delta_0)$ 内有 $f(x)>0$,且 $\lim\limits_{x\to x_0}f(x) = A$,则 $A\geqslant 0$.

八、在 x 轴的原点 O 右方分布着电荷数为 q 的正点电荷(如图 1.36 所示),再取一个点电荷 q_0 放在原点 O 处,试计算

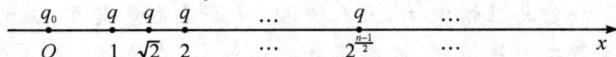
图 1.36

(1) 正点电荷个数为 n 时,q_0 受到的电场力;

(2) 正点电荷个数 n 趋于无穷且 $r_1 = 1,r_2 = \sqrt{2},r_3 = 2,\cdots,r_n = 2^{\frac{n-1}{2}},\cdots$ 时,q_0 受到的电场力.

(提示:两个相距为 r 的点电荷 q_1,q_2 之间的相互作用力大小:$F = K\dfrac{q_1\cdot q_2}{r^2}$,$K = 9.00\times 10^9$ 牛·米²/库仑²)

九、补充下列极限

1. $\lim\limits_{x\to+\infty}\left(\sqrt{9x^2+1}-3x\right)$

2. $\lim\limits_{x\to 4}\dfrac{\sqrt{x-2}-\sqrt{2}}{\sqrt{2x+1}-3}$

3. $\lim\limits_{x\to+\infty}x\left(\sqrt{x^2+1}-x\right)$

4. $\lim\limits_{x\to 1}\left(\dfrac{3}{1-x^3}-\dfrac{2}{1-x^2}\right)$

5. $\lim\limits_{t\to 0}\dfrac{(x+t)^3-x^3}{t}$

6. $\lim\limits_{x\to 0}\dfrac{2\arcsin x}{3x}$

7. $\lim\limits_{x\to 0}\dfrac{a^x-1}{x}$(提示:令 $u = a^x-1$)

8. $\lim\limits_{x\to\infty}\left(\dfrac{x-1}{x+3}\right)^{x+2}$

9. $\lim\limits_{n\to\infty}\left(1+\dfrac{1}{n}+\dfrac{1}{n^2}\right)^n$(提示:$\dfrac{1}{n}+\dfrac{1}{n^2} = \dfrac{n+1}{n^2}$)

第 2 章　导数与微分

　　费马,法国数学家.1601 年 8 月 17 日生于法国南部博蒙德洛马涅,
1665 年 1 月 12 日卒于卡斯特尔.他利用公务之余钻研数学,在数论、解
析几何学、概率论等方面都有重大贡献,被誉为"业余数学家之王".

　　费马最初学习法律,但后来却以图卢兹议会议员的身份终其一
生.费马博览群书,精通数国文字,掌握多门自然科学.虽然年近三十
才认真注意数学,但成果累累.其 1637 年提出的费马大定理是数学
研究中最著名的难题之一,至今尚未得到解决.

　　费马性情淡泊,为人谦逊,对著作无意发表.去世后,很多论述都
遗留在旧纸堆里,或书页的空白处,或在给朋友的书信中.他的儿子将
这些汇集成书,在图卢兹出版.

　　费马一生从未受过专门的数学教育,数学研究也不过是业余之爱好.然而,在 17 世纪
的法国还找不到哪位数学家可以与之匹敌:他是解析几何的发明者之一;对于微积分诞
生的贡献仅次于牛顿、莱布尼茨.他是概率论的主要创始人之一,也是独撑 17 世纪数论
天地的人.此外,费马对物理学也有重要贡献.一代数学天才费马堪称是 17 世纪法国最
伟大的数学家.

　　17 世纪伊始,就预示了一个颇为壮观的数学前景.而事实上,这个世纪也正是数学史上
一个辉煌的时代.几何学首先成了这一时代最引人注目的明珠,由于几何学的新方法 ——
代数方法在几何学上的应用,直接导致了解析几何的诞生;射影几何作为一种崭新的方法开
辟了新的领域;由古代的求积问题导致的极微分割方法引入几何学,使几何学产生了新的研
究方向,并最终促进了微积分的发明.几何学的重新崛起是与一代勤于思考、富于创造的数
学家是分不开的,费马就是其中的一位.

　　费马于 1636 年与当时的大数学家梅森、罗贝瓦尔开始通信,对自己的数学工作略有言
及.但是《平面与立体轨迹引论》的出版是在费马去世 14 年以后的事,因而 1679 年以前,很少
有人了解到费马的工作,而现在看来,费马的工作却是开创性的.

　　16、17 世纪,微积分是继解析几何之后的最璀璨的明珠.人所共知,牛顿和莱布尼茨是微
积分的缔造者,并且在他们之前,至少有数十位科学家为微积分的发明做了奠基性的工作.
但在诸多先驱者当中,费马仍然值得一提,主要原因是他为微积分概念的引出提供了与现代
形式最接近的启示,以至于在微积分领域,在牛顿和莱布尼茨之后再加上费马作为创立者,
也会得到数学界的认可.

　　曲线的切线问题和函数的极大、极小值问题是微积分的起源之一.这项工作较为古老,

最早可追溯到古希腊时期. 阿基米德为求出一条曲线所包任意图像的面积, 曾借助于穷竭法. 由于穷竭法繁琐笨拙, 后来渐渐被人遗忘, 直到 16 世纪才又被重视. 由于开普勒在探索行星运动规律时, 遇到了如何确定椭圆形面积和椭圆弧长的问题, 无穷大和无穷小的概念被引入并代替了繁琐的穷竭法. 尽管这种方法并不完善, 但却为自卡瓦列里到费马以来的数学家开辟了一个十分广阔的思考空间.

2.1　导数的概念

在研究函数时, 仅仅求出两个变量 y 与 x 之间的函数关系是不够的, 进一步要研究的是在已有的函数关系下, 由自变量变化引起的函数变化的快慢程度. 如变速直线运动的速度, 曲线的切线斜率, 电流强度和化学反应速度等等问题.

2.1.1　问题的引入

为了引出导数的概念, 我们先讨论两个具体的问题: 曲线的切线斜率问题和变速直线运动的瞬时速度问题.

1. 曲线的切线斜率问题

设曲线的方程为 $y = f(x)$, 如图 2.1 所示, 设 $P_0(x_0, y_0)$ 和 $P(x_0 + \Delta x, y_0 + \Delta y)$ 为曲线 $y = f(x)$ 上的两个点, 连接 P_0 与 P 得割线 $P_0 P$, 当点 P 沿曲线趋向于点 P_0 时, 割线 $P_0 P$ 的极限位置 $P_0 T$ 叫做曲线 $y = f(x)$ 在点 P_0 处的切线. 下面求切线 $P_0 T$ 的斜率.

设 φ 为割线 $P_0 P$ 的倾斜角, 那么割线 $P_0 P$ 的斜率为 $\tan\varphi$, 由于当点 P 沿曲线趋向于点 P_0 (即 $\Delta x \to 0$) 时, 割线 $P_0 P$ 的极限就是切线 $P_0 T$, 所以切线 $P_0 T$ 的斜率为:

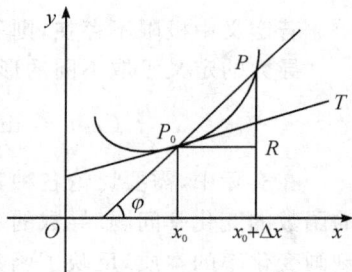

图 2.1

$$k = \lim_{\Delta x \to 0} \tan\varphi = \lim_{\Delta x \to 0} \frac{PR}{P_0 R} = \lim_{\Delta x \to 0} \frac{\Delta y}{\Delta x} = \lim_{\Delta x \to 0} \frac{f(x_0 + \Delta x) - f(x_0)}{\Delta x}.$$

2. 变速直线运动的瞬时速度问题

设一质点做变速直线运动, 其运动方程为 $s = s(t)$. 下面求这质点在某一时刻 t_0 的速度.

运动的 s-t 图如图 2.2 所示, 考虑时间从 t_0 到 $t_0 + \Delta t$ 这一段时间内, 质点经过的路程为:

$$\Delta s = s(t_0 + \Delta t) - s(t_0),$$

平均速度为:

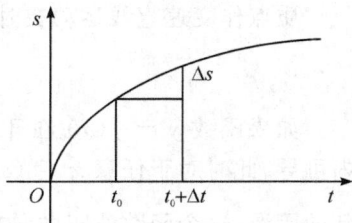

图 2.2

$$\bar{v} = \frac{\Delta s}{\Delta t} = \frac{s(t_0 + \Delta t) - s(t_0)}{\Delta t},$$

当 $|\Delta t|$ 很小时, 可以用 $\bar{v}$ 来近似代替 t_0 时刻的速度, 并且 $|\Delta t|$ 越小, $\bar{v}$ 越接近 t_0 时刻的速度. 所以若 $\lim\limits_{\Delta t \to 0} \dfrac{\Delta s}{\Delta t} = \lim\limits_{\Delta t \to 0} \dfrac{s(t_0 + \Delta t) - s(t_0)}{\Delta t}$ 存在, 则极限值就是质点在 t_0 时刻的速度, 即

$$v(t_0) = \lim_{\Delta t \to 0} \frac{\Delta s}{\Delta t} = \lim_{\Delta t \to 0} \frac{s(t_0 + \Delta t) - s(t_0)}{\Delta t}.$$

2.1.2 导数的定义

上面所讨论的两个问题,一个是几何问题,一个是物理问题,其具体背景不一样,但解决问题的数学方法是相同的,可以归结为:当自变量的改变量趋向于零时,计算或讨论函数的改变量与自变量的改变量之比的极限.类似的问题不难从物理、化学等学科中找到.抛开问题的具体含义,抽象出它们在数量方面的共性,就可得到函数的导数的定义.

【定义 2.1】 设函数 $y=f(x)$ 在 x_0 及其附近有定义,当自变量 x 在 x_0 处有改变量 Δx 时,相应的函数 y 有改变量 $\Delta y=f(x_0+\Delta x)-f(x_0)$,若函数的改变量与自变量的改变量之比的极限

$$\lim_{\Delta x\to 0}\frac{\Delta y}{\Delta x}=\lim_{\Delta x\to 0}\frac{f(x_0+\Delta x)-f(x_0)}{\Delta x}$$

存在,则称函数 $y=f(x)$ 在点 x_0 处可导,并称这个极限值为函数 $y=f(x)$ 在点 x_0 处的导数,记为 $f'(x_0)$、$y'\mid_{x=x_0}$、$\dfrac{\mathrm{d}y}{\mathrm{d}x}\Big|_{x=x_0}$ 或 $\dfrac{\mathrm{d}f(x)}{\mathrm{d}x}\Big|_{x=x_0}$.即

$$f'(x_0)=\lim_{\Delta x\to 0}\frac{\Delta y}{\Delta x}=\lim_{\Delta x\to 0}\frac{f(x_0+\Delta x)-f(x_0)}{\Delta x}.$$

若定义中极限不存在,则称函数 $y=f(x)$ 在点 x_0 处不可导.

导数的定义可取不同的形式,如

$$f'(x_0)=\lim_{x\to x_0}\frac{f(x)-f(x_0)}{x-x_0}=\lim_{h\to 0}\frac{f(x_0+h)-f(x_0)}{h}.$$

在实际中,需要讨论各种具有不同意义的变量的变化"快慢"的问题,在数学上就是所谓的函数的变化率问题.导数的定义就是函数变化率这一概念的精确描述,纯粹从数量方面来刻画变化率的本质,反映了函数随自变量的变化而变化的快慢程度.

根据导数的定义,上面所讨论的曲线的切线斜率和变速直线运动的瞬时速度这两个问题又可叙述为:

曲线 $y=f(x)$ 在点 $P_0(x_0,y_0)$ 处的切线斜率,就是函数 $y=f(x)$ 在点 x_0 处的导数,

$$k=\frac{\mathrm{d}y}{\mathrm{d}x}\Big|_{x=x_0};$$

质点作变速直线运动在时刻 t_0 的瞬时速度,就是路程函数 $s=s(t)$ 在点 t_0 处的导数,即

$$v(t_0)=\frac{\mathrm{d}s}{\mathrm{d}t}\Big|_{t=t_0}.$$

如果函数 $y=f(x)$ 在开区间 (a,b) 内的每一点都可导,就称函数 $f(x)$ 在开区间 (a,b) 内可导.此时对于任意 $x\in(a,b)$,都对应着 $f(x)$ 的一个确定的导数值.如此就构造了一个新的函数,这个函数就叫做原来函数 $y=f(x)$ 的导函数,记为:y'、$f'(x)$、$\dfrac{\mathrm{d}y}{\mathrm{d}x}$ 或 $\dfrac{\mathrm{d}f(x)}{\mathrm{d}x}$.

在定义 2.1 中把 x_0 换成 x 即得到导函数的定义形式:即

$$f'(x)=\lim_{\Delta x\to 0}\frac{f(x+\Delta x)-f(x)}{\Delta x}=\lim_{h\to 0}\frac{f(x+h)-f(x)}{h}.$$

在不致混淆的情况下,导函数也简称为导数.

【注】 函数 $y=f(x)$ 在 x_0 处的导数 $f'(x_0)$ 与函数 $f(x)$ 的导函数既有区别又有联系,并且显然有

$$f'(x_0)=f'(x)\mid_{x=x_0}.$$

2.1.3 导数的几何意义

撇开函数 $y = f(x)$ 的具体的含义,仅从几何上看,$y = f(x)$ 表示直角坐标平面中的曲线 C。由切线问题我们知道 $f'(x_0)$ 在几何上表示曲线 $C:y = f(x)$ 在点 $P_0(x_0,y_0)$ 处的切线的斜率,即

$$k_{切} = f'(x_0),$$

这就是函数 $y = f(x)$ 在点 x_0 处的导数的几何意义。如图 2.3 所示。

如果函数 $y = f(x)$ 在点 x_0 处的导数为无穷大,则曲线 $y = f(x)$ 在点 $P_0(x_0,y_0)$ 处具有垂直于 x 轴的切线 $x = x_0$。

根据导数的几何意义并应用直线的点斜式方程,可知曲线 $y = f(x)$ 在点 $P_0(x_0,y_0)$ 处的切线方程为:

$$y - y_0 = f'(x_0)(x - x_0);$$

过切点 $P_0(x_0,y_0)$ 且与切线垂直的直线叫做曲线 $y = f(x)$ 在 P_0 处的法线。如果 $f'(x_0) \neq 0$,法线的斜率为 $-\dfrac{1}{f'(x_0)}$,从而法线的方程为:

$$y - y_0 = -\frac{1}{f'(x_0)}(x - x_0).$$

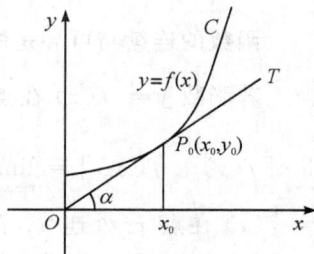

图 2.3

【例 2.1】 求曲线 $y = x^3$ 在点 $(1,1)$ 处的切线方程和法线方程。

【解】 由导数的几何意义知,$k_{切线} = y'|_{x=1}$,由于 $y' = (x^3)' = 3x^2$(参见后面的导数公式)于是 $k_{切线} = 3 \times 1 = 3$,所以曲线在点 $(1,1)$ 处的切线方程为 $y - 1 = 3(x-1)$,即:$3x - y - 2 = 0$;曲线在点 $(1,1)$ 处的法线方程为 $y - 1 = -\dfrac{1}{3}(x-1)$,即:$3y + x - 4 = 0$。

2.1.4 左、右导数

根据函数 $f(x)$ 在点 x_0 处的导数的定义

$$f'(x_0) = \lim_{h \to 0} \frac{f(x_0 + h) - f(x_0)}{h}$$

是一个极限,而极限存在的充分必要条件是左、右极限都存在且相等,因此若 $f'(x_0)$ 存在,即 $f(x)$ 在点 x_0 处可导的充分必要条件是左、右极限

$$\lim_{h \to 0^-} \frac{f(x_0 + h) - f(x_0)}{h} \text{ 及 } \lim_{h \to 0^+} \frac{f(x_0 + h) - f(x_0)}{h}$$

都存在且相等。这两个极限分别称为函数在点 x_0 处的左导数和右导数,记作 $f'_-(x_0)$ 及 $f'_+(x_0)$,即

$$f'_-(x_0) = \lim_{h \to 0^-} \frac{f(x_0 + h) - f(x_0)}{h},$$

$$f'_+(x_0) = \lim_{h \to 0+} \frac{f(x_0 + h) - f(x_0)}{h}.$$

因此,函数 $f(x)$ 在点 x_0 处可导的充分必要条件是左导数 $f'_-(x_0)$ 和右导数 $f'_+(x_0)$ 都存在且相等。

【例 2.2】 判断函数 $f(x) = |x|$ 在 $x = 0$ 处是否可导。

【解】 极限 $\lim\limits_{h \to 0} \dfrac{f(0+h)-f(0)}{h} = \lim\limits_{h \to 0} \dfrac{|h|}{h}$,

则 $f'_-(x_0) = \lim\limits_{h \to 0^-} \dfrac{|h|}{h} = -1, f'_+(x_0) = \lim\limits_{h \to 0^+} \dfrac{|h|}{h} = 1$.

左、右导数尽管都存在,但不相等,所以函数 $f(x) = |x|$ 在 $x=0$ 处不可导.

2.1.5 函数的可导与连续的关系

函数的连续与可导是两个重要概念,它们之间既有联系又有区别.

若函数 $y = f(x)$ 在点 x_0 处可导,则有 $f'(x_0) = \lim\limits_{\Delta x \to 0} \dfrac{\Delta y}{\Delta x} = \lim\limits_{x \to x_0} \dfrac{f(x)-f(x_0)}{x-x_0}$,由于

$\lim\limits_{x \to x_0}[f(x)-f(x_0)] = \lim\limits_{x \to x_0} \dfrac{f(x)-f(x_0)}{x-x_0} \cdot (x-x_0) = 0$,则 $\lim\limits_{x \to x_0} f(x) = f(x_0)$,说明函数 $y = f(x)$ 在点 x_0 处连续. 于是函数的连续与可导有如下关系:

【定理 2.1】 如果函数 $y = f(x)$ 在点 x_0 处可导,则它在点 x_0 处一定连续.

然而,一个函数在某点连续却不一定在该点可导. 由例2.2可知 $f(x) = |x|$ 在 $x=0$ 处显然连续但不可导.

以上可知,函数在某点连续是在该点可导的必要条件,但不是充分条件.

习题 2.1

1.以速度 v_0 向上抛一物体,经过 t 秒后,其上升的高度为 $h(t) = v_0 t - \dfrac{1}{2}gt^2$,求:

(1)物体从时刻 t_0 到时刻 $t_0 + \Delta t$ 这段时间内所走的距离 Δh 及平均速度 v;

(2)物体在 t_0 秒时的瞬时速度 $v(t_0)$;

(3)若 $v_0 = 10$ 米 / 秒,$g = 9.8$ 米 / 秒^2,求当 $t_0 = 1$ 秒时瞬时速度 $v(1)$.

2.根据导数定义,求下列函数在指定点的导数 $f'(x_0)$

(1)$f(x) = x^2 + 3x - 1, x_0 = 0$ (2)$f(x) = \cos x, x_0 = \dfrac{\pi}{6}$

3.设 $f'(x_0)$ 存在,根据导数的定义指出下列各极限表示什么

(1)$\lim\limits_{x \to x_0} \dfrac{f(x)-f(x_0)}{x-x_0}$ (2)$\lim\limits_{\Delta x \to 0} \dfrac{f(x_0 + 3\Delta x)-f(x_0)}{\Delta x}$

(3)$\lim\limits_{h \to 0} \dfrac{f(x_0 - h)-f(x_0)}{h}$ (4)$\lim\limits_{h \to 0} \dfrac{f(x_0 + h)-f(x_0 - h)}{h}$

4.求下列函数的导数 $f'(x)$

(1)$y = x$ (2)$y = x^5$ (3)$y = \dfrac{1}{x}$ (4)$y = \sqrt{x}$

5.求曲线 $y = x^3$ 上横坐标为 $x_0 = 2$ 点处的切线方程和法线方程.

6.讨论下列函数在 $x=0$ 处的连续性与可导性

(1)$y = \begin{cases} \sin x, & x \geqslant 0 \\ x+1, & x < 0 \end{cases}$ (2)$y = \begin{cases} x\sin \dfrac{1}{x}, & x \neq 0 \\ 0, & x = 0 \end{cases}$

2.2　导数的基本公式与求导法则

2.2.1　导数的基本公式

根据导数的定义,求函数 $y = f(x)$ 的导数 $f'(x)$ 的一般步骤如下:

(1) 求增量 $\Delta y = f(x + \Delta x) - f(x)$;

(2) 求比值 $\dfrac{\Delta y}{\Delta x}$;

(3) 求极限 $\lim\limits_{\Delta x \to 0} \dfrac{\Delta y}{\Delta x}$.

下面来导出一些基本初等函数的导数.

1. $y = C(C$ 为常数$)$ 的导数

因为 $\Delta y = C - C = 0$,则 $\dfrac{\Delta y}{\Delta x} = 0$,从而有 $f'(x) = \lim\limits_{\Delta x \to 0} \dfrac{\Delta y}{\Delta x} = 0$,即

$$(C)' = 0.$$

2. 幂函数 $y = x^\alpha (\alpha$ 为实数$)$ 的导数

当 $\alpha = n(n$ 为正整数$)$ 时,利用二项式定理,

因为 $\Delta y = (x + \Delta x)^n - x^n = x^n + C_n^1 x^{n-1} \Delta x + C_n^2 x^{n-2} (\Delta x)^2 + \cdots + C_n^n (\Delta x)^n - x^n$,

则 $\dfrac{\Delta y}{\Delta x} = C_n^1 x^{n-1} + C_n^2 x^{n-2} \cdot (\Delta x) + \cdots + C_n^n (\Delta x)^{n-1}$,从而有

$$f'(x) = \lim\limits_{\Delta x \to 0} \dfrac{\Delta y}{\Delta x} = \lim\limits_{\Delta x \to 0} [C_n^1 x^{n-1} + C_n^2 x^{n-2} \cdot (\Delta x) + \cdots + C_n^n (\Delta x)^{n-1}] = n x^{n-1},\text{即}$$

$$(x^n)' = n x^{n-1}.$$

当 α 为任意的实数时,也可以证明(略)上述公式成立. 即

$$(x^\alpha)' = \alpha x^{\alpha-1}.$$

如

$$(x)' = 1;$$

$$\left(\frac{1}{x}\right)' = (x^{-1})' = -x^{-2} = -\frac{1}{x^2};$$

$$(\sqrt{x})' = (x^{\frac{1}{2}})' = \frac{1}{2} x^{-\frac{1}{2}} = \frac{1}{2\sqrt{x}}.$$

3. 对数函数 $y = \log_a x\,(a > 0, a \neq 1)$ 的导数

因为 $\Delta y = \log_a (x + \Delta x) - \log_a x = \log_a \left(1 + \dfrac{\Delta x}{x}\right)$,则 $\dfrac{\Delta y}{\Delta x} = \dfrac{1}{\Delta x} \log_a \left(1 + \dfrac{\Delta x}{x}\right)$,从而有

$$f'(x) = \lim\limits_{\Delta x \to 0} \dfrac{\Delta y}{\Delta x} = \lim\limits_{\Delta x \to 0} \frac{1}{x} \cdot \frac{x}{\Delta x} \log_a \left(1 + \frac{\Delta x}{x}\right) = \lim\limits_{\Delta x \to 0} \frac{1}{x} \log_a \left(1 + \frac{\Delta x}{x}\right)^{\frac{x}{\Delta x}} = \frac{1}{x} \log_a e = \frac{1}{x \ln a},\text{即}$$

$$(\log_a x)' = \frac{1}{x \ln a}.$$

特殊地,有 $(\ln x)' = \dfrac{1}{x}$.

4. 指数函数 $y = a^x (a > 0, a \neq 1)$ 的导数

因为 $\Delta y = a^{x+\Delta x} - a^x = a^x(a^{\Delta x} - 1)$，则 $\dfrac{\Delta y}{\Delta x} = a^x \dfrac{(a^{\Delta x} - 1)}{\Delta x}$.

令 $a^{\Delta x} - 1 = t$，则 $\Delta x = \log_a(1 + t)$，从而有

$$f'(x) = \lim_{\Delta x \to 0} \frac{\Delta y}{\Delta x} = a^x \lim_{t \to 0} \frac{t}{\ln(1 + t)} = a^x \lim_{t \to 0} \frac{1}{\frac{1}{t}\log_a(1 + t)} = a^x \lim_{t \to 0} \frac{1}{\log_a e} = a^x \ln a, \text{即}$$

$$(a^x)' = a^x \ln a.$$

特别地，有 $(e^x)' = e^x$.

5. 三角函数 $y = \sin x$ 的导数.

因为 $\Delta y = \sin(x + \Delta x) - \sin x = 2\cos\left(x + \dfrac{\Delta x}{2}\right)\sin\left(\dfrac{\Delta x}{2}\right)$，则 $\dfrac{\Delta y}{\Delta x} = \cos\left(x + \dfrac{\Delta x}{2}\right)\dfrac{\sin\left(\frac{\Delta x}{2}\right)}{\dfrac{\Delta x}{2}}$，

从而有 $f'(x) = \lim_{\Delta x \to 0} \dfrac{\Delta y}{\Delta x} = \lim_{\Delta x \to 0} \cos\left(x + \dfrac{\Delta x}{2}\right)\dfrac{\sin\left(\frac{\Delta x}{2}\right)}{\dfrac{\Delta x}{2}} = \cos x$，即

$$(\sin x)' = \cos x.$$

用类似的方法可证得

$$(\cos x)' = -\sin x.$$

从以上求导数的过程可看出，直接根据定义来求函数的导数往往需要技巧，且很繁杂困难. 为能很好地解决求导数问题还需要引入一些求导法则，由于我们研究的对象是初等函数，而初等函数就是由基本初等函数经过有限次的四则运算或复合运算而得到的，因此我们重点介绍四则运算求导法则和复合函数的求导法则.

2.2.2　导数的四则运算法则

【定理 2.2】　设 $u(x)$、$v(x)$ 是可导函数，则它们经过加减乘除四则运算组合而成的函数仍可导且其导数满足以下法则：

(1) $[u(x) \pm v(x)]' = u'(x) \pm v'(x)$；

(2) $[Cu(x)]' = Cu'(x)$；

(3) $[u(x)v(x)]' = u'(x)v(x) + u(x)v'(x)$；

(4) $\left[\dfrac{u(x)}{v(x)}\right]' = \dfrac{u'(x)v(x) - u(x)v'(x)}{v^2(x)} (v(x) \neq 0)$.

用导数定义即可证明定理 2.2，这里省略.

定理 2.2 用文字表示即：

两个可导函数之和（差）的导数等于这两个函数的导数之和（差）；

两个可导函数乘积的导数等于第一个函数的导数乘以第二个函数，加上第一个函数乘以第二个函数的导数.

两个可导函数之商的导数等于分子的导数乘以分母减去分母的导数乘以分子，再除以分母的平方.

【注】　由定理 2.2 中的公式 (1)、(3)，可以推广到有限多个可导函数的和、积的求导法

则,列如:

$$(u+v+w)' = u'+v'+w', (uvw)' = u'vw+uv'w+uvw'.$$

【例 2.3】　设 $y = 1+3x^4-\dfrac{1}{\sqrt{x}}+\dfrac{1}{x^2}$,求 y'.

【解】　$y' = (1)'+(3x^4)'-\left(\dfrac{1}{\sqrt{x}}\right)'+\left(\dfrac{1}{x^2}\right)' = 12x^3+\dfrac{1}{2}x^{-\frac{3}{2}}-3x^{-3}.$

【例 2.4】　设 $y = e^x\sin x$,求 y'.

【解】　$y' = (e^x\sin x)' = (e^x)'\sin x+e^x(\sin x)' = e^x\sin x+e^x\cos x.$

【例 2.5】　设 $y = \dfrac{e^x}{1+x}$,求 $y', y'\mid_{x=1}$.

【解】　$y' = \left(\dfrac{e^x}{1+x}\right)' = \dfrac{(e^x)'(1+x)-e^x(1+x)'}{(1+x)^2} = \dfrac{xe^x}{(1+x)^2}, y'\bigg|_{x=1} = \dfrac{1\times e}{(1+1)^2} = \dfrac{e}{4}.$

【例 2.6】　设 $y = \tan x$,求 y'.

【解】　$y' = (\tan x)' = \left(\dfrac{\sin x}{\cos x}\right)' = \dfrac{(\sin x)'\cos x-\sin x(\cos x)'}{\cos^2 x}$

$$= \dfrac{\cos^2 x+\sin^2 x}{\cos^2 x} = \dfrac{1}{\cos^2 x} = \sec^2 x.$$

即

$$(\tan x)' = \sec^2 x.$$

类似可得

$$(\cot x)' = -\csc^2 x.$$

【例 2.7】　设 $y = \sec x$,求 y'.

【解】　$y' = (\sec x)' = \left(\dfrac{1}{\cos x}\right)' = \dfrac{(1)'\times\cos x-1\times(\cos x)'}{\cos^2 x} = \dfrac{\sin x}{\cos^2 x} = \sec x\tan x.$

即

$$(\sec x)' = \sec x\tan x.$$

类似可得

$$(\csc x)' = -\csc x\cot x.$$

2.2.3　复合函数的求导法则

对于复合函数,如 $y = \sin 2x$,它的导数是什么,是 $y' = \cos 2x$ 吗?事实上由 $y = \sin 2x = 2\sin x\cos x$,应用导数乘法公式易得 $y' = 2(\cos^2 x-\sin^2 x) = 2\cos 2x \neq \cos 2x$. 又如复合函数 $y = (3x+1)^2$,它的导数也不是 $y' = 2\times(3x+1)$. 这是为什么呢?其实复合函数 $y = \sin 2x$ 可以看作由简单 $y = \sin u$ 与 $u = 2x$ 复合而成, $y = (3x+1)^2$ 是由函数 $y = u^2$ 与 $u = 3x+1$ 复合而成,复合函数的导数不能直接应用四则运算法则.

【定理 2.3】　若函数 $u = \varphi(x)$ 在点 x 处可导,函数 $y = f(u)$ 在对应点 $u = \varphi(x)$ 处也可导,则复合函数 $y = f[\varphi(x)]$ 在点 x 处可导,且有

$$\{f[\varphi(x)]\}' = f'(u)\varphi'(x) \quad \text{或} \quad \dfrac{\mathrm{d}y}{\mathrm{d}x} = \dfrac{\mathrm{d}y}{\mathrm{d}u}\cdot\dfrac{\mathrm{d}u}{\mathrm{d}x}.$$

【证明】　给 x 一个增量 Δx,得 $u = \varphi(x)$ 的增量 Δu 及 $y = f(u)$ 的增量 Δy,所以

$$\dfrac{\Delta y}{\Delta x} = \dfrac{\Delta y}{\Delta u}\cdot\dfrac{\Delta u}{\Delta x},$$

由 $\dfrac{\mathrm{d}u}{\mathrm{d}x}$ 存在，知 $u = \varphi(x)$ 在 x 处连续，因而当 $\Delta x \to 0$ 时有 $\Delta u \to 0$，故有

$$\lim_{\Delta x \to 0} \frac{\Delta y}{\Delta x} = \lim_{\Delta x \to 0} \frac{\Delta y}{\Delta u} \cdot \frac{\Delta u}{\Delta x} = \lim_{\Delta u \to 0} \frac{\Delta y}{\Delta u} \cdot \lim_{\Delta x \to 0} \frac{\Delta u}{\Delta x} = \frac{\mathrm{d}y}{\mathrm{d}u} \cdot \frac{\mathrm{d}u}{\mathrm{d}x},$$

即

$$\frac{\mathrm{d}y}{\mathrm{d}x} = \frac{\mathrm{d}y}{\mathrm{d}u} \cdot \frac{\mathrm{d}u}{\mathrm{d}x}.$$

这种求导法则，实际上是函数关于中间变量的导数乘以中间变量关于自变量的导数. 作为结果可以推广到多个中间变量的情况. 我们以两个中间变量为例，设 $y = f(u)$，$u = h(v)$，$v = \varphi(x)$ 都可导，对于复合函数 $y = f(h(\varphi(x)))$ 的导数为

$$\frac{\mathrm{d}y}{\mathrm{d}x} = \frac{\mathrm{d}y}{\mathrm{d}u} \cdot \frac{\mathrm{d}u}{\mathrm{d}v} \cdot \frac{\mathrm{d}v}{\mathrm{d}x}.$$

【例 2.8】 设 $y = \ln\tan x$，求 $\dfrac{\mathrm{d}y}{\mathrm{d}x}$.

【解】 $y = \ln\tan x$ 可看成 $y = \ln u$，$u = \tan x$ 复合而成的，因此

$$\frac{\mathrm{d}y}{\mathrm{d}x} = \frac{\mathrm{d}y}{\mathrm{d}u} \cdot \frac{\mathrm{d}u}{\mathrm{d}x} = \frac{1}{u} \sec^2 x = \frac{1}{\tan x} \sec^2 x = \frac{1}{\sin x \cos x} = 2\csc 2x.$$

【例 2.9】 设 $y = e^{x^2}$，求 $\dfrac{\mathrm{d}y}{\mathrm{d}x}$.

【解】 $y = e^{x^2}$ 由 $y = e^u$，$u = x^2$ 复合而成，因而

$$\frac{\mathrm{d}y}{\mathrm{d}x} = \frac{\mathrm{d}y}{\mathrm{d}u} \frac{\mathrm{d}u}{\mathrm{d}x} = e^u \cdot (2x) = 2xe^{x^2}.$$

【例 2.10】 设 $y = \sin^2 x^3$，求 $\dfrac{\mathrm{d}y}{\mathrm{d}x}$.

【解】 $y = \sin^2 x^3$ 由 $y = u^2$，$u = \sin v$，$v = x^3$ 复合而成，所以

$$\frac{\mathrm{d}y}{\mathrm{d}x} = \frac{\mathrm{d}y}{\mathrm{d}u} \cdot \frac{\mathrm{d}u}{\mathrm{d}v} \cdot \frac{\mathrm{d}v}{\mathrm{d}x} = 2u \cdot \cos v \cdot 3x^2 = 2(\sin x^2) \cdot \cos x^2 \cdot 3x^2 = 3x^2 \sin 2x^2.$$

由以上例子可以看出，求复合函数的导数时，首先要分析所给的函数由哪些函数复合而成，而这些函数的导数我们已经会求，那么应用复合函数求导法则就可以求所给函数的导数.

运算熟练以后，就不必再写出中间变量，只要分析清楚函数的复合关系，求导的顺序是由外往里一层一层进行.

【例 2.11】 设 $y = \ln\sin x$，求 $\dfrac{\mathrm{d}y}{\mathrm{d}x}$.

【解】 $\dfrac{\mathrm{d}y}{\mathrm{d}x} = (\ln\sin x)' = \dfrac{1}{\sin x}(\sin x)' = \left(\dfrac{1}{\sin x}\right) \cdot \cos x = \cot x.$

【例 2.12】 设 $y = e^{\cos x}$，求 $\dfrac{\mathrm{d}y}{\mathrm{d}x}$.

【解】 $y' = (e^{\cos x})' = e^{\cos x}(\cos x)' = e^{\cos x}(-\sin x) = -e^{\cos x}\sin x.$

【例 2.13】 设 $y = \sin nx \cdot \sin^n x$（$n$ 为常数），求 y'.

【解】 $y' = (\sin nx \cdot \sin^n x)' = (\sin nx)' \sin^n x + \sin nx (\sin^n x)'$

$\qquad = n\cos nx \cdot \sin^n x + n\sin nx \cdot \sin^{n-1} x \cdot \cos x$

$\qquad = n\sin^{n-1} x(\cos nx \cdot \sin x + \sin nx \cdot \cos x) = n\sin^{n-1} x\sin(n+1)x.$

2.2.4　两种求导方法

1. 隐函数的求导方法

前面讨论的函数,如 $y = x^2 - \dfrac{1}{x} + \ln x$,$y = e^x + \sin 2x$ 等,其特点是函数 y 是用自变量 x 的关系式 $y = f(x)$ 来表示的,这种函数称为显函数. 但是有时会遇到另一类函数,其特点是变量 y,x 之间的函数关系 $y = f(x)$ 是用方程 $F(x,y) = 0$ 来表示的,如 $x^2 + y^2 = a^2$,$e^{xy} + \sin y - x = 1$ 等,这种函数就称为隐函数.

隐函数如何求导呢,如果能把隐函数化为显函数,问题就解决了. 但不少情况下,隐函数是很难甚至不可能化为显函数的,因此有必要掌握隐函数的求导方法. 隐函数的求导方法可分为如下两步:

(1) 将方程 $F(x,y) = 0$ 两边对 x 求导(注意 y 是 x 的函数);

(2) 从已求得的等式中解出 y'.

【例 2.14】　求由方程 $x^2 + y^2 = a^2$ 所确定的隐函数 $y = f(x)$ 的导数 y'.

【解】　将方程 $x^2 + y^2 = a^2$ 两边对 x 求导,即 $(x^2)' + (y^2)' = (a^2)'$,注意 y 是 x 的函数(即把 y 看作是复合函数中的中间变量),得

$$2x + 2yy' = 0,$$

解出 y' 得

$$y' = -\frac{x}{y}.$$

【例 2.15】　求由方程 $e^{xy} + \sin y - x = 1$ 所确定的隐函数 $y = f(x)$ 的导数 y'.

【解】　将方程两边对 x 求导,即 $(e^{xy})' + (\sin y)' - (x)' = (1)'$,注意 y 是 x 的函数,得

$$e^{xy}(xy)' + \cos y \cdot y' - 1 = 0,$$

即

$$e^{xy}(y + xy') + \cos y \cdot y' = 1,$$

解出 y' 得

$$y' = \frac{1 - ye^{xy}}{xe^{xy} + \cos y}.$$

【例 2.16】　求函数 $y = \arcsin x\,(-1 < x < 1)$ 的导数.

【解】　由 $y = \arcsin x$ 可得方程 $x = \sin y$,将方程两边对 x 求导,得

$$1 = (\cos y)y',$$

所以

$$y' = \frac{1}{\cos y} = \frac{1}{\sqrt{1 - \sin^2 y}} = \frac{1}{\sqrt{1 - x^2}},$$

即

$$(\arcsin x)' = \frac{1}{\sqrt{1 - x^2}}\,(-1 < x < 1).$$

类似可得

$$(\arccos x)' = -\frac{1}{\sqrt{1 - x^2}}\,(-1 < x < 1),$$

$$(\arctan x)' = \frac{1}{1+x^2}(-\infty < x < +\infty),$$

$$(\text{arccot} x)' = -\frac{1}{1+x^2}(-\infty < x < +\infty).$$

2. 取对数求导方法

在某些情况下,求显函数的导数时需要利用两边取自然对数把它化为隐函数来求导,这种方法就称取对数求导方法.

【例 2.17】 求函数 $y = x^x$ 的导数.

【解】 两边取自然对数,得

$$\ln y = x \ln x,$$

两边对 x 求导,得

$$\frac{y'}{y} = 1 + \ln x,$$

于是

$$y' = y(1 + \ln x) = x^x(1 + \ln x),$$

即

$$(x^x)' = x^x(1 + \ln x).$$

这类函数的一般形式为 $y = u(x)^{v(x)}$,其中 $u(x)$、$v(x)$ 可导.

【例 2.18】 求函数 $y = \dfrac{\sqrt{x+2}(3-x)^5}{(x+1)^3}$ 的导数.

【解】 两边取自然对数,得

$$\ln y = \frac{1}{2}\ln(x+2) + 5\ln(3-x) - 3\ln(x+1)$$

两边对 x 求导,得

$$\frac{1}{y} \cdot y' = \frac{1}{2} \cdot \frac{1}{x+2} + 5 \cdot \frac{1}{3-x}(-1) - \frac{3}{x+1},$$

于是

$$y' = y\left[\frac{1}{2(x+2)} - \frac{5}{3-x} - \frac{3}{x+1}\right] = \frac{\sqrt{x+2}(3-x)^4}{(x+1)^5}\left[\frac{1}{2(x+2)} - \frac{5}{3-x} - \frac{3}{x+1}\right].$$

这类函数的特点是函数由若干个因子相乘或相除构成的.

由于初等函数是由六个基本初等函数经过有限次的四则运算和有限次的复合运算得到的,所以求初等函数的导数,只要运用基本初等函数的导数公式及四则运算的求导法则和复合函数的求导法则,就可解决.

为了方便查阅,我们把这些导数公式和求导法则归纳如下:

(1) 基本初等函数的导数公式

① $C' = 0$　　　　　　　　　　② $(x^\alpha)' = \alpha x^{\alpha-1}$

③ $(a^x)' = a^x \ln a(a > 0, a \neq 1)$　　④ $(e^x)' = e^x$

⑤ $(\log_a x)' = \dfrac{1}{x \ln a}(a > 0, a \neq 0)$　　⑥ $(\ln x)' = \dfrac{1}{x}$

⑦ $(\sin x)' = \cos x$　　　　　　　⑧ $(\cos x)' = -\sin x$

⑨ $(\tan x)' = \sec^2 x$　　　　　　⑩ $(\cot x)' = -\csc^2 x$

⑪$(\sec x)' = \sec x\tan x$ 　　　　⑫$(\csc x)' = -\csc x\cot x$

⑬$(\arcsin x)' = \dfrac{1}{\sqrt{1-x^2}}$ 　　　　⑭$(\arccos x)' = -\dfrac{1}{\sqrt{1-x^2}}$

⑮$(\arctan x)' = \dfrac{1}{1+x^2}$ 　　　　⑯$(\text{arccot}\,x)' = -\dfrac{1}{1+x^2}$

(2) 四则运算的求导法则

①$[u \pm v]' = u' \pm v'$ 　　　　②$[Cu]' = Cu'$

③$[uv]' = u'v + uv'$ 　　　　④$\left[\dfrac{u}{v}\right]' = \dfrac{u'v - uv'}{v^2}(v \neq 0)$

(3) 复合函数的求导法则

设 $y = f(u), u = \varphi(x)$，则复合函数 $y = f[\varphi(x)]$ 的导数为：

$$\frac{\mathrm{d}y}{\mathrm{d}x} = \frac{\mathrm{d}y}{\mathrm{d}u} \cdot \frac{\mathrm{d}u}{\mathrm{d}x} \text{ 或 } \{f[\varphi(x)]\}' = f'(u)\varphi'(x).$$

2.2.5　高阶导数

设一物体做直线运动，其运动方程为 $s = s(t)$，则由导数的定义和运动方程的意义可知，运动的速度方程为 $v = v(t) = s'(t)$，$v(t)$ 仍然是一个关于 t 的函数，对于这个运动而言，其加速度 $a(t) = v'(t) = [s'(t)]'$，所以加速度 $a(t)$ 可以看作是 $s(t)$ 的导数的导数.

一般地，函数 $y = f(x)$ 的导数 $y' = f'(x)$ 仍然是 x 的函数，如果 $f'(x)$ 仍可求导，我们把 $y' = f'(x)$ 的导数 $(y')' = (f'(x))'$ 叫做函数 $y = f(x)$ 的二阶导数，记作

$$y'', f''(x) \text{ 或 } \frac{\mathrm{d}^2 y}{\mathrm{d}x^2} = \frac{\mathrm{d}}{\mathrm{d}x}\left(\frac{\mathrm{d}y}{\mathrm{d}x}\right).$$

相应地，我们称 $y' = f'(x)$ 为 $y = f(x)$ 的一阶导数.

类似地，如果 $y'' = f''(x)$ 的导数存在，则称这个导数为 $y = f(x)$ 的三阶导数. 一般地，如果 $y = f(x)$ 的 $(n-1)$ 阶导数的导数存在，则称其为 $y = f(x)$ 的 n 阶导数，它们分别记作

$$y''', y^{(4)}, \cdots, y^{(n)}$$

或 　　　　　　　　　$$f'''(x), f^{(4)}(x), \cdots, f^{(n)}(x)$$

或 　　　　　　　　　$$\frac{\mathrm{d}^3 y}{\mathrm{d}x^3}, \frac{\mathrm{d}^4 y}{\mathrm{d}x^4}, \cdots, \frac{\mathrm{d}^n y}{\mathrm{d}x^n}.$$

二阶及二阶以上的导数统称为高阶导数. 由此可见，求高阶导数就是多次重复求导.

【例 2.19】　设 $S = \sin\omega t$，求 S''.

【解】　$S' = \omega\cos\omega t, S'' = -\omega^2\sin\omega t$.

【例 2.20】　设 $y = 4x^3 - 7x^2 + 6$，求 $y'', y''', y^{(4)}$.

【解】　$y' = 12x^2 - 14x, y'' = 24x - 14, y''' = 24, y^{(4)} = 0$.

【例 2.21】　设 $y = xe^x$，求 $y^{(n)}$.

【解】　$y' = e^x + xe^x = (1+x)e^x$,

$\qquad y'' = e^x + (1+x)e^x = (2+x)e^x$,

$\qquad y''' = e^x + (2+x)e^x = (3+x)e^x$,

$\qquad \cdots\cdots$

依次类推可得：$y^{(n)} = (n+x)e^x$.

【例 2.22】　设由方程 $xy + y^2 - 2x = 0$ 确定函数 $y = f(x)$，求 y''.

【解】　两边对 x 求导,得

$$xy' + y + 2yy' - 2 = 0,$$

于是

$$y' = \frac{2 - y}{x + 2y},$$

所以

$$y'' = \frac{(2 - y)'(x + 2y) - (2 - y)(x + 2y)'}{(x + 2y)^2} = \frac{-y'(x + 2y) - (2 - y)(1 + 2y')}{(x + 2y)^2},$$

用 $y' = \dfrac{2 - y}{x + 2y}$ 代入,得

$$y'' = \frac{2(y - 2)(x + y + 2)}{(x + 2y)^3}.$$

【例 2.23】　设 $y = \sin x$,求 $y^{(n)}$.

【解】　$y' = \cos x = \sin\left(x + \dfrac{\pi}{2}\right),$

$$y'' = \cos\left(x + \frac{\pi}{2}\right) = \sin\left(x + \frac{\pi}{2} + \frac{\pi}{2}\right) = \sin\left(x + \frac{2\pi}{2}\right),$$

$$y''' = \cos\left(x + \frac{2\pi}{2}\right) = \sin\left(x + \frac{2\pi}{2} + \frac{\pi}{2}\right) = \sin\left(x + \frac{3\pi}{2}\right),$$

$$\cdots\cdots$$

依次类推可得　　$y^{(n)} = \sin\left(x + \dfrac{n\pi}{2}\right).$

习题 2.2

1. 求下列函数的导数

(1) $y = 2x^5 + \dfrac{1}{x^2} - \sin x$

(2) $y = \sqrt{x} + \cos x - 8$

(3) $y = 3\cos x + \ln x$

(4) $y = \sec x + \csc x$

(5) $y = \dfrac{\sqrt[5]{x^3}}{x^2}$

(6) $y = \sqrt{x\sqrt{x\sqrt{x}}}$

(7) $y = x^3 \log_a x\,(a > 0, a \neq 1)$

(8) $y = x^3 \tan x$

(9) $y = x^2(\sin x - \sqrt{x})$

(10) $y = x^2 \sec x$

(11) $y = e^x \cdot x^e$

(12) $y = (2^x + \sqrt{x})\ln x$

(13) $y = x(\ln x)\sin x$

(14) $y = \dfrac{3x}{1 - x^3}$

(15) $y = \dfrac{\tan x}{x}$

(16) $y = \dfrac{1 - \cos x}{1 + \cos x}$

(17) $y = \dfrac{1}{x + \sin x}$

2. 求下列函数的导数

(1) $y = (2x + 1)^{10}$

(2) $y = \sin 5x + \tan 2x$

(3) $y = 2\sin\dfrac{x}{3} + e^{5x}$

(4) $y = \sqrt[3]{1 - \sin x}$

(5) $y = x\sqrt{1+x^3}$

(6) $y = \dfrac{1}{\sqrt{2x+1}}$

(7) $y = 2^{\sin x} + \cos\sqrt{x}$

(8) $y = e^{\frac{5}{x}}$

(9) $y = e^{-3x} + e^{x^2}$

(10) $y = \sin^2(x^2+1)$

(11) $y = \dfrac{1}{\sqrt{1-3x^2}}$

3. 求下列隐函数的导数 y'

(1) $x^3 + 2x^2y - 3xy^2 + 9 = 0$

(2) $xy = e^{x+y}$

(3) $e^{xy} + \ln y - x = 5$

(4) $y = \sin(x+y)$

(5) $xy = 1 + xe^y$

(6) $\ln\sqrt{x^2+y^2} = \arctan\dfrac{y}{x}$

4. 求下列函数的导数 y'

(1) $y = \dfrac{\sqrt{x+1}\ \sqrt[3]{x^2+2}}{(x-3)(x-4)}$

(2) $y = x^2\sqrt{\dfrac{2x-1}{x+1}}$

(3) $y = \left(\dfrac{x}{1+x}\right)^x$

(4) $y = (\cos x)^{\sin x}$

5. 将一物体垂直上抛，其运动规律为 $s = 20t - 4.9t^2$，试求物体在下列时刻的速度：

(1) $t = 1$ 秒

(2) $t = 2$ 秒

6. 设 $y = y(x)$ 是由方程 $e^{x^2+2y} - \cos(xy) = 1$ 所确定的函数，试求 $y'(0)$.

7. 求下列函数的二阶导数

(1) $y = 4x + \ln x$

(2) $y = \cos x + \sin x$

(3) $y = e^{2x-1}$

(4) $y = \ln(1-x^2)$

(5) $y = x\sin x$

(6) $y = x^3\ln x$

(7) $y = \dfrac{e^x}{x}$

(8) $x^2 + 4y^2 = 25$

3. 求下列函数的高阶导数

(1) $y = \ln x$，求 $y^{(n)}$

(2) $y = e^{2x}$，求 $y^{(n)}$

3. 求曲线 $y = \sqrt{x} + \sin 2x$ 上横坐标为 $x_0 = \pi$ 点处的切线方程和法线方程.

2.3　函数的微分

2.3.1　问题的引入

　　本节将介绍另一个重要概念：微分. 导数表示函数在某点处由于自变量变化所引起的函数变化的快慢程度，微分是函数在该点处由于自变量的微小变化所引起的函数改变的近似值. 两者都是研究函数在局部的性质，有着密切的联系.

　　先看一个具体的例子：S 表示边长为 x_0 的正方形面积，那么 $S = x_0^2$. 如果给边长一个改变量 Δx，则 S 相应也有一个改变量 ΔS，$\Delta S = (x_0 + \Delta x)^2 - x_0^2 = 2x_0\Delta x + (\Delta x)^2$. 从此式中可见 ΔS 分成两部分，第

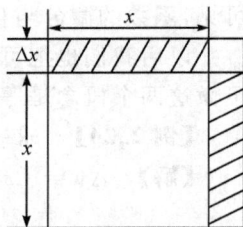

图 2.4

一部分 $2x_0\Delta x$ 是 Δx 的线性部分,即图 2.4 中阴影的两个矩形的面积之和;而第二部分 $(\Delta x)^2$ 是关于 Δx 的高阶无穷小. 由此可见,当 Δx 很小时,$(\Delta x)^2$ 可以忽略不计,ΔS 可用 $2x_0\Delta x$ 近似它,即 $\Delta S \approx 2x_0\Delta x$. 由于 $S'(x_0) = 2x_0$,所以上式可写成:

$$\Delta S \approx S'(x_0)\Delta x.$$

这个结论可推广到一般情形.

设函数 $y = f(x)$ 在点 x_0 处可导,且当自变量 x 从 x_0 改变到 $x_0 + \Delta x$ 时,相应的函数也有改变量 $\Delta y = f(x_0 + \Delta x) - f(x_0)$,由于函数在点 x_0 处可导,则有

$$\lim_{\Delta x \to 0} \frac{\Delta y}{\Delta x} = f'(x_0),$$

根据极限与无穷小的关系,有

$$\frac{\Delta y}{\Delta x} = f'(x_0) + \alpha(x),其中 \lim_{\Delta x \to 0}\alpha(x) = 0,$$

于是得

$$\Delta y = f'(x_0)\Delta x + \alpha(x)\Delta x.$$

这表明,函数的改变量 Δy 有 $f'(x_0)\Delta x$ 与 $\alpha(x)\Delta x$ 两部分组成,当 $|\Delta x|$ 很小时,后面部分可以忽略不计,所以也有:

$$\Delta y \approx f'(x_0)\Delta x.$$

于是可引出微分的定义如下.

2.3.2 微分的定义

【定义 2.2】 设函数 $y = f(x)$ 在点 x_0 处可导,且当自变量 x 从 x_0 改变到 $x_0 + \Delta x$ 时,相应的函数也有改变量 $\Delta y = f(x_0 + \Delta x) - f(x_0) = f'(x_0)\Delta x + \alpha(x)\Delta x (\lim_{\Delta x \to 0}\alpha(x) = 0)$,我们把 Δy 的主要部分 $f'(x_0)\Delta x$ 称为函数 $y = f(x)$ 在点 x_0 的微分,记为

$$dy = f'(x_0)\Delta x.$$

若不特别指明函数在哪一点的微分,那么一般地,函数 $y = f(x)$ 的微分就记为:

$$dy = f'(x)\Delta x.$$

这表明,求一个函数的微分只需求出这个函数的导数 $f'(x)$ 再乘以 Δx 即可.

又因为,当 $y = x$ 时,$dy = dx = (x)'\Delta x = \Delta x$,即 $dx = \Delta x$. 所以函数 $y = f(x)$ 的微分又可记为:

$$dy = f'(x)dx.$$

将 $dy = f'(x)dx$ 两边同除以 dx,得

$$\frac{dy}{dx} = f'(x),$$

可见,函数的微分与自变量的微分之商等于该函数的导数,因此导数也叫做微商.

以后我们也把可导函数称为可微函数,把函数在某点可导也称为在某点可微. 即可导与可微这两个概念是等价的.

【例 2.24】 求 $y = x^3$ 在 $x_0 = 1$ 处,$\Delta x = 0.01$ 时函数 y 的改变量 Δy 及微分 dy.

【解】 $\Delta y = (x_0 + \Delta x)^3 - x_0^3 = (1 + 0.01)^3 - 1^3 = 0.030301$,

而 $dy = (x^3)'\Delta x = 3x^2\Delta x$,即 $dy \Big|_{\substack{x_0=1 \\ \Delta x=0.01}} = 3 \times 1^2 \times 0.01 = 0.03$.

【例 2.25】　设函数 $y = \sin x$，求 $\mathrm{d}y$.

【解】　$\mathrm{d}y = (\sin x)' \mathrm{d}x = \cos x \mathrm{d}x.$

2.3.3　微分的几何意义

为了对微分有一个直观的了解，我们来看一下微分的几何意义. 如图 2.5 所示，曲线 $y = f(x)$ 上有两个点 $P_0(x_0, y_0)$ 与 $Q(x_0 + \Delta x, y_0 + \Delta y)$，其中 $P_0 T$ 是点 P_0 处的切线，α 为切线的倾斜，$P_0 P$ 平行于 x 轴，PQ 平行于 y 轴.

从图中可知，$P_0 P = \Delta x, PQ = \Delta y$，则 $PT = P_0 P \tan\alpha = P_0 P f'(x_0) = f'(x_0)\Delta x$，即

$$\mathrm{d}y = PT.$$

这就是说，函数 $y = f(x)$ 在点 x_0 处的微分 $\mathrm{d}y$，等于曲线 $y = f(x)$ 在点 P_0 处切线的纵坐标对应于 Δx 的改变量，这就是微分的几何意义.

很显然，当 $|\Delta x| \to 0$ 时，$\Delta y = PQ$ 可以用 $PT = \mathrm{d}y$ 来近似，这就是微积分常用的方法：以直代曲.

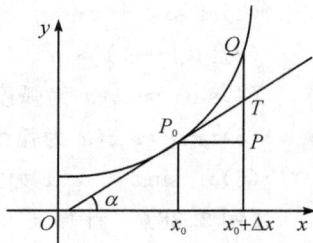

2.3.4　微分在近似计算中的应用

在实际问题中，经常会遇到一些复杂的计算，下面我们利用微分来近似它可以使计算简单. 由前面的讨论知道，当 $|\Delta x|$ 很小时，函数 $y = f(x)$ 在点 x_0 处的改变量 Δy 可以用函数的微分 $\mathrm{d}y$ 来近似，即

$$\Delta y = f(x_0 + \Delta x) - f(x_0) \approx f'(x_0)\Delta x = \mathrm{d}y,$$

于是得近似计算公式：

$$f(x_0 + \Delta x) \approx f(x_0) + f'(x_0)\Delta x \,(当\,|\Delta x|\,很小), \tag{1}$$

若 $x_0 = 0$，则 $\Delta x = x$ 得另一个近似计算公式：

$$f(x) \approx f(0) + f'(0)x \,(当\,|x|\,很小). \tag{2}$$

公式 (1) 常用来近似计算函数 $y = f(x)$ 在点 x_0 附近的点的函数值，公式 (2) 常用来近似计算函数 $y = f(x)$ 点 $x_0 = 0$ 附近的点的函数值.

【例 2.26】　求 $\sin 30°30'$ 近似值.

【解】　设 $f(x) = \sin x$，取 $x_0 = \dfrac{\pi}{6}, \Delta x = \dfrac{\pi}{360}, f'(x) = \cos x$，则由公式 (1) 得：

$$f(30°30') = f\left(\frac{\pi}{6} + \frac{\pi}{360}\right) \approx \sin\frac{\pi}{6} + \cos\frac{\pi}{6} \cdot \frac{\pi}{360} = \frac{1}{2} + \frac{\sqrt{3}}{2} \times \frac{\pi}{360} \approx 0.5076.$$

【例 2.27】　计算 $\sqrt{1.02}$ 的近似值.

【解 1】　设 $f(x) = \sqrt{x}$，取 $x_0 = 1, \Delta x = 0.02, f'(x) = \dfrac{1}{2\sqrt{x}}$，则由公式 (1) 得：

$$f(1.02) = \sqrt{1.02} \approx f(1) + f'(1)\Delta x = \sqrt{1} + \frac{1}{2\sqrt{1}} \times 0.02 = 1.01.$$

【解 2】　设 $f(x) = \sqrt{1+x}$，取 $x_0 = 0, x = 0.02, f'(x) = \dfrac{1}{2\sqrt{1+x}}$，则由公式 (2) 得：

$$f(0.02) = \sqrt{1.02} \approx f(0) + f'(0)x = \sqrt{1+0} + \frac{1}{2\sqrt{1+0}} \times 0.02 = 1.01.$$

这类近似计算中，$f(x)$ 可按题意设置，而 x_0 的选取是关键.

应用公式(2)可以推出一些在实际运算中常用的近似公式，当 $|x| \ll 1$，即 $|x|$ 很小时，有

(1) $\sqrt[n]{1+x} \approx 1 + \dfrac{1}{n}x$；

(2) $e^x \approx 1 + x$；

(3) $\ln(1+x) \approx x$；

(4) $\sin x \approx x$（x 为弧度）；

(5) $\tan x \approx x$（x 为弧度）；

(6) $\arcsin x \approx x$（x 为弧度）.

【例 2.28】 计算 $e^{-0.001}$ 的近似值.

【解】 由 $e^x \approx 1 + x$ 得，$e^{-0.001} \approx 1 - 0.001 = 0.999$.

【例 2.29】 计算 $\sqrt[6]{65}$ 的近似值.

【解】 因为 $\sqrt[6]{65} = \sqrt[6]{64+1} = 2 \cdot \sqrt[6]{1+\dfrac{1}{64}}$，由 $\sqrt[n]{1+x} \approx 1 + \dfrac{1}{n}x$ 得，

$$\sqrt[6]{1+\frac{1}{64}} \approx \left(1 + \frac{1}{6} \cdot \frac{1}{64}\right) = \left(1 + \frac{1}{384}\right) \approx 1.0026,$$

于是得，

$$\sqrt[6]{65} \approx 2.0052.$$

2.3.5 微分基本公式和微分的运算法则

从微分与导数的关系 $\mathrm{d}y = f'(x)\mathrm{d}x$ 可知，只要求出 $y = f(x)$ 的导数 $f'(x)$，即可以求出 $y = f(x)$ 的微分 $\mathrm{d}y = f'(x)\mathrm{d}x$. 如此我们可得到下列微分的基本公式和微分的运算法则：

1. 基本初等函数的微分公式

(1) $\mathrm{d}C = 0$ 　　　　　　　　　　　(2) $\mathrm{d}(x^a) = ax^{a-1}\mathrm{d}x$

(3) $\mathrm{d}(a^x) = a^x \ln a \, \mathrm{d}x$ 　　　　　　(4) $\mathrm{d}(e^x) = e^x \mathrm{d}x$

(5) $\mathrm{d}(\log_a x) = \dfrac{1}{x\ln a}\mathrm{d}x$ 　　　　　(6) $\mathrm{d}(\ln x) = \dfrac{1}{x}\mathrm{d}x$

(7) $\mathrm{d}(\sin x) = \cos x \, \mathrm{d}x$ 　　　　　(8) $\mathrm{d}(\cos x) = -\sin x \, \mathrm{d}x$

(9) $\mathrm{d}(\tan x) = \sec^2 x \, \mathrm{d}x$ 　　　　(10) $\mathrm{d}(\cot x) = -\csc^2 x \, \mathrm{d}x$

(11) $\mathrm{d}(\sec x) = \sec x \tan x \, \mathrm{d}x$ 　　(12) $\mathrm{d}(\csc x) = -\csc x \cot x \, \mathrm{d}x$

(13) $\mathrm{d}(\arcsin x) = \dfrac{1}{\sqrt{1-x^2}}\mathrm{d}x$ 　　(14) $\mathrm{d}(\arccos x) = -\dfrac{1}{\sqrt{1-x^2}}\mathrm{d}x$

(15) $\mathrm{d}(\arctan x) = \dfrac{1}{1+x^2}\mathrm{d}x$ 　　(16) $\mathrm{d}(\text{arccot} x) = -\dfrac{1}{1+x^2}\mathrm{d}x$

2. 函数四则运算的微分法则

若 $u(x), v(x)$ 可微，则

(1) $\mathrm{d}(u \pm v) = \mathrm{d}u \pm \mathrm{d}v$ 　　　　　(2) $\mathrm{d}(Cu) = C\mathrm{d}u$

(3) $\mathrm{d}(uv) = v\mathrm{d}u + u\mathrm{d}v$ 　　　　　(4) $\mathrm{d}\left(\dfrac{u}{v}\right) = \dfrac{v\mathrm{d}u - u\mathrm{d}v}{v^2}(v \neq 0)$

3. 复合函数的微分法则

设 $y = f(u), u = \varphi(x)$ 都可微,则复合函数 $y = f[\varphi(x)]$ 的微分为:

$$\mathrm{d}y = \{f[\varphi(x)]\}' \mathrm{d}x = f'(u)\varphi'(x)\mathrm{d}x = f'(u)\mathrm{d}u.$$

这公式与 $\mathrm{d}y = f'(x)\mathrm{d}x$ 相比较发现:不论 u 是自变量还是中间变量,函数 $y = f(x)$ 的微分总保持同一形式,这个性质称为微分形式不变性.这一性质在复合函数求微分时非常有用.

【例 30】 设函数 $y = e^x \sin x$,求 $\mathrm{d}y$.

【解】 $\mathrm{d}y = \mathrm{d}(e^x \sin x) = \sin x \mathrm{d}(e^x) + e^x \mathrm{d}(\sin x) = e^x \sin x \mathrm{d}x + e^x \cos x \mathrm{d}x$

$\qquad = e^x(\sin x + \cos x)\mathrm{d}x.$

【例 31】 设函数 $y = \ln \sin(e^x + 1)$,求 $\mathrm{d}y$.

【解】 $\mathrm{d}y = \mathrm{d}(\ln \sin(e^x + 1)) = \dfrac{1}{\sin(e^x + 1)} \mathrm{d}(\sin(e^x + 1))$

$\qquad = \dfrac{1}{\sin(e^x + 1)} \cos(e^x + 1)\mathrm{d}(e^x + 1) = e^x \cot(e^x + 1)\mathrm{d}x.$

【例 32】 在下列等式左端的括号中填入适当的函数使等式成立.

(1) $\mathrm{d}(\quad) = x^2 \mathrm{d}x$;

(2) $\mathrm{d}(\quad) = \cos x \mathrm{d}x$.

【解】 (1) 因为 $\mathrm{d}(x^3) = 3x^2 \mathrm{d}x$,可见 $x^2 \mathrm{d}x = \dfrac{1}{3}\mathrm{d}(x^3) = \mathrm{d}\left(\dfrac{x^3}{3}\right)$,即 $\mathrm{d}\left(\dfrac{x^3}{3}\right) = x^2 \mathrm{d}x$,

一般地有,$\mathrm{d}\left(\dfrac{x^3}{3} + C\right) = x^2 \mathrm{d}x (C$ 为任意常数$)$;

(2) 因为 $\mathrm{d}(\sin x) = \cos x \mathrm{d}x$,一般地有,$\mathrm{d}(\sin x + C) = \cos x \mathrm{d}x (C$ 为任意常数$)$.

习题 2.3

1. 已知 $y = x^3 + x + 1$,在点 $x = 2$ 处分别计算当 $\Delta x = 1, 0.1, 0.001$ 时的 Δy 和 $\mathrm{d}y$.

2. 函数 $y = f(x)$ 的图像如图所示,试在图中分别标出 x_0 处的 Δy、$\mathrm{d}y$ 及 $\Delta y - \mathrm{d}y$,并说明其正负.

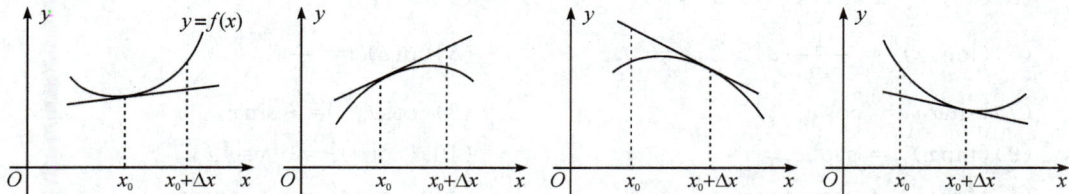

图 2.6

3. 利用微分求下列数的近似值

(1) $e^{0.01}$　　　　　　　(2) $\sqrt[3]{998}$　　　　　　　(3) $\ln 0.99$

4. 试求函数 $y = x^2 - x$ 当 $x = 10, \Delta x = 0.1$ 时的改变量及微分,计算用微分代替改变量时的绝对误差和相对误差.

5. 求下列函数的微分 $\mathrm{d}y$

(1) $y = x - \dfrac{1}{2}x^2 + \dfrac{1}{3}x^3 - \dfrac{1}{4}x^4$　　　　　　(2) $y = x^2 \sin x$

$(3) y = x\ln x - x$ $\qquad$ $(4) y = \dfrac{x}{1+x^2}$

$(5) y = 3^{\ln x}$ $\qquad$ $(6) y = e^{ax}\cos bx$

$(7) y = e^x\sin x$ $\qquad$ $(8) y = e^{-x}\sin(3-x)$

$(9) y = \ln(3\sin^2 x + 2)$ $\qquad$ $(10) y = (1-x^2)^n$

6. 将适当的函数填入下列括号内,使等式成立

$(1) d(\qquad) = 2dx$ $\qquad$ $(2) d(\qquad) = xdx$

$(3) d(\qquad) = \dfrac{1}{1+x^2}dx$ $\qquad$ $(4) d(\qquad) = 2(x+1)dx$

$(5) d(\qquad) = \cos 2x dx$ $\qquad$ $(6) d(\qquad) = 3e^{2x}dx$

$(7) d(\qquad) = \dfrac{1}{x^2}dx$ $\qquad$ $(8) d(\qquad) = 2^x dx$

$(9) d(\qquad) = e^{-3x}dx$ $\qquad$ $(10) d(\qquad) = \dfrac{1}{\sqrt{x}}dx$

$(11) d(\qquad) = \sec^2 x dx$ $\qquad$ $(12) d(\qquad) = \dfrac{1}{\sqrt{1-x^2}}dx$

本章小结

1. 导数的定义:

$$f'(x) = y' = \frac{dy}{dx} = \lim_{\Delta x \to 0}\frac{\Delta y}{\Delta x} = \lim_{\Delta x \to 0}\frac{f(x+\Delta x)-f(x)}{\Delta x}, f'(x_0) = f'(x)\big|_{x=x_0};$$

2. 导数的几何意义: $f'(x_0) = k_{切线}$;切线方程: $y - y_0 = f'(x_0)(x - x_0)$;

3. 可导与连续的关系:函数在某点连续是函数在该点可导的必要条件,但不是充分条件;

4. 导数公式:

$(1) C' = 0$ $\qquad$ $(2) (x^a)' = ax^{a-1}$

$(3) (a^x)' = a^x\ln a(a > 0, a \neq 1)$ $\qquad$ $(4) (e^x)' = e^x$

$(5) (\log_a x)' = \dfrac{1}{x\ln a}(a > 0, a \neq 0)$ $\qquad$ $(6) (\ln x)' = \dfrac{1}{x}$

$(7) (\sin x)' = \cos x$ $\qquad$ $(8) (\cos x)' = -\sin x$

$(9) (\tan x)' = \sec^2 x$ $\qquad$ $(10) (\cot x)' = -\csc^2 x$

$(11) (\sec x)' = \sec x\tan x$ $\qquad$ $(12) (\csc x)' = -\csc x\cot x$

$(13) (\arcsin x)' = \dfrac{1}{\sqrt{1-x^2}}$ $\qquad$ $(14) (\arccos x)' = -\dfrac{1}{\sqrt{1-x^2}}$

$(15) (\arctan x)' = \dfrac{1}{1+x^2}$ $\qquad$ $(16) (\text{arccot}x)' = -\dfrac{1}{1+x^2}$

5. 求导法则与方法:

$(1) [u \pm v]' = u' \pm v'$ $\qquad$ $(2) [Cu]' = Cu'$

$(3) [uv]' = u'v + uv'$ $\qquad$ $(4) \left[\dfrac{u}{v}\right]' = \dfrac{u'v - uv'}{v^2}(v \neq 0)$

(5) 设 $y = f(u), u = \varphi(x)$,则复合函数 $y = f[\varphi(x)]$ 的导数为:

$$\frac{\mathrm{d}y}{\mathrm{d}x} = \frac{\mathrm{d}y}{\mathrm{d}u} \cdot \frac{\mathrm{d}u}{\mathrm{d}x} \text{ 或 } \{f[\varphi(x)]\}' = f'(u)\varphi'(x);$$

（6）隐函数的求导方法：将方程 $F(x,y) = 0$ 两边对 x 求导，然后解出 y'；

（7）取对数求导方法：先两边取自然对数，然后用隐函数求导方法，最后换回显函数；

6. 高阶导数：$f''(x) = y'' = (y')'$ 或 $\dfrac{\mathrm{d}^2 y}{\mathrm{d}x^2} = \dfrac{\mathrm{d}}{\mathrm{d}x}\left(\dfrac{\mathrm{d}y}{\mathrm{d}x}\right),\ f^{(n)}(x) = y^{(n)} = \dfrac{\mathrm{d}^n y}{\mathrm{d}x^n} = \dfrac{\mathrm{d}}{\mathrm{d}x}\left(\dfrac{\mathrm{d}^{n-1} y}{\mathrm{d}x^{n-1}}\right);$

7. 微分：$\mathrm{d}y = f'(x)\mathrm{d}x;$

8. 微分近似计算公式：

$$f(x_0 + \Delta x) \approx f(x_0) + f'(x_0)\Delta x\ (\text{当} \mid \Delta x \mid \text{很小}),$$
$$f(x) \approx f(0) + f'(0)x\ (\text{当} \mid x \mid \text{很小}).$$

综合练习

一、填空题

1. $y = \sin x$ 上点 $\left(\dfrac{\pi}{6}, \dfrac{1}{2}\right)$ 处的切线方程和法线方程分别为 _____.

2. 曲线 $y = \dfrac{x-1}{x}$ 上切线斜率等于 $\dfrac{1}{9}$ 的点是 _____.

3. 设 $y = \ln\tan x$ 则 $y' = $ _____.

4. $f(x) = \sin x + \ln x$，则 $f''(1) = $ _____.

5. 由方程 $2y + x = \sin y$ 确定 $y = f(x)$，则 $\mathrm{d}y = $ _____.

6. 设 $y = x^n$，则 $y^{(n)} = $ _____.

7. 已知 $f(x)$ 可微，则 $\mathrm{d}f(e^x) = $ _____.

8. 函数 $f(x)$ 在 x_0 处可导是其在 x_0 处连续的 _____ 条件.

9. 已知 $f(x) = e^{x^2} + \sin x$，则 $f'(0) = $ _____.

10. $\mathrm{d}(\sin x + 5^x) = $ _____ $\mathrm{d}x.$

11. $\sqrt[3]{1.05} \approx$ _____（精确到小数四位）.

二、选择题

1. 设 $f(0) = 0, f'(0)$ 存在，则 $\lim\limits_{x\to 0} \dfrac{f(x)}{x} = ($ 　　 $).$

A. $f'(x)$　　　　　　B. $f'(0)$　　　　　　C. $f(0)$　　　　　　D. $\dfrac{1}{2}f(0)$

2. 函数在 x_0 处连续是在 x_0 处可导的（　　　）.

A. 充分条件但不是必要条件　　　　B. 必要条件但不是充分条件

C. 充分必要条件　　　　　　　　　　D. 既非充分也非必要条件

3. 下列函数中在 $x = 0$ 处不可导的是（　　　）.

A. $y = \sin x$　　　　B. $y = \cos x$　　　　C. $y = \ln x$　　　　D. $y = \mid x \mid$

4. 设 $f(x) = x(x-1)(x-2)(x-3)\cdots(x-99)$，则 $f'(0) = ($ 　　 $).$

A. 999　　　　　　　B. -999　　　　　　C. 99!　　　　　　　D. $-99!$

5. 曲线 $y = 3x^2 + 2x + 1$ 在 $x = 0$ 处的切线方程是（　　　）.

A. $y = 2x + 1$　　　B. $y = 2x + 2$　　　C. $y = x + 1$　　　D. $y = x + 2$

6. 设 $y = \ln |x|$,则 $\mathrm{d}y = ($).

A. $\dfrac{1}{|x|}\mathrm{d}x$ B. $-\dfrac{1}{|x|}\mathrm{d}x$ C. $\dfrac{1}{x}\mathrm{d}x$ D. $-\dfrac{1}{x}\mathrm{d}x$

7. 设 $y = f(e^x)$,$f'(x)$ 存在   则 $y' = ($).

A. $f'(x)$ B. $e^x f'(x)$ C. $e^x f'(e^x)$ D. $f'(e^x)$

8. 若 $f(x) = \begin{cases} e^x, & x > 0 \\ a - bx, & x \leqslant 0 \end{cases}$,在 $x = 0$ 处可导,则 a,b 之值(   ).

A. $a = -1, b = -1$ B. $a = -1, b = 1$

C. $a = 1, b = -1$ D. $a = 1, b = 1$

三、计算下列函数的导数

1. $y = x^3 + 5\cos x + 3x + 1$ 2. $y = x^3 \ln x$

3. $y = \dfrac{1}{2 + \sqrt{x}}$ 4. $y = \dfrac{1 - x}{x}$

5. $y = \cos^2(2x + 1)$ 6. $y = \dfrac{\sin x}{x^2}$,求 $f'\left(\dfrac{\pi}{3}\right)$

7. $y = \ln(1 + x^2)$ 8. $y = \sqrt{4 - x^2}$

9. $y = \tan\dfrac{1}{x}$ 10. $y = \sin(\ln x)$

11. $y = \sin^{10} x$ 12. $y = 5^{\cos x}$

13. $y = e^{-x}\arcsin x$ 14. $y = \cot(1 + x^2)$

15. $y = \sqrt{1 + \cos^2 x}$ 16. $y = x^2 e^{\frac{1}{x}}$

17. $y = \lg(x^2 + x + 1)$ 18. $y = e^{x^2}$

19. $y = (\arctan x)^2$ 20. $y = \arcsin e^x$

21. $y = \arctan(ax)$ 22. $y = e^{-3x} + \ln(2x^3 + 1)$

23. $y = e^{2x}$,求 $y^{(n)}$ 24. $y = \ln(1 + 4x)$,求 $y'''(0)$

25. $y = (e^x + 3^x)\arctan x$ 26. $y = x^3 \arccos x$

27. $y = \arcsin x + \arccos x$ 28. $y = \sqrt{x} + \arccos\dfrac{2}{x}$

四、计算下列隐函数的导数 y'

1. $\sin xy = y + x$ 2. $xe^y - ye^y = x^2$

3. $y = x^y$ 4. $\sin(x^2 + y) = x$

5. $y^2 + 2xy = 16$,求 y''

五、计算下列函数的微分

1. $y = x^3 - 2x + 5$ 2. $y = \dfrac{1}{x} + 2\sqrt{x} - \ln x$

3. $y = \dfrac{\ln x}{x^2}$ 4. $y = e^{2x^2}$

5. $y = \tan^2(1 + 2x)$

六、曲柄连杆机构如图 2.7 所示,证明:

$$\theta = \arcsin\left(\dfrac{r}{l}\sin\varphi\right).$$

如果曲柄 OA 以角速度 ω 绕 O 点旋转，求连杆 AB 绕滑块梢 B 摆动的角速度 $\dfrac{\mathrm{d}\theta}{\mathrm{d}t}$.

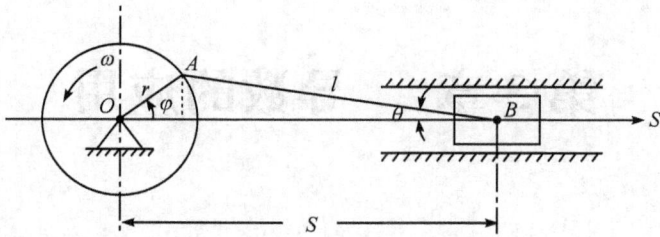

图 2.7

七、利用微分近似公式求近似值

1. $\sqrt[4]{1.05}$ 　　　　　2. $\sqrt[3]{126}$

第3章 导数的应用

法国最有成就的数学家 —— 拉格朗日(Lagrange)

拉格朗日,法国数学家、物理学家及天文学家.1736 年 1 月 25 日生于意大利西北部的都灵,1755 年 19 岁的他就在都灵的皇家炮兵学校当数学教授;1766 年应德国的普鲁士王腓特烈的邀请去了柏林,不久便成为柏林科学院通讯院院士,在那里他居住了达二十年之久;1786 年普鲁士王腓特烈逝世后,他应法王路易十六之邀,于 1787 年定居巴黎,其间出任法国米制委员会主任,并先后在巴黎高等师范学院及巴黎综合工科学校任数学教授;1813 年 4 月 10 日在巴黎逝世.

拉格朗日一生的科学研究所涉及的数学领域极其广泛.如:他在探讨"等周问题"的过程中,他用纯分析的方法发展了欧拉所开创的变分法,为变分法奠定了理论基础;他完成的《分析力学》一书,建立起完整和谐的力学体系;他的两篇著名的论文:《关于解数值方程》和《关于方程的代数解法的研究》,总结出一套标准方法即把方程化为低一次的方程(辅助方程或预解式)以求解,但这并不适用于五次方程;然而他的思想已蕴含着群论思想,这使他成为伽罗瓦建立群论之先导;在数论方面,他也显示出非凡的才能,费马所提出的许多问题都被他一一解答,他还证明了圆周率的无理性,这些研究成果丰富了数论的内容;他的巨著《解析函数论》,为微积分奠定理论基础方面作了独特的尝试,他企图把微分运算归结为代数运算,从而抛弃自牛顿以来一直令人困惑的无穷小量,并想由此出发建立全部分析学;另外他用幂级数表示函数的处理方法对分析学的发展产生了影响,成为实变函数论的起点;而且,他还在微分方程理论中做出奇解为积分曲线族的包络的几何解释,提出线性变换的特征值概念等.

数学界近百多年来的许多成就都可直接或间接地追溯于拉格朗日的工作,为此他在数学史上被认为是对分析数学的发展产生全面影响的数学家之一.

拉格朗日的研究工作中,约有一半同天体力学有关.他是分析力学的创立者,为把力学理论推广应用到物理学其他领域开辟了道路;他用自己在分析力学中的原理和公式,建立起各类天体的运动方程,他对三体问题的求解方法、对流体运动的理论等都有重要贡献,他还研究了彗星和小行星的摄动问题,提出了彗星起源假说等.

3.1 微分中值定理与函数的单调性

在上一章我们从实际问题中引出了导数的概念,并讨论了导数的计算方法.本章我们利用导数知识来研究函数及其图像的性态,并利用这些知识解决一些实际问题.为此,先介绍微分学的几个中值定理,它们是导数应用的理论基础.

3.1.1　罗尔(Rolle)定理

【定理 3.1】　设函数 $y = f(x)$ 满足条件：

(1) 在闭区间 $[a,b]$ 上连续；

(2) 在开区间 (a,b) 内可导；

(3) $f(a) = f(b)$；

则至少存在一点 $\xi \in (a,b)$，使得 $f'(\xi) = 0$(证略).

下面来考察一下罗尔定理的几何意义：

如图 3.1 所示，若在闭区间 $[a,b]$ 上的连续曲线 $y = f(x)$，其上每一点(除端点外)处都有不垂直于 x 轴的切线，且两个端点 A、B 的纵坐标相等，那么曲线 $y = f(x)$ 上至少存在一点 C，使曲线在点 C 处的切线与 x 轴平行.

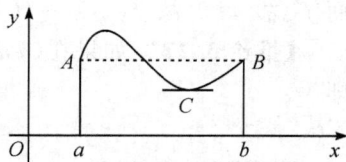

图 3.1

3.1.2　拉格朗日(Lagrange)中值定理

罗尔定理中的第三个条件 $f(a) = f(b)$ 相当特殊，如果去掉这个条件而保留其余两个条件，可以得到一个在微分学中十分重要的拉格朗日中值定理.

【定理 3.2】　若函数 $y = f(x)$ 满足条件：

(1) 在闭区间 $[a,b]$ 上连续；

(2) 在开区间 (a,b) 内可导；

则至少存在一点 $\xi \in (a,b)$，使 $f'(\xi) = \dfrac{f(b) - f(a)}{b - a}$.

拉格朗日中值定理也具明显的几何意义：

(如图 3.2 所示)若在闭区间 $[a,b]$ 上的连续曲线 $y = f(x)$，其上每一点(除端点外)处都有不垂直于 x 轴的切线，那么曲线 $y = f(x)$ 上至少存在一点 C，使曲线在点 C 处的切线与弦 AB 平行.

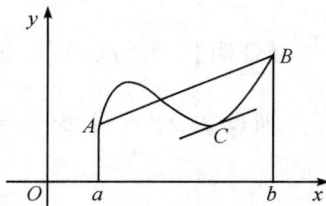

图 3.2

【证明】　引入一个辅助函数 $\varphi(x) = f(x) - \dfrac{f(b) - f(a)}{b - a}x$，显然 $\varphi(x)$ 在 $[a,b]$ 上连续，在 (a,b) 内可导，且 $\varphi(a) = f(a) - \dfrac{f(b) - f(a)}{b - a}a = \dfrac{bf(a) - af(b)}{b - a}$，$\varphi(b) = f(b) - \dfrac{f(b) - f(a)}{b - a}b = \dfrac{bf(a) - af(b)}{b - a}$，所以 $\varphi(a) = \varphi(b)$，于是函数 $\varphi(x)$ 满足罗尔定理中的三个条件，所以至少存在一点 $\xi \in (a,b)$，使得 $\varphi'(\xi) = 0$，即

$$f'(\xi) = \frac{f(b) - f(a)}{b - a}.$$

对于拉格朗日中值定理的结论，若令 $f(a) = f(b)$，则 $f'(\xi) = 0$.故罗尔定理是拉格朗日中值定理的一种特殊情况.

【例 3.1】　证明当 $x > 0$ 时，$e^x > 1 + x$.

【证明】　设 $f(x) = e^x$，在 $[0,x]$ 上，$f(x)$ 满足拉格朗日中值定理的条件，因此存在一点 $\xi \in (0,x)$，使得 $f'(\xi) = \dfrac{f(x) - f(0)}{x - 0} = \dfrac{e^x - e^0}{x - 0} = e^\xi > 1$，即 $e^x - 1 > x$，所以

$$e^x > 1 + x.$$

作为拉格朗日中值定理的一个应用,我们来导出下面两个十分有用的推论.

3.1.3　拉格朗日中值定理的两个重要推论

【推论 3.1】　如果在 (a,b) 内,函数 $f(x)$ 导数恒等于 0,则在 (a,b) 内 $f(x)$ 为常数.

【证明】　任意取 $x_1,x_2 \in (a,b)$,由拉格朗日中值定理存在一点 $\xi \in (x_1,x_2)$,有

$$\frac{f(x_2)-f(x_1)}{x_2-x_1}=f'(\xi),$$

而 $f'(\xi) \equiv 0$,故 $f(x_2)-f(x_1)=0$,即 $f(x_1)=f(x_2)$,这表明在 (a,b) 内 $f(x)$ 为常数.

【推论 3.2】　如果在 (a,b) 内,有 $f'(x)=g'(x)$,则 $f(x)$ 和 $g(x)$ 至多相差一个常数,即

$$f(x)-g(x)=C(C \text{ 为常数}).$$

【证明】　因 $f'(x)=g'(x)$,所以 $(f(x)-g(x))'=0$,由推论 1 知,$f(x)-g(x)=C$.

给定一个函数,通过求导公式,我们能求得它的导数,即可导函数能决定导函数,反之如果给出了导数,我们如何确定这个函数(称为原函数).如 $(\sin x)'=\cos x$,除了 $\sin x$,还有没有其他函数的导数也是 $\cos x$ 呢?这两个推论正好解决了这个问题,导数为 $\cos x$ 的原函数只能是 $(\sin x+C)(C$ 为常数$)$.这个问题在第四章不定积分中将会深入讨论.

【例 3.2】　证明 $\arctan x + \text{arccot} x = \dfrac{\pi}{2}$.

【证明】　设 $f(x)=\arctan x + \text{arccot} x$,则 $f'(x)=\dfrac{1}{1+x^2}-\dfrac{1}{1+x^2}=0$,

所以 $f(x)=C$,令 $x=1$,则 $C=\arctan 1 + \text{arccot} 1 = \dfrac{\pi}{2}$,所以

$$\arctan x + \text{arccot} x = \frac{\pi}{2}.$$

3.1.4　函数的单调性

下面我们来讨论函数的单调性与其导数之间的关系,从而提供一种判别函数单调性的方法.我们先来看一下,函数 $y=f(x)$ 的单调性在几何上有什么特性.可以发现,如果函数 $y=f(x)$ 在 $[a,b]$ 上单调增加,则它的图像是一条沿 x 轴正向上升的曲线,曲线上各点处的切线斜率(若有的话)是非负的,即 $y'=f'(x) \geqslant 0$;如果函数 $y=f(x)$ 在 $[a,b]$ 上单调减少,则它的图像是一条沿 x 轴正向下降的曲线,曲线上各点处的切线斜率(若有的话)是非正的,即 $y'=f'(x) \leqslant 0$(如图 3.3 所示).由此可见函数的单调性与导数的符号有着紧密的联系,那么能否用导数的符号来判定函数的单调性呢?回答是肯定的.

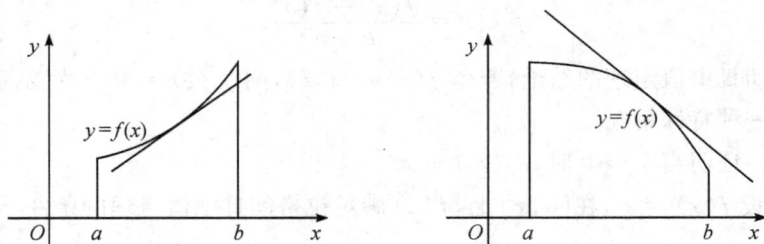

图 3.3

【定理 3.3】(函数单调性的判定法)　设函数 $y=f(x)$ 在 $[a,b]$ 上连续,在 (a,b) 内可导,

(1) 如果在 (a,b) 内 $f'(x)>0$,则函数 $y=f(x)$ 在 $[a,b]$ 上单调增加;

(2) 如果在 (a,b) 内 $f'(x)<0$,则函数 $y=f(x)$ 在 $[a,b]$ 上单调减少.

【证】　(1) 设 x_1,x_2 是 $[a,b]$ 上任意两点,且 $x_1<x_2$,在 $[x_1,x_2]$ 上应用 Lagrange 中值定理,得

$$\frac{f(x_1)-f(x_2)}{x_1-x_2}=f'(\xi)>0,\xi\in(x_1,x_2),$$

即
$$f(x_1)-f(x_2)=f'(\xi)(x_1-x_2)<0,$$

于是有 $f(x_1)<f(x_2)$,所以 $f(x)$ 在 $[a,b]$ 上单调增加.

(2) 同理可证当 $f'(x)<0$ 时,$f(x)$ 在 $[a,b]$ 上单调减少.

【注】

1. 由推论 3.1 知,若在区间 (a,b) 内恒有 $f'(x)=0$,则 $f(x)$ 在 (a,b) 内是常数;

2. 定理 3.3 中的区间 $[a,b]$ 可改为任意区间;

3. 定理 3.3 的逆命题不成立,如函数 $y=x^3$ 在 $(-\infty,+\infty)$ 上单调增加,但 $y'|_{x=0}=0$.

【例 3.3】　判定函数 $y=e^{-x}$ 的单调性.

【解】　函数的定义域为 $(-\infty,+\infty)$,

$$y'=-e^{-x}=-\frac{1}{e^x}<0,$$

故 $y=e^{-x}$ 在 $(-\infty,+\infty)$ 上单调减少.

有些函数在它的定义域上不是单调的,但我们通过用导数等于零的点(或连续不可导点或间断点)来划分函数的定义域后,把函数的定义域分成若干个小区间,在这些小区间内导数或者大于零或者小于零,从而可以判断函数在各个小区间上的函数的单调性,这样的小区间称为单调区间.

【例 3.4】　判定函数 $y=\frac{1}{3}x^3-2x^2+3x$ 的单调性.

【解】　函数的定义域为 $(-\infty,+\infty)$,

令 $y'=x^2-4x+3=(x-1)(x-3)=0$,得 $x_1=1,x_2=3$,这两个点把定义域 $(-\infty,+\infty)$ 分成三个小区间,列表如下:

x	$(-\infty,1)$	1	$(1,3)$	3	$(3,+\infty)$
y'	$+$	0	$-$	0	$+$
y	单调增加		单调减少		单调增加

所以函数在 $(-\infty,1)$ 与 $(3,+\infty)$ 内是单调增加,在 $(1,3)$ 内是单调减少.

【例 3.5】　判定函数 $y=\sqrt[3]{(x-1)^2}$ 的单调性.

【解】　函数的定义域为 $(-\infty,+\infty)$,

$y'=\frac{2}{3}\frac{1}{\sqrt[3]{x-1}}$,显然在 $x=1$ 处不可导,这个点把定义域 $(-\infty,+\infty)$ 分成两个小区间,列表如下:

x	$(-\infty,1)$	1	$(1,+\infty)$
y'	$-$	不存在	$+$
y	单调减少		单调增加

所以函数在 $(-\infty,1)$ 内是单调减少,在 $(1,+\infty)$ 内是单调增加.

利用函数的单调性区间还可证明一些不等式.

【例 3.6】　证明当 $x > 0$ 时，$x > \ln(1+x)$.

【证明】　令 $f(x) = x - \ln(1+x)$，考虑在 $(0, +\infty)$ 上

$$f'(x) = 1 - \frac{1}{1+x} = \frac{x}{1+x} > 0 \, (x > 0),$$

所以在 $(0, +\infty)$ 上，$f(x)$ 为单调增加函数，所以当 $x > 0$ 时，有 $f(x) > f(0) = 0$，即 $x - \ln(1+x) > 0$，故 $x > \ln(1+x)$.

习题 3.1

1. 下列函数在所给区间上是否满足罗尔定理的条件，若满足，试求出使 $f'(\xi) = 0$ 的点 ξ

(1) $y = x^3 + 4x^2 - 7x - 10$，在区间 $[-1, 2]$ 上

(2) $y = \dfrac{2 - x^2}{x^4}$，在区间 $[-1, 1]$ 上

2. 下列函数在所给区间上是否满足拉格朗日定理条件，若满足，试求出符合定理结论中的 ξ

(1) $y = \sqrt{x}$，在区间 $[1, 4]$ 上

(2) $y = \dfrac{1}{3}x^3 - x$，在区间 $[-\sqrt{3}, \sqrt{3}]$ 上

(3) $y = \ln x$，在区间 $[1, e]$ 上

3. 求下列函数的单调区间

(1) $y = 2x^3 + 3x^2 - 12x + 1$ 　　　　(2) $y = -x^4 + 2x^2 - 5$

(3) $y = \arctan x - x$ 　　　　(4) $y = x - \ln(1+x)$

(5) $y = (x-2)^2(x+1)^3$ 　　　　(6) $y = \dfrac{x}{1+x^2}$

4. 判定下列函数在指定区间内的单调性

(1) $y = \dfrac{1}{x}, (0, +\infty)$ 　　　　(2) $y = x^3 - 3x^2 - 9x + 1, (-\infty, +\infty)$

(3) $y = x + \cos x, (-\infty, +\infty)$ 　　　　(4) $y = \sqrt{2x - x^2}, (0, 1)$

3.2　函数的极值与最值

3.2.1　函数的极值

设函数 $y = f(x)$ 的图像如图 3.4 所示.

从图上可以看出：在 $x = x_1$ 处，$f(x_1)$ 比 x_1 附近点的函数值都大，在 $x = x_2$ 处，$f(x_2)$ 比 x_2 附近点的函数值都小，这种局部的最大最小值具有很大的实际意义.

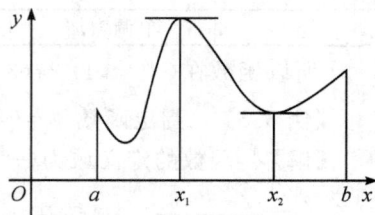

图 3.4

【定义 3.1】　设函数 $y = f(x)$，在点 x_0 及其附近有定义，若对点 x_0 附近任一点 $x \, (x \neq x_0)$，均有

(1) $f(x) < f(x_0)$，则称 $f(x_0)$ 为 $y = f(x)$ 的极大值，x_0 为极大值点；

(2) $f(x) > f(x_0)$，则称 $f(x_0)$ 为 $y = f(x)$ 的极小值，x_0 为极小值点.

函数的极大值和极小值统称为极值，相应的极大值点和极小值点统称为极值点.

极大值和极小值是一个局部概念,是局部范围内的最大值和最小值.由于极大值和极小值的比较范围不同,因而极小值有可能大于极大值.另外,在极值点处,若切线存在,则平行于 x 轴,即导数等于零.这就是下面的定理:

【定理 3.4】(极值存在的必要条件)　设函数 $y=f(x)$ 在 x_0 处可导,如果函数 $f(x)$ 在点 x_0 处取得极值,则必有 $f'(x_0)=0$.

【证明】　不妨设 $f(x_0)$ 为极大值,由极大值定义,对点 x_0 附近任一点 $x(x\neq x_0)$,有 $f(x)<f(x_0)$,所以

$$f'_-(x_0)=\lim_{x\to x_0^-}\frac{f(x)-f(x_0)}{x-x_0}\geqslant 0,$$

$$f'_+(x_0)=\lim_{x\to x_0^+}\frac{f(x)-f(x_0)}{x-x_0}\leqslant 0,$$

由于 $f'(x_0)$ 存在,所以 $f'_-(x_0)=f'_+(x_0)=0$,即 $f'(x_0)=0$.

对于函数 $y=f(x)$,使 $f'(x_0)=0$ 的点 x_0,称为 $y=f(x)$ 的驻点.

在导数存在的前提下,$x=x_0$ 是驻点仅为 $x=x_0$ 是极值点的必要条件,但不是充分条件,即极值点必是驻点,但驻点未必是极值点.例如 $y=x^3$,$x=0$ 是驻点,但不是极值点.参看图 3.5.

在导数不存在的点,函数可能有极值,也可能没有极值.例如 $f(x)=|x|$,在 $x=0$ 处导数不存在,但函数有极小值 $f(0)=0$;又如 $f(x)=x^{\frac{1}{3}}$ 在 $x=0$ 处导数不存在,但函数没有极值.

那么,如何判别函数 $f(x)$ 的极值呢?

【定理3.5】(极值存在的第一充分条件)　设函数 $y=f(x)$,在点 x_0 及其附近可导,且 $f'(x_0)=0$,当 x 值从 x_0 的左边渐增到 x_0 的右边时,

(1) 若 $f'(x_0)$ 由正变负,则 x_0 为函数的极大值点,$f(x_0)$ 为函数的极大值;

(2) 若 $f'(x_0)$ 由负变正,则 x_0 为函数的极小值点,$f(x_0)$ 为函数的极小值;

(3) 若 $f'(x)$ 的符号不变,则 x_0 不是函数的极值点.

证明略.

若函数 $y=f(x)$,在点 x_0 处不可导,但连续,仍可按定理 3.5 的(1)、(2)、(3)来判断点 x_0 是否为极值点.

由上述内容可知,求函数 $f(x)$ 极值的一般步骤为:

(1) 写出函数的定义域;

(2) 求函数的导数 $f'(x)$,并解出驻点和不可导点;

(3) 根据驻点和不可导点把定义域分成若干区间,列表,然后由定理 3.5(或下面的定理 3.6)判断驻点和不可导点是否为极值点;

(4) 最后求出函数的极值.

从前面的例 3.4 可看出,函数 $y=\frac{1}{3}x^3-2x^2+3x$ 有两个驻点 $x_1=1,x_2=3$,并且

点 $x_1=1$ 为函数的极大值点,其极大值为 $f(1)=\frac{1}{3}\times 1^3-2\times 1^2+3\times 1=\frac{4}{3}$;

点 $x_2=3$ 为函数的极小值点,其极小值为 $f(3)=\frac{1}{3}\times 3^3-2\times 3^2+3\times 3=0$.

由例 3.5 可看出,函数 $y=\sqrt[3]{(x-1)^2}$ 有一个不可导点 $x_1=1$,并且

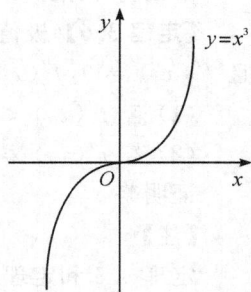

点 $x_1 = 1$ 为函数的极小值点,其极小值为 $f(1) = \sqrt[3]{(1-1)^2} = 0$.

【例 3.7】 求函数 $y = 4x^2 - 2x^4$ 的极值.

【解】 函数的定义域为 $(-\infty, +\infty)$,

$y' = 8x - 8x^3 = 8x(1-x)(1+x)$,令 $y' = 0$,得三个驻点 $x_1 = -1, x_2 = 0, x_3 = 1$.

列表如下:

x	$(-\infty, -1)$	-1	$(-1,0)$	0	$(0,1)$	1	$(1, +\infty)$
y'	$+$	0	$-$	0	$+$	0	$-$
y	单调增加	极大	单调减少	极小	单调增加	极大	单调减少

所以函数在 $x_1 = -1$ 处有极大值 $f(-1) = 2$;在 $x_3 = 1$ 处也有极大值 $f(1) = 2$;

而在 $x_2 = 0$ 处有极小值 $f(0) = 0$.

下面再介绍另一种判别极值的方法,即:

【定理 3.6】(极值存在的第二充分条件) 设函数 $y = f(x)$ 在点 x_0 处有一、二阶导数,

且 $f'(x_0) = 0, f''(x_0) \neq 0$,

(1) 若 $f''(x_0) < 0$,则 $f(x)$ 在 x_0 处取得极大值 $f(x_0)$;

(2) 若 $f''(x_0) > 0$,则 $f(x)$ 在 x_0 处取得极小值 $f(x_0)$.

证明略.

【注】

定理 3.5 和定理 3.6 虽然都是判别极值点的充分条件,但在应用时又有区别.定理 3.5 对驻点和不可导点均适用;而定理 3.6 对不可导点和 $f''(x_0) = 0$ 的点不适用.但当二阶导数存在且较容易求出,并且在驻点处有 $f''(x_0) \neq 0$ 时,用定理 3.6 来判别更便捷.

【例 3.8】 求函数 $y = 4x^2 - 2x^4$ 的极值.

【解】 函数的定义域为 $(-\infty, +\infty)$,

$y' = 8x - 8x^3 = 8x(1-x)(1+x)$,令 $y' = 0$,得三个驻点 $x_1 = -1, x_2 = 0, x_3 = 1$,

$y'' = 8 - 24x^2$,由于 $y''(-1) = -16 < 0, y''(0) = 8 > 0, y''(1) = -16 < 0$,由定理 3.6

得:在 $x_1 = -1$ 处函数有极大值 $f(-1) = 2$;在 $x_3 = 1$ 处函数也有极大值 $f(1) = 2$;而在 $x_2 = 0$ 处函数有极小值 $f(0) = 0$.

3.2.2 函数的最大值和最小值

在工农业生产、科学技术研究及实际生活中,常常会碰到如何做才能使"材料最省"、"耗时最少"、"效率最高"、"利润最大"、"面积最大"等最优化问题,这些问题归纳到数学上,就是求函数的最大值和最小值问题.

由闭区间上的连续函数最大值最小值定理知,在 $[a,b]$ 上连续的函数 $y = f(x)$,一定有最大值和最小值存在,但它可能发生在区间的端点,也可能发生在区间的内部;当发生在区间的内部时,最大(小)值一定是极大(小)值;于是最大小值可能发生在区间的端点,也可能发生在驻点或不可导点.

综合上述,我们把 $[a,b]$ 上连续函数 $y = f(x)$ 的最大值和最小值求法归结如下:

(1) 求出 $y = f(x)$ 在 (a,b) 内所有的驻点与不可导点,并求出它们的函数值;

(2) 求出两个端点处的函数值 $f(a)$ 与 $f(b)$;

(3) 比较上面各函数值的大小,其中最大的就是函数 $y=f(x)$ 的最大值,最小的就是函数 $y=f(x)$ 的最小值.

【例 3.9】　求函数 $f(x)=x^2-4x+1$ 在 $[-3,3]$ 上的最大值和最小值.

【解】　$f'(x)=2x-4$,令 $f'(x)=0$ 得一个驻点 $x_1=2$,而 $f(2)=-3$;

又 $f(-3)=22,f(3)=-2$;

比较得:函数的最大值为 $f(-3)=22$,最小值为 $f(2)=-3$.

3.2.3　极值理论在工科中的应用举例

在实际问题中,如果在 (a,b) 内仅有唯一的驻点 x_0,则 $f(x_0)$ 即为所要求的最大值或最小值.

【例 3.10】　如图 3.6 所示,有一块边长为 a 的正方形铁皮,从其四个角截去大小相同的四个小正方形,做成一个无盖的容器,问截去的小正方形的边长为多少时,该容器的容积最大?

【解】　设截去的小正方形的边长为 x,则做成的无盖容器的容积为:

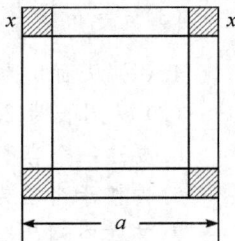

图 3.6

$$V(x)=(a-2x)^2x,x\in\left(0,\frac{a}{2}\right).$$

这时只要求出函数 $V(x)=(a-2x)^2x$,在 $\left(0,\frac{a}{2}\right)$ 内的最大值即可.

因为 $V'(x)=(a-2x)(a-6x)$,令 $V'(x)=0$ 得唯一解 $x=\frac{a}{6}$,于是有

$$V_{\max}\left(\frac{a}{6}\right)=\frac{2}{27}a^3,即$$

当截去的小正方形边长为 $\frac{a}{6}$ 时,容积最大为 $\frac{2}{27}a^3$.

【例 3.11】　求内接于椭圆 $\frac{x^2}{a^2}+\frac{y^2}{b^2}=1$ 的面积最大的矩形.

【解】　由椭圆的对称性知,内接于椭圆的矩形由在第一象限的一个顶点决定,设其坐标为 (x,y),则内接矩形面积为 $S=4xy$. 又由 $\frac{x^2}{a^2}+\frac{y^2}{b^2}=1$,得 $y=\frac{b}{a}\sqrt{a^2-x^2}$,即

$$S=S(x)=\frac{4b}{a}x\sqrt{a^2-x^2}.$$

令 $S'(x)=\frac{4b}{a}\left(\sqrt{a^2-x^2}+\frac{-x^2}{\sqrt{a^2-x^2}}\right)=0$,得 $x^2=\frac{1}{2}a^2$,易知 $y^2=\frac{1}{2}b^2$. 即当内接矩形在第一象限的顶点坐标为 $(x,y)=\left(\frac{\sqrt{2}}{2}a,\frac{\sqrt{2}}{2}b\right)$ 时,有最大面积 $S=2ab$.

习题 3.2

1.下列说法是否正确?为什么?

(1) 若 $f'(x_0)=0$,则 x_0 为 $f(x)$ 的极值点.

(2) 若在 x_0 的左边有 $f'(x)>0$,在 x_0 的右边有 $f'(x)<0$,则点 x_0 一定是 $f(x)$ 的极大值点.

(3) $f(x)$ 的极值点一定是驻点或不可导点,反之则不成立.

2.求下列函数的极值点和极值

(1)$y = x + \dfrac{1}{x}$ 　　　　　　　　(2)$y = x + \sqrt{1-x}$

(3)$y = x^3 - 6x^2 + 9x - 4$ 　　　　　(4)$y = -x^4 + 2x^2$

(5)$y = x - e^x$ 　　　　　　　　　(6)$y = x^2 e^{-x}$

(7)$y = e^x \cos x, D = \left[0, \dfrac{\pi}{2}\right]$ 　　　(8)$y = \sqrt{x} \ln x$

3.求下列函数在给定区间上的最大值和最小值

(1)$y = x + 2\sqrt{x}, [0,4]$ 　　　　　(2)$y = x^2 - 4x + 6, [-3,10]$

(3)$y = x + \dfrac{1}{x}, [1,10]$ 　　　　　(4)$y = \sqrt{5-4x}, [-1,1]$

4.(1)从面积为 S 的所有矩形中,求其周长最小者;

(2)从周长为 $2l$ 的所有矩形中,求其面积最大者.

5.要造一个容积为 V 的圆柱形容器(无盖),问底半径和高分别为多少时,所用材料最省?

6.内接于半径为 R 的球内的圆柱体,其高为多少时,体积为最大?

7.某防空洞的截面拟建成矩形加半圆,如图 3.7 所示,且截面积为 5m²,问宽 x 为多少时,才能使截面的周长最小?

图 3.7

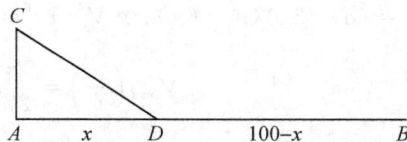

图 3.8

8.如图 3.8 所示,设铁路段 AB 的距离为 100km,工厂 C 与 A 的距离为 40km,$AC \perp AB$,今要在 AB 之间一点 D 向 C 修一条公路,使从原料供应站 B 运货到工厂 C 所用运费最省.问:D 应设在何处?已知铁路运费与公路运费之比是 $3:5$.

3.3　洛必达法则

在函数的极限运算中我们碰到过下面两种情况,即当 $x \to x_0$ 或 $(x \to \infty)$ 时 $f(x)$ 与 $g(x)$ 都趋向于 0 或趋向于 ∞,此时极限 $\lim\limits_{\substack{x \to x_0 \\ (x \to \infty)}} \dfrac{f(x)}{g(x)}$ 可能存在,也可能不存在,称这种极限形式为未定型,并分别简记为 $\dfrac{0}{0}$ 型或 $\dfrac{\infty}{\infty}$ 型.　对于这种形式的极限不能直接运用极限四则运算的法则.本节介绍一种求此两类极限简便且重要的方法,即所谓的洛必达法则.

3.3.1　$\lim\limits_{\substack{x \to x_0 \\ (x \to \infty)}} \dfrac{f(x)}{g(x)}$ 为 $\dfrac{0}{0}$ 型

我们介绍 $x \to x_0$ 时的未定型,$x \to \infty$ 时的情形类似,留给读者描述.

【定理 3.7】　若(1)$\lim\limits_{x \to x_0} f(x) = \lim\limits_{x \to x_0} g(x) = 0$;

(2) 在 x_0 的某邻域内(点 x_0 可除外)，$f'(x)$ 与 $g'(x)$ 都存在，且 $g'(x) \neq 0$；

(3) $\lim\limits_{x \to x_0} \dfrac{f'(x)}{g'(x)} = A$（或 ∞）；

则有

$$\lim_{x \to x_0} \frac{f(x)}{g(x)} = \lim_{x \to x_0} \frac{f'(x)}{g'(x)} = A\text{（或 } \infty\text{）}.$$

这种求极限的法则就称为洛必达法则，其具体思想是：当极限 $\lim\limits_{x \to x_0} \dfrac{f(x)}{g(x)}$ 为 $\dfrac{0}{0}$ 型时，可以对分子分母分别求导数后再求极限 $\lim\limits_{x \to x_0} \dfrac{f'(x)}{g'(x)}$，若这种形式的极限存在，则此极限值就是所要求的.

证明略.

【例 3.12】　求 $\lim\limits_{x \to 0} \dfrac{1 - \cos x}{x^2}$.

【解】　是 $\dfrac{0}{0}$ 型，所以有

$$\lim_{x \to 0} \frac{1 - \cos x}{x^2} = \lim_{x \to 0} \frac{\sin x}{2x} = \frac{1}{2}.$$

【例 3.13】　求 $\lim\limits_{x \to 0} \dfrac{x - x\cos x}{x - \sin x}$.

【解】　是 $\dfrac{0}{0}$ 型，所以有

$$\lim_{x \to 0} \frac{x - x\cos x}{x - \sin x} = \lim_{x \to 0} \frac{1 - \cos x + x\sin x}{1 - \cos x} \left(\text{仍为 } \frac{0}{0} \text{ 型}\right)$$

$$= \lim_{x \to 0} \frac{\sin x + \sin x + x\cos x}{\sin x}$$

$$= \lim_{x \to 0} \left(2 + \frac{x}{\sin x}\cos x\right) = 2 + 1 \times 1 = 3.$$

【注】　只要满足洛必达法则条件，可以连续使用.

【例 3.14】　求 $\lim\limits_{x \to +\infty} \dfrac{\dfrac{\pi}{2} - \arctan x}{\dfrac{1}{x}}$.

【解】　是 $\dfrac{0}{0}$ 型，所以有

$$\lim_{x \to +\infty} \frac{\dfrac{\pi}{2} - \arctan x}{\dfrac{1}{x}} = \lim_{x \to +\infty} \frac{-\dfrac{1}{1 + x^2}}{-\dfrac{1}{x^2}} = \lim_{x \to +\infty} \frac{x^2}{1 + x^2} = 1.$$

3.3.2　$\lim\limits_{\substack{x \to x_0 \\ (x \to \infty)}} \dfrac{f(x)}{g(x)}$ 为 $\dfrac{\infty}{\infty}$ 型

对于 $\lim\limits_{\substack{x \to x_0 \\ (x \to \infty)}} \dfrac{f(x)}{g(x)}$ 为 $\dfrac{\infty}{\infty}$ 型，同样有类似定理 3.7 的一个结果.

【定理 3.8】 若(1) $\lim\limits_{\substack{x \to x_0 \\ (x \to \infty)}} f(x) = \infty$, $\lim\limits_{\substack{x \to x_0 \\ (x \to \infty)}} g(x) = \infty$;

(2) 在 x_0 的某空心邻域内(或当 $|x| > N$ 时),$f'(x)$ 与 $g'(x)$ 都存在,且 $g'(x) \neq 0$;

(3) $\lim\limits_{\substack{x \to x_0 \\ (x \to \infty)}} \dfrac{f'(x)}{g'(x)}$ 存在或无穷大;

则有

$$\lim_{\substack{x \to x_0 \\ (x \to \infty)}} \frac{f(x)}{g(x)} = \lim_{\substack{x \to x_0 \\ (x \to \infty)}} \frac{f'(x)}{g'(x)}.$$

证明略.

当 $x \to +\infty$ 时,指数函数 $a^x (a > 1)$,幂函数 $x^a (a > 0)$,对数函数 $\log_a x (a > 1)$ 都趋向于无穷大,通过下面两个例子比较他们的大小关系.

【例 3.15】 求 $\lim\limits_{x \to +\infty} \dfrac{\ln x}{\sqrt{x}}$.

【解】 是 $\dfrac{\infty}{\infty}$ 型,则有 $\lim\limits_{x \to +\infty} \dfrac{\ln x}{\sqrt{x}} = \lim\limits_{x \to +\infty} \dfrac{\dfrac{1}{x}}{\dfrac{1}{2\sqrt{x}}} = \lim\limits_{x \to +\infty} \dfrac{2}{\sqrt{x}} = 0.$

【例 3.16】 求 $\lim\limits_{x \to +\infty} \dfrac{x^5}{e^x}$.

【解】 是 $\dfrac{\infty}{\infty}$ 型,则有

$$\lim_{x \to +\infty} \frac{x^5}{e^x} = \lim_{x \to +\infty} \frac{5x^4}{e^x} = \lim_{x \to +\infty} \frac{20x^3}{e^x} = \lim_{x \to +\infty} \frac{60x^2}{e^x} = \lim_{x \to +\infty} \frac{120x}{e^x} = \lim_{x \to +\infty} \frac{120}{e^x} = 0.$$

*3.3.3 其他未定型

除了上述两种未定型外,还有其他的未定型,如 $0 \cdot \infty, \infty - \infty, 0^0, 1^\infty, \infty^0$ 等. 由于他们都可化为 $\dfrac{0}{0}$ 或 $\dfrac{\infty}{\infty}$,因此也常用洛必达法则求出其值. 其步骤如下:

(1)$0 \cdot \infty$ 型,先化为 $\dfrac{1}{\infty} \cdot \infty$ 型或 $0 \cdot \dfrac{1}{0}$ 型,然后用洛必达法则求极限;

(2)$\infty - \infty$ 型,先化为 $\dfrac{1}{0} - \dfrac{1}{0}$ 型,再化为 $\dfrac{0}{0}$ 型,最后用洛必达法则求极限;

(3)0^0 或 1^∞ 或 ∞^0 型,先化为 $e^{\ln 0^0}$ 或 $e^{\ln 1^\infty}$ 或 $e^{\ln \infty^0}$ 型,再化为 $e^{\frac{0}{0}}$ 或 $e^{\frac{\infty}{\infty}}$ 型,最后用洛必达法则求极限.

【例 3.17】 求 $\lim\limits_{x \to 0^+} x \ln x$.

【解】 是 $0 \cdot \infty$ 型,所以有 $\lim\limits_{x \to 0^+} x \ln x = \lim\limits_{x \to 0^+} \dfrac{\ln x}{\dfrac{1}{x}} = \lim\limits_{x \to 0^+} \dfrac{\dfrac{1}{x}}{-\dfrac{1}{x^2}} = \lim\limits_{x \to 0} (-x) = 0.$

【例 3.18】 求 $\lim\limits_{x \to 0^+} \left(\dfrac{1}{\sin x} - \dfrac{1}{x} \right)$.

【解】 是 $\infty - \infty$ 型,所以有

$$\lim_{x \to 0}\left(\frac{1}{\sin x} - \frac{1}{x}\right) = \lim_{x \to 0}\frac{x - \sin x}{x \sin x} = \lim_{x \to 0}\frac{1 - \cos x}{\sin x + x \cos x} = \lim_{x \to 0}\frac{\sin x}{\cos x + \cos x - x \sin x} = 0.$$

【例 3.19】　求 $\lim\limits_{x \to 0^+} x^x$.

【解】　是 0^0 型,所以有

$$\lim_{x \to 0^+} x^x = \lim_{x \to 0^+} e^{\ln x^x} = \lim_{x \to 0^+} e^{x \ln x}, \text{而} \lim_{x \to 0^+} x \ln x = \lim_{x \to 0^+} \frac{\ln x}{\frac{1}{x}} = 0, \text{故} \lim_{x \to 0^+} x^x = e^0 = 1.$$

【注】　使用洛必塔法则求未定型的极限时,须注意:

(1) 洛必达法则只适用 $\frac{0}{0}$ 型或 $\frac{\infty}{\infty}$ 型,其他未定型必须先化成 $\frac{0}{0}$ 型或 $\frac{\infty}{\infty}$ 型,然后再用洛必塔去则.

(2) 洛必达法则只适用 $\lim\limits_{\substack{x \to x_0 \\ (x \to \infty)}} \frac{f'(x)}{g'(x)}$ 存在或无穷大时,如果 $\lim\limits_{\substack{x \to x_0 \\ (x \to \infty)}} \frac{f'(x)}{g'(x)}$ 不存在,则不能用洛必达法则求 $\lim\limits_{\substack{x \to x_0 \\ (x \to \infty)}} \frac{f(x)}{g(x)}$,需要通过其他方法来讨论,这说明洛必达法则也不是万能的.

【例 3.20】　求 $\lim\limits_{x \to \infty} \frac{x + \cos x}{x + \sin x}$.

【解】　是 $\frac{\infty}{\infty}$ 型,由于对分子分母同时求导后的极限 $\lim\limits_{x \to \infty} \frac{1 - \sin x}{1 + \cos x}$ 不存在,所以不能用洛必达去则求解.事实上,

$$\lim_{x \to \infty} \frac{x + \cos x}{x + \sin x} = \lim_{x \to \infty} \frac{1 + \frac{1}{x}\cos x}{1 + \frac{1}{x}\sin x} = 1.$$

习题 3.3

1.用洛必达法则求下列极限

(1) $\lim\limits_{x \to 0} \frac{\sin 2x}{3x}$

(2) $\lim\limits_{x \to \pi} \frac{\sin 3x}{\tan 5x}$

(3) $\lim\limits_{\theta \to \frac{\pi}{2}} \frac{\cos \theta}{\pi - 2\theta}$

(4) $\lim\limits_{x \to +\infty} \frac{\ln x}{x}$

(5) $\lim\limits_{x \to 0^+} \frac{\ln x}{\cot x}$

(6) $\lim\limits_{x \to +\infty} \frac{x^m}{e^x}$

(7) $\lim\limits_{x \to +\infty} \frac{\ln x + \sqrt{x}}{x}$

(8) $\lim\limits_{x \to 0} \frac{e^x \cos x - 1}{\sin 2x}$

2.用洛必达法则求下列极限

(1) $\lim\limits_{x \to 0} \frac{\ln(x + 1)}{x}$

(2) $\lim\limits_{x \to a} \frac{x^m - a^m}{x^n - a^n}(a \neq 0)$

(3) $\lim\limits_{x \to \frac{\pi}{4}} \frac{\sin x - \cos x}{1 - \tan^2 x}$

(4) $\lim\limits_{x \to 0} \frac{e^{\sin x} - e^x}{\sin x - x}$

(5) $\lim\limits_{x \to +\infty} \frac{e^x}{x^2 + 1}$

(6) $\lim\limits_{x \to 0^+} (\cos \sqrt{x})^{\frac{1}{x}}$

(7) $\lim\limits_{x \to 1}\left(\frac{x}{x - 1} - \frac{1}{\ln x}\right)$

(8) $\lim\limits_{x \to 0^+} \sin x \cdot \ln x$

(9) $\lim\limits_{x \to 1} x^{\frac{1}{1 - x}}$

3. 下列极限是否存在?是否可用洛必达法则求极限,为什么?

(1) $\lim\limits_{x \to +\infty} \dfrac{e^x + e^{-x}}{e^x - e^{-x}}$ 　　　　　　(2) $\lim\limits_{x \to \infty} \dfrac{x + \sin x}{x}$

(3) $\lim\limits_{x \to 0} \dfrac{x^2 \sin \dfrac{1}{x}}{\sin x}$ 　　　　　　(4) $\lim\limits_{x \to 0} \dfrac{e^x - \cos x}{x \sin x}$

3.4　曲线的凸性与拐点

为了准确地描绘函数的图像,仅知道函数的单调性和极值、最大(小)值是不够的,还应知道它的弯曲方向以及不同弯曲方向的分界点.这一节,我们就专门研究曲线的凸向与拐点.

3.4.1　曲线的凸性及其判别法

【定义 3.2】　设函数 $y = f(x)$ 在区间 (a,b) 可导,如果曲线 $y = f(x)$ 上每一点处的切线都位于该曲线的下方,则称曲线 $y = f(x)$ 在区间 (a,b) 内是下凸的;如果曲线 $y = f(x)$ 上每一点处的切线都位于该曲线的上方,则称曲线 $y = f(x)$ 在区间 (a,b) 内是上凸的.

从图 3.9 中可以看出,曲线弧 $\overset{\frown}{AM_0}$ 是上凸的,曲线弧 $\overset{\frown}{M_0B}$ 是下凸的.

下面我们不加证明地给出曲线凸性的判定定理.

【定理 3.9】　设 $y = f(x)$ 在区间 (a,b) 开内具有二阶导数,如果在 (a,b) 内恒有 $f''(x) > 0$,则曲线 $y = f(x)$ 在 (a,b) 内是下凸的;如果在 (a,b) 内恒有 $f''(x) < 0$,则曲线 $y = f(x)$ 在 (a,b) 内是上凸的.

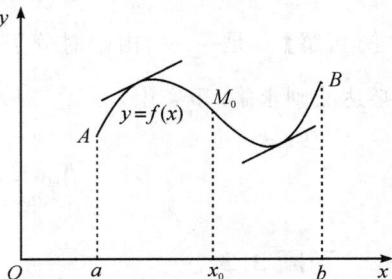

图 3.9

若把定理 3.9 中的区间改为无穷区间,结论仍然成立.

【例 3.21】　判定曲线 $y = \ln x$ 的凸性.

【解】　函数的定义域为 $(0, +\infty)$,

$$y' = \frac{1}{x}, \quad y'' = -\frac{1}{x^2},$$

由于在 $(0, +\infty)$ 内恒有 $y'' < 0$,故曲线 $y = \ln x$ 在 $(0, +\infty)$ 内是上凸的.

【例 3.22】　判定曲线 $y = x^3$ 的凸性.

【解】　函数的定义域为 $(-\infty, +\infty)$,

$$y' = 3x^2, \quad y'' = 6x,$$

由于在 $(-\infty, 0)$ 内恒有 $y'' < 0$,而在 $(0, +\infty)$ 上恒有 $y'' > 0$,故曲线 $y = x^3$ 在 $(-\infty, 0)$ 内是上凸的,而在 $(0, +\infty)$ 内是下凸的,这时点 $(0,0)$ 为曲线由上凸变下凸的分界点.如图 3.10 所示.列表如下:

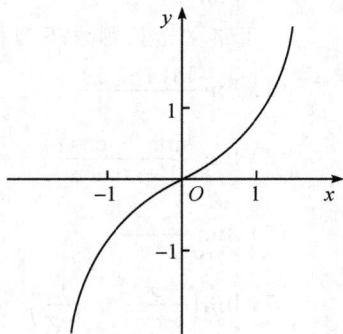

x	$(-\infty, 0)$	0	$(0, +\infty)$
y''	$-$	0	$+$
y	上凸		下凸

这种曲线上凸下凸的分界点,就是下面要介绍的拐点.

图 3.10

3.4.2　拐点及其求法

【定义 3.3】　若连续曲线 $y = f(x)$ 上的点 P 的一边是上凸的,而另一边是下凸,则称点 P 是曲线 $y = f(x)$ 的拐点.

由于拐点是曲线上凸下凸的分界点,所以拐点左右两侧近旁 $f''(x)$ 必然异号,因此,曲线拐点的横坐标 x_0 只可能是使 $f''(x) = 0$ 的点或 $f''(x)$ 不存在的点. 从而,如果函数 $y = f(x)$ 在定义域内具有二阶导数,就可以按下面的步骤来求曲线 $y = f(x)$ 的拐点.

(1) 写出函数的定义域;

(2) 求二阶导数 $f''(x)$,解出在定义域内使 $f''(x) = 0$ 的点 x_0 或 $f''(x)$ 不存在的点 x_1;

(3) 根据 x_0,x_1,把定义域分成若干区间,然后由定理 3.9 判定 $P_0(x_0,f(x_0))$ 或 $P_1(x_1,f(x_1))$ 是否为拐点.

【例 3.23】　讨论曲线 $y = x^4 - 2x^3 + 1$ 的凸性及拐点.

【解】　函数的定义域为 $(-\infty, +\infty)$,

$$y' = 4x^3 - 6x^2, y'' = 12x^2 - 12x = 12x(x-1),$$
$$令 y'' = 0 得 x_1 = 0, x_2 = 1,$$

列表如下:

x	$(-\infty,0)$	0	$(0,1)$	1	$(1,+\infty)$
y''	$+$	0	$-$	0	$+$
y	$\cup$	1	$\cap$	0	$\cup$

表中"$\cup$"表示曲线是下凸的,"$\cap$"表示曲线是上凸的.

3.4.3　曲线的渐近线

我们知道双曲线 $\dfrac{x^2}{a^2} - \dfrac{y^2}{b^2} = 1$ 有两条渐近线 $\dfrac{x}{a} + \dfrac{y}{b} = 0$ 和 $\dfrac{x}{a} - \dfrac{y}{b} = 0$. 根据双曲线的渐近线,就容易看出双曲线在无穷远处的伸展状况. 对一般曲线,我们也希望知道其在无穷远处的变化趋势.

【定义 3.4】　如果一条曲线 $y = f(x)$ 在它无限延伸的过程中,无限接近于一条直线 l,则称直线 l 为该曲线的渐近线.

如果直线 l 是曲线 $y = f(x)$ 的渐近线,则为以下三种情形之一.

1. 水平渐近线

【定义 3.5】　若函数 $y = f(x)$ 的定义域是无穷区间,且有

$$\lim_{\substack{x \to +\infty \\ 或 x \to -\infty}} f(x) = C(C 为常数),$$

则称曲线 $y = f(x)$ 有水平渐近线 $y = C$.

如:函数 $y = \dfrac{1}{x}$,有 $\lim\limits_{x \to \infty} \dfrac{1}{x} = 0$,所以有一条水平渐近线 $y = 0$.

2. 垂直渐近线

【定义 3.6】　若函数 $y = f(x)$ 在 $x = x_0$ 处间断,且有

$$\lim_{\substack{x \to x_0^+ \\ 或 x \to x_0^-}} f(x) = \infty,$$

则称曲线 $y = f(x)$ 有垂直渐近线 $x = x_0$.

如:函数 $y = \dfrac{1}{x}$,有 $\lim\limits_{x \to 0} \dfrac{1}{x} = \infty$,所以有一条垂直渐近线 $x = 0$.

3. 斜渐近线

【定义 3.7】 若函数 $y = f(x)$ 的定义域是无穷区间,且有:

(1) $\lim\limits_{x \to \infty} \dfrac{f(x)}{x} = k$;

(2) $\lim\limits_{x \to \infty} [f(x) - kx] = b$,

则称曲线 $y = f(x)$ 有斜渐近线 $y = kx + b$

【例 3.24】 求曲线 $y = \dfrac{x^3}{x^2 + 2x - 3}$ 的渐近线.

【解】 因为 $\lim\limits_{x \to \infty} \dfrac{f(x)}{x} = \lim\limits_{x \to \infty} \dfrac{x^2}{x^2 + 2x - 3} = 1 = k$,

$$\lim_{x \to \infty} [f(x) - kx] = \lim_{x \to \infty} \left[\dfrac{x^3}{x^2 + 2x - 3} - x \right] = -2 = b,$$

故曲线有斜渐近线 $y = x - 2$.显然该曲线还有垂直渐近线 $x = -3$ 和 $x = 1$.

3.4.4 函数图像的描绘

在工程技术领域中经常用图像表示函数.画出了函数的图像,使我们能直接地看到某些变化规律,无论是对于定性的分析还是对于定量的计算,都大有益处.

中学里学过的描点作图法,对于简单的平面曲线(如直线、抛物线等)比较合适,但对于一般的平面曲线就不适用了.因为我们不能保证所取的点是曲线上的关键点,也不能保证通过点来判定曲线的单调性与凹凸性.为了更准确、更全面的描绘曲线,我们必须确定出反映曲线主要特征的点与线.一般需考虑如下几个方面:

(1) 确定函数的定义域与值域;

(2) 讨论函数的奇偶性与周期性;

(3) 确定函数的单调区间与极值点,凹凸区间与拐点;

(4) 考察曲线的渐近线,以把握曲线伸向无穷远的趋势;

(5) 取辅助点,如取曲线与坐标轴的交点等;

(6) 根据以上讨论,描点作出函数的图像.

【例 3.25】 作函数 $y = 2x^3 - 3x^2$ 的图像.

【解】 (1) 函数的定义域为 $(-\infty, +\infty)$、值域为 $(-\infty, +\infty)$;

(2) 函数无奇偶性,也不是周期性;

(3) $y' = 6x^2 - 6x = 6x(x-1)$,令 $y' = 0$ 得驻点 $x_1 = 0, x_2 = 1$;

$y'' = 12x - 6 = 6(2x - 1)$,令 $y'' = 0$ 得 $x = \dfrac{1}{2}$;

列表如下:

x	$(-\infty, 0)$	0	$\left(0, \dfrac{1}{2}\right)$	$\dfrac{1}{2}$	$\left(\dfrac{1}{2}, 1\right)$	1	$(1, +\infty)$
y'	$+$	0	$-$	$-$	$-$	0	$+$
y''	$-$	$-$	$-$	0	$+$	$+$	$+$
y	↗	极大值 0	↘	拐点 $\left(\dfrac{1}{2}, -\dfrac{1}{2}\right)$	↘	极小值 -1	↗

（4）无渐近线；

（5）辅助点：$\left(-\dfrac{1}{2},-1\right)$，$(0,0)$，$\left(\dfrac{3}{2},0\right)$；

（6）描点作图，如图 3.11 所示.

【例 3.26】　作函数 $y = \sin^2 x$ 的图像.

【解】　（1）函数的定义域为 $(-\infty,+\infty)$、值域为 $[0,1]$；

（2）是偶函数，图像关于 y 轴对称；也是周期函数 $T=\pi$；所以只要讨论 $x\in[0,\pi]$ 部分；

（3）$y'=2\sin x\cos x=\sin 2x$，令 $y'=0$ 得驻点 $x_1=0$，$x_2=\dfrac{\pi}{2}$，$x_3=\pi$；

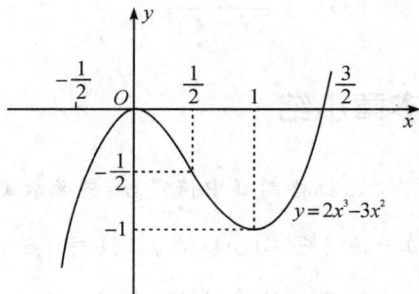

图 3.11

$y''=2\cos 2x$，令 $y''=0$ 得 $x_4=\dfrac{\pi}{4}$，$x_5=\dfrac{3\pi}{4}$；列表如下：

x	$\cdots$	0	$\left(0,\dfrac{\pi}{4}\right)$	$\dfrac{\pi}{4}$	$\left(\dfrac{\pi}{4},\dfrac{\pi}{2}\right)$	$\dfrac{\pi}{2}$	$\left(\dfrac{\pi}{2},\dfrac{3\pi}{4}\right)$	$\dfrac{3\pi}{4}$	$\left(\dfrac{3\pi}{4},\pi\right)$	π	$\cdots$
y'		0	+	+	+	0	−	−	−	0	
y''		+	+	0	−	−	−	0	+	+	
y		极小值 0	↗	拐点 $\left(\dfrac{\pi}{4},\dfrac{1}{2}\right)$	↗	极大值 1	↘	拐点 $\left(\dfrac{3\pi}{4},\dfrac{1}{2}\right)$	↘	极小值 0	

（4）无渐近线；

（5）描点作图，如图 3.12 所示.

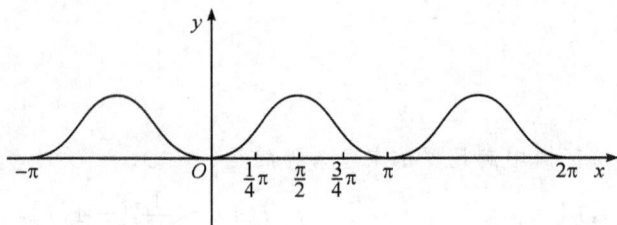

图 3.12

习题 3.4

1.求下列函数的上凸下凸区间和拐点

（1）$y = x^2\ln x$　　　　　　　　　　　（2）$y = \dfrac{1}{x^2+1}$

（3）$y = \ln(1+x^2)$　　　　　　　　　　（4）$y = x^3-5x^2+3x-5$

2.a、b 为何值时，点 $(1,3)$ 是曲线 $y = ax^3+bx^2$ 的拐点？

3.求下列曲线的渐近线

（1）$y = \dfrac{x-1}{x-2}$　　　　　　　　　　（2）$y = e^{\frac{1}{x}}-1$

4.作出下列函数的图像

(1) $y = 3x - x^3$

(2) $y = e^{-x^2}$

(3) $y = \dfrac{x}{(x+1)^2}$

(4) $y = \dfrac{x^3}{2(x+1)^2}$

本章小结

1.拉格朗日中值定理:若函数 $y = f(x)$ 满足在 $[a,b]$ 上连续,在 (a,b) 内可导,则至少存在一点 $\xi \in (a,b)$,使 $f'(\xi) = \dfrac{f(b) - f(a)}{b - a}$.

2.函数的单调性与极值:

若在 (a,b) 内恒有 $f'(x) > 0$,则 $y = f(x)$ 在 (a,b) 上单调增加;若在 (a,b) 内恒有 $f'(x) < 0$,则函数 $y = f(x)$ 在 (a,b) 上单调减少;

设点 x_0 为函数 $y = f(x)$ 的驻点或不可导点,则当 x 值从 x_0 的左边渐增到 x_0 的右边时,若 $f'(x_0)$ 由正变负,则 $f(x_0)$ 为函数的极大值;若 $f'(x_0)$ 由负变正,则 $f(x_0)$ 为函数的极小值;若 $f'(x)$ 的符号不变,则 $f(x_0)$ 不是函数的极值.

3.实际问题中的最大值和最小值:如果在 (a,b) 内仅有唯一的驻点 x_0,则 $f(x_0)$ 即为所要求的最大值或最小值.

4.洛必达法则:在自变量 x 的某一变化过程中,若 $\lim f(x) = \lim g(x) = 0$(或 ∞),且 $\lim \dfrac{f'(x)}{g'(x)} = A$(或 ∞),则有

$$\lim \frac{f(x)}{g(x)} = \lim \frac{f'(x)}{g'(x)} = A(或 \infty).$$

综合练习

一、选择题

1.下列函数在所给区间中满足罗尔定理条件的是(　　　).

A. $f(x) = x^3, [0,1]$

B. $f(x) = \dfrac{1}{x^2}, [-1,1]$

C. $f(x) = |x|, [-1,1]$

D. $f(x) = x\sqrt{3-x}, [0,3]$

2.函数 $f(x) = x^3 + 2x$ 在区间 $[0,1]$ 上满足拉格朗日定理,则定理中的 ξ 是(　　　).

A. $\pm\dfrac{1}{\sqrt{3}}$

B. $\dfrac{1}{\sqrt{3}}$

C. $-\dfrac{1}{\sqrt{3}}$

D. $\sqrt{3}$

3. $f'(x) > g'(x)$ 是 $f(x) > g(x)$ 的(　　　).

A.充分条件

B.必要条件

C.充要条件

D.既非充分也非必要条件

4. $f(x) = x\ln x$,则 $f(x)$(　　　)

A.在 $\left(0, \dfrac{1}{e}\right)$ 内单调减少

B.在 $\left(\dfrac{1}{e}, +\infty\right)$ 内单调减少

C.在 $(0, +\infty)$ 内单调减少

D.在 $(0, +\infty)$ 单调增加

5. 下面极限中能使用洛必达法则的是(　　).

A. $\lim\limits_{x \to \infty} \dfrac{\sin x}{x}$
B. $\lim\limits_{x \to \infty} \dfrac{x - \sin x}{x}$
C. $\lim\limits_{x \to \frac{\pi}{2}} \dfrac{\tan 5x}{\sin 3x}$
D. $\lim\limits_{x \to +\infty} \dfrac{\ln(1 + e^x)}{x}$

6. 下列结论中正确的是(　　).

A. 若 $f'(x_0) = 0$,则 x_0 必是 $f(x)$ 的极限点

B. 若 x_0 是 $f(x)$ 的极值点,则必有 $f'(x_0) = 0$

C. 若 $f'(x_0)$ 不存在,则 x_0 必不是 $f(x)$ 的极值点

D. 若 $f'(x_0) = 0$ 或 $f'(x_0)$ 不存在,则 x_0 可能是 $f(x)$ 的极值点,也可能不是 $f(x)$ 的极值点

二、填空题

1. 函数 $y = (x - 1)(x - 2)$ 在 $[1, 2]$ 上满足罗尔定理,则 $\xi = $ _____.

2. $f(x)$ 在 (a, b) 内可导,$f'(x) < 0$ 是 $f(x)$ 在 (a, b) 内单调_____ 的_____ 条件.

3. 函数 $f(x)$ 在 x_0 处可导,$f(x)$ 在 x_0 取得极值的_____ 条件是 $f'(x_0) = 0$.

4. $y = x + \dfrac{4}{x}$ 的单调增区间为_____ .

5. 函数 $y = x \cdot e^x$ 在 $x = $ _____处取得极小值.

6. 若连续函数 $f(x)$ 在 $[a, b]$ 内恒有 $f'(x) < 0$,则 $f(x)$ 在 $[a, b]$ 上的最大值为_____ .

7. $\lim\limits_{x \to 0} \dfrac{e^x - 1 - x}{x \sin x} = $ _____.

8. 设三次曲线 $y = x^3 + 3ax^2 + 3bx + c$ 在 $x = -1$ 处有极大值,点 $(0, 3)$ 是拐点,则 a, b, c 的值分别为_____ .

三、用洛必达法则求下列函数的极限

(1) $\lim\limits_{x \to -2} \dfrac{x^3 + 3x^2 + 2x}{x^2 - x - 6}$

(2) $\lim\limits_{x \to 0} \dfrac{\ln(1 + 5x)}{\arctan 3x}$

(3) $\lim\limits_{x \to 0} \dfrac{\tan x - x}{x - \sin x}$

(4) $\lim\limits_{x \to a} \dfrac{\sin x - \sin a}{x - a}$

(5) $\lim\limits_{x \to +\infty} x[\ln(x + 2) - \ln x]$

四、利用函数单调性证明下列不等式

(1) 当 $x > 0$ 时,$1 + \dfrac{1}{2} x > \sqrt{1 + x}$

(2) 当 $x > 0$ 时,$1 + x \ln(x + \sqrt{1 + x^2}) > \sqrt{1 + x^2}$

(3) 当 $x > 0$ 时,$\sin x > x - \dfrac{1}{3!} x^3$

五、试证明:若函数 $y = ax^3 + bx^2 + cx + d$ 满足条件 $b^2 - 3ac < 0$,则该函数没有极值.

六、试问 a 为何值时,函数 $f(x) = a\sin x + \dfrac{1}{3}\sin 3x$,在 $x = \dfrac{\pi}{3}$ 处取得极值?它是极大值还是极小值?并求此值.

七、证明

(1) $|x| \leqslant 1$ 时,$\arcsin x + \arccos x = \dfrac{\pi}{2}$

(2) 导数为常数的函数必是线性函数

八、设 $y = f(x)$ 在 $x = x_0$ 的某邻域内具有三阶连续导数，如果 $f'(x_0) = 0$，$f''(x_0) = 0$ 而 $f'''(x_0) \neq 0$，问 $x = x_0$ 是否为极值点？为什么？又 $(x_0, f(x_0))$ 是否为拐点？为什么？

九、作出下列函数的图像

(1) $y = 3x - x^3$ (2) $y = x^2 + \dfrac{1}{x}$

第4章　　不定积分

在第 2 章已经介绍已知函数求导数的问题,现在我们要考虑相反的问题:已知某函数的导数求该函数,即求一个未知函数,使其导数恰好是某一已知函数.这种通过导数或微分求原来函数的逆运算称为不定积分.

阅读材料 ▶READ **微积分创立的优先权**

微积分创立的优先权属于谁,历史上曾掀起了一场激烈的争论.德丢勒(瑞士,1664 —1753 年)1699 年说"牛顿是微积分的第一发明人",而莱布尼茨作为"第二发明人","曾从牛顿那里有所借鉴".莱布尼茨立即对此作了反驳.1712 年,英国皇家学会成立了"牛顿和莱布尼茨发明微积分优先权争论委员会".1713 年,英国皇家学会裁定"确认牛顿为第一发明人".

实际上,牛顿在微积分方面的研究虽早于莱布尼兹,而莱布尼兹成果的发表则先于牛顿.莫布尼兹在 1684 年 10 月发表的《教师学报》上的论文——《一种求极大极小的奇妙类型的计算》,在数学史上被认为是最早发表的微积分文献.牛顿在 1687 年出版的《自然哲学的数学原理》的第一版和第二版也写道:"十年前在我和最杰出的几何学家莱布尼兹的通信中,我表明我已经知道确定极大值和极小值的方法、作切线的方法以及类似的方法,但我在交换的信件中隐瞒了这方法 …… 这位最卓越的科学家在回信中写道,他也发现了一种同样的方法.他并叙述了他的方法,它与我的方法几乎没有什么不同,除了他的措词和符号外."牛顿从物理学出发,运用集合方法研究微积分,其应用上更多地结合了运动学,造诣高于莱布尼兹.莱布尼兹则从几何问题出发,运用分析学方法引进微积分概念、得出运算法则,其数学的严密性与系统性是牛顿所不及的.莱布尼兹认识到好的数学符号能节省思维劳动,运用符号的技巧是数学成功的关键之一.因此,他发明了一套适用的符号系统,如引入 dx 表示 x 的微分,$\int$ 表示积分等,这些符号进一步促进了微积分学的发展.1701 年莱布尼茨说:"综观有史以来的全部数学,牛顿做了一多半的工作".1713 年,莱布尼兹发表了《微积分的历史和起源》一文,总结了自己创立微积分学的思路,说明了自己成就的独立性.微积分的创立,世界进入一个崭新阶段.恰如韦斯特福尔(美国,1924 —1996)《近代科学的建构》中所说,从 17 世纪起科学就开始将原来以基督教为中心的文化变革成为现在这样以科学为中心的文化.

正是由于牛顿和莱布尼兹独立建立了微积分学的一般方法,他们被公认为是微积分学的两位创始人.莱布尼兹创立的微积分记号对微积分的传播和发展起了重要作用,并沿用至今.至于他们当中的哪位具有优先权地位,已不再被人们重视.

4.1 不定积分的概念

4.1.1 原函数

【定义 4.1】 已知 $f(x)$ 是定义在区间 I 上的函数,如果存在函数 $F(x)$,使得在 I 内任意一点 x 都有

$$F'(x) = f(x) \text{ 或 } dF(x) = f(x)dx$$

则称 $F(x)$ 为 $f(x)$ 的一个原函数.

例如因为 $\left(\dfrac{1}{3}x^3\right)' = x^2$,所以 $\dfrac{1}{3}x^3$ 是 x^2 的一个原函数;又如 $(\sin x)' = \cos x$,所以 $\sin x$ 是 $\cos x$ 的一个原函数,等等.

【定理 4.1】(原函数存在定理) 如果函数 $f(x)$ 在区间 I 上连续,则 $f(x)$ 在 I 上一定存在原函数.

该定理将在第 5 章得到证明.

对原函数,还要说明两点:

(1) 如果 $F(x)$ 是 $f(x)$ 在区间 I 上的一个原函数,即 $F'(x) = f(x)$,那么对任意的常数 C,$F(x) + C$ 也是 $f(x)$ 的原函数.这说明 $f(x)$ 一旦有原函数,那么它就有无限多个原函数.

(2) 如果 $F(x)$,$G(x)$ 都是 $f(x)$ 的原函数,那么 $F(x)$ 和 $G(x)$ 仅相差一个常数.事实上,由 $F'(x) = f(x)$,$G'(x) = f(x)$ 得 $[G(x) - f(x)]' = f(x) - f(x) = 0$,由第 3 章知:

$$G(x) - F(x) = C \quad (C \text{ 为某一常数})$$

以上两点表明,若函数 $f(x)$ 存在原函数 $F(x)$,它的所有原函数具有形式:$F(x) + C$.

4.1.2 不定积分的概念

【定义 4.2】 若 $F(x)$ 是 $f(x)$ 的一个原函数,则称 $f(x)$ 的全体原函数 $F(x) + C$ 为 $f(x)$ 的不定积分.记作 $\int f(x)dx$,即 $\int f(x)dx = F(x) + C$,其中 $\int$ 为积分号,$f(x)$ 为被积函数,$f(x)dx$ 为被积表达式,x 为积分变量,C 为积分常数.

由不定积分定义,本节开头的两个分子可写成

$$\int x^2 dx = \frac{1}{3}x^3 + C, \int \cos x dx = \sin x + C.$$

【例 4.1】 求不定积分(1) $\int a^x dx$; (2) $\int \dfrac{1}{x}dx$.

【解】 (1) 因为 $(a^x)' = a^x \ln a$,即 $\left(\dfrac{1}{\ln a}a^x\right)' = a^x$,所以有

$$\int a^x dx = \frac{1}{\ln a}a^x + C,$$

特别地,若 $a = e$ 则有

$$\int e^x dx = e^x + C.$$

(2) 对 $\int \dfrac{1}{x}dx$ 的被积函数 $\dfrac{1}{x}$ 分两种情况讨论

当 $x > 0$ 时,这时因 $(\ln x)' = \dfrac{1}{x}$,所以

$$\int \frac{1}{x} \mathrm{d}x = \ln x + C,$$

当 $x < 0$ 时,这时 $(\ln(-x))' = \dfrac{1}{-x} \cdot (-1) = \dfrac{1}{x}$,所以

$$\int \frac{1}{x} \mathrm{d}x = \ln(-x) + C.$$

引入绝对值记号,我们可把这两种情况合并在一起,即

$$\int \frac{1}{x} \mathrm{d}x = \ln|x| + C.$$

4.1.3　不定积分的几何意义

函数 $f(x)$ 的原函数 $y = F(x)$ 的图像叫做函数 $f(x)$ 的积分曲线,这条曲线上任一点 $(x, F(x))$ 处的切线斜率等于 $f(x)$. 而 $f(x)$ 的任一条积分曲线 $y = F(x) + C$ 都可由积分曲线 $y = F(x)$ 沿 y 轴方向平移 $|C|$ 个单位而得到. 因此不定积分 $\int f(x)\mathrm{d}x$ 表示一族曲线. 它们在横坐标相同的点上的切线互相平行(如图 4.1 所示).

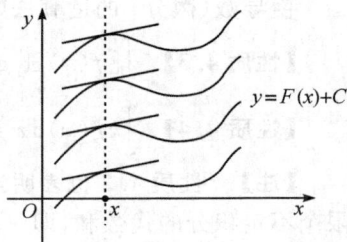

图 4.1

【例 4.2】　求在平面上经过点 $(0,1)$,且在任意一点处的斜率为其横坐标两倍的曲线方程.

【解】　设曲线 $y = f(x)$,由题意 $f'(x) = 2x$ 即

$$y = \int f'(x)\mathrm{d}x = \int 2x\mathrm{d}x = x^2 + C,$$

又由于曲线 $y = x^2 + C$ 经过 $(0,1)$,将 $x = 0, y = 1$ 代入得

$$C = 1,$$

故所求曲线为 $y = x^2 + 1$.

习题 4.1

1. 试验证函数 $F(x) = x(\ln x - 1) - 1$ 是 $f(x) = \ln x$ 的一个原函数.

2. 若 $f(x)$ 的一个原函数为 $\ln x + 1$,求 $f'(x)$.

3. 求 $f(x) = x^2$ 通过点 $\left(\dfrac{1}{2}, 1\right)$ 的积分曲线.

4. 根据导数公式,计算下列不定积分

(1) $\displaystyle\int \mathrm{d}x$

(2) $\displaystyle\int \frac{1}{1+x^2} \mathrm{d}x$

(3) $\displaystyle\int \frac{3}{x^2} \mathrm{d}x$

(4) $\displaystyle\int \frac{1}{\sqrt{x}} \mathrm{d}x$

(5) $\displaystyle\int \frac{1}{\sqrt{1-x^2}} \mathrm{d}x$

(6) $\displaystyle\int \sec^2 x\,\mathrm{d}x$

(7) $\displaystyle\int \csc x \cot x\,\mathrm{d}x$

4.2 不定积分的性质及基本积分表

4.2.1 不定积分的性质

设 $F(x)$ 是 $f(x)$ 的一个原函数,则 $[F(x)+C]' = F'(x) = f(x)$ 由此得以下性质

【性质 4.1】 $\left[\int f(x)\mathrm{d}x\right]' = f(x)$ 或 $\mathrm{d}\left[\int f(x)\mathrm{d}x\right] = f(x)\mathrm{d}x$.

【性质 4.2】 $\int F'(x)\mathrm{d}x = F(x)+C$ 或 $\int \mathrm{d}F(x) = F(x)+C$.

由性质 4.1 与性质 4.2 之间的关系,可以了解到求导数(微分)与求不定积分(简称积分)之间的内在联系,从运算上看,它们是一对互逆的运算.

由导数(微分)的运算法则马上推得不定积分的相应运算法则.

【性质 4.3】 $\int [f(x) \pm g(x)]\mathrm{d}x = \int f(x)\mathrm{d}x \pm \int g(x)\mathrm{d}x$.

【性质 4.4】 $\int kf(x)\mathrm{d}x = k\int f(x)\mathrm{d}x \quad (k \neq 0)$.

【注】 性质 4.3 也表明当被积函数为有限个函数的代数和时,该不定积分可表示为有限个不定积分的代数和,即

$$\int [f_1(x) + f_2(x) + \cdots + f_n(x)]\mathrm{d}x = \int f_1(x)\mathrm{d}x + \int f_2(x)\mathrm{d}x + \cdots + \int f_n(x)\mathrm{d}x;$$

性质 4.4 说明在对含常数因子的被积函数求不定积分时,可将常数先提取到积分号外再求不定积分.

【例 4.3】 求不定积分

$(1)\int 3\sec x\tan x\mathrm{d}x$ $\qquad$ $(2)\int \left(2^x - \dfrac{1}{1+x^2}\right)\mathrm{d}x$

【解】 $(1)\int 3\sec x\tan x\mathrm{d}x = 3\int \sec x\tan x\mathrm{d}x$,

因为 $(\sec x)' = \sec x\tan x$,所以 $\int \sec x\tan x\mathrm{d}x = \sec x + C_0$,$C_0$ 为任意常数,

从而 $\int 3\sec x\tan x\mathrm{d}x = 3(\sec x + C) = 3\sec x + C \quad (C = 3C_0)$.

$(2)\displaystyle\int \left(2^x - \frac{1}{1+x^2}\right)\mathrm{d}x = \int 2^x\mathrm{d}x - \int \frac{1}{1+x^2}\mathrm{d}x$

$\qquad\qquad\qquad\qquad = \dfrac{1}{\ln 2} \cdot 2^x + C_1 - \arctan x + C_2 \quad (C_1、C_2\ 任意常数)$

$\qquad\qquad\qquad\qquad = \dfrac{2^x}{\ln 2} - \arctan x + C \quad (C = C_1 + C_2)$.

由 C_0,C_1,C_2 的任意性,推出 $3C_0$ 和 C_1+C_2 的任意性,因此,今后求不定积分时,可进行技术上的处理,如对 $\displaystyle\int \left(2^x - \frac{1}{1+x^2}\right)\mathrm{d}x = \int 2^x\mathrm{d}x - \int \frac{1}{1+x^2}\mathrm{d}x$,右边第一项的后面不必加任意常数,只需在 $\displaystyle\int \frac{1}{1+x^2}\mathrm{d}x$(即最后一项)求出来后加上一个任意常数即可.这样会使解题简化而不影响结果的正确性.

4.2.2 基本积分表

现在知道,积分运算是微分运算的逆运算,因此可以从导数(微分)公式出发推导出相应的积分公式.下面我们把一些基本的积分公式列成一张表,这个表通常叫做基本积分表.

(1) $\int 0\mathrm{d}x = C$

(2) $\int 1\mathrm{d}x = x + C$

(3) $\int x^\alpha \mathrm{d}x = \dfrac{1}{\alpha+1} x^{\alpha+1} + C \quad (\alpha \neq -1)$

(4) $\int \dfrac{1}{x}\mathrm{d}x = \ln|x| + C$

(5) $\int \cos x \mathrm{d}x = \sin x + C$

(6) $\int \sin x \mathrm{d}x = -\cos x + C$

(7) $\int \dfrac{1}{1+x^2}\mathrm{d}x = \arctan x + C$

(8) $\int \dfrac{1}{\sqrt{1-x^2}}\mathrm{d}x = \arcsin x + C$

(9) $\int a^x \mathrm{d}x = \dfrac{1}{\ln a} a^x + C$

(10) $\int e^x \mathrm{d}x = e^x + C$

(11) $\int \dfrac{1}{\cos^2 x}\mathrm{d}x = \int \sec^2 x \mathrm{d}x = \tan x + C$

(12) $\int \dfrac{1}{\sin^2 x}\mathrm{d}x = \int \csc^2 x \mathrm{d}x = -\cot x + C$

(13) $\int \sec x \tan x \mathrm{d}x = \sec x + C$

(14) $\int \csc x \cot x \mathrm{d}x = -\csc x + C$

基本积分公式是求不定积分的基础,必须熟记.应用不定积分的性质 4.3 和性质 4.4 以及基本积分公式可直接求一些简单的不定积分.

【例 4.4】 求 $\int (e^x - 3\cos x)\mathrm{d}x$.

【解】 $\int (e^x - 3\cos x)\mathrm{d}x = \int e^x \mathrm{d}x - 3\int \cos x \mathrm{d}x = e^x - 3\sin x + C$.

【例 4.5】 求 $\int 2^x e^x \mathrm{d}x$.

【解】 $\int 2^x e^x \mathrm{d}x = \int (2e)^x \mathrm{d}x = \dfrac{1}{\ln 2e}(2e)^x + C = \dfrac{2^x e^x}{1+\ln 2} + C$.

【例 4.6】 求 $\int \dfrac{(x-1)^3}{x^2}\mathrm{d}x$.

【解】 $\int \dfrac{(x-1)^3}{x^2}\mathrm{d}x = \int \dfrac{x^3 - 3x^2 + 3x - 1}{x^2}\mathrm{d}x$

$$= \int \left(x - 3 + \frac{3}{x} - \frac{1}{x^2} \right) \mathrm{d}x$$

$$= \int x \mathrm{d}x - 3 \int \mathrm{d}x + 3 \int \frac{1}{x} \mathrm{d}x - \int \frac{1}{x^2} \mathrm{d}x$$

$$= \frac{1}{2} x^2 - 3x + 3\ln(x) + \frac{1}{x} + C.$$

【例 4.7】　求 $\displaystyle \int \frac{x^4}{1+x^2} \mathrm{d}x$.

【解】　$\displaystyle \int \frac{x^4}{1+x^2} \mathrm{d}x = \int \frac{x^4 - 1 + 1}{1+x^2} \mathrm{d}x = \int \left(x^2 - 1 + \frac{1}{1+x^2} \right) \mathrm{d}x = \frac{1}{3} x^3 - x + \arctan x + C.$

【例 4.8】　求 $\displaystyle \int \tan^2 x \mathrm{d}x$.

【解】　$\displaystyle \int \tan^2 x \mathrm{d}x = \int (\sec^2 x - 1) \mathrm{d}x = \int \sec^2 \mathrm{d}x - \int \mathrm{d}x = \tan x - x + C.$

【例 4.9】　求 $\displaystyle \int \sin^2 \frac{x}{2} \mathrm{d}x$.

【解】　$\displaystyle \int \sin^2 \frac{x}{2} \mathrm{d}x = \int \frac{1 - \cos x}{2} \mathrm{d}x = \frac{1}{2} \int \mathrm{d}x - \frac{1}{2} \int \cos \mathrm{d}x = \frac{1}{2} x - \frac{1}{2} \sin x + C.$

习题 4.2

1. 计算下列不定积分

(1) $\displaystyle \int \frac{\mathrm{d}x}{x \sqrt[3]{x}}$

(2) $\displaystyle \int e^x \left(1 - \frac{e^{-x}}{x^2} \right) \mathrm{d}x$

(3) $\displaystyle \int \sqrt{x}\,(x-2) \mathrm{d}x$

(4) $\displaystyle \int (\sqrt{x} + 1)(\sqrt{x^3} - 1) \mathrm{d}x$

(5) $\displaystyle \int \frac{x^2 + \sin^2 x}{x^2 \sin^2 x} \mathrm{d}x$

(6) $\displaystyle \int \frac{(x-1)^2}{x} \mathrm{d}x$

(7) $\displaystyle \int \frac{\cos 2x}{\cos x - \sin x} \mathrm{d}x$

2. 玩具小车由静止开始运动,经 t 和后的速度是 $3t^2$(米/秒),问:

(1) 在 3 秒后小车离开出发点的距离是多少?

(2) 小车走完 343 米需要多少时间?

4.3　换元积分法

利用基本积分表和不定积分的性质能解决一些很简单的不定积分.但非常有限,甚至像 $\int \sin 2x \mathrm{d}x$ 这样简单的不定积分仅靠它们都无法计算出来,因此有必要进一步研究不定积分的求法.本节把复合函数的微分法反过来用于求不定积分,利用中间变量的替换,得到复合函数的积分法,称之为换元积分法(简称换元法).换元法通常分成两类,下面先介绍第一类换元法.

4.3.1　第一类换元积分法(凑微分法)

【定理 4.2】　若 $\displaystyle \int f(u) \mathrm{d}u = F(u) + C$,则 $\displaystyle \int f[\varphi(x)] \varphi'(x) \mathrm{d}x = F[\varphi(x)] + C.$ 其中 $\varphi(x)$

具有连续的导数.

【证明】　令 $u = \varphi(x)$,

则 $\dfrac{\mathrm{d}F[\varphi(x)]}{\mathrm{d}x} = \dfrac{\mathrm{d}F(u)}{\mathrm{d}u} \cdot \dfrac{\mathrm{d}\varphi(x)}{\mathrm{d}x} = F'(u) \cdot \varphi'(x) = f(u) \cdot \varphi'(x) = f[\varphi(x)] \cdot \varphi'(x)$,

即　$F[\varphi(x)]$ 是 $f[\varphi(x)] \cdot \varphi'(x)$ 的一个原函数,故有

$$\int f[\varphi(x)] \cdot \varphi'(x)\mathrm{d}x = F[\varphi(x)] + C.$$

【例 4.10】　求以下不定积分

$(1) \displaystyle\int \frac{\mathrm{d}x}{x-a}$
　　　　　　　　　　　　$(2) \displaystyle\int \frac{\mathrm{d}x}{(x-a)^k}$

$(3) \displaystyle\int \sin(mx+n)\mathrm{d}x \quad (m \neq 0)$
　　　　$(4) \displaystyle\int e^{3x+2}\mathrm{d}x$

$(5) \displaystyle\int \frac{\mathrm{d}x}{a^2+x^2}\mathrm{d}x \quad (a > 0)$
　　　　$(6) \displaystyle\int \frac{1}{\sqrt{a^2-x^2}}\mathrm{d}x \quad (a > 0)$

【解】　$(1) \displaystyle\int \frac{\mathrm{d}x}{x-a} = \int \frac{1}{x-a}\mathrm{d}(x-a) \xlongequal{u=x-a} \int \frac{1}{u}\mathrm{d}u$

$$= \ln|u| + C \xlongequal{u=x-a} \ln|x-a| + C.$$

$(2) \displaystyle\int \frac{\mathrm{d}x}{(x-a)^k} = \int \frac{1}{(x-a)^k}\mathrm{d}(x-a) \xlongequal{u=x-a} \int \frac{1}{u^k}\mathrm{d}u$

$$= \int u^{-k}\mathrm{d}u = \frac{u^{1-k}}{1-k} + C = \frac{(x-a)^{1-k}}{1-k} + C.$$

$(3) \displaystyle\int \sin(mx+n)\mathrm{d}x \xlongequal{u=mx+n} \frac{1}{m}\int \sin u\,\mathrm{d}u$

$$= \frac{1}{m}(-\cos u) + C = -\frac{1}{m}\cos(mx+n) + C.$$

$(4) \displaystyle\int e^{3x+2}\mathrm{d}x = \frac{1}{3}\int e^{3x+2}\mathrm{d}(3x+2) \xlongequal{u=3x+2} \frac{1}{3}\int e^u\,\mathrm{d}u$

$$= \frac{1}{3}e^u + C = \frac{1}{3}e^{3x+2} + C.$$

$(5) \displaystyle\int \frac{1}{a^2+x^2}\mathrm{d}x = \frac{1}{a^2}\int \frac{1}{1+\left(\dfrac{x}{a}\right)^2}\mathrm{d}x$

$$= \frac{1}{a}\int \frac{1}{1+\left(\dfrac{x}{a}\right)^2}\mathrm{d}\frac{x}{a} \xlongequal{u=\frac{x}{a}} \frac{1}{a}\int \frac{1}{1+u^2}\mathrm{d}u$$

$$= \frac{1}{a}\arctan \frac{x}{a} + C.$$

$(6) \displaystyle\int \frac{\mathrm{d}x}{\sqrt{a^2-x^2}} = \int \frac{1}{a\sqrt{1-\left(\dfrac{x}{a}\right)^2}}\mathrm{d}x$

$$= \int \frac{1}{\sqrt{1-\left(\dfrac{x}{a}\right)^2}}\mathrm{d}\frac{x}{a} \xlongequal{u=\frac{x}{a}} \int \frac{1}{\sqrt{1-u^2}}\mathrm{d}u = \arcsin \frac{x}{a} + C.$$

第一类换元法的解题思路可从下面的连等式中清晰地勾画出来

$$g(x)\mathrm{d}x \xrightarrow{\text{分解 } g(x)} f(\varphi(x)) \cdot \varphi'(x)\mathrm{d}x \xrightarrow{\text{换元 } u = \varphi(x)} f(u)\mathrm{d}u.$$

如果 $g(x)$ 的原函数不易求,而 $f(x)$ 的原函数很容易求,那么通过上述等式就可求出 $g(x)$ 的原函数,从而求出 $\int g(x)\mathrm{d}x$. 而不定积分从不易求到容易求,关键在于上述第一个等式右边中 $\varphi'(x)\mathrm{d}x$ 的确定(如例 4.10 各题). 因此第一换元法这种通过凑一个微分从而求出不定积分的方法又叫凑微分法.

本节开头提到的不定积分 $\int \sin 2x\mathrm{d}x$ 在此时求起来就容易了,事实上

$$\int \sin 2x\mathrm{d}x = \int 2\sin x\cos x\mathrm{d}x = 2\int \sin x(\sin x)'\mathrm{d}x$$

$$= 2\int \sin x\,\mathrm{d}\sin x \xrightarrow{u = \sin x} 2\int u\,\mathrm{d}u$$

$$= u^2 + C \xrightarrow{u = \sin x} \sin^2 x + C.$$

在对变量替换比较熟练后,就不一定写出中间变量 u. 这样可节省许多时间,提高运算效率. 另外,把第一换元积分法与不定积分性质及基本积分表结合起来,就可以解决一些较复杂的不定积分问题.

【例 4.11】 求下列不定积分

(1) $\int \tan x\mathrm{d}x$　　　　(2) $\int \dfrac{1}{\sin x\cos x}\mathrm{d}x$　　　　(3) $\int \sec x\mathrm{d}x$

【解】 (1) $\int \tan x\mathrm{d}x = \int \dfrac{\sin x}{\cos x}\mathrm{d}x = -\int \dfrac{\mathrm{d}\cos x}{\cos x} = -\ln|\cos x| + C.$

(2) $\int \dfrac{1}{\sin x\cos x}\mathrm{d}x = \int \dfrac{\sec^2 x}{\tan x}\mathrm{d}x = \int \dfrac{1}{\tan x}\mathrm{d}\tan x = \ln|\tan x| + C.$

(3) $\int \sec x\mathrm{d}x = \int \dfrac{1}{\cos x}\mathrm{d}x = \int \dfrac{\mathrm{d}x}{\sin\left(x + \dfrac{\pi}{2}\right)} = \int \dfrac{\mathrm{d}\left(\dfrac{x}{2} + \dfrac{\pi}{4}\right)}{\sin\left(\dfrac{x}{2} + \dfrac{\pi}{4}\right)\cos\left(\dfrac{x}{2} + \dfrac{\pi}{4}\right)},$

由题(2)得:上式 $= \ln\left|\tan\left(\dfrac{x}{2} + \dfrac{\pi}{4}\right)\right| + C = \ln|\sec x + \tan x| + C.$

【例 4.12】 求下列不定积分

(1) $\int \cos^2 x\mathrm{d}x$　　　　　　　　　　　(2) $\int \sin^3 x\mathrm{d}x$

(3) $\int \sin^3 x\cos x\mathrm{d}x$　　　　　　　　　(4) $\int \sin^2 x\cos^2 x\mathrm{d}x$

【解】 (1) $\int \cos^2 x\mathrm{d}x = \int \dfrac{1 + \cos 2x}{2}\mathrm{d}x = \dfrac{1}{2}\left(\int 1\mathrm{d}x + \int \cos 2x\mathrm{d}x\right) = \dfrac{1}{2}x + \dfrac{1}{4}\sin 2x + C.$

(2) $\int \sin^3 x\mathrm{d}x = \int \sin^2 x \cdot \sin x\mathrm{d}x = \int (1 - \cos^2 x)\sin x\mathrm{d}x$

$$= \int \sin x\mathrm{d}x - \int \cos^2 x \cdot \sin\mathrm{d}x = -\cos x + \int \cos^2 x\mathrm{d}\cos x$$

$$= -\cos x + \dfrac{1}{3}\cos^3 x + C.$$

(3) $\int \sin^3 x\cos x\mathrm{d}x = \int \sin^3 x\mathrm{d}\sin x = \dfrac{1}{4}\sin^4 x + C.$

$(4) \int \sin^2 x \cos^2 x \, dx = \int (\sin x \cos x)^2 \, dx = \frac{1}{4} \int \sin^2 2x \, dx$

$$= \frac{1}{8} \int (1 - \cos 4x) \, dx = \frac{1}{8} x - \frac{1}{32} \sin 4x + C.$$

【例 4.13】　求下列不定积分

$(1) \int \dfrac{1}{1 - x^2} \, dx$ 　　　　　　　　　　　$(2) \int \dfrac{x^2}{x^2 - a^2} \, dx \quad (a \neq 0)$

解：$(1) \displaystyle\int \dfrac{1}{1 - x^2} \, dx = \dfrac{1}{2} \int \left(\dfrac{1}{1 - x} + \dfrac{1}{1 + x} \right) dx = \dfrac{1}{2} \int \dfrac{dx}{1 - x} + \dfrac{1}{2} \int \dfrac{dx}{1 + x}$

$$= -\frac{1}{2} \ln|1 - x| + \frac{1}{2} \ln|1 + x| + C = \frac{1}{2} \ln \left| \frac{1 + x}{1 - x} \right| + C.$$

$(2) \displaystyle\int \dfrac{x^2}{x^2 - a^2} \, dx = \int \dfrac{x^2 - a^2 + a^2}{x^2 - a^2} \, dx = \int dx + a^2 \int \dfrac{1}{x^2 - a^2} \, dx$

$$= \varphi(t) = x + \frac{a}{2} \ln \left| \frac{x - a}{x + a} \right| + C.$$

上述各例用的都是第一换元法，即形如 $u = \varphi(x)$ 的变量替换，下面介绍另一种形式的变量替换 $x = \varphi(t)$，即所谓第二类换元积分法.

4.3 2　第二类换元积分法

【定理 4.3】　设 $x = \varphi(t)$ 是单调的，可导的函数，并且 $\varphi'(t) \neq 0$. 又设 $f[\varphi(t)] \cdot \varphi'(t)$ 存在原函数 $F(t)$，则有 $\displaystyle\int f(x) \, dx = \int f[\varphi(t)] \varphi'(t) \, dt = F(t) + C = F'[\varphi^{-1}(x)] + C$，其中 $t = \varphi^{-1}(x)$ 是 $x = \varphi(t)$ 的反函数.

运用复合函数及反函数的求导法则便可证明定理 4.3，我们把它留给读者.

第二类换元法与第一类换元法的区别在于换元方式的差别.

第二类换元积分法中最常见的替换即（换元）为三角替换与根式替换两种，下面以具体例子加以说明.

【例 4.14】　求不定积分

$(1) \displaystyle\int \sqrt{a^2 - x^2} \, dx \,(a > 0)$ 　　$(2) \displaystyle\int \dfrac{1}{2(1 + \sqrt{x})} \, dx$ 　　$(3) \displaystyle\int \dfrac{1}{\sqrt{x}(1 + \sqrt[3]{x})} \, dx$

【解】　(1) 设 $x = a \sin t, -\dfrac{\pi}{2} < t < \dfrac{\pi}{2}$（$t$ 的取值保证 $x = a \sin t$ 的单调性）则

$$\sqrt{a^2 - x^2} = a \sqrt{1 - \sin^2 t} = a \cos t, \quad dx = a \cos t \, dt,$$

所以　$\displaystyle\int \sqrt{a^2 - x^2} \, dx = \int a \cos t \cdot a \cos t \, dt = a^2 \int \cos^2 t \, dt$

$$= a^2 \int \frac{1 + \cos 2t}{2} \, dt = \frac{a^2}{2} \left(t + \frac{1}{2} \sin 2t \right) + C$$

$$= \frac{a^2}{2} t + \frac{a^2}{2} \sin t \cos t + C.$$

因为　$x = a \sin t, -\dfrac{\pi}{2} < t < \dfrac{\pi}{2}$，故 $t = \arcsin \dfrac{x}{a}$，而 $\cos t = \sqrt{1 - \sin^2 t}$，

于是　　　　　　$\displaystyle\int \sqrt{a^2 - x^2} \, dx = \frac{a^2}{2} \arcsin \frac{x}{a} + \frac{1}{2} x \sqrt{a^2 - x^2} + C.$

通过这个例子发现,由于被积分表达式中出现根式 $\sqrt{a^2-x^2}$,对求不定积分不利,但我们利用三角公式

$$\cos^2 t + \sin^2 t = 1.$$

轻松化去根式,使得不定积分容易求,像这种可借助三角替换及三角公式求不定积分的还有:

$$\int f(\sqrt{a^2+x^2})\,\mathrm{d}x \quad (a>0), \quad 令\ x=a\tan t;$$

$$\int f(\sqrt{x^2-a^2})\,\mathrm{d}x \quad (a>0), \quad 令\ x=a\sec t.$$

(2) 为消去二次根式 $\sqrt{x}$,令 $x=t^2$　则 $\mathrm{d}x=2t\,\mathrm{d}t$,

$$\int \frac{1}{2(1+\sqrt{x})}\,\mathrm{d}x = \int \frac{2t}{2(1+t)}\,\mathrm{d}t = \int \left(1-\frac{1}{1+t}\right)\mathrm{d}t$$

$$= t - \ln|1+t| + C = \sqrt{x} - \ln(\sqrt{x}+1) + C.$$

(3) 因被积分函数中有二次根式和三次根式,为一并消去它们,可令 $x=t^6$(6是2与3的最小倍数),则 $\mathrm{d}x=6t^5\,\mathrm{d}t$,

$$\int \frac{1}{\sqrt{x}(1+\sqrt[3]{x})}\,\mathrm{d}x = 6\int \frac{t^2}{1+t^2}\,\mathrm{d}t = 6(t-\arctan t) + C = 6(\sqrt[6]{x} - \arctan\sqrt[6]{x}) + C.$$

前面已举了许多例子,其中一些可以作为公式,在以后求不定积分时直接引用,为方读者,将它们列举如下:

(15) $\displaystyle\int \tan x\,\mathrm{d}x = -\ln|\cos x| + C = \ln|\sec x| + C$

(16) $\displaystyle\int \cot x\,\mathrm{d}x = \ln|\sin x| + C = -\ln|\csc x| + C$

(17) $\displaystyle\int \sec x\,\mathrm{d}x = \ln|\sec x + \tan x| + C$

(18) $\displaystyle\int \csc x\,\mathrm{d}x = \ln|\csc x - \cot x| + C$

(19) $\displaystyle\int \frac{1}{a^2+x^2}\,\mathrm{d}x = \frac{1}{a}\arctan\frac{x}{a} + C$

(20) $\displaystyle\int \frac{1}{\sqrt{a^2-x^2}}\,\mathrm{d}x = \arcsin\frac{x}{a} + C$

(21) $\displaystyle\int \frac{1}{\sqrt{x^2+a^2}}\,\mathrm{d}x = \ln|x+\sqrt{x^2+a^2}| + C$

(22) $\displaystyle\int \frac{1}{\sqrt{x^2-a^2}}\,\mathrm{d}x = \ln|x+\sqrt{x^2-a^2}| + C$

(23) $\displaystyle\int \frac{1}{x^2-a^2}\,\mathrm{d}x = \frac{1}{2a}\ln\left|\frac{x-a}{x+a}\right| + C$

(24) $\displaystyle\int \sqrt{a^2-x^2}\,\mathrm{d}x = \frac{1}{2}x\sqrt{a^2-x^2} + \frac{a^2}{2}\arcsin\frac{x}{a} + C$

习题 4.3

1.计算下列不定积分

$(1) \displaystyle\int \frac{1}{3-5x} dx$ 　　　　　　　　　$(2) \displaystyle\int \frac{10^{2\arccos x}}{\sqrt{1-x^2}} dx$

$(3) \displaystyle\int e^{2x-7} dx$ 　　　　　　　　　$(4) \displaystyle\int e^{3x^2+\ln x} dx$

$(5) \displaystyle\int \frac{\sin x}{1+\cos x} dx$ 　　　　　　　　　$(6) \displaystyle\int x^{n-1} \cdot \cos x^n dx$

$(7) \displaystyle\int e^{\sin x} \cos x dx$ 　　　　　　　　　$(8) \displaystyle\int \frac{\ln x}{x} dx$

$(9) \displaystyle\int \frac{e^x(1-e^x)}{\sqrt{1+e^{2x}}} dx$ 　　　　　　　$(10) \displaystyle\int \frac{dx}{\sqrt{x}(1+x)}$

$(11) \displaystyle\int \frac{dx}{x^2\sqrt{1+x^2}}$ 　　　　　　　$(12) \displaystyle\int \frac{dx}{\sqrt{1+e^x}}$

2.某电场中一质子运动的加速度为 $a(t) = \dfrac{-20}{(1+2t)^2}$（单位：米／秒^2）.如果 $t=0$ 时，$v=0.3$ 米／秒.求质子的运动速度.

3.把一杯 $90℃$ 的水放在一间室温为 $20℃$ 的房间内，刚放进去时间记 $t=0$（分钟），如果水的温度按每分钟变化的度数（单位：℃）计算，得温度变化率为 $r(t) = -7e^{-0.1t}$，试估计 5 分钟后水的温度.

4.4　分部积分法

利用直接积分法（指仅靠不定积分性质及基本积分表进作积分运算）和换元积分法可以求出相当多函数的不定积分，但是有些不定积分（哪怕形式很简单）利用这两种方法都很难解决.如 $\int x\cos x dx, \int \ln x dx, \int \arctan x dx$ 等.为此，需要讨论另一种求不定积分的方法 —— 分部积分法.

【**定理 4.4**】　设 $u(x), v(x)$ 具有连续的导数，则

$$\int u(x)v'(x)dx = u(x)v(x) - \int u'(x)v(x)dx$$

或　　　　　　　$$\int u(x)dv(x) = u(x)v(x) - \int v(x)du(x).$$

【**证明**】　设 $u(x), v(x)$ 具有连续的导数，则有

$$[u(x)v(x)]' = u'(x)v(x) + u(x)v'(x),$$

这里 $u'(x), v'(x)$ 连续性保证了 $u'(x), v(x)$ 和 $u(x), v'(x)$ 的连续性.由不定积分定义得

$$\int [u'(x)v(x) + u(x)v'(x)]dx = u(x)v(x) + C.$$

根据不定积分性质，整理得

$$\int u(x)v'(x)dx = u(x)v(x) - \int u'(x)v(x)dx$$

或 $$\int u(x)\mathrm{d}v(x) = u(x)v(x) - \int v(x)\mathrm{d}u(x).$$

上述公式称为分部积分公式.

现在通过例子说明如何运用这个公式.

【例 4.15】 求 $\int x\cos x\mathrm{d}x$.

【解】 选择 $u(x) = x, \mathrm{d}v(x) = \cos x\mathrm{d}x$,则 $\mathrm{d}u(x) = \mathrm{d}x, v(x) = \sin x$
代入分部分积分公式得

$$\int x\cos x\mathrm{d}x = x\sin x - \int \sin x\mathrm{d}x = x\sin x + \cos x + C.$$

求这个积分时,如果设 $u(x) = \cos x, \mathrm{d}u(x) = x\mathrm{d}x = \mathrm{d}\dfrac{1}{2}x^2$ 那么由分部积分公式得出:

$$\int x\cos x\mathrm{d}x = \frac{x^2}{2}\cos x + \int \frac{x^2}{2}\sin x\mathrm{d}x$$

这时等式右边的不定积分更复杂,从而更难求出.

由此可见,如果 $u(x)$ 与 $\mathrm{d}v(x)$ 选取不当,就求不出所要的结果,所以应用分部积分法时,恰当选取 $u(x)$ 和 $\mathrm{d}v(x)$ 是关键,选取 $u(x)$ 和 $\mathrm{d}v(x)$ 一般要遵循下面两个原则:

(1) $v(x)$ 要容易求得;

(2) $\int v(x)u'(x)\mathrm{d}x$ 要比 $\int u(x)v'(x)\mathrm{d}x$ 容易积分.

【例 4.16】 求 $\int xe^x\mathrm{d}x$.

【解】 设 $u(x) = x, \mathrm{d}v(x) = e^x\mathrm{d}x$,则 $\mathrm{d}u = \mathrm{d}x, v(x) = e^x$.
于是 $$\int xe^x\mathrm{d}x = \int x\mathrm{d}e^x = xe^x - \int e^x\mathrm{d}x = xe^x - e^x + C.$$

【例 4.17】 求 $\int x^2 e^x\mathrm{d}x$.

【解】 设 $u(x) = x^2, \mathrm{d}v(x) = e^x\mathrm{d}x$,则

$$\int x^2 e^x\mathrm{d}x = \int x^2\mathrm{d}e^x = x^2 e^x - \int e^x\mathrm{d}x^2 = x^2 e^x - 2\int xe^x\mathrm{d}x,$$

对 $\int xe^x\mathrm{d}x$ 再运用一次分部积分公式得:原不定积分 $\int x^2 e^x\mathrm{d}x = e^x(x^2 - 2x + 2) + C$.

由例 4.15,例 4.16 和例 4.17 三个例子可归纳出:如果被积函数是多项式函数与正(余)弦函数之积或多项式函数与指数函数之积时,就可以考虑用分部积分法,并设多项式函数为 $u(x)$.

而下面的例子给出了:如果被积函数是多项式函数与对数函数乘积或多项式函数与反三角函数乘积时,也可用分部积分法,但这里要把对数函数或反三角函数设为 $u(x)$.

【例 4.18】 求下列不定积分

(1) $\int x\ln x\mathrm{d}x$ (2) $\int x\arctan x\mathrm{d}x$ (3) $\int \arccos x\mathrm{d}x$

【解】 (1) 设 $u = \ln x, \mathrm{d}v = x\mathrm{d}x$,则 $\mathrm{d}u = \dfrac{1}{x}\mathrm{d}x, v = \dfrac{1}{2}x^2$,

于是 $$\int x\ln x\mathrm{d}x = \frac{1}{2}\int \ln x\mathrm{d}x^2 = \frac{x^2}{2}\ln x - \frac{1}{2}\int \frac{x^2}{x}\mathrm{d}x = \frac{1}{2}x^2\ln x - \frac{1}{4}x^2 + C.$$

分部积分公式运用熟练后,就不必再去写出哪部分选作 u,哪部分选作 $\mathrm{d}v$ 了.只要把被

积分表达式凑成 $\varphi(x)\mathrm{d}\psi(x)$ 的形式,便可运算分部积分公式.

(2) $\displaystyle\int x\arctan x\mathrm{d}x = \frac{1}{2}\int \arctan x\mathrm{d}x^2 = \frac{1}{2}x^2\arctan x - \frac{1}{2}\int \frac{x^2}{1+x^2}\mathrm{d}x$

$\displaystyle\qquad = \frac{1}{2}x^2\arctan x - \frac{1}{2}x + \frac{1}{2}\arctan x + C$

$\displaystyle\qquad = \frac{1}{2}(x^2+1)\arctan x - \frac{1}{2}x + C.$

(3) $\displaystyle\int \arccos x\mathrm{d}x = x\arccos x - \int \frac{x}{\sqrt{1-x^2}}\mathrm{d}x$

$\displaystyle\qquad = x\arccos x - \frac{1}{2}\int \frac{1}{\sqrt{1-x^2}}\mathrm{d}(1-x^2)$

$\displaystyle\qquad = x\arccos x - \sqrt{1-x^2} + C.$

【例 4.19】　求 $\displaystyle\int e^x\sin x\mathrm{d}x.$

【解】　$\displaystyle\int e^x\sin x\mathrm{d}x = \int \sin x\mathrm{d}e^x = e^x\sin x - \int e^x\cos x\mathrm{d}x$

$\displaystyle\qquad = e^x\sin x - \int \cos x\mathrm{d}e^x$

$\displaystyle\qquad = e^x\sin x - e^x\cos x - \int e^x\sin x\mathrm{d}x,$

由于等式右边含有原来的不定积分,把它与左边合并得:

$$\int e^x\sin x\mathrm{d}x = \frac{1}{2}e^x(\sin x - \cos x) + C.$$

在例 4.19 中我们选择了 $u(x) = \sin x$ 实际上取 $u(x) = e^x$ 也能用分部积分法求出该不定积分来的,一句话,被积函数是正弦(余弦)函数与指数函数之积时,$u(x)$ 的选择是自由的.

第一换元法、第二换元法及分部积分法给不定积分的运算带来很大的方便.但对一个具体的不定积分到底用哪种方法或同时用到哪几种方法,要根据具体情况而定.希望读者在熟记不定积分性质,基本积分公式和三种积分方法的基础上,通过多做练习灵活掌握积分技巧和方法,并为下章学好定积分夯实基础.

习题 4.4

1. 计算下列不定积分

(1) $\displaystyle\int xe^{-2x}\mathrm{d}x$

(2) $\displaystyle\int (x+1)\cos x\mathrm{d}x$

(3) $\displaystyle\int e^{-x}\sin 2x\mathrm{d}x$

(4) $\displaystyle\int \frac{\mathrm{d}x}{\sqrt{1+e^x}}$

(5) $\displaystyle\int x\ln(x-1)\mathrm{d}x$

(6) $\displaystyle\int \frac{\mathrm{d}x}{1+e^x}$

2. 设 $f(x)$ 的一个原函数为 xe^{-x},求:(1) $\displaystyle\int f(x)\mathrm{d}x$;(2) $\displaystyle\int xf'(x)\mathrm{d}x$;(3) $\displaystyle\int xf(x)\mathrm{d}x.$

4.5 有理函数的积分举例

形如函数 $f(x) = \dfrac{P_n(x)}{Q_m(x)} = \dfrac{a_0 x^n + a_1 x^{n-1} + \cdots + a_{n-1}x + a_n}{b_0 x^m + b_1 x^{m-1} + \cdots + b_{m-1}x + b_m}$ 的函数称为有理函数,其中 m 和 n 都是非负整数,$P_n(x)$、$Q_m(x)$ 分别为 n 次和 m 次多项式,$a_0, a_1, a_2, \cdots, a_n$ 及 $b_0, b_1, b_2, \cdots, b_m$ 都是实数,并且 $a_0 \neq 0, b_0 \neq 0$. 当 $n < m$ 时,称这有理函数是真分式;而当 $n \geqslant m$ 时,称这有理函数是假分式. 假分式总可以化成一个多项式与一个真分式之和的形式,例如

$$\frac{x^3 + x + 1}{x^2 + 1} = \frac{x(x^2 + 1) + 1}{x^2 + 1} = x + \frac{1}{x^2 + 1}.$$

求真分式的不定积分时,如果分母可因式分解,则先因式分解,然后化成部分分式再积分

【例 4.20】 求 $\displaystyle\int \frac{x+2}{x^2 + 2x + 3}\mathrm{d}x$.

【解】 $\displaystyle\int \frac{x+2}{x^2 + 2x + 3}\mathrm{d}x = \frac{1}{2}\int \frac{(2x+2)+2}{x^2 + 2x + 3}\mathrm{d}x = \frac{1}{2}\int \frac{\mathrm{d}(x^2 + 2x + 3)}{x^2 + 2x + 3} + \int \frac{\mathrm{d}(x+1)}{(x+1)^2 + 2}$

$$= \frac{1}{2}\ln(x^2 + 2x + 3) + \frac{\sqrt{2}}{2}\arctan\frac{x+1}{2} + C.$$

【例 4.21】 求 $\displaystyle\int \frac{x+3}{x^2 - 5x + 6}\mathrm{d}x$.

【分析】 $\dfrac{x+3}{(x-2)(x-3)} = \dfrac{A}{x-3} + \dfrac{B}{x-2} = \dfrac{(A+B)x + (-2A-3B)}{(x-2)(x-3)}$,其中 $A + B = 1, -3A - 2B = 3$,解之得 $A = 6, B = -5$.

【解】 $\displaystyle\int \frac{x+3}{x^2 - 5x + 6}\mathrm{d}x = \int \frac{x+3}{(x-2)(x-3)}\mathrm{d}x = \left(\frac{6}{x-3} - \frac{5}{x-2}\right)\mathrm{d}x$

$$= \int \frac{6}{x-3}\mathrm{d}x - \int \frac{5}{x-2}\mathrm{d}x$$

$$= 6\ln|x-3| - 5\ln|x-2| + C6\ln|x-3| - 5\ln|x-2| + C.$$

【例 4.22】 求 $\displaystyle\int \frac{x^3}{x+3}\mathrm{d}x$.

【分析】 先将被积函数假分式 $\dfrac{x^3}{x+3}$ 化成整式与真分式的和,再求不定积分.

【解】 $\displaystyle\int \frac{x^3}{x+3}\mathrm{d}x = \int \frac{x^3 + 3^3 - 3^3}{x+3}\mathrm{d}x = \int \frac{x^3 + 3^3}{x+3}\mathrm{d}x - \int \frac{3^3}{x+3}\mathrm{d}x$

$$= \int (x^2 - 3x + 9)\mathrm{d}x - 27\int \frac{1}{x+3}\mathrm{d}(x+3)$$

$$= \frac{1}{3}x^3 - \frac{3}{2}x^2 + 9x - 27\ln|x+3| + C.$$

习题 4.5

1. 计算下列不定积分

(1) $\displaystyle\int \frac{x^3 + 8x^2 + 19x + 16}{x+4}\mathrm{d}x$

(2) $\displaystyle\int \frac{1}{a^2 - x^2}\mathrm{d}x$

(3) $\displaystyle\int \frac{1}{(x-3)^{100}}\mathrm{d}x$

(4) $\displaystyle\int \frac{5\mathrm{d}x}{3x^2 + 16}$

(5) $\displaystyle\int \frac{7}{x^2 + 3x - 10}\mathrm{d}x$

(6) $\displaystyle\int \frac{x-5}{x^2 + x - 2}\mathrm{d}x$

本章小结

一、原函数与不定积分的概念

1. 原函数的有关概念

(1) 若 $F'(x) = f(x)$ 或 $\mathrm{d}F(x) = f(x)\mathrm{d}x$,则称 $F(x)$ 是 $f(x)$ 的一个原函数;

(2) 若 $f(x)$ 有一个原函数 $F(x)$,则一定有无限多个原函数,其中的每一个都能表示为 $F(x) + C$.

2. 不定积分的概念

(1) $f(x)$ 的原函数的全体 $F(x) + C$,称为 $f(x)$ 的不定积分,记作

$$\int f(x)\mathrm{d}x = F(x) + C;$$

(2) 不定积分与求导是互逆运算的关系:

$$\left[\int f(x)\mathrm{d}x\right]' = f(x) \ \text{或}\ \mathrm{d}\left(\int f(x)\mathrm{d}x\right) = \mathrm{d}F(x);$$

$$\int F'(x)\mathrm{d}x = F(x) + C \ \text{或}\int \mathrm{d}F(x) = F(x) + C.$$

二、积分的基本公式和性质

1. 基本积分表

(1) $\displaystyle\int 0\mathrm{d}x = C$

(2) $\displaystyle\int 1\mathrm{d}x = x + C$

(3) $\displaystyle\int x^a \mathrm{d}x = \frac{1}{\alpha + 1}x^{\alpha+1} + C (\alpha \neq -1)$

(4) $\displaystyle\int \frac{1}{x}\mathrm{d}x = \ln|x| + C$

(5) $\displaystyle\int \cos x\mathrm{d}x = \sin x + C$

(6) $\displaystyle\int \sin x\mathrm{d}x = -\cos x + C$

(7) $\displaystyle\int \frac{1}{1+x^2}\mathrm{d}x = \arctan x + C$

(8) $\displaystyle\int \frac{1}{\sqrt{1-x^2}}\mathrm{d}x = \arcsin x + C$

(9) $\displaystyle\int a^x \mathrm{d}x = \frac{1}{\ln a}a^x + C$

(10) $\displaystyle\int e^x \mathrm{d}x = e^x + C$

(11) $\displaystyle\int \frac{1}{\cos^2 x}\mathrm{d}x = \int \sec^2 x\mathrm{d}x = \tan x + C$

(12) $\displaystyle\int \frac{1}{\sin^2 x}\mathrm{d}x = \int \csc^2 x\mathrm{d}x = -\cot x + C$

(13) $\displaystyle\int \sec x\tan x\mathrm{d}x = \sec x + C$

(14) $\displaystyle\int \csc x\cot x\mathrm{d}x = -\csc x + C$

2. 不定积分的性质

(1) $\displaystyle\int kf(x)\mathrm{d}x = k\int f(x)\mathrm{d}x,(k \neq 0)$

(2) $\displaystyle\int [f_1(x) \pm f_2(x)]\mathrm{d}x = \int f_1(x)\mathrm{d}x \pm \int f_2(x)\mathrm{d}x$

三、求积分的基本方法

1. 直接积分法:直接运用不定积分性质和基本积分公式表中的公式求不定积分

2. 换元积分法

(1) 第一类换元积分法(凑微分法)

$$\int f[\varphi(x)]\varphi'(x)\mathrm{d}x = \int f[\varphi(x)]\mathrm{d}[\varphi(x)] \xrightarrow{\ \text{令}\ u = \varphi(x)\ } \int f(u)\mathrm{d}u$$

$$= F(u) + C \xrightarrow{u = \varphi(x)} F[\varphi(x)] + C.$$

(2) 第二类换元积分法

$$\int f(x)\mathrm{d}x \xrightarrow{\diamond\, x = \varphi(t)} \int f[\varphi(t)\varphi'(t)]\mathrm{d}t = F(t) + C \xrightarrow{t = \varphi^{-1}(x)} F[\varphi^{-1}(x)] + C.$$

被积函数中含有根式时,常用的变量替换有:

① 被积函数为 $f(\sqrt[n_1]{x}, \sqrt[n_2]{x})$,令 $t = \sqrt[n]{x}$,$x = t^n$. 其中 n 为 n_1,n_2 的最小公倍数.

② 被积函数为 $f(\sqrt[n]{ax+b})$,令 $t = \sqrt[n]{ax+b}$,$x = \dfrac{t^n - b}{a}$.

③ 被积函数为 $f(\sqrt{a^2 - x^2})$,令 $x = a\sin t$.

④ 被积函数为 $f(\sqrt{a^2 + x^2})$,令 $x = a\tan t$.

⑤ 被积函数为 $f(\sqrt{x^2 - a^2})$,令 $x = a\sec t$.

3. 分部积分法:分部积分公式 $\int u(x)\mathrm{d}v(x) = u(x)v(x) - \int v(x)\mathrm{d}u(x)$. 运用分部积分法时,$u(x)$、$v(x)$ 的选择是关键.

综合练习

一、填空题

1. 设 $f(x)$ 的一个原函数为 $\ln x$,则 $f(x) = $ _____.

2. 由 $d(\arcsin x) = \dfrac{1}{\sqrt{1 - x^2}}\mathrm{d}x$,可推出 $\arcsin x$ 是_____的一个原函数.

3. 设 $F_1(x)$,$F_2(x)$ 是 $f(x)$ 的两个不同的原函数,且 $f(x) \neq 0$,则有 $F_1(x) - F_2(x) = $ _____.

4. $\int \mathrm{d}f(x) = $ _____.

5. $\int e^{\sin x}\cos x\,\mathrm{d}x = $ _____.

二、选择题

1. $\int \cos a\,\mathrm{d}x = ($).

A. $\sin a$ B. $-\sin a$ C. $\cos a + C$ D. $x\cos a + C$

2. 下列等式成立的是( ).

A. $2xe^{x^2}\mathrm{d}x = \mathrm{d}e^{x^2}$ B. $\dfrac{1}{x+1}\mathrm{d}x = \mathrm{d}(\ln x) + 1$

C. $\arctan x\,\mathrm{d}x = \mathrm{d}\dfrac{1}{1 + x^2}$ D. $\cos 2x\mathrm{d}x = \mathrm{d}\sin 2x$

3. 下列凑微分正确的是( ).

A. $\ln x\mathrm{d}x = \mathrm{d}\left(\dfrac{1}{x}\right)$ B. $\dfrac{1}{\sqrt{1 - x^2}}\mathrm{d}x = \mathrm{d}\sin x$

C. $\dfrac{1}{x^2}\mathrm{d}x = \mathrm{d}\left(-\dfrac{1}{x}\right)$ D. $\sqrt{x}\,\mathrm{d}x = \mathrm{d}\sqrt{x}$

4. 若 $\int f(x)\mathrm{d}x = x^2 e^{2x} + C$,则 $f(x) = ($).

A. $2xe^{2x}$　　　　　B. $2x^2e^{2x}$　　　　　C. $2xe^{2x}(1+x)$　　　D. xe^{2x}

5. 设 $f'(x) = g'(x)$，则下列结论正确的是（　　　）.

A. $f(x) = g(x)$ 　　　　　　　B. $\int df(x) = \int dg(x)$

C. $\left[\int f(x)dx\right]' = \left[\int g(x)dx\right]'$ 　　D. $f(x) = g(x) + 1$

三、计算下列不定积分

1. $\int(\sqrt{x}+1)(\sqrt{x^3}-1)dx$ 　　　　　2. $\int(1-2x)^5dx$

3. $\int\dfrac{dx}{3-2x}$ 　　　　　　　　　4. $\int\dfrac{3x^4+3x^2+1}{x^2+1}dx$

5. $\int\dfrac{2x-1}{\sqrt{1-x^2}}dx$ 　　　　　　　6. $\int\dfrac{\sin\sqrt{t}}{\sqrt{t}}dt$

7. $\int\dfrac{\cos x\cdot\sin x}{1+\cos^2 x}dx$ 　　　　　　8. $\int\dfrac{dx}{e^x-e^{-x}}$

9. $\int\dfrac{dx}{1+\sqrt{1-x^2}}$ 　　　　　　　10. $\int e^{\sqrt{2x-1}}dx$

11. $\int\dfrac{1}{\sqrt{x}+\sqrt[4]{x}}dx$ 　　　　　　12. $\int\dfrac{\sqrt{x^2-9}}{x}dx$

13. $\int\arctan\sqrt{x}dx$

四、证明函数 $\sin^2 x$，$-\dfrac{1}{2}\cos 2x$，$-\cos^2 x$ 都是 $\sin 2x$ 的原函数.

五、一曲线过点 $(1,0)$ 且在任一点处切线斜率为该点横坐标的倒数，求曲线方程.

六、一电路中电流关于时间的变化率为 $\dfrac{di}{dt} = 4t - 0.6t^2$，若 $t=0$ 时，$i=2A$，求电流 i 关于时间 t 的函数.

七、某太阳能的能量 Q 相对于太阳能接触的表面面积 S 的变化率为 $\dfrac{dQ}{dS} = \dfrac{0.005}{\sqrt{1+0.01S}}$，如果 $S=0$ 时 $Q=0$，求出能量 Q 的函数表达式.

八、设某产品的边际成本 $MC = (2-x)$ 万元／台，x 表示产量，固定成本 $C_0 = 22$ 万元，边际收益 $MR = (20-4x)$ 万元／台，求：

（1）总成本和总收益函数；

（2）获得最大利润时的产量.

第 5 章 　 定积分及其应用

5.1 　 定积分的概念与性质

5.1.1 　 生活中不均匀、不规则整体量的计算

在初等数学里面,我们研究的都是均匀、规则的整体量问题.但在实际生活中,我们碰到更多的是非均匀、不规则的问题,例如曲边梯形面积,做变速运动的物体在某段时间内所走的路程,变力将物体推动一段路程所做的功.这类大量的非均匀、不规则的问题该如何处理呢?下面我们试图通过分割(化整为零)、近似替代(匀代不匀)、求和(积零为整)、取极限(计算积分)的计算方法来处理这些实际问题,从而引出定积分的概念.

【例 5.1】 　设物体作变速直线运动,其速度是时间 t 的连续函数 $v = v(t)$,求物体在时刻 $t = T_1$ 到 $t = T_2$ 间所经过的路程 S.

对于路程随时间匀速变化的等速直线运动,用简单的乘法 $S = vt$ 就可以解决问题.然而,对于路程随时间不均匀变化的变速直线运动,用简单的乘法是行不通的.我们遇到的是路程非匀变与匀变(速度变与不变)的矛盾.

当然,在很短时间内,速度变化很小,可以用等速运动近似地替代变速运动.为此,可将时间 $[T_1,T_2]$ 等分成 n 段,用等速运动路程公式近似地求出每一个小时间段所经历的路程,把这样算出来的 n 段路程加起来,就得到总路程 S 的近似值 S_n.显然,分得越细,近似效果就越好,让段数 $n \to \infty$,而且每一小时间段长趋于零,取极限,近似值 S_n 便向精确值 S 转化.

(1)分割.在时间间隔 $[T_1,T_2]$ 内任意插入 $n-1$ 个分点:$T_1 = t_0 < t_1 < \cdots < t_{n-1} < t_n = T_2$,把 $[T_1,T_2]$ 分成 n 个小区间:$[t_0,t_1],[t_1,t_2],\cdots,[t_{i-1},t_i],\cdots,[t_{n-1},t_n]$,第 i 个小区间的长度为 $\Delta t_i = t_i - t_{i-1}(i = 1,2,\cdots,n)$,第 i 个时间段内对应的路程记作 $\Delta S_i(i = 1,2,\cdots,n)$.

(2)近似.在小区间 $[t_{i-1},t_i]$ 上任取一点 $\xi_i(i = 1,2,\cdots,n)$,用速度 $v(\xi_i)$ 近似等于物体在时间段 $[t_{i-1},t_i]$ 上各个时刻的速度,则有 $\Delta S_i \approx v(\xi_i)\Delta t_i(i = 1,2,\cdots,n)$.

(3)求和.将所有这些近似值求和,得到总路程的近似值,即 $S = \Delta S_1 + \Delta S_2 + \cdots + \Delta S_n \approx v(\xi_1)\Delta t_1 + v(\xi_2)\Delta t_2 + \cdots + v(\xi_i)\Delta t_n = \sum_{i=1}^{n} v(\xi_i)\Delta t_i$.

(4)取极限.令 $\lambda = \max_{1 \leqslant i \leqslant n}\{\Delta t_i\}$,当分点的个数 n 无限增多且 $\lambda \to 0$ 时,和式 $\sum_{i=1}^{n} v(\xi_i)\Delta t_i$ 的极限便是所求的路程 S.即 $S = \lim_{\lambda \to 0} \sum_{i=1}^{n} v(\xi_i)\Delta t_i$.

【例 5.2】 在直角坐标系中,由直线 $x=a$,$x=b$,$y=0$ 及曲线 $y=f(x)$ [假设 $f(x)\geqslant 0$] 所围成的曲边梯形(如图 5.1).试求其面积 A.

【解】 (1)分割.在区间 $[a,b]$ 内任意插入 $n-1$ 个分点:$a=x_0<x_1<x_2<\cdots<x_{n-1}<x_n=b$,把区间 $[a,b]$ 分成 n 个小区间:$[x_0,x_1]$,$[x_1,x_2]$,$\cdots$,$[x_{i-1},x_i]$,$\cdots$,$[x_{n-1},x_n]$,第 i 个小区间的长度为 $\Delta x_i=x_i-x_{i-1}(i=1,2,\cdots,n)$,过每个分点作垂直于 x 轴的直线段,它们把曲边梯形分成 n 个小曲边梯形(图 5.2),小曲边梯形的面积记为 $\Delta A_i(i=1,2,\cdots,n)$.

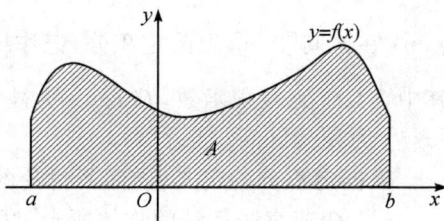

图 5.1

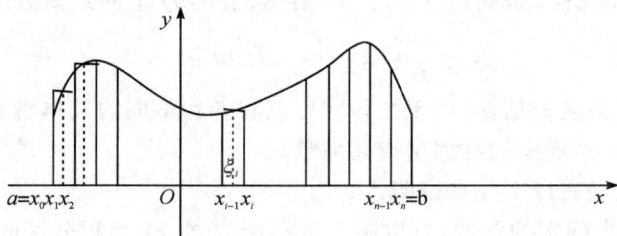

图 5.2

(2)近似.在小区间 $[x_{i-1},x_i]$ 上任取一点 $\xi_i(i=1,2,\cdots,n)$,作以 $[x_{i-1},x_i]$ 为底,$f(\xi_i)$ 为高的小矩形,用小矩形的面积近似代替小曲边梯形的面积,则 $\Delta A_i\approx f(\xi_i)\Delta x_i(i=1,2,\cdots,n)$.

(3)求和.n 个小矩形面积之和近似等于小曲边梯形面积之和 A,即 $A=\Delta A_1+\Delta A_2+\cdots+\Delta A_n\approx f(\xi_1)\Delta x_1+f(\xi_2)\Delta x_2+\cdots+f(\xi_n)\Delta x_n=\sum_{i=1}^{n}f(\xi_i)\Delta x_i$.

(4)取极限.令 $\lambda=\max_{1\leqslant i\leqslant n}\{\Delta x_i\}$,当分点 n 无限增多且 $\lambda\to 0$ 时,和式 $\sum_{i=1}^{n}f(\xi_i)\Delta x_i$ 的极限便是曲边梯形的面积 A,即 $A=\lim_{\lambda\to 0}\sum_{i=1}^{n}f(\xi_i)\Delta x_i$.

从上面两例可以看出,虽然两者的实际意义不同,但是解决问题的方法却是相同的,即采用"分割——近似——求和——取极限"的方法,最后都归结为一个"和式的极限"问题,这个"和式的极限"就是下面将要介绍的定积分.

5.1.2 定积分的概念

在 5.1.1 我们讨论的变速运动的路程问题和曲边梯形面积问题有许多共同点:从内容上看,都是求不均匀整体量的值;从数学结构看,都归结为求和式的极限.从这类实际问题的共同本质出发,我们可以得到定积分定义.

【定义 5.1】 设函数 $f(x)$ 在区间 $[a,b]$ 上有定义,任取分点 $a=x_0<x_1<x_2<\cdots<x_{n-1}<x_n=b$ 把区间 $[a,b]$ 任意分割成 n 个小区间 $[x_{i-1},x_i]$,第 i 个小区间的长度为 $\Delta x_i=x_i-x_{i-1}(i=1,2,\cdots,n)$,记 $\lambda=\max_{1\leqslant i\leqslant n}\{\Delta x_i\}$.在每个小区间 $[x_{i-1},x_i]$ 上任取一点 $\xi_i(i=1,2,\cdots,n)$ 作和式 $\sum_{i=1}^{n}f(\xi_i)\Delta x_i$,当 $\lambda\to 0$ 时,若极限 $\lim_{\lambda\to 0}\sum_{i=1}^{n}f(\xi_i)\Delta x_i$ 存在(这个极限值与区间 $[a,b]$ 的分法及点 ξ_i 的取法无关),则称函数 $f(x)$ 在 $[a,b]$ 上可积,并称这个极限为函数

$f(x)$ 在区间 $[a,b]$ 上的定积分,记作 $\int_a^b f(x)\mathrm{d}x$,即 $\int_a^b f(x)\mathrm{d}x = \lim\limits_{\lambda \to 0} \sum\limits_{i=1}^n f(\xi_i)\Delta x_i$.

其中,$f(x)$ 为被积函数,$f(x)\mathrm{d}x$ 为被积表达式,x 为积分变量,a 为积分下限,b 为积分上限,$[a,b]$ 为积分区间.

根据定积分的定义,前面所讨论的两个实例可分别叙述为:

(1) 变速直线运动的物体所走过的路程 S 等于速度函数 $v = v(t)$ 在时间间隔 $[T_1, T_2]$ 上的定积分.

$$S = \int_{T_1}^{T_2} v(t)\mathrm{d}t.$$

(2) 曲边梯形的面积 A 是曲线 $y = f(x)$ 在区间 $[a,b]$ 上的定积分.

$$A = \int_a^b f(x)\mathrm{d}x, \quad f(x) \geqslant 0.$$

定积分定义具有高度概括性.由于被积式可以有各种不同的具体意义,因此可以用定积分去表示各种非均匀、不规则的物理量或几何量.

关于定积分的定义有以下几点说明:

(1) 定积分是一个确定的常数,它取决于被积函数 $f(x)$ 和积分区间 $[a,b]$,而与积分变量使用的字母的选取无关,即 $\int_a^b f(x)\mathrm{d}x = \int_a^b f(t)\mathrm{d}t$.

(2) 在定积分的定义中,有 $a < b$,为了今后计算方便,我们规定:

$\int_b^a f(x)\mathrm{d}x = -\int_a^b f(x)\mathrm{d}x$,特别地 $\int_a^a f(x)\mathrm{d}x = 0$.

(3) 闭区间上的连续函数、闭区间上只有有限个间断点的有界函数或单调函数是可积的.

5.1.3　定积分的几何意义和物理意义

1. 几何意义

设 $f(x)$ 是 $[a,b]$ 上的连续函数,由曲线 $y = f(x)$ 及直线 $x = a, x = b, y = 0$ 所围成的曲边梯形的面积记为 A.由定积分的定义有:

(1) 当 $f(x) \geqslant 0$ 时,$\int_a^b f(x)\mathrm{d}x = A$.

(2) 当 $f(x) < 0$ 时,$\int_a^b f(x)\mathrm{d}x = -A$.

(3) 如果 $f(x)$ 在 $[a,b]$ 上有时取正值,有时取负值时,那么以 $[a,b]$ 为底边,以曲线 $y = f(x)$ 为曲边的曲边梯形可分成几个部分,使得每一部分都位于 x 轴的上方或下方.这时定积分的值等于这些部分曲边梯形面积的代数和(如图 5.3),有

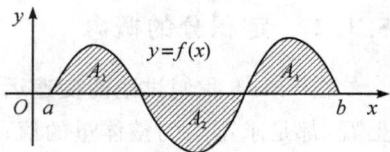

图 5.3

$$\int_a^b f(x)\mathrm{d}x = A_1 - A_2 + A_3.$$

其中 A_1, A_2, A_3 分别是图 5.3 中三部分曲边梯形的面积,它们都是正数.

【例 5.3】　利用定积分的几何意义,求 $\int_{-1}^1 \sqrt{1-x^2}\,\mathrm{d}x$.

【解】　令 $y = \sqrt{1-x^2}, x \in [-1,1]$,显然 $y \geqslant 0$,则由 $y = \sqrt{1-x^2}$ 和直线 $x = -1, x =$

$1, y = 0$ 所围成的曲边梯形是单位圆位于 x 轴上方的半圆(如图5.4). 因
为单位圆的面积 $A = \pi$,由定积分的几何意义知: $\int_{-1}^{1} \sqrt{1 - x^2}\, dx = \dfrac{\pi}{2}$.

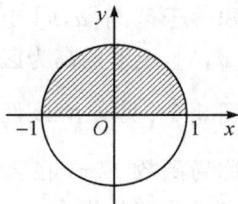

2. 定积分的物理意义

物体在常力 F 的作用下,沿力的方向作直线运动,当物体发生了
位移 s 时,力 F 对物体所做的功是 $W = Fs$.

如果使物体发生位移的力是变化的,就需要考虑变力做功的问题. 从物理角度看,定积
分 $\int_{a}^{b} f(x)\, dx$ 表示变力 $f(x)$ 使质点沿 x 轴由点 a 移动到 b 时所做的功.

【例 5.4】　牛顿引力定理说明质量为 m_1 和 m_2 的两物体之间引力为 $F = G\dfrac{m_1 m_2}{r^2}$,其中
r 表示两物体间的距离,G 为重力常量. 求某一物体固定时,另一物体从 $r = a$ 移到 $r = b$ 处需
要克服万有引力做的功?

【解】　由定积分的物理意义可知,物体克服万有引力做的功为

$$W = \int_{a}^{b} f(x)\, dx = \int_{a}^{b} G\frac{m_1 m_2}{r^2}\, dr = -\frac{Gm_1 m_2}{r}\bigg|_{a}^{b} = Gm_1 m_2\left(\frac{1}{a} - \frac{1}{b}\right).$$

5.1.4　定积分的性质

从定积分的定义出发,直接求定积分的值,往往比较复杂,但易推证定积分具有下述性
质(其中所涉及的函数在讨论的区间上都是可积的).

【性质 5.1】　$\displaystyle\int_{a}^{b} k f(x)\, dx = k\int_{a}^{b} f(x)\, dx.$

【性质 5.2】　$\displaystyle\int_{a}^{b} [f(x) \pm g(x)]\, dx = \int_{a}^{b} f(x)\, dx \pm \int_{a}^{b} g(x)\, dx.$

这一结论可以推广到任意有限多个函数代数和的情形.

【性质 5.3】　对任意 $c \in (a, b)$,$\displaystyle\int_{a}^{b} f(x)\, dx = \int_{a}^{c} f(x)\, dx + \int_{c}^{b} f(x)\, dx.$

这个性质叫定积分的可加性

【性质 5.4】　如果被积函数 $f(x) = 1$,则 $\displaystyle\int_{a}^{b} dx = b - a$. 即当被积函数是 1 时,定积分在
数值上等于积分区间的长度.

【性质 5.5】　在区间 $[a, b]$ 上,$f(x) \leqslant g(x)$,则 $\displaystyle\int_{a}^{b} f(x)\, dx \leqslant \int_{a}^{b} g(x)\, dx.$

***【性质 5.6】**(积分估值定理)　如果函数 $f(x)$ 在区间 $[a, b]$
上有最大值 M 和最小值 m,则 $m(b - a) \leqslant \displaystyle\int_{a}^{b} f(x)\, dx \leqslant M(b - a).$

当 $f(x) \geqslant 0$ 时,从定积分的几何意义上看,这个性质是非
常显然的,如图 5.5 所示,曲边梯形 $AabB$ 的面积介于分别以 m
和 M 为高,$b - a$ 为底的两个矩形的面积之间.

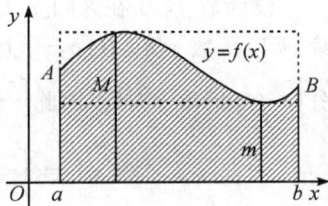

***【性质 5.7】**(积分中值定理)　如果函数 $f(x)$ 在区间 $[a, b]$
上连续,则在 (a, b) 内至少有一点 ξ,使得 $\displaystyle\int_{a}^{b} f(x)\, dx = f(\xi)(b - a)$,$\xi \in (a, b)$.

该性质的几何意义是:由曲线 $y = f(x)$,直线 $x = a$,$x = b$ 和 x 轴所围成曲边梯形的面

积等于区间$[a,b]$上某个矩形的面积,这个矩形的底是区间$[a,b]$,矩形的高为区间$[a,b]$内某一点ξ处的函数值$f(\xi)$(见图 5.6).另外由该性质还可得 $f(\xi) = \dfrac{1}{b-a}\displaystyle\int_a^b f(x)\mathrm{d}x, f(\xi)$称为函数$f(x)$在区间$[a,b]$上的平均值,它是有限个数的算术平均值的推广.

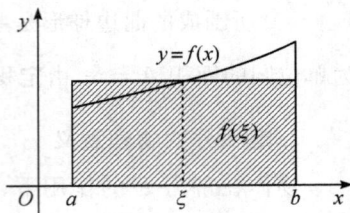
图 5.6

习题 5.1

1. 用定积分表示由曲线$f(x) = -x + 1$与直线$x = 0, x = 2$及x轴所围成曲边梯形的面积.

2. 利用定积分的几何意义,作图证明

(1) $\displaystyle\int_0^1 2x\mathrm{d}x = 1$ 　　　　　(2) $\displaystyle\int_0^R \sqrt{R^2 - x^2} = \dfrac{\pi}{4}R^2$

3. 不计算定积分,比较下列各组积分值的大小

(1) $\displaystyle\int_0^1 x\mathrm{d}x$ 与 $\displaystyle\int_0^1 x^2\mathrm{d}x$ 　　　　(2) $\displaystyle\int_0^{\frac{\pi}{4}} \cos x\mathrm{d}x$ 与 $\displaystyle\int_0^{\frac{\pi}{4}} \sin x\mathrm{d}x$

4. 利用定积分估值性质,估计下列积分值所在的范围

(1) $\displaystyle\int_0^1 2^x\mathrm{d}x$ 　　　　　(2) $\displaystyle\int_0^2 x(x-2)\mathrm{d}x$

5. 假设质点沿直线以速度$v(t)$(单位:m/s)前后移动,加速度为$a(t)$.则下面三个定积分说明什么意思

(1) $\displaystyle\int_{30}^{60} v(t)\mathrm{d}t$ 　　　(2) $\displaystyle\int_{30}^{60} |v(t)|\mathrm{d}t$ 　　　(3) $\displaystyle\int_{30}^{60} a(t)\mathrm{d}t$

5.2　微积分的基本定理

我们已经知道计算不均匀整体量的都可归结为求形如$\lim\limits_{\lambda \to 0}\sum\limits_{i=1}^n f(\xi_i)\Delta x_i$的和式极限,或者说都可归结为求定积分$\displaystyle\int_a^b f(x)\mathrm{d}x$之值.由于直接利用和式极限,即定积分定义求定积分往往很繁杂,甚至难以实现.因此,需要开辟一种比较简单地计算定积分的新途径,为定积分更为广泛的应用创造条件.本节将介绍定积分计算的有力工具——牛顿—莱布尼兹公式.

5.2.1　变动上限积分与原函数存在定理

设函数$f(x)$在区间$[a,b]$上连续,对于任意$x \in [a,b]$,$f(x)$在区间$[a,x], x \in (a,b)$上也连续,所以函数$f(x)$在$[a,x]$上也可积.显然对于$[a,b]$上的每一个x的取值,都有唯一对应的定积分$\displaystyle\int_a^x f(t)\mathrm{d}t$和$x$对应,因此$\displaystyle\int_a^x f(t)\mathrm{d}t$是定义在$[a,b]$上的函数,记为

$$\Phi(x) = \int_a^x f(t)\mathrm{d}t, x \in [a,b],$$

$\Phi(x)$叫做变动上限积分.

变动上限积分(函数)的几何意义是:如果$f(x) > 0$,对$[a,b]$上任意x,都对应唯一一个曲边梯形的面积$\Phi(x)$(如图5.7所示),因此变动上限积分函数有时又称为面积函数.

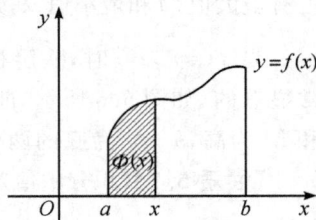
图 5.7

函数 $\Phi(x)$ 具有如下重要性质.

【定理 5.1】   如果函数 $f(x)$ 在区间 $[a,b]$ 上连续,则 $\Phi(x) = \int_a^x f(t)\mathrm{d}t$ 在 $[a,b]$ 上可导,

且 $\Phi'(x) = \dfrac{\mathrm{d}}{\mathrm{d}x}\int_a^x f(t)\mathrm{d}t = f(x)$ $(a \leqslant x \leqslant b)$.

【证明】   给定函数 $\Phi(x)$ 的自变量 x 的改变量 Δx,函数 $\Phi(x)$ 有相应的改变量 $\Delta \Phi$. 则

$$\Delta \Phi = \Phi(x + \Delta x) - \Phi(x) = \int_a^{x+\Delta x} f(t)\mathrm{d}t - \int_a^x f(t)\mathrm{d}t = \int_x^{x+\Delta x} f(t)\mathrm{d}t.$$ 由定积分的中值定理,存

在 $\xi \in (x, x+\Delta x)$ 或 $(x+\Delta x, x)$(这时 $\Delta x < 0$),使 $\int_x^{x+\Delta x} f(t)\mathrm{d}t = f(\xi)\Delta x$ 成立. 因为 $f(x)$ 连续,

所以 $\lim\limits_{\xi \to x} f(\xi) = f(x)$,于是 $\Phi'(x) = \lim\limits_{\Delta x \to 0} \dfrac{\Delta \Phi}{\Delta x} = \lim\limits_{\Delta x \to 0} \dfrac{f(\xi)\Delta x}{\Delta x} = \lim\limits_{\Delta x \to 0} f(\xi) = \lim\limits_{\xi \to x} f(\xi) = f(x)$.

联想到原函数的定义,由定理 5.1 我们有下面的结论.

【定理 5.2】(原函数存在定理)   如果 $f(x)$ 在区间 $[a,b]$ 上连续,则变动上限定积分

$\Phi(x) = \int_a^x f(t)\mathrm{d}t$ 为函数 $f(x)$ 的一个原函数.

通过对定理 5.1 的证明肯定了闭区间 $[a,b]$ 上的连续函数 $f(x)$ 一定有原函数,这样就解决了第 4 章定理 4.1 留下的原函数存在问题,并初步揭示积分学中的定积分与原函数之间的联系,为计算定积分打下基础.

【例 5.5】   计算 $\dfrac{\mathrm{d}}{\mathrm{d}x}\int_0^x e^{-t}\mathrm{d}t$.

【解】   由定理 5.1 得 $\dfrac{\mathrm{d}}{\mathrm{d}x}\int_0^x e^{-t}\mathrm{d}t = \left[\int_0^x e^{-t}\mathrm{d}t\right]' = e^{-x}$.

【例 5.6】   计算 $\dfrac{\mathrm{d}}{\mathrm{d}x}\int_x^{10}(\sin t + 2t - 1)\mathrm{d}t$.

【解】   由定理 5.1 得 $\dfrac{\mathrm{d}}{\mathrm{d}x}\int_x^{10}(\sin t + 2t - 1)\mathrm{d}t = \left[-\int_{10}^x(\sin t + 2t - 1)\mathrm{d}t\right]' = -\sin x - 2x + 1$.

【例 5.7】   求 $\lim\limits_{x \to 0} \dfrac{1}{x^2}\int_0^x \ln(1+t)\mathrm{d}t$.

【解】   当 $x \to 0$ 时,$\int_0^x \ln(1+t)\mathrm{d}t \to 0$,此极限为 $\dfrac{0}{0}$ 型不定式,利用洛必塔法则有:

$$\lim\limits_{x \to 0} \dfrac{1}{x^2}\int_0^x \ln(1+t)\mathrm{d}t = \lim\limits_{x \to 0} \dfrac{\int_0^x \ln(1+t)\mathrm{d}t}{x^2} \xlongequal{\frac{0}{0}型} \lim\limits_{x \to 0} \dfrac{\ln(1+x)}{2x} \xlongequal{\frac{0}{0}型} \lim\limits_{x \to 0} \dfrac{\frac{1}{1+x}}{2} = \dfrac{1}{2}.$$

5.2.2   牛顿 — 莱布尼兹公式

【定理 5.3】   如果函数 $f(x)$ 在区间 $[a,b]$ 上连续,且 $F(x)$ 是 $f(x)$ 的一个原函数,那么

$\int_a^b f(x)\mathrm{d}x = F(b) - F(a)$.

【证明】   由定理 5.2 知,$\Phi(x) = \int_a^x f(t)\mathrm{d}t$ 是 $f(x)$ 在区间 $[a,b]$ 的一个原函数,则 $\Phi(x)$

与 $F(x)$ 相差一个常数 C,即 $\int_a^x f(t)\mathrm{d}t = F(x) + C$.

又因为 $0 = \int_a^a f(t)\mathrm{d}t = F(a) + C$,所以 $C = -F(a)$. 于是有

$$\int_a^x f(t)\mathrm{d}t = F(x) - F(a).\ 从而\quad \int_a^b f(x)\mathrm{d}x = F(b) - F(a)\ 成立.$$

为方便起见,通常把 $F(b) - F(a)$ 简记为 $F(x)\Big|_a^b$ 或 $[F(x)]\Big|_a^b$,所以公式可改写为

$$\int_a^b f(x)\mathrm{d}x = F(x)\Big|_a^b = F(b) - F(a),$$

上述公式称为牛顿 — 莱布尼兹(Newton-Leibniz)公式,又称为微积分基本公式.

定理 5.3 揭示了定积分与被积函数的原函数之间的内在联系,它把求定积分的问题转化为求原函数的问题. 确切地说,欲求连续函数 $f(x)$ 在 $[a,b]$ 上的定积分,只需求出 $f(x)$ 在区间 $[a,b]$ 上的一个原函数 $F(x)$,然后计算 $F(b) - F(a)$ 就可以了.

【例 5.8】 计算 $\int_0^1 x^2 \mathrm{d}x$.

【解】 因为 $\int x^2 \mathrm{d}x = \dfrac{1}{3}x^3 + C$,所以由牛顿 — 莱布尼兹公式有

$$\int_0^1 x^2 \mathrm{d}x = \frac{1}{3}x^3 \Big|_0^1 = \frac{1}{3} \times 1^3 - \frac{1}{3} \times 0^3 = \frac{1}{3}.$$

【例 5.9】 求 $\int_0^{\frac{\pi}{2}} (\sin x + 1)\mathrm{d}x$.

【解】 因为 $\int (\sin x + 1)\mathrm{d}x = x - \cos x + C$,所以由牛顿 — 莱布尼兹公式有

$$\int_0^{\frac{\pi}{2}} (\sin x + 1)\mathrm{d}x = x - \cos x \Big|_0^{\frac{\pi}{2}} = \left(\frac{\pi}{2} - \cos \frac{\pi}{2} \right) - (0 - \cos 0) = 1 + \frac{\pi}{2}.$$

*【例 5.10】 设 $f(x) = \begin{cases} x + 1, & x \geqslant 1 \\ \dfrac{1}{2}x^2, & x < 1 \end{cases}$,求 $\int_0^2 f(x)\mathrm{d}x$.

【解】 $\displaystyle\int_0^2 f(x)\mathrm{d}x = \int_0^1 f(x)\mathrm{d}x + \int_1^2 f(x)\mathrm{d}x = \int_0^1 \frac{1}{2}x^2 \mathrm{d}x + \int_1^2 (x+1)\mathrm{d}x$

$$= \left[\frac{1}{6}x^3 \right]_0^1 + \left[\frac{1}{2}x^2 + x \right]\Big|_1^2 = \frac{8}{3}.$$

【例 5.11】 世界范围内每年的石油消耗率呈指数增长,增长指数大约为 0.07. 1970 年初,消耗量大约为 161 亿桶. 设 $R(t)$ 表示从 1970 年起第 t 年的石油消耗率,已知 $R(t) = 161e^{0.07t}$(亿桶). 算从 1970 年到 1990 年间石油消耗的总量.

【解】 设 $T(t)$ 表示从 1970 年($t = 0$)起到第 t 年石油消耗的总量. $T'(t)$ 就是石油消耗率 $R(t)$,即 $T'(t) = R(t)$,于是由变化率求总改变量得

$$T(20) - T(0) = \int_0^{20} T'(t)\mathrm{d}t = \int_0^{20} R(t)\mathrm{d}t = \int_0^{20} 161e^{0.07t}\mathrm{d}t$$

因为 $\displaystyle\int 161e^{0.07t}\mathrm{d}t = \frac{161}{0.07}\int e^{0.07t}\mathrm{d}0.07t = \frac{161}{0.07}e^{0.07t} + C$

所以 $\displaystyle\int_0^{20} 161e^{0.07t}\mathrm{d}t = \int_0^{20} 161e^{0.07t}\mathrm{d}t = \frac{161}{0.07}e^{0.07t}\Big|_0^{20} \approx 7027$(亿桶).

【例 5.12】 某工厂排出大量废气体,造成了严重空气污染,于是工厂通过减产来控制废气的排放量,若第 t 年废气的排放量为 $C(t) = \dfrac{20\ln(t+1)}{(t+1)^2}$. 求该厂在 $t = 0$ 到 $t = 5$ 年间排出的总废气量.

【解】 该厂在 $t=0$ 到 $t=5$ 年间排出的总废气量为 $\displaystyle\int_0^5 \frac{20\ln(t+1)}{(t+1)^2}dt$,因为

$$\int \frac{20\ln(t+1)}{(t+1)^2}dt = 20\int \ln(t+1)d\left(-\frac{1}{t+1}\right) = -\frac{20\ln(t+1)}{t+1} + 20\int \frac{1}{t+1}d\ln(t+1)$$

$$= -\frac{20\ln(t+1)}{t+1} + 20\int \frac{1}{(t+1)^2}dt$$

$$= -\frac{20\ln(t+1)}{t+1} - \frac{20}{t+1} + C.$$

所以 $\displaystyle\int_0^5 \frac{20\ln(t+1)}{(t+1)^2}dt = -\frac{20\ln(t+1)}{t+1} - \frac{20}{t+1}\Big|_0^5 \approx 11.7.$

习题 5.2

1. 求下列函数的导数

(1) $F(x) = \displaystyle\int_0^x \sqrt{t^2+1}\,dt$　　　　　　(2) $F(x) = \displaystyle\int_x^1 t^2 e^{-t}dt$

2. 求下列函数的极限

(1) $\displaystyle\lim_{x\to 0} \frac{\displaystyle\int_0^x \cos^2 t\,dt}{x}$　　　　　　(2) $\displaystyle\lim_{x\to 1} \frac{\displaystyle\int_1^x t(t-1)\,dt}{(x-1)^2}$

3. 求函数 $F(x) = \displaystyle\int_0^x t(t-2)\,dt$ 在区间 $[-1,3]$ 上的最大值和最小值.

4. 求下列定积分的值

(1) $\displaystyle\int_0^1 (2^x + x^2)\,dx$　　　　　　(2) $\displaystyle\int_1^2 \frac{1}{\sqrt{x}}\,dx$

(3) $\displaystyle\int_0^\pi |\cos x|\,dx$　　　　　　(4) $\displaystyle\int_0^2 e^{\frac{x}{2}}\,dx$

5. 设 $f(x) = \begin{cases} e^x & (x>0) \\ \cos x & (x \leqslant 0) \end{cases}$,求 $\displaystyle\int_{-\frac{\pi}{2}}^1 f(x)\,dx$.

6. 池塘结冰的速度由 $\dfrac{dy}{dt} = k\sqrt{t}$ 给出,其中 y 是自结冰起到时刻 t(单位:h)冰的厚度(单位:cm),k 是正常数,求结冰厚度 y 关于时间 t 的函数.

7. 已知一物体做直线运动,其加速度为 $a = 12t^2 - 3\sin t$,且当 $t=0$ 时,$v=5$,$s=3$. (1) 求速度 v 与时间 t 的函数关系;(2) 求路程 s 与时间 t 的函数关系.

8. 环保局近日受托对一起放射性碘物质泄漏事件进行调查,检测结果显示,出事当日,大气辐射水平是可接受的最大限度的四倍,于是环保局下令当地居民立即撤离这一地区,已知碘物质放射源的辐射水平是按下式衰减的:$R(t) = R_0 e^{-0.004t}$,其中 R 是 t 时刻的辐射水平(单位:mR/h),R_0 是初始($t=0$)辐射水平,t 按小时计算

(1) 该地降低到可接受的辐射水平需要多长时间?

(2) 假设可接受的辐射水平的最大限度为 0.6mR/h,那么降低到这一水平时已经泄漏出去的放射物的总量是多少?(mR:毫伦琴)

9. 在电力需求的电涌时期,消耗电能的速度 r 可以近似地表示为 $r = te^{-t}$(单位:h).求在前两个小时内消耗的总电能 E(单位:J).

*5.3 定积分的换元积分法与分部积分法

牛顿 — 莱布尼兹公式的发现是整个微积分发展过程中的一座丰碑. 仅就计算方面而论,它把定积分的计算转化为求原函数问题. 求原函数这个问题在第四章我们已经解决了,但为了今后计算上的方便在此我们介绍定积分的换元积分法与分部积分法.

5.3.1 定积分的换元积分法

【定理 5.4】 设函数 $f(x)$ 在区间 $[a,b]$ 上连续,并且满足下列条件:

(1) $x = \varphi(t)$,且 $a = \varphi(\alpha)$,$b = \varphi(\beta)$;

(2) $\varphi(t)$ 在区间 $[\alpha,\beta]$(或 $[\beta,\alpha]$)上单调且有连续的导数 $\varphi'(t)$;

(3) 当 t 从 α 变到 β 时,$x = \varphi(t)$ 从 a 单调地变到 b.

则

$$\int_a^b f(x)\mathrm{d}x = \int_\alpha^\beta f[\varphi(t)]\varphi'(t)\mathrm{d}t.$$

此公式称为定积分的换元积分公式.

这个公式与不定积分的换元法类似,不同之处在于:定积分的换元法不必换回原积分变量,而只需积分上下限做相应的改变.

【例 5.13】 求 $\int_0^3 \dfrac{x}{\sqrt{1+x}}\mathrm{d}x$.

【解】 令 $\sqrt{1+x} = t$,则 $x = t^2 - 1$,$\mathrm{d}x = 2t\mathrm{d}t$,当 $x = 0$ 时,$t = 1$,当 $x = 3$ 时,$t = 2$,于是 $\int_0^3 \dfrac{x}{\sqrt{1+x}}\mathrm{d}x = \int_1^2 \dfrac{t^2-1}{t} \cdot 2t\mathrm{d}t = 2\int_1^2 (t^2 - 1)\mathrm{d}t = 2\left[\dfrac{1}{3}t^3 - t\right]_1^2 = \dfrac{8}{3}$.

【例 5.14】 求 $\int_0^{\frac{\pi}{2}} \cos^3 x \sin x \mathrm{d}x$.

【解】 设 $t = \cos x$,则 $\mathrm{d}t = -\sin x \mathrm{d}x$,当 $x = 0$ 时,$t = 1$;当 $x = \dfrac{\pi}{2}$ 时,$t = 0$,

于是 $\int_0^{\frac{\pi}{2}} \cos^3 x \sin x \mathrm{d}x = \int_1^0 t^3 \cdot (-\mathrm{d}t) = \int_0^1 t^3 \mathrm{d}t = \left[\dfrac{1}{4}t^4\right]_0^1 = \dfrac{1}{4}$.

【例 5.15】 设 $f(x)$ 在区间 $[-a,a]$ 上连续,证明:

(1) 如果 $f(x)$ 为奇函数,则 $\int_{-a}^a f(x)\mathrm{d}x = 0$;

(2) 如果 $f(x)$ 为偶函数,则 $\int_{-a}^a f(x)\mathrm{d}x = 2\int_0^a f(x)\mathrm{d}x$.

【证明】 由定积分的可加性知 $\int_{-a}^a f(x)\mathrm{d}x = \int_{-a}^0 f(x)\mathrm{d}x + \int_0^a f(x)\mathrm{d}x$,

对于定积分 $\int_{-a}^0 f(x)\mathrm{d}x$,作代换 $x = -t$,得

$$\int_{-a}^0 f(x)\mathrm{d}x = -\int_a^0 f(-t)\mathrm{d}t = \int_0^a f(-t)\mathrm{d}t = \int_0^a f(-x)\mathrm{d}x,$$

所以 $\int_{-a}^a f(x)\mathrm{d}x = \int_0^a f(-x)\mathrm{d}x + \int_0^a f(x)\mathrm{d}x = \int_0^a [f(x) + f(-x)]\mathrm{d}x$

(1) 如果 $f(x)$ 为奇函数,即 $f(-x) = -f(x)$,

则 $f(x) + f(-x) = f(x) - f(x) = 0$,于是 $\int_{-a}^{a} f(x)\mathrm{d}x = 0$.

(2) 如果 $f(x)$ 为偶函数,即 $f(-x) = f(x)$,

则 $f(x) + f(-x) = f(x) + f(x) = 2f(x)$,于是 $\int_{-a}^{a} f(x)\mathrm{d}x = 2\int_{0}^{a} f(x)\mathrm{d}x$.

【例 5.16】　求下列定积分

(1) $\int_{-\sqrt{3}}^{\sqrt{3}} \dfrac{x^2 \sin x}{1 + x^4}\mathrm{d}x$ 　　　　　　　　　　(2) $\int_{-2}^{2} x^2\sqrt{4-x^2}\,\mathrm{d}x$

【解】　(1) 因为被积函数 $f(x) = \dfrac{x^2 \sin x}{1+x^4}$ 是奇函数,且积分区间 $[-\sqrt{3},\sqrt{3}]$ 是对称区间,所以

$$\int_{-\sqrt{3}}^{\sqrt{3}} \frac{x^2\sin x}{1+x^4}\mathrm{d}x = 0.$$

(2) 被积函数 $f(x) = x^2\sqrt{4-x^2}$ 是偶函数,积分区间 $[-2,2]$ 是对称区间,所以

$$\int_{-2}^{2} x^2\sqrt{4-x^2}\,\mathrm{d}x = 2\int_{0}^{2} x^2\sqrt{4-x^2}\,\mathrm{d}x,$$

令 $x = 2\sin t$,则 $\mathrm{d}x = 2\cos t\mathrm{d}t$,$\sqrt{4-x^2} = 2\cos t$,

当 $x = 0$ 时,$t = 0$;当 $x = 2$ 时,$t = \dfrac{\pi}{2}$,于是

$$\int_{-2}^{2} x^2\sqrt{4-x^2}\,\mathrm{d}x = 2\int_{0}^{\frac{\pi}{2}} 16\sin^2 t\cos^2 t\mathrm{d}t = 8\int_{0}^{\frac{\pi}{2}} \sin^2 2t\mathrm{d}t$$

$$= 4\int_{0}^{\frac{\pi}{2}} (1 - \cos 4t)\mathrm{d}t = (4t - \sin 4t)\Big|_{0}^{\frac{\pi}{2}} = 2\pi.$$

5.3.2　定积分的分部积分法

【定理 5.5】　设函数 $u = u(x)$ 和 $v = v(x)$ 在区间 $[a,b]$ 上有连续的导数,则有

$$\int_{a}^{b} u(x)\mathrm{d}v(x) = \left[u(x)v(x)\right]\Big|_{a}^{b} - \int_{a}^{b} v(x)\mathrm{d}u(x).$$

上述公式称为定积分的分部积分公式. 选取 $u(x)$ 的方式、方法与不定积分的分部积分法完全一样.

【例 5.17】　求定积分 $\int_{0}^{\frac{\pi}{2}} x^2\cos x\mathrm{d}x$.

【解】　$\displaystyle\int_{0}^{\frac{\pi}{2}} x^2\cos x\mathrm{d}x = \int_{0}^{\frac{\pi}{2}} x^2\mathrm{d}(\sin x) = x^2\sin x\Big|_{0}^{\frac{\pi}{2}} - \int_{0}^{\frac{\pi}{2}} 2x\sin x\mathrm{d}x$

$\displaystyle\qquad = \frac{\pi^2}{4} + 2\int_{0}^{\frac{\pi}{2}} x\mathrm{d}(\cos x) = \frac{\pi^2}{4} + 2x\cos x\Big|_{0}^{\frac{\pi}{2}} - 2\int_{0}^{\frac{\pi}{2}} \cos x\mathrm{d}x$

$\displaystyle\qquad = \frac{\pi^2}{4} - 2\sin x\Big|_{0}^{\frac{\pi}{2}} = \frac{\pi^2}{4} - 2.$

【例 5.18】　求 $\int_{0}^{1} e^{\sqrt{x}}\mathrm{d}x$.

【解】　令 $\sqrt{x} = t$,则 $x = t^2$,$\mathrm{d}x = 2t\mathrm{d}t$,当 $x = 0$ 时,$t = 0$;当 $x = 1$ 时,$t = 1$.

于是 $\displaystyle\int_{0}^{1} e^{\sqrt{x}}\mathrm{d}x = 2\int_{0}^{1} te^t\mathrm{d}t = 2\int_{0}^{1} t\mathrm{d}e^t = 2te^t\Big|_{0}^{1} - 2\int_{0}^{1} e^t\mathrm{d}t$

$\displaystyle\qquad = 2e - 2e^t\Big|_{0}^{1} = 2e - 2e + 2 = 2.$

【例 5.19】 经济学家研究一口新油井的原油生产速度 $R(t)$（t 的单位：年）为 $R(t) = 1 - 0.02t\sin(2\pi t)$ 求开始 3 年内生产的石油总量.

【解】 设开始 3 年内生产的石油总量为 W，由变化率求总改变量得

$$W = \int_0^3 [1 - 0.02t\sin(2\pi t)]\mathrm{d}t = \int_0^3 \mathrm{d}t + \frac{0.01}{\pi}\int_0^3 t\mathrm{d}[\cos 2\pi t]$$

$$= t\Big|_0^3 + \frac{0.01}{\pi}\left[t\cos(2\pi t)\Big|_0^3 - \int_0^3 \cos(2\pi t)\mathrm{d}t\right] = 3 + \frac{0.01}{\pi}\left[3 - 0 - \frac{\sin(2\pi t)}{2\pi}\Big|_0^3\right]$$

$$= 3 + \frac{0.01}{\pi}(3 - 0) = 3 + \frac{0.03}{\pi} \approx 3.$$

5.3.3 无穷限的广义积分 —— 无穷积分

前面讨论定积分的定义时，要求函数的定义域只能是有限区间 $[a, b]$，并且被积函数在积分区间上是有界的. 但是在实际问题中，还会遇到函数的定义域是无穷区间 $[a, +\infty)$，$(-\infty, a]$ 或 $(-\infty, +\infty)$，或被积函数为无界的情况. 前者称为无限区间上的积分，后者称为无界函数的积分. 一般地，我们把这两种情况下的积分称为广义积分，而前面讨论的定积分称为正常积分. 本节将介绍无穷限的广义积分 —— 无穷积分的概念和计算方法.

【定义 5.2】 设函数 $f(x)$ 在区间 $[a, +\infty)$ 上连续，取 $b > a$，若极限 $\lim\limits_{b \to +\infty}\int_a^b f(x)\mathrm{d}x$ 存在，则称此极限为函数 $f(x)$ 在 $[a, +\infty)$ 上的广义积分，记作 $\int_a^{+\infty} f(x)\mathrm{d}x$，

即

$$\int_a^{+\infty} f(x)\mathrm{d}x = \lim_{b \to +\infty}\int_a^b f(x)\mathrm{d}x.$$

此时也称广义积分 $\int_a^{+\infty} f(x)\mathrm{d}x$ 收敛；如果上述极限不存在，就称 $\int_a^{+\infty} f(x)\mathrm{d}x$ 发散.

同理，定义 $f(x)$ 在区间 $(-\infty, b]$ 上的广义积分为 $\int_{-\infty}^b f(x)\mathrm{d}x = \lim\limits_{a \to -\infty}\int_a^b f(x)\mathrm{d}x$.

$f(x)$ 在 $(-\infty, +\infty)$ 上的广义积分定义为 $\int_{-\infty}^{+\infty} f(x)\mathrm{d}x = \int_{-\infty}^a f(x)\mathrm{d}x + \int_a^{+\infty} f(x)\mathrm{d}x$.

当且仅当上式右端两个积分同时收敛时，广义积分 $\int_{-\infty}^{+\infty} f(x)\mathrm{d}x$ 收敛，否则发散.

【注】 从广义积分的定义可以直接得到广义积分的计算方法 —— 定积分求极限，即先求有限区间上的定积分，再取极限.

【例 5.20】 求曲线 $y = \dfrac{1}{x^2}$ 与直线 $x = 1, y = 0$ 所围成的图像的面积.

【解】 如图 5.8 所示，阴影部分的面积可以看作函数 $f(x) = \dfrac{1}{x^2}$ 在 $[1, +\infty)$ 的定积分，故所求图像的面积为

$$A = \int_1^{+\infty} \frac{1}{x^2}\mathrm{d}x = \lim_{b \to +\infty}\int_1^b \frac{1}{x^2}\mathrm{d}x = \lim_{b \to \infty}\left(-\frac{1}{x}\right)\Big|_1^b$$

$$= \lim_{b \to +\infty}\left(1 - \frac{1}{b}\right) = 1.$$

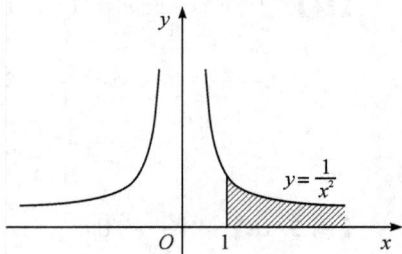

图 5.8

【例 5.21】 讨论广义积分 $\int_a^{+\infty} \dfrac{1}{x^p}\mathrm{d}x\,(a>0)$ 的敛散性.

【解】 （Ⅰ）当 $p=1$ 时,

$$\int_a^{+\infty}\frac{1}{x^p}\mathrm{d}x=\int_a^{+\infty}\frac{1}{x}\mathrm{d}x=\lim_{b\to+\infty}\ln x\Big|_a^b=\lim_{b\to+\infty}[\ln b-\ln a]=+\infty\text{（发散）};$$

（Ⅱ）当 $p\ne1$ 时,

$$\int_a^{+\infty}\frac{1}{x^p}\mathrm{d}x=\lim_{b\to+\infty}\frac{x^{1-p}}{1-p}\Big|_a^b=-\frac{a^{1-p}}{1-p}+\lim_{b\to+\infty}\frac{b^{1-p}}{1-p}=\begin{cases}+\infty, & p<1\text{（发散）}\\[2mm]\dfrac{a^{1-p}}{p-1}, & p>1\text{（收敛）}\end{cases}.$$

故 $p>1$ 时,该广义积分收敛,其值为 $\dfrac{a^{1-p}}{p-1}$;当 $p\le1$ 时,该广义积分发散.

习题 5.3

1. 求下列定积分的值

(1) $\displaystyle\int_1^e \frac{1+\ln x}{x}\mathrm{d}x$ 　　　　　　(2) $\displaystyle\int_1^2 \frac{1}{x^2}e^{\frac{1}{x}}\mathrm{d}x$

(3) $\displaystyle\int_1^{10} \frac{\sqrt{x-1}}{x}\mathrm{d}x$ 　　　　　(4) $\displaystyle\int_0^1 \frac{1}{1+e^x}\mathrm{d}x$

(5) $\displaystyle\int_0^1 \arctan x\,\mathrm{d}x$ 　　　　　　(6) $\displaystyle\int_0^3 \frac{e^{\sqrt{x}}}{\sqrt{x}}\mathrm{d}x$

2. 求下列定积分:

(1) $\displaystyle\int_{-1}^1 \frac{x^2}{1+x^2}\mathrm{d}x$ 　　　　　(2) $\displaystyle\int_{-1}^1 \frac{1+\sin x}{\sqrt{1-x^2}}\mathrm{d}x$

3. 求下列广义积分:

(1) $\displaystyle\int_{-\infty}^0 e^x\mathrm{d}x$ 　　　　　　(2) $\displaystyle\int_1^{+\infty} \frac{\arctan x}{1+x^2}\mathrm{d}x$

4. 计算 $y=e^{-x}$ 与直线 $y=0$ 之间位于第一象限内的平面图像的面积,并这个图像绕 x 轴旋转一周所得的立体体积.

5. 物质中原子的平均寿命 $M=-k\displaystyle\int_0^{+\infty}te^{kt}\mathrm{d}t$,对于放射的碳的同位素 ^{14}C,取 $k=-0.000121$,求 ^{14}C 原子的平均寿命.

5.4　定积分的应用

由于定积分的概念和理论是在解决实际问题的过程中产生和发展起来的,因而它的应用非常广泛.在 5.1 和 5.2 节曾多次提到,可以利用分割、近似、求和、取极限四个步骤来解决实践中遇到的种种不均匀、不规则整体量问题.其中,解决问题的关键是利用微分替代增量,即用匀替代不匀、规则替代不规则、不变替代变的方法找出典型小区间 $[x,x+\mathrm{d}x]$ 上局部量的近似值,并验证它与局部量之差是一个较 $\mathrm{d}x$ 更高阶的无穷小（以下实例中略去此步）.最后只要在整体量的分布范围内将微分无限积累,便可得到相应结果.

*5.4.1　定积分应用的微元法

定积分概念的引入,体现了一种思想,它就是:在微观意义下,没有什么"曲、直"之分,曲顶的图像可以看成是平顶的,"不均匀"的可以看成是"均匀"的.简单地说,就是以"直"代"曲",以"不变"代"变";用这一思想来指导我们的实际应用,许多计算公式可以比较方便地推出.

为了说明定积分的微元法,我们先回顾求曲边梯形面积 A 的方法和步骤:

(1) 将区间 $[a,b]$ 分成 n 个小区间,相应得到 n 个小曲边梯形,小曲边梯形的面积记为 $\Delta A_i(i=1,2,\cdots,n)$;

(2) 计算 ΔA_i 的近似值,即 $\Delta A_i \approx f(\xi_i)\Delta x_i$(其中 $\Delta x_i = x_i - x_{i-1}, \xi_i \in [x_{i-1}, x_i]$);

(3) 求和得 A 的近似值,即 $A \approx \sum_{i=1}^{n} f(\xi_i)\Delta x_i$;

(4) 对和取极限得 $A = \lim_{\lambda \to 0} \sum_{i=1}^{n} f(\xi_i)\Delta x_i = \int_a^b f(x)\mathrm{d}x.$

下面对上述四个步骤进行具体分析:

第(1)步指明了所求量(面积 A)具有的特性:即 A 在区间 $[a,b]$ 上具有可分割性和可加性.

第(2)步是关键,这一步确定的 $\Delta A_i \approx f(\xi_i)\Delta x_i$ 是被积表达式 $f(x)\mathrm{d}x$ 的雏形.这可以从以下过程来理解:由于分割的任意性,在实际应用中,为了简便起见,对 $\Delta A_i \approx f(\xi_i)\Delta x_i$ 省略下标,得 $\Delta A \approx f(\xi)\Delta x$,用 $[x,x+\mathrm{d}x]$ 表示 $[a,b]$ 内的任一小区间,并取小区间的左端点 x 代替 ξ,则 ΔA 的近似值就是以 $\mathrm{d}x$ 为底,

$f(x)$ 为高的小矩形的面积(如图5.9阴影部分),即 $\Delta A \approx f(x)\mathrm{d}x.$

通常称 $f(x)\mathrm{d}x$ 为面积元素,记为 $dA = f(x)\mathrm{d}x.$

将(3),(4)两步合并,即将这些面积元素在 $[a,b]$

上"无限累加",就得到面积 A.即 $A = \int_a^b f(x)\mathrm{d}x.$

一般说来,用定积分解决实际问题时,通常按以下步骤来进行:

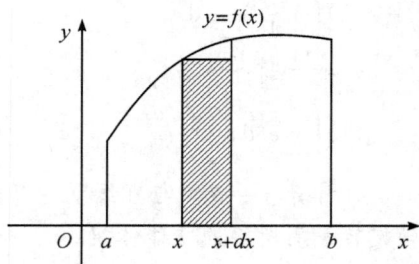

图 5.9

(1) 确定积分变量 x,并求出相应的积分区间 $[a,b]$;

(2) 在区间 $[a,b]$ 上任取一个小区间 $[x,x+\mathrm{d}x]$,并在小区间上找出所求量 F 的微元 $\mathrm{d}F = f(x)\mathrm{d}x$;

(3) 写出所求量 F 的积分表达式 $F = \int_a^b f(x)\mathrm{d}x$,然后计算它的值.

利用定积分按上述步骤解决实际问题的方法叫做定积分的微元法.

【注】　能够用微元法求出结果的量 F 一般应满足以下两个条件:

① F 是与变量 x 的变化范围 $[a,b]$ 有关的量,即量 F 是分布在区间 $[a,b]$ 上的;

② F 对于 $[a,b]$ 具有可加性,即如果把区间 $[a,b]$ 分成若干个部分区间,则 F 相应地分成若干个分量;

③ ΔF 能被近似地表示为 $[x,x+\mathrm{d}x]$ 上点 x 处的值 $f(x)$ 与 $\mathrm{d}x$ 的乘积,且 ΔF 与 $f(x)\mathrm{d}x$ 仅相差一个比 $\mathrm{d}x$ 高阶的无穷小.

5.4.2 定积分的几何应用

1. 求平面图像的面积

在直角坐标系下来讨论面积的计算,由定积分几何意义已经得到曲线 $y = f(x)$ 和直线 $x = a, x = b, y = 0$ 所围成曲边梯形的面积 $A = \int_a^b f(x)\mathrm{d}x$.

若 $f(x) \leqslant 0$,则面积 $A = -\int_a^b f(x)\mathrm{d}x$. 现在考虑由两条曲线 $y = f(x), y = g(x), (f(x) \geqslant g(x))$ 及直线 $x = a, x = b$ 所围成平面的面积 A(如图 5.10 所示).

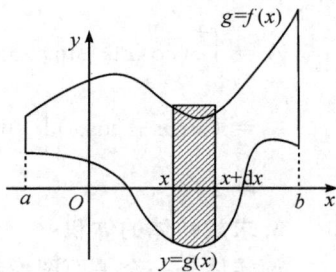

图 5.10

下面用微元法求面积 A.

(1) 取 x 为积分变量,$x \in [a, b]$.

(2) 在区间 $[a, b]$ 上任取一小区间 $[x, x + \mathrm{d}x]$,该区间上小曲边梯形的面积 dA 可以用高 $f(x) - g(x)$,底边为 $\mathrm{d}x$ 的小矩形的面积近似代替,从而得面积元素

$$dA = [f(x) - g(x)]\mathrm{d}x.$$

(3) 写出积分表达式,即

$$A = \int_a^b [f(x) - g(x)]\mathrm{d}x.$$

用类似的方法可以推出求由两条曲线 $x = \psi(y), x = \varphi(y), (\psi(y) \leqslant \varphi(y))$ 及直线 $y = c, y = d$ 所围成平面图像(如图 5.11)的面积

$$A = \int_c^d [\varphi(y) - \psi(y)]\mathrm{d}y.$$

这里取 y 为积分变量,$y \in [c, d]$,:

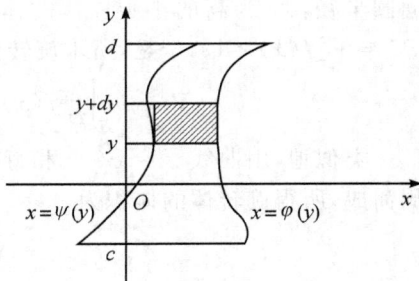

图 5.11

【例 5.22】 求曲线 $y^2 = 2x$ 与 $y = x - 4$ 所围图像的面积.

【解】 画出所围的图像(如图 5.12).

由方程组 $\begin{cases} y^2 = 2x \\ y = x - 4 \end{cases}$ 得两条曲线的交点坐标为 $A(2, -2)$, $B(8, 4)$,取 y 为积分变量,$y \in [-2, 4]$.将两曲线方程分别改写为 $x = \dfrac{1}{2}y^2$ 及 $x = y + 4$ 得所求面积为

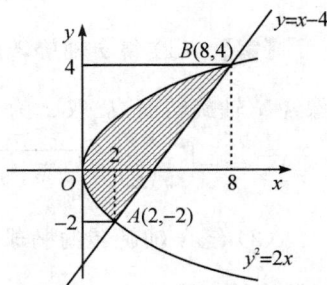

图 5.12

$$A = \int_{-2}^4 \left(y + 4 - \frac{1}{2}y^2\right)\mathrm{d}y = \left(\frac{1}{2}y^2 + 4y - \frac{1}{6}y^3\right)\Big|_{-2}^4 = 18.$$

若以 x 为积分变量,由于图像在 $[0, 2]$ 和 $[2, 8]$ 两个区间上的构成情况不同,因此需要分成两部分来计算,其结果应为:

$$A = 2\int_0^2 \sqrt{2x}\,\mathrm{d}x + \int_2^8 \left[\sqrt{2x} - (x - 4)\right]\mathrm{d}x = \frac{4\sqrt{2}}{3}x^{\frac{3}{2}}\Big|_0^2 + \left[\frac{2\sqrt{2}}{3}x^{\frac{3}{2}} - \frac{1}{2}x^2 + 4x\right]\Big|_2^8 = 18.$$

显然,对于本例选取 x 作为积分变量,不如选取 y 作为积分变量计算简便.可见适当选取积分变量,有时可使计算简化.

【例 5.23】 求曲线 $y = \cos x$ 与 $y = \sin x$ 在区间 $[0,\pi]$ 上所围平面图像的面积.

【解】 如图 5.13 所示,曲线 $y = \cos x$ 与 $y = \sin x$ 的交点坐标为 $\left(\dfrac{\pi}{4}, \dfrac{\sqrt{2}}{2}\right)$,选取 x 作为积分变量,$x \in [0,\pi]$,于是,所求面积为

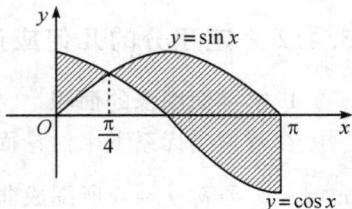
图 5.13

$$
\begin{aligned}
A &= \int_0^{\frac{\pi}{4}} (\cos x - \sin x)\mathrm{d}x + \int_{\frac{\pi}{4}}^{\pi} (\sin x - \cos x)\mathrm{d}x \\
&= (\sin x + \cos x)\Big|_0^{\frac{\pi}{4}} + (-\cos x - \sin x)\Big|_{\frac{\pi}{4}}^{\pi} \\
&= 2\sqrt{2}.
\end{aligned}
$$

2. 求旋转体的体积

旋转体是一个平面图像绕这平面内的一条直线旋转而成的立体. 这条直线叫做旋转轴.

设旋转体是由连续曲线 $y = f(x)$($f(x) \geqslant 0$)和直线 $x = a, x = b$ 及 x 轴所围成的曲边梯形绕 x 轴旋转一周而成(如图 5.14). 取 x 为积分变量,它的变化区间为 $[a,b]$,在 $[a,b]$ 上任取一小区间 $[x, x + \mathrm{d}x]$,相应薄片的体积近似于以 $f(x)$ 为底面圆半径,$\mathrm{d}x$ 为高的小圆柱体的体积,从而得到体积元素为 $dV = \pi[f(x)]^2\mathrm{d}x$,于是,所求旋转体体积为

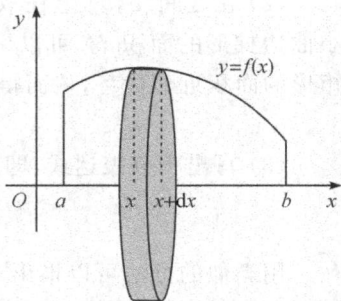
图 5.14

$$
V_x = \pi \int_a^b [f(x)]^2 \mathrm{d}x.
$$

类似地,由曲线 $x = \varphi(y)$ 和直线 $y = c, y = d$ 及 y 轴所围成的曲边梯形绕 y 轴旋转一周而成,所得旋转体的体积为

$$
V_y = \pi \int_c^d [\varphi(y)]^2 \mathrm{d}y.
$$

【例 5.24】 求由椭圆 $\dfrac{x^2}{a^2} + \dfrac{y^2}{b^2} = 1$ 绕 x 轴及 y 轴旋转而成的椭球体体积.

【解】 (1)绕 x 轴旋转的椭球体可看作上半椭圆 $y = \dfrac{b}{a}\sqrt{a^2 - x^2}$ 与 x 轴围成的平面图像绕 x 轴旋转而成. 取 x 为积分变量,$x \in [-a,a]$,由公式所求椭球体的体积为

$$
V_x = \pi \int_{-a}^a \left(\frac{b}{a}\sqrt{a^2 - x^2}\right)^2 \mathrm{d}x = \frac{2\pi b^2}{a^2}\int_0^a (a^2 - x^2)\mathrm{d}x = \frac{2\pi b^2}{a^2}\left[a^2 x - \frac{x^3}{3}\right]_0^a = \frac{4}{3}\pi a b^2.
$$

(2)绕 y 轴旋转的椭球体,可看作右半椭圆 $x = \dfrac{a}{b}\sqrt{b^2 - y^2}$ 与 y 轴围成的平面图像绕 y 轴旋转而成,取 y 为积分变量,$y \in [-b,b]$,由公式所求椭球体体积为

$$
V_y = \pi \int_{-b}^b \left(\frac{a}{b}\sqrt{b^2 - y^2}\right)^2 \mathrm{d}y = \frac{2\pi a^2}{b^2}\int_0^b (b^2 - y^2)\mathrm{d}y = \frac{2\pi a^2}{b^2}\left[b^2 y - \frac{y^3}{3}\right]_0^b = \frac{4}{3}\pi a^2 b.
$$

当 $a = b = R$ 时,上述结果为 $V = \dfrac{4}{3}\pi R^3$,这就是大家所熟悉的球体的体积公式.

3. 求平面曲线的弧长

在这里,我们只介绍在直角坐标系下的情形.

设光滑曲线弧 $y = f(x), x \in [a, b]$，现在计算它的弧长.
以 x 为积分变量.对应于区间 $[a, b]$ 的任意小区间 $[x, x + \Delta x]$
的一段弧长 Δs，可用曲线在点 $(x, f(x))$ 的切线上相应小
直线段 AB 来近似代替(如图 5.15).切线上直线段 $AB =$
$\sqrt{(\mathrm{d}x)^2 + (\mathrm{d}y)^2} = \sqrt{1 + y'^2}\, \mathrm{d}x$，因而弧长元素为 $\mathrm{d}s =$
$\sqrt{1 + y'^2}\, \mathrm{d}x$.从 a 到 b 积分，即得弧长 $s = \int_a^b \sqrt{1 + y'^2}\, \mathrm{d}x$
$= \int_a^b \sqrt{1 + [f'(x)]^2}\, \mathrm{d}x$.

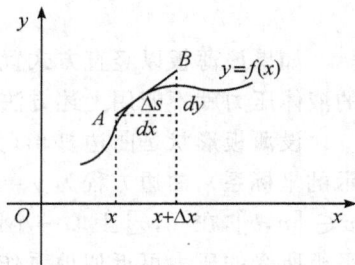

图 5.15

【例 5.25】 图 5.16 所示的函数为 $y = \dfrac{1}{2}(e^x + e^{-x})$，这
一函数称为悬链线，它表示的是一悬挂在空中的线缆的形
状，求此悬链线位于 $x = -1$ 和 $x = 1$ 之间的长度.

【解】 由弧长计算公式得 $l = \int_{-1}^{1} \sqrt{1 + \dfrac{1}{4}(e^x - e^{-x})^2}\, \mathrm{d}x$，
利用对称性，得

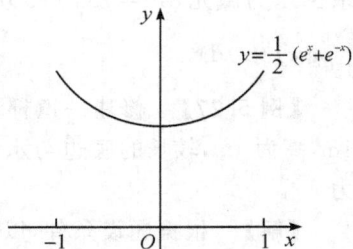

图 5.16

$$l = 2\int_0^1 \sqrt{1 + \frac{1}{4}(e^x - e^{-x})^2}\, \mathrm{d}x = \int_0^1 \sqrt{(e^x + e^{-x})^2}\, \mathrm{d}x$$
$$= \int_0^1 (e^x + e^{-x})\, \mathrm{d}x = (e^x - e^{-x})\Big|_0^1 = (e - e^{-1}) - (1 - 1) = e - e^{-1}.$$

5.4.3 定积分在物理学中的应用举例

1. 变力做功

设物体在变力 $F = f(x)$ 的作用下，沿 x 轴由点 a 移
动到点 b，如图 5.17 所示，且变力方向与 x 轴方向一致.取
x 为积分变量，$x \in [a, b]$.在区间 $[a, b]$ 上任取一小区间
$[x, x + \mathrm{d}x]$，该区间上各点处的力可以用点 x 处的力 $F(x)$ 近似代替.因此功的微元为 $\mathrm{d}W = F(x)\mathrm{d}x$，因此，从 a 到 b 这一段位移上变力 $F(x)$ 所做的功为 $W = \int_a^b F(x)\mathrm{d}x$.

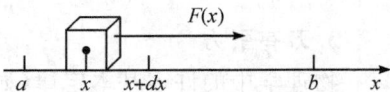

图 5.17

【例 5.26】 一圆柱形的储水桶高为 5 米，底圆半径为
3 米，桶内盛满水.问要把桶内的水全部吸出需作多少功?

【解】 作 x 轴如图 5.18 所示.取深度 x 为积分变量.它
的变化区间为 $[0, 5]$，相应于 $[0, 5]$ 上任一小区间 $[x, x + \mathrm{d}x]$
的一薄层水的高度为 $\mathrm{d}x$，水的比重为 9.8 千牛 / 米³，因此如
x 的单位是米，这薄层水的重力为 $9.8\pi \cdot 3^2 \mathrm{d}x$.这薄层水吸
出桶外需作之功近似地为：$\mathrm{d}W = 88.2\pi \cdot x \cdot \mathrm{d}x$，此即功元
素.于是所求的功为

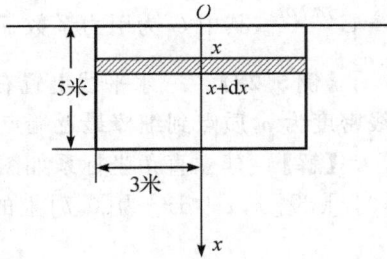

图 5.18

$$W = \int_0^5 88.2\pi x \mathrm{d}x = 88.2\pi \left(\frac{x^2}{2}\right)\Big|_0^5 = 88.2\pi \cdot \frac{25}{2} \approx 3462(千焦).$$

2. 液体的压力

由物理学知道，在液面下深度为 h 处的压强为 $p = \rho g h$，其中 ρ 是液体的密度，g 是重力加速
度.如果有一面积为 S 的薄板水平地置于深度为 h 的水下，那么薄板一侧所受的液体压力

$$F = pS.$$

如果该薄板以竖直方式置于水下,由于压强 p 随液体的深度而变化,所以薄板一侧所受的液体压力就不能用上述方法计算,下面用定积分的微元法来加以解决.

设薄板形状是曲边梯形(为了计算方便,建立如图 5.19 所示的坐标系),曲边方程为 $y = f(x)$.取液体深度 x 为积分变量,$x \in [a, b]$,在 $[a, b]$ 上取一小区间 $[x, x + \mathrm{d}x]$,该区间上小曲边平板所受的压力可近似地看作长为 y,宽为 $\mathrm{d}x$ 的小矩形水平地放在距液体表面深度为 x 的位置上时,一侧所受的压力.因此所求的压力微元 $\mathrm{d}F = \rho g x f(x) \mathrm{d}x$,整个平板一侧所受压力为 $F = \int_a^b \rho g x f(x) \mathrm{d}x$.

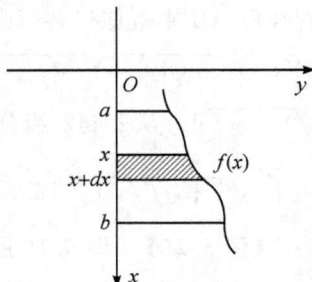

图 5.19

【例 5.27】 修建一道梯形闸门,它的两条底边各长 6m 和 4m,高为 4m,较长的底边与水面平齐,要计算闸门一侧所受水的压力.

【解】 根据题设条件,以闸门上边中点为坐标原点有 AB 的方程为 $y = -\dfrac{1}{4}x + 3$.如图 5.20,取 x 为积分变量,$x \in [0, 4]$,在 $x \in [0, 4]$ 上任一小区间 $[x, x + \mathrm{d}x]$ 的压力微元为

$$\mathrm{d}F = 2\rho g x y \mathrm{d}x = 2 \times 9.8 \times 10^3 x \left(-\frac{1}{4}x + 3\right) \mathrm{d}x,$$

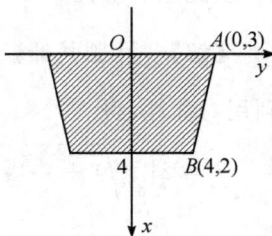

图 5.20

从而所求的压力为

$$F = \int_0^4 9.8 \times 10^3 \left(-\frac{1}{2}x^2 + 6x\right) \mathrm{d}x = 9.8 \times 10^3 \left[-\frac{1}{6}x^3 + 3x^2\right]_0^4 \approx 3.66 \times 10^5 \mathrm{N}.$$

3. 万有引力

物理学中的许多基本定律(如万有引力定律、库仑定律等)都是以质点或点电荷为考察对象的.而实际任何物体、带电体都是有大小的,因此在运用这些基本定律时,必须把它们分割成许多小部分,每一小部分近似地视为质点或点电荷.因此求这类问题时离不开定积分.

由万有引力定律可知,两个相距 r、质量分别为 m_1、m_2 的质点,它们相互之间的引力为 $F = G\dfrac{m_1 m_2}{r^2}$,其中 G 为引力系数,引力方向沿着两个质点的连线方向.

【例 5.28】 一水平线上置有一质量为 m_1 的质点和一长度为 l 的均匀细棒,已知细棒的线密度为 ρ,质点到细棒最近端点的距离为 a,求细棒对该质点的引力.

【解】 建立直角坐标系如图 5.21,使棒位于 x 轴上,取 x 为积分变量,它的变化区间为 $[0, l]$.设 $[x, x + \mathrm{d}x]$ 为 $[0, l]$ 上的任一小区间.把细直棒上相应于 $[x, x + \mathrm{d}x]$ 的一段近似地看成质点,其质量为 $\dfrac{M}{l}\mathrm{d}x$.于是引力微元为 $\mathrm{d}F = \dfrac{k \cdot m \cdot \dfrac{M}{l}\mathrm{d}x}{(x+a)^2}$,该棒对质点的引力为

$$F = \int_0^l k \frac{m \cdot \dfrac{M}{l}}{(x+a)^2} \mathrm{d}x = \frac{kmM}{l} \int_0^l \frac{1}{(x+a)^2} \mathrm{d}x = \frac{kmM}{l} \left(-\frac{1}{x+a}\right)\bigg|_0^l = \frac{kmM}{a(l+a)}.$$

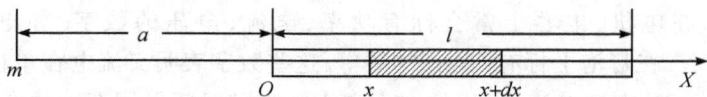

图 5.21

4. 不均匀物体的质量

由物理学我们知道,均匀分布的物体,其质量是容易求得的.线状物体的质量 = 物体的弧长×线密度;面状物体的质量 = 物体的面积×面密度;几何形体的质量 = 物体的体积×体密度,其中线密度、面密度、体密度值都是常量.因此只要知道物体的几何量值(弧长、面积、体积),就可以求出物体的质量.

在许多实际问题中,物体的质量并不是均匀分布的,因此,要解决它们,仍然要借助"微元法"思想,把物体进行分割,使得这些小物体可以近似地看成均匀分布的物体.

如图 5.22 所示,设一物体介于垂直 x 轴的两个平面 $x=a$ 与 $x=b$ 之间,已知过任一点 $x \in [a,b]$ 处垂直 x 轴的截面面积为 $A(x)$,并且在这一点处的体密度为 $\rho(x)$.在任一点 $x(x \in [a,b])$ 处任意截取一个非常薄的薄片,于是该薄片的体积微元为 $dV = A(x)dx$.所以该薄片的质量微元为 $dm = \rho(x)A(x)dx$.

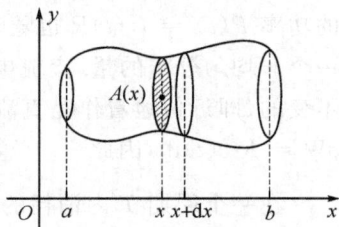

图 5.22

所以该物体的质量为

$$m = \int_a^b \rho(x)A(x)dx$$

【例 5.29】 一半径为 R 的物质球,已知球内任意一点的密度 ρ_v 与该点到球心的距离的平方成正比,球该物质求的质量.

【解】 在 0 到 R 之间任意取定一半径值 r,任意给定半径值的一个增量 Δr,得到球壳的体积 $\Delta V = \frac{4}{3}\pi(r+\Delta r)^3 - \frac{4}{3}\pi r^3$.于是,球壳的体积微元为:$dV = 4\pi r^2 dr$.

由已知可设球的密度函数是 $\rho_v(r) = kr^2$.所以球壳的质量微元为:$dm = 4k\pi r^4 dr$.

所以球的质量为:$m = 4k\pi \int_0^R r^4 dr = \frac{4}{5}k\pi R^5$.

*5. 连续问题的平均值

许多问题常要计算连续函数在区间上的平均值,如 24 小时的平均气温等.

设函数 $f(x)$ 在闭区间 $[a,b]$ 上连续,将 $[a,b]$ 分成 n 等份,设等分点依次为 $a = x_0, x_1, x_2, \cdots, x_n = b$,当 n 足够大,每个小区间的长 $\Delta x = \frac{b-a}{n}$ 就足够小,可用 $f(x_i)$ 近似代替小区间 $[x_{i-1}, x_{i-1}+\Delta x]$ 上各点的函数值,$i = 1, 2, \cdots, n$.于是,$f(x)$ 在区间 $[a,b]$ 的近似平均值为

$$\bar{y} = \frac{f(x_1)+f(x_2)+\cdots+f(x_n)}{n} = \frac{1}{n}\sum_{i=1}^n f(x_i) = \frac{1}{b-a}\sum_{i=1}^n f(x_i)\Delta x.$$

当 $\Delta x \to 0$ 时,$\bar{y}$ 的极限就是 $f(x)$ 在 $[a,b]$ 的平均值.结合定积分的定义,得

$$\bar{y} = \lim_{\Delta x \to 0}\bar{y} = \lim_{\Delta x \to 0}\frac{1}{n}\sum_{i=1}^n f(x_i) = \lim_{\Delta x \to 0}\frac{1}{b-a}\sum_{i=1}^n f(x_i)\Delta x = \frac{1}{b-a}\int_a^b f(x)dx$$

这就是定积分中值定理 $f(\xi) = \frac{1}{b-a}\int_a^b f(x)dx$,其中 $\xi \in [a,b]$,$f(\xi) = \bar{y}$.

【例 5.30】 在电机、电器上常会标有功率、电流、电压的数字. 如电机上标有功率 2.8kW，电压 380V. 在灯泡上标有 4W，220V 等. 这些数字表明交流电在单位时间内所做的功以及交流电压. 但是交流电流，电压的大小和方向都随时间做周期性的变化，怎样确定交流电的功率、电流、电压呢？

【解】 （1）直流电的平均功率. 平均功率又称为有功功率（active power），由电工学知，电流在单位时间所做的功称为电流的功率 P，即 $P = \dfrac{W}{t}$，直流电通过电阻 R，消耗在电阻 R 上的功率（即单位时间内消耗在电阻 R 上的功）是 $P = I^2R$，其中 I 为电流，因直流电流大小和方向不变，所以 I 是常数，因而功率 P 也是常数. 若要计算经过时间 t 消耗在电阻上的功，则有 $W = Pt = I^2Rt$.

（2）交流电的平均功率. 对交流电，交流电流 $i = i(t)$ 不是常数，因而通过电阻 R 所消耗的功率 $P(t) = I^2(t)R$ 也随时间而变. 由于交流电随时间 t 在不断变化，因而所求的功 W 是一个非均匀分布的量. 交流电虽然在不断变化，但在很短的时间间隔内，可以近似地认为是不变的（即近似地看作是直流电），因而在 $\mathrm{d}t$ 时间内对 "$i = i(t)$" 以常代变，可得到功的微元：$\mathrm{d}W = Ri^2(t)\mathrm{d}t$，因此

在一个周期 T 内消耗的功为 $W = \displaystyle\int_0^T Ri^2(t)\mathrm{d}t$，

因此，交流电的平均功率为 $\overline{P} = \dfrac{W}{T} = \dfrac{1}{T}\displaystyle\int_0^T Ri^2(t)\mathrm{d}t$.

由于交流电是随时间变化的，在计算时颇多不便，为此在电工学中通常使用 "有效值" 来表示交流电量的大小. 当交流电 $i(t)$ 在一个周期内消耗在电阻 R 上的平均功率，等于直流电流 I 消耗在电阻 R 上的功率时，这个直流电流的数值 I 就叫做交流电流的有效值. 由于直流电流 I 消耗在电阻 R 上的功率为 I^2R，因此有 $I^2R = \dfrac{1}{T}\displaystyle\int_0^T Ri^2(t)\mathrm{d}t$，从而有效电流 $I = \sqrt{\dfrac{1}{T}\displaystyle\int_0^T i^2(t)\mathrm{d}t}$.

同样，可以计算出交流电压的有效值为

$$U = \sqrt{\frac{1}{T}\int_0^T u^2(t)\mathrm{d}t}.$$

对于正弦交流电流 $i = I_m\sin(\omega t + \varphi_i)$，其有效值为

$$I = \sqrt{\frac{1}{T}\int_0^T i^2(t)\mathrm{d}t} = \sqrt{\frac{1}{T}\int_0^T I_m^2\sin^2(\omega t + \varphi_i)\mathrm{d}t}$$

$$= \sqrt{\frac{I_m^2}{2T}\int_0^T [1 - \cos 2(\omega t + \varphi_i)]\mathrm{d}t} = \frac{I_m}{\sqrt{2}} = 0.707 I_m.$$

同样，也可以计算出正弦电压的有效值为

$$U = \frac{U_m}{\sqrt{2}} = 0.707 U_m.$$

可见，正弦电流（电压）的有效值分别是其最大值的 $\dfrac{1}{\sqrt{2}}(\approx 0.707)$ 倍. 在实际应用中，一般所说交流电流（电压）的大小，都是指它的有效值. 如民用交流电的电压是 220V，低压动力用电电压是 380V，均为有效值. 各种交流电机、电器设备铭牌标注的电压、电流数值；交流电

压表、电流表的示数等也都是有效值.

习题 5.4

1. 求下列曲线围成平面图像的面积

(1) $y = x^2$, $y = \sqrt{x}$

(2) $y = \dfrac{1}{x}$, $y = x$, $y = 2$

(3) $xy = 1$, $x = -1$, $x = -e$, $y = 0$

(4) $r = 3(1 + \cos\theta)$

2. 在第一象限内求曲线 $y = -x^2 + 1$ 上的一点,使该点处的切线及两坐标轴所围成图像的面积最小,并求此最小面积.

3. 求抛物线 $y = x^2$ 与直线 $y = 2x$ 所围图像分别绕 x 轴和 y 轴旋转所形成立体的体积.

4. 求由双曲线 $\dfrac{x^2}{a^2} - \dfrac{y^2}{b^2} = 1$ 与直线 $y = \pm b$ 所围成平面图像绕轴旋转生成的旋转体的体积.

5. 证明曲线 $y = \sin x$ 一个周期的弧长等于椭圆 $2x^2 + y^2 = 2$ 的周长.

6. 已知物体作变速直线运动的速度为 $v(t) = 2t^2 + t\,(\text{m/s})$,求该物体在前 5 秒内经过路程.

7. 利用定积分证明,半径为 R 的圆周的周长为 $2\pi R$,以及下底半径为 R,高为 h 的正圆锥的体积为 $\dfrac{1}{3}\pi R^2 h$.

8. 一水库闸门的形状为直角梯形,上底为 6m,下底为 2m,高为 10m,求当水面与上底相齐时,闸门一侧所受的压力.

9. 若电量 Q 均匀地分布在长为 L 的细棒上,求棒的中垂线上离棒中心为处的电荷 q 所受的电场力.

10. 一物体按规律 $x = ct^3$ 做直线运动,媒质的阻力与速度的平方成正比,计算物体由 $x = 0$ 到 $x = a$ 时,克服阻力所做的功.

11. 某城市上午 9:00 后 t 小时的温度模型为 $T(t) = 50 + 14\sin\dfrac{\pi t}{12}$,求该城市上午 9:00 到晚上 9:00 这一时间段的平均温度.

本章小结

1. 定积分的概念和性质. 由求曲边梯形的面积和变速运动路程问题引入定积分的概念、定积分的几何意义,然后介绍了定积分的性质. 函数 $y = f(x)$ 在区间 $[a,b]$ 上的定积分是通过部分和的极限定义的: $\displaystyle\int_a^b f(x)\mathrm{d}x = \lim_{\Delta x \to 0}\sum_{i=1}^n f(\xi_i)\Delta x_i$. 这与不定积分的概念是完全不同的. 定积分定义的文字很长,但大家要领会"化整为零"、"以直代曲,以不变代万变"、"积零为整"、"取极限引起质变"等辨证思想.

2. 定积分与不定积分的关系. 先介绍了变上限的定积分,然后给出了原函数存在定理,在此基础上推导出牛顿—莱布尼兹公式 $\displaystyle\int_a^b f(x)\mathrm{d}x = F(b) - F(a)$. 这一公式说明:只需计算 $f(x)$ 的一个原函数或不定积分,就可以求得 $f(x)$ 在区间 $[a,b]$ 上的定积分. 牛顿—莱布尼兹公式把定积分和不定积分紧密联系起来,使我们得到了一种比较简便的求定积分的方法. 使用牛顿—莱布尼兹公式时要注意"$f(x)$ 在区间 $[a,b]$ 上连续"的条件,否则可能导致错误.

例如 $\int_{-1}^{1} \dfrac{1}{x^2}\mathrm{d}x$ 用牛顿—莱布尼兹公式会得出错误的结果.

3. 定积分的计算. 引入定积分的换元公式和定积分的分部积分法使定积分的计算更快更简单.

4. 定积分的应用. 介绍了微元法,然后列举了积分在几何方面的应用,如求面积、旋转体体积、弧长和在物理学上的应用. 这部分的主要目的还是要求读者会用"微元"思想结合定积分帮助分析和解决实际问题.

综合练习

一、填空题

1. 由定积分的几何意义知 $\displaystyle\int_{-\pi}^{\pi} \sin x \mathrm{d}x =$ _____; $\displaystyle\int_{-2}^{2} \sqrt{4-x^2}\, \mathrm{d}x =$ _____.

2. $\dfrac{\mathrm{d}}{\mathrm{d}x}\left(\displaystyle\int_{1}^{2} \cos x^2 \mathrm{d}x\right) =$ _____.

3. 比较积分大小 $\displaystyle\int_{0}^{\frac{\pi}{2}} \sin^3 x \mathrm{d}x$ _____ $\displaystyle\int_{0}^{\frac{\pi}{2}} \sin^2 x \mathrm{d}x$.

4. $\dfrac{\mathrm{d}}{\mathrm{d}x}\displaystyle\int_{0}^{\frac{\pi}{2}} \sin x^2 \mathrm{d}x =$ _____; $\dfrac{\mathrm{d}}{\mathrm{d}x^2}\displaystyle\int_{0}^{x} \sin t^2 \mathrm{d}t =$ _____.

5. $\displaystyle\int_{0}^{2} f(x)\mathrm{d}x =$ _____, 其中 $f(x) = \begin{cases} x^2, & 0 \leqslant x \leqslant 1 \\ 2-x, & 1 < x \leqslant 2 \end{cases}$.

6. $\displaystyle\int_{0}^{1} \dfrac{2x}{1+x^2}\mathrm{d}x =$ _____; $\displaystyle\int_{0}^{4} |x-2|\, \mathrm{d}x =$ _____.

7. 若 $\displaystyle\int_{0}^{1} (2x+k)\mathrm{d}x = 2$, 则 $k =$ _____.

8. 由抛物线 $y = 2x^2$ 与直线 $y = 4-2x$ 所围成图像的面积为_____.

9. 由曲线 $y = x^2, y = \sqrt{x}$ 所围成的图像绕 x 轴旋转生成的旋转体的体积为_____.

10. 曲线 $y = \cos x$ 与直线 $x = 0, x = \pi, y = 0$ 所围成平面图像面积等于_____.

二、计算下列定积分

1. $\displaystyle\int_{1}^{2}\left(x + \dfrac{1}{\sqrt{x}}\right)^2 \mathrm{d}x$

2. $\displaystyle\int_{-2}^{1} \dfrac{\mathrm{d}x}{(11+5x)^3}$

3. $\displaystyle\int_{1}^{e} \dfrac{\mathrm{d}x}{x(2x+1)}$

4. $\displaystyle\int_{1}^{e^3} \dfrac{\mathrm{d}x}{x\sqrt{1+\ln x}}$

5. $\displaystyle\int_{0}^{1} \dfrac{x\mathrm{d}x}{\sqrt{1+x^2}}$

6. $\displaystyle\int_{0}^{3} \dfrac{x}{1+\sqrt{1+x}}\mathrm{d}x$

7. $\displaystyle\int_{\frac{1}{e}}^{e} |\ln x|\, \mathrm{d}x$

8. $\displaystyle\int_{0}^{\frac{\pi}{2}} |\cos x - \sin x|\, \mathrm{d}x$

9. $\displaystyle\int_{\frac{1}{2}}^{1} e^{\sqrt{2x-1}}\, \mathrm{d}x$

10. $\displaystyle\int_{0}^{1} x e^{-x} \mathrm{d}x$

11. $\displaystyle\int_{0}^{\pi} \sqrt{1+\sin 2x}\, \mathrm{d}x$

12. $\displaystyle\int_{-\frac{\pi}{2}}^{\frac{\pi}{2}} (x + \cos^3 x)\mathrm{d}x$

13. $\displaystyle\int_{0}^{\frac{\pi}{2}} \cos x \sin^3 x \mathrm{d}x$

14. $\displaystyle\int_{0}^{\pi} \sqrt{\sin x - \sin^3 x}\, \mathrm{d}x$

三、求由曲线 $y = \ln x$ 与直线 $x = \dfrac{1}{2}, x = 2$ 以及 x 轴所围平面图像的面积.

四、求由抛物线 $y = -x^2 + 4x - 3$ 及其在点 $(0, -3)$ 和 $(3, 0)$ 处的切线所围成图像的面积.

五、求由抛物线 $y = x^2$, 直线 $x = 1$ 及 $y = 0$ 所围成的图像绕 x 轴旋转一周所得旋转体的体积.

六、设平面图像 D 由抛物线 $y = 1 - x^2$ 和 x 轴围成. 试求:

1. D 的面积;

2. D 绕 x 轴旋转所得旋转体的体积;

3. D 绕 y 轴旋转所得旋转体的体积.

七、求圆 $(x-b)^2 + y^2 = a^2$ 绕 x 轴旋转而成的旋转体的体积.

八、计算曲线 $y = \dfrac{1}{3}\sqrt{x}(3-x)$ 上相应于 $1 \leqslant x \leqslant 3$ 的一段弧长.

九、半径为 R 的半球形水池, 试讨论下列各种情况需作功的积分表达式, 并计算之.

(1) 池中盛满水, 将水从池口全部抽出;

(2) 池中盛满水, 将深 $\dfrac{R}{2}$ 以上的水全部从池口抽出;

(3) 池中盛满水, 将水全部抽到距池口 $\dfrac{R}{2}$ 的高处;

(4) 池中水的深度为 $\dfrac{R}{2}$, 将水全部从容器口抽出.

十、一贮油罐装有密度为 $\rho = 0.96 \times 10^3 \mathrm{kg/m}^3$ 的油料. 为了便于清理, 罐的下部侧面开有半径 $R = 380\mathrm{mm}$ 的圆孔, 孔中心距液面 $h = 6800\mathrm{mm}$, 孔口挡板用螺钉铆紧, 已知每个螺钉能承受 $4.9\mathrm{kN}$ 的力. 问至少需要多少个螺钉?

十一、工程师们预计一个新开发的天然气新井在开采后的第 t 年的产量为: $P(t) = 0.0849 t e^{-t} \times 10^6 (\mathrm{m}^3)$, 试估计该新井前 4 年的总产量.

第 6 章　　微分方程及其应用

阅读材料 ▶READ 世界数学史上伟大的数学家欧拉（Euler）

　　欧拉（Euler,1707—1783），瑞士数学家、物理学家、天文学家和力学家，理论力学的创始人，是数学史上最伟大的数学家之一，也是最多产的数学家．生于瑞士的巴塞尔，卒于俄国的彼得堡．

　　欧拉小时候就特别喜欢数学，不满 10 岁就开始自学《代数学》，13 岁就进巴塞尔大学读书，这在当时是个奇迹，曾轰动了数学界，他是整个瑞士大学校园里年龄最小的学生．在大学里得到当时最有名的数学家微积分权威约翰·伯努利（Johann Bernoulli,1667 — 1748）的精心指导，并逐渐与其建立了深厚的友谊．两年后的夏天，欧拉获得巴塞尔大学的学士学位，次年，欧拉又获得巴塞尔大学的哲学硕士学位，1725 年，欧拉开始了他的数学生涯．

　　1725 年约翰·伯努利的儿子丹尼尔·伯努利赴俄国，并向沙皇喀德林一世推荐了欧拉，这样，在 1727 年 5 月 17 日欧拉来到了彼得堡，1733 年，年仅 26 岁的欧拉担任了彼得堡科学院数学教授．1735 年，欧拉解决了一个天文学的难题（计算彗星轨道），这个问题经几个著名数学家几个月的努力才得到解决，而欧拉却用自己发明的方法，三天便完成了．然而过度的工作使他得了眼病，并且不幸右眼失明了，这时他才 28 岁．1741 年欧拉应普鲁士彼德烈大帝的邀请，到柏林担任科学院物理数学所所长，直到 1766 年，后来在沙皇喀德林二世的诚恳敦聘下重回彼得堡，不料没有多久，左眼视力衰退，最后完全失明．不幸的事情接踵而来，1771 年彼得堡的大火灾殃及欧拉住宅，带病而失明的 64 岁的欧拉被围困在大火中，虽然他被别人从火海中救了出来，但他的书房和大量研究成果全部化为灰烬了．沉重的打击，仍然没有使欧拉倒下，他发誓要把损失夺回来，欧拉完全失明以后，虽然生活在黑暗中，但仍然以惊人的毅力与黑暗搏斗，凭着记忆和心算进行研究，直到逝世，竟达 17 年之久．1783 年 9 月 18 日的下午，欧拉为了庆祝他计算气球上升定律的成功，请朋友们吃饭，那时天王星刚发现不久，欧拉写出了计算天王星轨道的要领，还和他的孙子逗笑，喝完茶后，突然疾病发作，烟斗从手中落下，口里喃喃地说："我要死了"，欧拉终于"停止了生命和计算"，享年 76 岁．欧拉生活、工作过的三个国家：瑞士、俄国、德国，都把欧拉作为自己的数学家，为有他而感到骄傲．

　　欧拉的记忆力和心算能力是罕见的，他能够复述年青时代笔记的内容，心算并不限于简单的运算，高等数学一样可以用心算去完成．有一个例子足以说明他的本领，欧拉的两个学生把一个复杂的收敛级数的 17 项加起来，算到第 50 位数字，两人相差一个单位，欧拉为了确定究竟谁对，用心算进行全部运算，最后把错误找了出来．1771 年，大火烧掉了他几乎全部的著述，而神奇的欧拉用了一年的时间口述了所有这些论文并作了修订．欧拉有着顽强的毅力和孜孜不倦的奋斗精神,他可以在任何不良的环境中工作,他常常抱着孩子在膝上完成论文,也不顾孩子在旁边喧哗.他在双目失明的 17 年间,他还口述了几本书和 400 篇左右的论文.

欧拉的风格是很高的,拉格朗日是稍后于欧拉的大数学家,从 19 岁起和欧拉通信,讨论等周问题的一般解法,这引起变分法的诞生.等周问题是欧拉多年来苦心考虑的问题,拉格朗日的解法,博得欧拉的热烈赞扬,1759 年 10 月 2 日欧拉在回信中盛称拉格朗日的成就,并谦虚地压下自己在这方面较不成熟的作品暂不发表,使年青的拉格朗日的工作成就得以发表和流传,并赢得巨大的声誉.他晚年的时候,欧洲所有的数学家都把他当作老师,著名数学家拉普拉斯曾说过:"读读欧拉,他是我们大家的老师."

欧拉渊博的知识,无穷无尽的创作精力和空前丰富的著作,都是令人惊叹不已的!他从 19 岁开始发表论文,直到 76 岁,半个多世纪写下了浩如烟海的书籍和论文.可以说欧拉是科学史上最多产的一位杰出的数学家,据统计他那不倦的一生,共写下了 886 本书籍和论文.其中分析、代数、数论占 40%,几何占 18%,物理和力学占 28%,天文学占 11%,弹道学、航海学、建筑学等占 3%.欧拉在数学、物理、天文、建筑以至音乐、哲学方面都取得了辉煌的成就,彼得堡科学院为了整理他的著作,足足忙碌了四十七年.

欧拉的一生,是为数学发展而奋斗的一生,到今几乎每一个数学领域都可以看到欧拉的名字,从初等几何的欧拉线,多面体的欧拉定理,立体解析几何的欧拉变换公式,四次方程的欧拉解法到数论中的欧拉函数,微分方程的欧拉方程,级数论的欧拉常数,变分学的欧拉方程,复变函数的欧拉公式等等,数也数不清.他对数学分析的贡献更独具匠心,《无穷小分析引论》一书便是他划时代的代表作,当时数学家们称他为"分析学的化身".在数学的各个领域,常常见到以欧拉命名的符号、常数、公式和定理.如 π、i、e、$\sin$、$\cos$、$\tan$、Δx、$\sum$、$f(x)$、$e^{i\theta}$ $=\cos\theta+i\sin\theta$,$C=\lim\limits_{n\to\infty}\left(1+\dfrac{1}{2}+\cdots+\dfrac{1}{n}-\ln n\right)=0.5772\cdots$ 等,都是他创立并推广的.被誉为数学王子的高斯曾说过:"研究欧拉的著作永远是了解数学的最好方法."

欧拉研究问题最鲜明的特点是:他把数学研究之手深入到自然与社会.他不仅是位杰出的数学家,而且也是位理论联系实际的巨匠,应用数学大师.正因为欧拉所研究的问题都是与当时的生产实际、社会需要和军事需要等紧密相连,所以欧拉的创造才能才得到了充分发挥,并取得了惊人的成就.如菲诺运河的改造方案,宫廷排水设施的设计审定,帮助政府测绘地图.他不但为科学院做大量工作,而且挤出时间在大学里讲课,作公开演讲,编写科普文章,为学校编写教材,为气象部门提供天文数据,协助建筑单位进行设计结构的力学分析.他研究了天文学,并与达朗贝尔、拉格朗日一起成为天体力学的创立者,欧拉对天文学中的"三体问题"月球运动及摄动问题进行了研究,他解决了牛顿没有解决的月球运动问题,首创了月球绕地球运动的精确理论.为了更好地进行天文观测,他曾研究了光学,天文望远镜和显微镜.研究了光通过各种介质的现象和有关的分色效应,提出了复杂的物镜原理,发表过有关光学仪器的专著,对望远镜和显微镜的设计计算理论做出过开创性的贡献.对他来说,整个物理世界正是他数学方法的用武之地,他研究了流体的运动性质,建立了理想流体运动的基本微分方程,成为流体力学的创始人.他不但把数学应用于自然科学,而且还把某一学科所得到的成果应用于另一学科.比如,他把自己所建立的理想流体运动的基本方程用于人体血液的流动,从而在生物学上添上了他的贡献,又以流体力学、潮汐理论为基础,丰富和发展了船舶设计制造及航海理论.不仅如此,他还为普鲁士王国解决了大量社会实际问题,等等.

历史上,能跟欧拉相比的人的确不多,也有的历史学家把欧拉和阿基米德、牛顿、高斯列为有史以来贡献最大的四位数学家,依据是他们都有一个共同点,就是在创建纯粹理论的同时,还应用这些数学工具去解决大量天文、物理和力学等方面的实际问题,他们的工作是跨学科的,他们不断地从实践中吸取丰富的营养,但又不满足于具体问题的解决,而是把宇宙看作是一个有机的整体,力图揭示它的奥秘和内在规律.

6.1　微分方程的基本概念

在科学研究领域和工程技术领域,会经常出现含有未知函数及未知函数的导数的等式,这种等式称为微分方程,它是微积分学的重要应用之一. 在本章,将主要介绍微分方程的基本概念,并讨论可分离变量的微分方程、齐次型微分方程、一阶线性微分方程、可降阶的二阶微分方程及二阶常系数线性微分方程的解法,列举几个微分方程在工科类的应用问题及建模案例.

【例 6.1】　一曲线过点 $(1,0)$,且在该曲线上任意点 (x,y) 处的切线斜率为 $2x$,求此曲线方程.

【解】　设所求曲线方程为 $y = y(x)$.根据导数的几何意义,$y = y(x)$ 应满足方程

$$\frac{\mathrm{d}y}{\mathrm{d}x} = 2x, \text{或 } \mathrm{d}y = 2x\mathrm{d}x \tag{1}$$

及条件

$$y(1) = 0. \tag{2}$$

将式(1)两边积分得:$y = x^2 + C$,其中 C 为任意常数.

由条件(2)得:$C = -1$,于是所求曲线方程为:

$$y = x^2 - 1.$$

【例 6.2】　列车在水平直轨上以 30(米 / 秒)的速度行驶,当制动时,列车加速度为 0.6(米 / 秒²),问开始制动后多少时间列车才能停止?列车在这段时间内行驶了多少路程?

【解】　设列车制动后的运动规律为 $s = s(t)$,因为列车制动时,加速度方向与列车前进方向相反,所以满足

$$\frac{\mathrm{d}^2 s}{\mathrm{d}t^2} = -0.6, \tag{3}$$

及条件

$$\begin{cases} s(0) = 0 \\ v(0) = s'(0) = 30 \end{cases}. \tag{4}$$

将式(3)两边积分一次得:$\dfrac{\mathrm{d}s}{\mathrm{d}t} = -0.6t + C_1$,再积分一次得:$s = -0.3t^2 + C_1 t + C_2$,其中 C_1, C_2 为任意常数.

由条件(4)得:$C_1 = 30, C_2 = 0$.于是列车制动后的运动规律为:

$$s(t) = -0.3t^2 + 30t,$$

而 $v(t) = s'(t) = -0.6t + 30$.

令 $v(t) = 0$,得 $t = 50$(秒),$s = 750$(米),即制动后,列车过 50 秒后停止,列车在这段时间内共行驶了 750 米.

上述两例中所描述的具体问题不同,但都是通过建立含有未知函数的导数的关系式来解决的,这类关系式就是下面要介绍的微分方程.

凡含有未知函数的导数(或微分)的关系式称为微分方程.当未知函数是一元函数时,则称为常微分方程;否则称为偏微分方程.在微分方程中未知函数导数的最高阶数称为微分方程的阶.由于本章只讨论常微分方程,以下简称为微分方程或方程.

一阶微分方程的一般形式为 $y' = f(x,y)$ 或 $F(x,y,y') = 0$,

n 阶微分方程的一般形式为 $F(x,y,y',\cdots,y^{(n)}) = 0$,

其中:x 是自变量,y 是未知函数,$y',\cdots,y^{(n)}$ 是未知函数的导数.

必须指出一阶微分方程中一定含有 y',n 阶微分方程中一定含有 $y^{(n)}$.

例 1 中的方程(1)为一阶常微分方程,例 2 中的方程(3)是二阶常微分方程.

再如:$xy' + y = 3x, y'' + 3y' + 2y = e^{-x}, \dfrac{\mathrm{d}^3 y}{\mathrm{d}x^3} + 2\dfrac{\mathrm{d}y}{\mathrm{d}x} + y = 0$ 等也都是常微分方程,分别为一阶、二阶、三阶常微分方程.

【例 6.3】　试验证:$y = \cos x$,$y = \sin x$ 和 $y = C_1 \cos x + C_2 \sin x (C_1, C_2$ 为任意常数)都满足二阶微分方程 $y'' + y = 0$.

【解】　对函数 $y = \cos x$ 求导,得 $y' = -\sin x, y'' = -\cos x$;

将 y, y'' 代入方程,得 $y'' + y = -\cos x + \cos x = 0$.

对函数 $y = \sin x$ 求导,得 $y' = \cos x, y'' = -\sin x$;

将 y, y'' 代入方程,得 $y'' + y = -\sin x + \sin x = 0$.

对函数 $y = C_1 \cos x + C_2 \sin x$ 求导,得 $y' = -C_1 \sin x + C_2 \cos x, y'' = -C_1 \cos x - C_2 \sin x$,

将 y, y'' 代入方程,得 $y'' + y = (-C_1 \cos x - C_2 \sin x) + (C_1 \cos x + C_2 \sin x) = 0$.

如果一个函数代入微分方程后能使方程成为恒等式,则此函数称为微分方程的解.如果微分方程解中含有任意常数,且相互独立的任意常数的个数与方程的阶数相同,则这样的解称为微分方程的通解;通解中任意常数取某一特定值时的解,称为微分方程的特解.确定微分方程通解中的任意常数的附加条件称为微分方程的初始条件.

例 6.3 中,$y = \cos x$,$y = \sin x$ 和 $y = C_1 \cos x + C_2 \sin x$ 都是微分方程 $y'' + y = 0$ 的解,且 $y = C_1 \cos x + C_2 \sin x$ 为通解,而 $y = \cos x$,$y = \sin x$ 分别是取 $C_1 = 1, C_2 = 0$ 和 $C_1 = 0$,$C_2 = 1$ 时的特解.

求微分方程满足初始条件的解的问题,称为初值问题.一阶微分方程的初值问题一般可表示为

$$\begin{cases} y' = f(x,y) \\ y(x_0) = y_0 \end{cases} \quad \text{或} \quad \begin{cases} F(x,y,y') = 0 \\ y(x_0) = y_0 \end{cases};$$

二阶微分方程的初值问题一般可表示为

$$\begin{cases} y'' = f(x,y,y') \\ y(x_0) = y_0 \\ y'(x_0) = y_1 \end{cases} \quad \text{或} \quad \begin{cases} F(x,y,y',y'') = 0 \\ y(x_0) = y_0 \\ y'(x_0) = y_1 \end{cases}$$

其中 x_0, y_0, y_1 是已知值.

再例如,函数 $y = \dfrac{1}{3}x^3 + C$,是一阶微分方程 $y' = x^2$ 的通解(其中 C 为任意常数);而函数 $y = \dfrac{1}{3}x^3$,是一阶微分方程 $y' = x^2$ 满足初始条件 $y(0) = 0$ 的特解,函数 $y = \dfrac{1}{3}x^3 + 1$,

是一阶微分方程 $y' = x^2$ 满足初始条件 $y(0) = 1$ 的特解.

【例 6.4】 验证函数 $y = C_1 e^x + C_2 e^{2x}$(C_1, C_2 为任意常数)是二阶微分方程 $y'' - 3y' + 2y = 0$ 的通解.

【解】 对函数 $y = C_1 e^x + C_2 e^{2x}$ 求导,得 $y' = C_1 e^x + 2C_2 e^{2x}$,$y'' = C_1 e^x + 4C_2 e^{2x}$,将 y,y',y'' 代入方程,得

$$y'' - 3y' + 2y = (C_1 e^x + 4C_2 e^{2x}) - 3(C_1 e^x + 2C_2 e^{2x}) + 2(C_1 e^x + C_2 e^{2x})$$
$$= (C_1 - 3C_1 + 2C_1)e^x + (4C_2 - 6C_2 + 2C_2)e^{2x} = 0,$$

因此函数 $y = C_1 e^x + C_2 e^{2x}$ 是微分方程 $y'' - 2y' + y = 0$ 的解,又因为这个解中有两个相互独立的任意常数 C_1 与 C_2,与方程的阶数相同,所以它是方程的通解.

需要指出的是,并不是任意的微分方程都有解,即使解存在也不一定能用统一的方法求出来,以下各节仅解决一些特定类型的微分方程的求解问题.

习题 6.1

1. 说出下列微分方程的阶数

(1) $y' = 2xy$

(2) $x\mathrm{d}x + y^3 \mathrm{d}y = 0$

(3) $y'' - 9y' = 3x^2 + 1$

(4) $\left(\dfrac{\mathrm{d}y}{\mathrm{d}x}\right)^2 + x\dfrac{\mathrm{d}y}{\mathrm{d}x} - 3y^2 = 0$

(5) $xy'' - 2y' = 8x^2 + \cos x$

(6) $y^{(5)} - 4x = 0$

2. 验证下列各题中的函数是所给微分方程的通解(或特解)

(1) 函数 $y = 2x^3$,方程 $3y - xy' = 0$ [初始条件为 $y(1) = 2$]

(2) 函数 $y = C\sin x - 1$,方程 $\tan x \mathrm{d}y = (1 + y)\mathrm{d}x$

(3) 函数 $y = x^2 e^x$,方程 $y'' - 2y' + y = 2e^x$ [初始条件为 $y(0) = 0, y'(0) = 0$]

(4) 函数 $y = A\sin 3x - B\cos 3x$,方程 $y'' + 9y = 0$(其中 A 与 B 是两个任意的常数)

3. 写出由下列条件确定的曲线所满足的微分方程

(1) 曲线在点 $P(x, y)$ 处的切线斜率与该点横坐标的平方之差为 1

(2) 曲线在点 $P(x, y)$ 处的切线斜率与该点的横坐标成反比

4. 质量为 m 的物体仅受重力的作用由静止开始而做自由落体运动,试写出物体下落的距离 s 与时间 t 所满足的微分方程.

5. 镭元素的衰变满足如下规律:其衰变的速度与它的现存量成正比,经验得知镭经过 1600 年后,只剩下原始量的一半,试写出镭现存量与时间 t 所满足的微分方程.

6.2　一阶微分方程

一阶微分方程的形式很多,我们主要研究可分离变量的微分方程、齐次型的微分方程及一阶线性微分方程.

6.2.1　可分离变量的微分方程

形如:

$$\frac{\mathrm{d}y}{\mathrm{d}x} = f(x)g(y) \tag{5}$$

的一阶微分方程,称为可分离变量的微分方程. 该微分方程的特点是等式右边可以分解成两个函数之积,其中一个仅是 x 的函数,另一个仅是 y 的函数.

可分离变量的微分方程 $\dfrac{\mathrm{d}y}{\mathrm{d}x} = f(x)g(y)$ 的求解步骤为:

第一步, 分离变量得 $\dfrac{1}{g(y)}\mathrm{d}y = f(x)\mathrm{d}x \quad (g(y) \neq 0)$,

第二步, 两边积分得 $\displaystyle\int \dfrac{1}{g(y)}\mathrm{d}y = \int f(x)\mathrm{d}x$ (式中左边对 y 积分,右边对 x 积分),

然后求出不定积分,就得到方程(5)的解,把这种求解过程叫做分离变量法.

【例 6.5】 求方程 $\dfrac{\mathrm{d}y}{\mathrm{d}x} = -\dfrac{x}{y}$ 的通解.

【解】 第一步,将方程分离变量得

$$ y\mathrm{d}y = -x\mathrm{d}x, $$

第二步,两边积分

$$ \int y\mathrm{d}y = \int -x\mathrm{d}x, $$

得

$$ \dfrac{1}{2}y^2 = -\dfrac{1}{2}x^2 + C_1, $$

故方程的通解为:

$$ x^2 + y^2 = C(C > 0). $$

【例 6.6】 求方程 $\dfrac{\mathrm{d}y}{\mathrm{d}x} = x^2 y$ 满足初始条件 $y(0) = 1$ 的特解.

【解】 第一步,将方程分离变量得

$$ \dfrac{\mathrm{d}y}{y} = x^2 \mathrm{d}x (y \neq 0), $$

第二步,两边积分

$$ \int \dfrac{\mathrm{d}y}{y} = \int x^2 \mathrm{d}x, $$

得

$$ \ln |y| = \dfrac{1}{3}x^3 + C_1, $$

从而有

$$ |y| = e^{\ln|y|} = e^{\frac{1}{3}x^3 + C_1} = e^{C_1} e^{\frac{1}{3}x^3}, $$

即

$$ y = \pm e^{C_1} e^{\frac{1}{3}x^3} = Ce^{\frac{1}{3}x^3} (C = \pm e^{C_1} \neq 0). $$

由于 $y = 0$ 也是该微分方程的解,故方程的通解为:$y = Ce^{\frac{1}{3}x^3}$(C 为任意常数).而满足初始条件 $y(0) = 1$ 的特解为:$y = e^{\frac{1}{3}x^3}$(取 $C = 1$).

【例 6.7】 图 6.1 所示的 RL 串联电路中,电感 $L = 4(H)$,电阻 $R = 12(\Omega)$,电源电压 $E = 60(V)$,试求开关合上

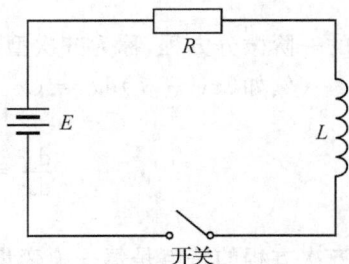

图 6.1

后电路中的电流 $I = I(t)$ 的表达式?电流的极大值是多少?

【解】 利用电学中的基尔霍夫定律,就可得到关于电流 I 所满足的一阶微分方程

$$L \frac{\mathrm{d}I}{\mathrm{d}t} + IR = E.$$

将 $L = 4, R = 12, E = 60$ 代入方程,可得 $4 \frac{\mathrm{d}I}{\mathrm{d}t} + 12I = 60$,即 $\frac{\mathrm{d}I}{\mathrm{d}t} = 15 - 3I$,

则初值问题为:

$$\begin{cases} \dfrac{\mathrm{d}I}{\mathrm{d}t} = 15 - 3I \\ I(0) = 0 \end{cases}$$

这是个可分离变量的微分方程.

第一步,将方程分离变量得

$$\frac{\mathrm{d}I}{15 - 3I} = \mathrm{d}t,$$

第二步,两边积分

$$\int \frac{\mathrm{d}I}{15 - 3I} = \int \mathrm{d}t,$$

得

$$-\frac{1}{3} \ln | 15 - 3I | = t + C_1,$$

即

$$15 - 3I = \pm e^{-3C_1} e^{-3t} = Ce^{-3t} (C = \pm e^{-3C_1}),$$

$$I = 5 - \frac{1}{3} Ce^{-3t},$$

因为 $I(0) = 0$,所以 $C = 15$. 于是初值问题的解为

$$I = 5 - 5e^{-3t} (\mathrm{A}).$$

电流的极大值为

$$\lim_{t \to +\infty} I(t) = \lim_{t \to +\infty} (5 - 5e^{-3t}) = 5.$$

这表示随着时间的延长,LR 电路中,电流的大小主要由电阻 R 决定.

*6.2.2 齐次型的微分方程

形如:

$$\frac{\mathrm{d}y}{\mathrm{d}x} = \varphi\left(\frac{y}{x}\right) \tag{6}$$

的一阶微分方程,称为齐次型的微分方程,简称齐次方程.

例如 $(xy + y^2)\mathrm{d}x = (x^2 + 2xy)\mathrm{d}y$ 是齐次方程,因为

$$\frac{\mathrm{d}y}{\mathrm{d}x} = \frac{xy + y^2}{x^2 + 2xy} = \frac{\dfrac{y}{x} + \left(\dfrac{y}{x}\right)^2}{1 + 2\left(\dfrac{y}{x}\right)} = \varphi\left(\frac{y}{x}\right).$$

齐次方程的特点是每一项变量的次数都是相同的.

齐次方程 $\dfrac{\mathrm{d}y}{\mathrm{d}x} = \varphi\left(\dfrac{y}{x}\right)$ 的求解的步骤为:

第一步,作变量代换 $u = \dfrac{y}{x}$,把齐次方程化为可分离变量的微分方程,因为

$$y = u \cdot x, \qquad \frac{\mathrm{d}y}{\mathrm{d}x} = u + x\frac{\mathrm{d}u}{\mathrm{d}x}$$

将它们代入齐次方程,得

$$u + x\frac{\mathrm{d}u}{\mathrm{d}x} = \varphi(u),$$

即

$$x\frac{\mathrm{d}u}{\mathrm{d}x} = \varphi(u) - u;$$

第二步,用分离变量法,分离变量,得

$$\frac{\mathrm{d}u}{\varphi(u) - u} = \frac{\mathrm{d}x}{x},$$

两边积分,有

$$\int \frac{\mathrm{d}u}{\varphi(u) - u} = \int \frac{\mathrm{d}x}{x},$$

然后求出积分;

第三步,换回原变量,则以 $u = \dfrac{y}{x}$ 代回,就得所给齐次方程的通解.

【例 6.8】　求微分方程 $y' = \dfrac{y}{x} + \tan\dfrac{y}{x}$ 的通解.

【解】　第一步,变量代换 $u = \dfrac{y}{x}$,则 $y = u \cdot x$, $\quad \dfrac{\mathrm{d}y}{\mathrm{d}x} = u + x\dfrac{\mathrm{d}u}{\mathrm{d}x}$ 代入原方程,得

$$x\frac{\mathrm{d}u}{\mathrm{d}x} = \tan u;$$

第二步,分离变量法,先分离变量,得

$$\frac{\mathrm{d}u}{\tan u} = \frac{\mathrm{d}x}{x},$$

后两边积分,有

$$\ln|\sin u| = \ln|x| + C_1,$$

即

$$\sin u = Cx;$$

第三步,挽回原变量,以 $u = \dfrac{y}{x}$ 代回,即得方程的通解:

$$\sin\frac{y}{x} = Cx.$$

【例 6.9】　求微分方程 $(x - 2y)y' = 2x - y$ 的通解.

【解】　原方程可化为

$$\frac{\mathrm{d}y}{\mathrm{d}x} = \frac{2x - y}{x - 2y} = \frac{2 - \dfrac{y}{x}}{1 - 2\dfrac{y}{x}},$$

这是齐次方程.

变量代换 $u = \dfrac{y}{x}$,则 $y = u \cdot x$, $\quad \dfrac{\mathrm{d}y}{\mathrm{d}x} = u + x\dfrac{\mathrm{d}u}{\mathrm{d}x}$ 代入以上方程,得

$$u + x\frac{\mathrm{d}u}{\mathrm{d}x} = \frac{2-u}{1-2u},$$

即

$$x\frac{\mathrm{d}u}{\mathrm{d}x} = \frac{2(1-u+u^2)}{1-2u},$$

分离变量,得

$$\frac{(1-2u)\mathrm{d}u}{2(1-u+u^2)} = \frac{\mathrm{d}x}{x},$$

两边积分,有

$$-\frac{1}{2}\ln \mid 1-u+u^2 \mid = \ln \mid x \mid + C_1,$$

即

$$1-u+u^2 = \frac{C}{x^2},$$

换回原变量,故原方程的通解为:

$$x^2 - xy + y^2 = C.$$

6.2.3　一阶线性微分方程

形如:

$$\frac{\mathrm{d}y}{\mathrm{d}x} + P(x)y = Q(x) \tag{7}$$

的微分方程,称为一阶线性微分方程,其中 $P(x), Q(x)$ 都是 x 的连续函数.

如果 $Q(x) \equiv 0$,则方程(7) 为:

$$\frac{\mathrm{d}y}{\mathrm{d}x} + P(x)y = 0 \tag{8}$$

这时称为一阶线性齐次的微分方程.

如果 $Q(x)$ 不恒为零,则方程(7) 称为一阶线性非齐次的微分方程.

例如,方程 $\frac{\mathrm{d}y}{\mathrm{d}x} + \frac{1}{x}y = \sin x$,是一阶线性非齐次的微分方程,它对应的一阶线性齐次的

微分方程是 $\frac{\mathrm{d}y}{\mathrm{d}x} + \frac{1}{x}y = 0$.

1. 一阶线性齐次的微分方程 $\frac{\mathbf{d}y}{\mathbf{d}x} + P(x)y = 0$ 的通解

一阶线性齐次的微分方程 $\frac{\mathrm{d}y}{\mathrm{d}x} + P(x)y = 0$ 的求解步骤为(即分离变量法):

分离变量,得　　$\frac{\mathrm{d}y}{y} = -P(x)\mathrm{d}x,$

两边积分,有　　$\ln \mid y \mid = -\int P(x)\mathrm{d}x + C_1,$

因此,一阶线性齐次的微分方程的通解为:

$$y = Ce^{-\int P(x)\mathrm{d}x}, \tag{9}$$

其中 $C = \pm e^{C_1}$,由于 $y = 0$ 也是方程的解,所以式中 C 可为任意常数.

2. 一阶线性非齐次的微分方程 $\dfrac{\mathrm{d}y}{\mathrm{d}x} + P(x)y = Q(x)$ 的通解

显然,当 C 为常数时,(9)式不是非齐次微分方程(7)的解,现在设想一下,把常数 C 换成待定函数 $u(x)$ 后,(9)式会是方程(7)的解吗?换句话说,是否存在一个函数 $C = u(x)$,使得式(9)成为方程(7)的解.

设 $y = u(x)e^{-\int P(x)\mathrm{d}x}$,得

$$\frac{\mathrm{d}y}{\mathrm{d}x} = u'(x)e^{-\int P(x)\mathrm{d}x} - u(x)P(x)e^{-\int P(x)\mathrm{d}x},$$

代入方程(7),得

$$u'(x)e^{-\int P(x)\mathrm{d}x} = Q(x),$$

即

$$u(x) = \int Q(x)e^{\int P(x)\mathrm{d}x}\mathrm{d}x + C.$$

就是说,这样的函数 $C = u(x)$ 是存在的,又由于 $u(x)$ 中存在一个任意常数 C,因此一阶线性非齐次线性微分方程的通解为:

$$y = e^{-\int P(x)\mathrm{d}x}\left[\int Q(x)e^{\int P(x)\mathrm{d}x}\mathrm{d}x + C\right]. \tag{10}$$

我们把这种通过变常数为函数的过程求解一阶线性非齐次微分方程的通解的方法叫做常数变易法.

通过上述讨论得到,用常数变易法求解一阶线性非齐次微分方程的通解步骤:

第一步,先求出其对应的齐次微分方程的通解:$y = Ce^{-\int P(x)\mathrm{d}x}$;

第二步,将通解中的常数 C 换成待定函数 $u(x)$,即 $y = u(x)e^{-\int P(x)\mathrm{d}x}$,求出 $u(x)$,最后写出非齐次微分方程的通解.

当然,我们也可以把(10)当作一阶线性非齐次微分方程的通解公式来使用.因此,一阶线性非齐次微分方程 $\dfrac{\mathrm{d}y}{\mathrm{d}x} + P(x)y = Q(x)$ 的求解方法有两种:

方法一:用常数变易法求解;

方法二:直接用公式(10)求解.

由于通解(10)也可写成:

$$y = Ce^{-\int P(x)\mathrm{d}x} + e^{-\int P(x)\mathrm{d}x}\int Q(x)e^{\int P(x)\mathrm{d}x}\mathrm{d}x.$$

上式右边第一项是非齐次方程(7)所对应的齐次方程(8)的通解,而第二项是非齐次方程(7)的一个特解(取 $C = 0$ 得到),于是有如下定理.

【**定理 6.1**】　一阶线性非齐次微分方程 $\dfrac{\mathrm{d}y}{\mathrm{d}x} + P(x)y = Q(x)$ 的通解,是由其对应的齐次方程 $\dfrac{\mathrm{d}y}{\mathrm{d}x} + P(x)y = 0$ 的通解加上非齐次方程的一个特解所构成.

【**例 6.10**】　求一阶线性非齐次微分方程 $y' + y\tan x = \cos x$ 的通解.

【**解**】　(用常数变易法求解)

第一步,先求 $y' + y\tan x = 0$ 的通解,

分离变量,得

$$\frac{1}{y}dy = -\frac{\sin x}{\cos x}dx,$$

两边积分,有

$$\ln|y| = \ln|\cos x| + C_1,$$

则 $y' + y\tan x = 0$ 的通解为:

$$y = C\cos x;$$

第二步,设 $y = u(x)\cos x$,代入原方程,得

$$u'(x)\cos x = \cos x,$$

即

$$u(x) = x + C,$$

于是原方程 $y' + y\tan x = \cos x$ 的通解为:

$$y = (x + C)\cos x = x\cos x + C\cos x.$$

【**例 6.11**】　求一阶线性非齐次微分方程 $\dfrac{dy}{dx} - \dfrac{2}{x+1}y = (x+1)^3$ 满足 $y(0) = 1$ 的特解.

【**解**】　［直接用公式(10)求解］

将 $P(x) = -\dfrac{2}{x+1}, Q(x) = (x+1)^3$ 直接代入 $y = e^{-\int P(x)dx}\left[\int Q(x)e^{\int P(x)dx}dx + C\right]$ 得:

$$y = e^{\int \frac{2}{x+1}dx}\left[\int (x+1)^3 e^{-\int \frac{2}{x+1}dx}dx + C\right] = (x+1)^2\left[\int (x+1)dx + C\right] = (x+1)^2\left(\frac{1}{2}x^2 + x + C\right),$$

同样将条件 $y(0) = 2$ 代入,得 $C = 2$,因此所要求的特解为:

$$y = \left(\frac{1}{2}x^2 + x + 2\right)(x+1)^2.$$

现将一阶微分方程的类型及解法总结如下(见表 6.1).

表 6.1　一阶微分方程的类型及解法

方程类型		方程	解法
可分离变量的微分方程		$\dfrac{dy}{dx} = f(x)g(y)$	先分离变量,后两边积分(即分离变量法)
齐次型的微分方程		$\dfrac{dy}{dx} = \varphi\left(\dfrac{y}{x}\right)$	先变量代换 $u = \dfrac{y}{x}$,把原方程化为可分离变量的方程,然后用分离变量法解出方程,最后换回原变量
一阶线性微分方程	齐次的方程	$\dfrac{dy}{dx} + P(x)y = 0$	分离变量法或直接用公式(9): $y = Ce^{-\int P(x)dx}$
	非齐次的方程	$\dfrac{dy}{dx} + P(x)y = Q(x)$	常数变易法或直接用公式(10): $y = e^{-\int P(x)dx}\left[\int Q(x)e^{\int P(x)dx}dx + C\right]$

习题 6.2

1.用分离变量法求下列微分方程的通解(或特解)

(1) $\dfrac{dy}{dx} = -\dfrac{y}{x}, y(1) = 1$　　　　　　(2) $\dfrac{dy}{dx} = -2y(y-2)$

(3) $\dfrac{dy}{dx} = \dfrac{y^2 - 1}{2x}$　　　　　　　　　(4) $\tan x\dfrac{dy}{dx} - y = 1$

(5) $x \mathrm{d} y + \mathrm{d} x = e^y \mathrm{d} x$ 　　　　　　(6) $y(1 + x^2)\mathrm{d} y + x(1 + y^2)\mathrm{d} x = 0, y(0) = 0$

2. 求下列齐次型微分方程的通解(或特解)

(1) $\dfrac{\mathrm{d} y}{\mathrm{d} x} = \dfrac{2xy}{x^2 + y^2}$ 　　　　　　(2) $x^2 \dfrac{\mathrm{d} y}{\mathrm{d} x} = y^2 - xy, y(1) = 1$

(3) $\dfrac{\mathrm{d} y}{\mathrm{d} x} = \dfrac{y}{x}(1 + \ln y - \ln x)$ 　　　(4) $(1 + 2e^{\frac{x}{y}})\mathrm{d} x + 2e^{\frac{x}{y}}\left(1 - \dfrac{x}{y}\right)\mathrm{d} y = 0$

3. 设曲线 $y = f(x)$ 上任一点处的切线斜率为 $2xy$，且经过点 $(0,1)$，求该曲线方程.

4. 求下列一阶线性微分方程的通解或特解

(1) $\dfrac{\mathrm{d} y}{\mathrm{d} x} + 3y = 8, y(0) = 2$ 　　　　(2) $2\dfrac{\mathrm{d} y}{\mathrm{d} x} - y = e^x$

(3) $y' - 2xy = e^{x^2}\cos x$ 　　　　　　(4) $y' = \dfrac{y + \ln x}{x}$

(5) $\dfrac{\mathrm{d} y}{\mathrm{d} x} + \dfrac{y}{x} = \dfrac{\sin x}{x}, y(\pi) = 0$ 　　(6) $\dfrac{\mathrm{d} y}{\mathrm{d} x} = \dfrac{y}{x + y^3}$

5. 求曲线族，使其由横轴、切线、切点和原点连线所成的三角形的面积为 a^2.

6.3　二阶微分方程

在自然科学及工程技术中，微分方程有着十分广泛的应用，在上一节我们介绍了一阶微分方程，本节主要介绍可降阶的二阶微分方程与二阶常系数线性微分方程.

*6.3.1　可降阶的二阶微分方程

先来介绍三种特殊类型的二阶微分方程，它们可以通过变量代换使二阶降为一阶.

1. $y'' = f(x)$ 型的微分方程

这是最简单的二阶微分方程. 对它只需通过两次积分就可得到方程的通解，通解中含有两个任意常数.

【例 6.12】　求微分方程 $y'' = \cos x$ 的通解.

【解】　两边积分一次，得 $y' = \displaystyle\int \cos x \mathrm{d} x = \sin x + C_1$，两边再积分一次，得

$$y = \int (\sin x + C_1)\mathrm{d} x = -\cos x + C_1 x + C_2,$$

这就是所给微分方程的通解，其中 C_1, C_2 为任意常数

2. $y'' = f(x, y')$ 型的微分方程

此类微分方程的特点是：方程的右端不显含未知函数 y.

其解法为：

先作变量代换 $y' = p(x)$，则 $y'' = p'(x)$，于是原方程化为：$p' = f(x, p)$，这是一个关于变量 x, p 的一阶微分方程.

然后求出其通解为：$p = \varphi(x, C_1)$，则 $\dfrac{\mathrm{d} y}{\mathrm{d} x} = \varphi(x, C_1)$.

最后可求得原方程的通解为：$y = \displaystyle\int \varphi(x, C_1)\mathrm{d} x + C_2$ (C_1, C_2 为任意常数).

【例 6.13】　求微分方程 $y'' - y' - x = 0$，满足初始条件 $\begin{cases} y(0) = 1 \\ y'(0) = 0 \end{cases}$ 的特解.

【解】 方程中不显含未知函数 y.

先作变量代换 $y' = p$，则 $y'' = \dfrac{dp}{dx}$，于是原方程化为：$\dfrac{dp}{dx} - p - x = 0$，这是一个关于变量 x, p 的一阶线性非齐次微分方程.

然后用常数变易法或直接用公式(10)，可求得其通解为：$p = -x - 1 + C_1 e^x$，由初始条件 $y'(0) = p(0) = 0$，得 $C_1 = 1$，则 $\dfrac{dy}{dx} = -x - 1 + e^x$.

最后两边积分，就得 $y = \displaystyle\int (-x - 1 + e^x) dx = -\dfrac{1}{2} x^2 - x + e^x + C_2$，再由初始条件 $y(0) = 1$，得 $C_2 = 0$，于是原方程的特解为：

$$y = -\frac{1}{2} x^2 - x + e^x.$$

3. $y'' = f(y, y')$ 型微分方程

此类微分方程的特点是：方程的右端不显含自变量 x. 其解法为：

先作变量代换 $y' = p(y)$，则 $y'' = \dfrac{dp}{dx} = \dfrac{dp}{dy} \cdot \dfrac{dy}{dx} = p \dfrac{dp}{dy}$，于是原方程化为：$p \dfrac{dp}{dy} = f(y, p)$，这是一个关于变量 y, p 的一阶微分方程.

然后求出其通解为：$p = \varphi(y, C_1)$，则 $\dfrac{dy}{dx} = \varphi(y, C_1)$.

最后用分离变量法，得原方程的通解为：$\displaystyle\int \dfrac{dy}{\varphi(y, C_1)} = x + C_2$（$C_1, C_2$ 为任意常数）.

【例 6.14】 求微分方程 $yy'' - (y')^2 = 0$ 的通解.

【解】 方程中不显含自变量 x.

先作变量代换 $y' = p(y)$，则 $y'' = \dfrac{dp}{dy} \cdot \dfrac{dy}{dx} = p \dfrac{dp}{dy}$，于是原方程化为 $yp \dfrac{dp}{dy} - p^2 = 0$，这是一个关于变量 y, p 的可分离变量的微分方程.

然后（当 $p \neq 0$ 时）分离变量，得 $\dfrac{dp}{p} = \dfrac{dy}{y}$，再两边积分，得 $p = C_1 y$，则 $y' = C_1 y$.

最后再分离变量，得 $\dfrac{dy}{y} = C_1 dx$，再两边积分，得 $\ln y = C_1 x + \ln C_2$，于是原方程的通解为 $y = C_2 e^{C_1 x}$（C_1, C_2 为任意常数）. 另外，当 $p = 0$ 时，$y = C$，也已在上述的通解中.

6.3.2 二阶常系数线性微分方程

形如：

$$y'' + py' + qy = f(x) \tag{11}$$

的微分方程，称为二阶常系数线性微分方程. 其中 p, q 为常数，$f(x)$ 为 x 的连续函数.

特别地，如果 $f(x) \equiv 0$，则方程(11) 为：

$$y'' + py' + qy = 0 \tag{12}$$

这时方程(12) 称为二阶常系数线性齐次微分方程.

相对应地，如果 $f(x)$ 不恒为零，则方程(11) 称为二阶常系数线性非齐次微分方程.

例如，方程 $y'' + 3y' + 4y = 2x$，是二阶常系数线性非齐次微分方程，它对应的二阶常系数线性齐次微分方程是 $y'' + 3y' + 4y = 0$. 下面来分别讨论二阶常系数线性齐次与非齐次微分方程的解结构及解法.

1. 二阶常系数线性齐次微分方程 $y'' + py' + qy = 0$ 的解的结构及解法

设 $y_1(x), y_2(x)$ 是两个定义在区间 (a, b) 内的函数, 若它们的比 $\dfrac{y_1(x)}{y_2(x)}$ 为常数, 则称它们是线性相关的, 否则称它们是线性无关的.

例如, 函数 $y_1 = e^x$ 与 $y_2 = 2e^x$ 是线性相关的, 因为 $\dfrac{y_1}{y_2} = \dfrac{e^x}{2e^x} = \dfrac{1}{2}$; 而函数 $y_1 = e^x$ 与 $y_2 = e^{-x}$ 是线性无关的, 因为 $\dfrac{y_1}{y_2} = \dfrac{e^x}{e^{-x}} = e^{-2x} \neq C$.

【定理 6.2】　如果函数 $y_1(x)$ 和 $y_2(x)$ 是齐次方程 $y'' + py' + qy = 0$ 的两个解, 且 $y_1(x)$ 与 $y_2(x)$ 线性无关, 则

$$y = C_1 y_1(x) + C_2 y_2(x) \tag{13}$$

就是该齐次方程的通解, 其中 C_1, C_2 为两个任意常数.

例如: 方程 $y'' - y = 0$, 容易验证 $y_1 = e^x$ 与 $y_2 = e^{-x}$ 是该方程的两个解, 由于它们线性无关, 因此 $y = C_1 e^x + C_2 e^{-x}$ 就是该方程 $y'' - y = 0$ 的通解.

至于定理 6.2 的证明不难, 利用导数运算性质很容易得到验证, 请读者自行完成.

由定理 6.2 可知, 求齐次方程 (12) 的通解, 可归结为求它的两个线性无关的解.

从齐次方程 $y'' + py' + qy = 0$ 的结构来看, 它的解 y 必须与其一阶导数、二阶导数只差一个常数因子, 而具有此特征的最简单的函数就是指数函数 e^{rx} (其中 r 为常数).

因此, 可设 $y = e^{rx}$ 为齐次方程 (12) 的解 (r 为待定), 则 $y' = re^{rx}$, $y'' = r^2 e^{rx}$, 把它们代入齐次方程 (12) 得 $e^{rx}(r^2 + pr + q) = 0$, 由于 $e^{rx} \neq 0$, 所以有

$$r^2 + pr + q = 0. \tag{14}$$

由此可见, 只要 r 满足方程 (14), 函数 $y = e^{rx}$ 就是齐次方程 (12) 的解, 我们称方程 (14) 为齐次方程 (12) 的特征方程, 满足方程 (14) 的根为特征根.

由于特征方程 (14) 是一个一元二次方程, 它的两个根 r_1 与 r_2 可用公式:

$$r_{1,2} = \frac{-p \pm \sqrt{p^2 - 4q}}{2}$$

求出, 它们有三种不同的情况, 分别对应着齐次方程 (12) 的通解的三种不同情形:

(1) $p^2 - 4q > 0$ 时, 有两个不相等的实根 r_1 与 r_2, 这时易验证 $y_1 = e^{r_1 x}$ 与 $y_2 = e^{r_2 x}$ 就是齐次方程 (12) 两个线性无关的解, 因此齐次方程 (12) 的通解为:

$$y = C_1 e^{r_1 x} + C_2 e^{r_2 x},$$

其中 C_1, C_2 为两个相互独立的任意常数.

(2) $p^2 - 4q = 0$ 时, 有两个相等的实根 $r_1 = r_2 = r$, 这时同样可以验证 $y_1 = e^{rx}$ 与 $y_2 = xe^{rx}$ 是齐次方程 (12) 两个线性无关的解, 因此齐次方程 (12) 的通解为:

$$y = (C_1 + C_2 x)e^{rx},$$

其中 C_1, C_2 为两个相互独立的任意常数.

(3) $p^2 - 4q < 0$ 时, 有一对共轭复根 $r_1 = \alpha + i\beta$ 与 $r_2 = \alpha - i\beta$ (α, β 为实数, 且 $\beta \neq 0$), 这时可以验证 $y_1 = e^{\alpha x} \cos\beta x$ 与 $y_2 = e^{\alpha x} \sin\beta x$ 就是齐次方程 (12) 两个线性无关的解, 因此齐次方程 (12) 的通解为

$$y = (C_1\cos\beta x + C_2\sin\beta x)e^{\alpha x},$$

其中 C_1, C_2 为两个相互独立的任意常数.

综上所述,求齐次方程 $y'' + py' + qy = 0$ 的通解步骤为:

第一步,写出齐次方程的特征方程 $r^2 + pr + q = 0$;

第二步,求出特征根 r_1 与 r_2;

第三步,根据特征根的不同情形,按照表 6.2 写出齐次方程(12)的通解.

表 6.2　二阶常系数线性齐次微分方程 $y'' + py' + qy = 0$ 的通解

特征方程 $r^2 + pr + q = 0$ 的两个特征根 r_1, r_2	齐次方程 $y'' + py' + qy = 0$ 的通解
两个不相等的实根 r_1 与 r_2	$y = C_1 e^{r_1 x} + C_2 e^{r_2 x}$
两个相等的实根 $r_1 = r_2 = r$	$y = (C_1 + C_2 x)e^{rx}$
一对共轭复根 $r_1 = \alpha + i\beta$ 与 $r_2 = \alpha - i\beta$	$y = (C_1\cos\beta x + C_2\sin\beta x)e^{\alpha x}$

【例 6.15】　求微分方程 $y'' - 3y' + 2y = 0$ 的通解.

【解】　所给方程的特征方程为

$$r^2 - 3r + 2 = 0,$$

求得其特征根为

$$r_1 = 1 \text{ 与 } r_2 = 2,$$

故所给齐次方程的通解为

$$y = C_1 e^x + C_2 e^{2x}(\text{其中 } C_1, C_2 \text{ 为两个任意常数}).$$

【例 6.16】　求微分方程 $y'' - 4y' + 4y = 0$,满足初始条件 $y(0) = 1, y'(0) = 1$ 的特解.

【解】　所给方程的特征方程为

$$r^2 - 4r + 4 = 0,$$

求得其特征根为 $\qquad r_1 = r_2 = 2,$

故所给方程的通解为

$$y = (C_1 + C_2 x)e^{2x};$$

将初始条件 $y(0) = 1, y'(0) = 1$ 代入,得 $C_1 = 1, C_2 = -1$,

故所给齐次方程的特解为

$$y = (1 - x)e^{2x}.$$

【例 6.17】　求微分方程 $\dfrac{d^2 y}{dx^2} + 2\dfrac{dy}{dx} + 3y = 0$ 的通解.

【解】　所给方程的特征方程为

$$r^2 + 2r + 3 = 0,$$

求得它有一对共轭复根为 $\qquad r_{1,2} = -1 \pm \sqrt{2}\, i,$

故所给齐次方程的通解为

$$y = (C_1\cos\sqrt{2}\, x + C_2\sin\sqrt{2}\, x)e^{-x}(\text{其中 } C_1, C_2 \text{ 为两个任意常数}).$$

2. 二阶常系数线性非齐次微分方程 $y'' + py' + qy = f(x)$ 的解的结构及解法

【定理 6.3】　如果函数 y^* 是非齐次方程 $y'' + py' + qy = f(x)$ 的一个特解,$\bar{y}$ 是对应的齐次方程 $y'' + py' + qy = 0$ 的通解,那么

$$y = \bar{y} + y^* \tag{15}$$

就是该非齐次方程的通解.

通过对比,可以看出,二阶常系数线性非齐次微分方程与一阶线性非齐次微分方程有相同的解结构.这不是偶然的,可肯定地说,n 阶常系数线性非齐次方程都有这样的解结构.

【定理 6.4】　如果函数 y_1^* 与 y_2^* 分别是非齐次方程

$$y'' + py' + qy = f_1(x)$$

与

$$y'' + py' + qy = f_2(x)$$

的一个特解,那么 $y_1^* + y_2^*$ 就是非齐次方程

$$y'' + py' + qy = f_1(x) + f_2(x)$$

的一个特解.

定理 6.3 与定理 6.4 的正确性,都可由方程解的定义而直接验证,请读者自行完成.

由定理 6.3 可知,求非齐次方程 $y'' + py' + qy = f(x)$ 的通解步骤为:

第一步,求出对应齐次方程 $y'' + py' + qy = 0$ 的通解 $\bar{y}$;

第二步,求出非齐次方程 $y'' + py' + qy = f(x)$ 的一个特解 y^*;

第三步,写出所求非齐次方程的通解为 $y = \bar{y} + y^*$.

解方程的难点是第二步:求非齐次方程 $y'' + py' + qy = f(x)$ 的一个特解.对此我们不加证明地,直接用表 6.3 给出 $f(x)$ 在两种常见类型下的非齐次方程的特解形式.

表 6.3　二阶常系数线性非齐次微分方程 $y'' + py' + qy = f(x)$ 的特解

$f(x)$ 的形式	条件	特解 y^* 的形式
$f(x) = P_m(x)e^{\lambda x}$	λ 不是特征根	$y^* = Q_m(x)e^{\lambda x}$
	λ 是特征单根	$y^* = xQ_m(x)e^{\lambda x}$
	λ 是特征重根	$y^* = x^2 Q_m(x)e^{\lambda x}$
$f(x) = e^{\alpha x}(A\cos\beta x + B\sin\beta x)$	$\alpha \pm \beta i$ 不是特征方程根	$y^* = e^{\alpha x}(a\cos\beta x + b\sin\beta x)$
	$\alpha \pm \beta i$ 是特征方程根	$y^* = xe^{\alpha x}(a\cos\beta x + b\sin\beta x)$

注:①$P_m(x)$ 是一个已知的 m 次多项式,$Q_m(x)$ 是与 $P_m(x)$ 有相同次数的待定多项式;
②A,B,α,β 为已知常数,a,b 为待定常数.

【例 6.18】　求微分方程 $y'' + y' = x$ 的一个特解 y^*.

【解】　因为 $f(x) = xe^{0x}$ 中的 $\lambda = 0$ 恰是特征方程 $r^2 + r = 0$ 的单根,故可设

$$y^* = x(ax+b)e^{0x} = ax^2 + bx,$$

为方程的一个特解,其中 a,b 为待定系数,则

$$(y^*)' = 2ax + b, (y^*)'' = 2a,$$

代入原方程,得

$$2a + 2ax + b = x,$$

比较等式两边,可解得

$$a = \frac{1}{2}, b = -1,$$

故原方程的一个特解为：

$$y^* = \frac{1}{2}x^2 - x.$$

【例 6.19】 求微分方程 $y'' - 6y' + 9y = e^{3x}$ 的通解.

【解】 第一步，求对应齐次方程 $y'' - 6y' + 9y = 0$ 的通解 $\bar{y}$. 因特征方程为 $r^2 - 6r + 9 = 0$，所以特征根为 $r_1 = r_2 = 3$（是重根），故对应齐次方程的通解为：

$$\bar{y} = (C_1 + C_2 x)e^{3x};$$

第二步，求原方程的一个特解 y^*. 因 $f(x) = e^{3x}$ 中的 $\lambda = 3$ 恰是特征方程的重根，故可设：

$$y^* = ax^2 e^{3x},$$

其中 a 为待定系数，则

$$(y^*)' = (2ax + 3ax^2)e^{3x}, (y^*)'' = (2a + 12ax + 9ax^2)e^{3x},$$

代入原方程，得

$$[2a + 12ax + 9ax^2 - 6(2ax + 3ax^2) + 9ax^2]e^{3x} = e^{3x},$$

比较等式两边，可解得

$$a = \frac{1}{2},$$

故原方程的一个特解为：

$$y^* = \frac{1}{2}x^2 e^{3x};$$

第三步，原方程的通解为：

$$y = (C_1 + C_2 x)e^{3x} + \frac{1}{2}x^2 e^{3x}.$$

【例 6.20】 求（1）方程 $y'' + y = \sin x$ 的一个特解 y^*；

（2）方程 $y'' + y = \sin x + \cos x$ 的一个特解 y^*.

【解】 （1）因为 $f(x) = e^0 \sin x$ 中的 $\alpha \pm i\beta = \pm i$（其中 $\alpha = 0, \beta = 1$）恰是特征方程 $\lambda^2 + 1 = 0$ 的根，从而可设特解为：

$$y^* = x(a\cos x + b\sin x),$$

代入原方程，可解得

$$a = -\frac{1}{2}, b = 0,$$

$$故 \ y'' + y = \sin x \ 的一个特解为：$$

$$y^* = -\frac{1}{2}x\cos x.$$

（2）用同样的方法，可求得方程 $y'' + y = \cos x$ 的一个特解为 $y^* = \frac{1}{2}x\sin x$，根据定理 6.4，$y'' + y = \sin x + \cos x$ 的特解为 $y^* = \frac{1}{2}x(\sin x - \cos x)$.

现将二阶微分方程的类型及解法总结如表 6.4 所示.

表 6.4　二阶微分方程的类型及解法

方程类型	方程	解法
可降阶的二阶微分方程	$y'' = f(x)$	只需通过两次积分就可得到方程的通解
	$y'' = f(x, y')$	先变量代换 $y' = p$，则 $y'' = p'$，于是原方程为 $p' = f(x, p)$. 然后求出其通解 $p = \varphi(x, C_1)$，则 $\dfrac{\mathrm{d}y}{\mathrm{d}x} = \varphi(x, C_1)$. 最后求出原方程的通解为：$y = \int \varphi(x, C_1)\mathrm{d}x + C_2$.
	$y'' = f(y, y')$	先变量代换 $y' = p(y)$，则 $y'' = \dfrac{\mathrm{d}p}{\mathrm{d}y} \cdot \dfrac{\mathrm{d}y}{\mathrm{d}x} = p\dfrac{\mathrm{d}p}{\mathrm{d}y}$，于是原方程为 $p\dfrac{\mathrm{d}p}{\mathrm{d}y} = f(y, p)$. 然后求出其通解 $p = \varphi(y, C_1)$，则 $\dfrac{\mathrm{d}y}{\mathrm{d}x} = \varphi(y, C_1)$. 最后用分离变量法求出原方程的通解为：$\displaystyle\int \dfrac{\mathrm{d}y}{\varphi(y, C_1)} = x + C_2$.
二阶常系数线性齐次微分方程	$y'' + py' + qy = 0$	特征方程 $r^2 + pr + q = 0$ 有两个不相等的实根 r_1 与 r_2，通解为：$y = C_1 e^{r_1 x} + C_2 e^{r_2 x}$.
		特征方程 $r^2 + pr + q = 0$ 有两个相等的实根 $r_1 = r_2 = r$，通解为：$y = (C_1 + C_2 x)e^{rx}$.
		特征方程 $r^2 + pr + q = 0$ 有一对共轭复根 $r_1 = \alpha + i\beta$ 与 $r_2 = \alpha - i\beta$，通解为：$y = (C_1 \cos\beta x + C_2 \sin\beta x)e^{\alpha x}$.
二阶常系数线性非齐次微分方程	$y'' + py' + qy = f(x)$ 其中 $f(x) = P_m(x)e^{\lambda x}$	λ 不是特征根时，通解为：$y = \bar{y} + Q_m(x)e^{\lambda x}$；$\lambda$ 是特征单根时，通解为：$y = \bar{y} + xQ_m(x)e^{\lambda x}$；$\lambda$ 是特征重根时，通解为：$y = \bar{y} + x^2 Q_m(x)e^{\lambda x}$. （其中 $\bar{y}$ 是对应的齐次方程 $y'' + py' + qy = 0$ 的通解）
	$y'' + py' + qy = f(x)$ 其中 $f(x) = e^{\alpha x}(A\cos\beta x + B\sin\beta x)$	$\alpha \pm \beta i$ 不是特征方程根时，通解为：$y = \bar{y} + e^{\alpha x}(a\cos\beta x + b\sin\beta x)$；$\alpha \pm \beta i$ 是特征方程根时，通解为：$y = \bar{y} + xe^{\alpha x}(a\cos\beta x + b\sin\beta x)$. （其中 $\bar{y}$ 是对应的齐次方程 $y'' + py' + qy = 0$ 的通解）

习题 6.3

1. 求下列可降阶的二阶微分方程的通解或特解

$(1) y'' = xe^x, \begin{cases} y(0) = 0 \\ y'(0) = 0 \end{cases}$ 　　　　$(2) y'' = e^x + \sin x$

$(3) x^3 y'' + x^2 y' = 1$ 　　　　$(4) (1 + x^2)y'' = 2xy', \begin{cases} y(0) = 1 \\ y'(0) = 3 \end{cases}$

$(5) y'' = 2yy', \begin{cases} y(0) = 1 \\ y'(0) = 2 \end{cases}$ 　　　　$(6) y'' = 1 + (y')^2$

2．一质点运动的加速度 a、速度 v 与时间 t 关系为：$a + 3v = t + 1$，试求：满足条件

$$\begin{cases} s(0) = -\dfrac{1}{3} \\[2mm] s'(0) = \dfrac{11}{9} \end{cases}$$ 的路程方程 $s = s(t)$．

3．求下列二阶常系数线性齐次微分方程的通解

（1）$y'' - 4y' = 0$ （2）$y'' - 2y' + y = 0$

（3）$y'' + y' + y = 0$ （4）$y'' - 5y' + 6y = 0$

4．写出下列二阶常系数线性非齐次微分方程的一个特解

（1）$y'' - 2y' - 3y = x + 1$ （2）$y'' - 4y = 2e^{2x}$

（3）$y'' - 2y' + 2y = 4e^x \cos x$ （4）$y'' + 2y' + 2y = e^{-x}\sin x + x + 2$

5．求微分方程 $y'' - y = 4xe^x$ 满足初始条件 $y(0) = 0, y'(0) = 1$ 的特解．

6．一质量为 m 的质点从水面由静止状态开始下降，所受阻力与下降速度成正比（比例系数为 k），求质点下降深度与时间 t 的函数关系．

6.4　微分方程的应用举例

许多事物的变化和运动规律往往要通过建立微分方程的数学模型来研究．如：

1．物体冷却

【例 6.21】　物体的冷却速度与物体温度与环境温度之差成正比，试建立物体在冷却过程，其温度 Q 与时间 t 的关系．

【解】　设物体在时刻 t 的温度为 $Q = Q(t)$，环境温度始终为 q，根据牛顿冷却定律，有关系式：

$$\frac{\mathrm{d}Q}{\mathrm{d}t} = -k(Q - q),$$

这是可分离变量的微分方程（或一阶线性非齐次微分方程），其中：负号代表物体处于冷却过程中$\left(事实上，Q(t) 单调减少，即 \dfrac{\mathrm{d}Q}{\mathrm{d}t} < 0\right)$，$k$ 为比例常数（$k > 0$）．

用分离变量法［或直接用公式（10）］可求得通解为：

$$Q = q + Ce^{-kt},$$

C 为任意常数．另外我们可以看到，$\lim\limits_{t \to +\infty} Q = q$，这说明物体的温度最后趋同于环境的温度．

2．电容充放电

【例 6.22】　如图 6.2 所示，表示电容器充放电电路，已知电源电压为 E，试建立电容器充放电时，电容 C 的电压 U_C 随时间 t 的变化规律．

【解】　（1）当开关 k 接上 A 时，电容开始充电，根据克希霍夫定律，有 $U_C + U_R = E$；因 $U_R = IR$，$I = \dfrac{\mathrm{d}Q}{\mathrm{d}t}$，而 $Q =$

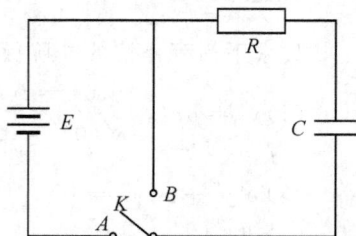

图 6.2

CU_C（Q 是电容上的电量），故有关系式：

$$RC\frac{\mathrm{d}U_C}{\mathrm{d}t} + U_C = E,$$

这是一阶线性非齐次微分方程（或可分离变量的微分方程），其中 R, C, E 为常数．

直接用公式(10)(或分离变量法)可求得通解为:

$$U_c = E + Ke^{-\frac{t}{RC}}(\text{其中 } K \text{ 为任意常数}).$$

因当 $t = 0$ 时,$U_c = 0$,故 $K = -E$,即 $U_c = E(1 - e^{-\frac{t}{RC}})$

(2)当开关 k 接上 B 时,电容开始放电,根据克希霍夫定律,有 $RI + U_c = 0$,即有关系式:

$$RC \frac{\mathrm{d}U_c}{\mathrm{d}t} + U_c = 0,$$

这是一阶线性齐次微分方程(或可分离变量的微分方程),其中 R,C,E 为常数.

直接用公式(9)(或分离变量法)可求得通解为:

$$U_c = Ke^{-\frac{t}{RC}}(\text{其中 } K \text{ 为任意常数}).$$

因当 $t = 0$ 时,$U_c = E$,所以 $U_c = Ee^{-\frac{t}{RC}}$.

3. 自由落体运动

【例 6.23】　如图 6.3 所示,一质量为 m 的物体,只受重力的作用而自由降落,试建立物体所经过的路程 s 与时间 t 的关系.

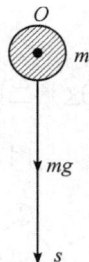

【解】　如图建立坐标系(起点为坐标原点,物体降落的铅垂线取为 s 轴,方向朝下),设物体在时刻 t 的位置为 $s = s(t)$,因物体只受重力 $F = mg$ 的作用而自由降落,由牛顿第二定律,有关系式:$m\dfrac{\mathrm{d}^2 s}{\mathrm{d}t^2} = mg$,即:

$$\frac{\mathrm{d}^2 s}{\mathrm{d}t^2} = g,$$

图 6.3

这是可降阶的二阶微分方程,两次积分就可得通解为:

$$s = \frac{1}{2}gt^2 + C_1 t + C_2,$$

其中 C_1,C_2 是任意的常数.

由题意,$t = 0$ 时,$s(0) = 0$,$v(0) = 0$,即 $s'(0) = 0$,代入上式得 $C_1 = C_2 = 0$,即 $s = \dfrac{1}{2}gt^2$.

4. 弹簧振动

【例 6.24】　如图 6.4 所示,一质量为 m 的物体,悬挂在弹簧末端,其平衡位置为 A.现在用力 F_0 将物体向下拉至位置 B,然后松开手,弹簧就会上下振动,试建立在振动过程,物体离开平衡位置的位移 x 随时间 t 的变化规律.

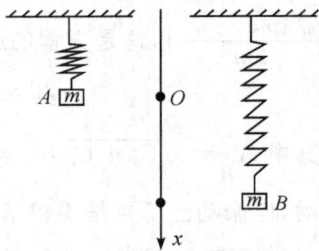

【解】　如图建立坐标系(平衡位置 A 取为坐标原点 O,铅垂线取为 x 轴,方向朝下),设物体在时刻 t,离开平衡位置的位移为 $x = x(t)$.

图 6.4

(1)不计空气阻力时

根据胡克定律,物体所受的弹力 $F = -kx$(其中 $k > 0$ 为弹性系数,负号表示弹力与弹簧的伸长或压缩 x 方向相反),再根据牛顿第二定律,于是有关系式:

$$m\frac{\mathrm{d}^2 x}{\mathrm{d}t^2} = -kx,$$

这是二阶常系数线性齐次方程.

因其特征方程 $mr^2 + k = 0$,有一对共轭复数 $r = \pm\sqrt{-\dfrac{k}{m}} = \pm\sqrt{\dfrac{k}{m}}i = \pm\omega i \left(\text{其中 } \omega = \sqrt{\dfrac{k}{m}}\right)$,于是方程的通解为:

$$x(t) = C_1\sin\omega t + C_2\cos\omega t = A\sin(\omega t + \varphi),$$

其中 $A = \sqrt{C_1^2 + C_2^2}$,$\varphi = \arctan\dfrac{C_2}{C_1}$,$C_1,C_2$ 为与外力 F_0 有关的常数. 这是正弦函数,称之为"简谐振动",也即"无阻尼运动".

（2）考虑空气阻力 F_1 时

实验证明 F_1 与物体运动速度成正比,方向与物体运动方向相反,于是有 $F_1 = -\mu\dfrac{\mathrm{d}x}{\mathrm{d}t}$（其中 $\mu > 0$ 为比例系数）,于是有关系式:

$$m\dfrac{\mathrm{d}^2 x}{\mathrm{d}t^2} = -\mu\dfrac{\mathrm{d}x}{\mathrm{d}t} - kx,$$

这是二阶常系数线性齐次方程.

因其特征方程 $mr^2 + \mu r + k = 0$,有特征根 $r_{1,2} = \dfrac{-\mu \pm \sqrt{\mu^2 - 4mk}}{2m}$,分三种情况讨论

① 若 $\mu^2 - 4mk > 0$,则 r_1 与 r_2 为两个不相等的实根,这时方程的通解为:

$x(t) = C_1 e^{r_1 t} + C_2 e^{r_2 t}$（其中 $r_1 < 0, r_2 < 0, C_1, C_2$ 为与 F_0 有关的常数）,

这时 $x(t)$ 按指数函数规律迅速衰减,振动不会发生,且 $\lim\limits_{t\to+\infty} x(t) = 0$,说明随时间的延续,物体逐渐趋于平衡位置 B,这时称之为"大阻尼运动".

② 若 $\mu^2 - 4mk = 0$,则 r_1 与 r_2 为两个相等的实根 $r_1 = r_2 = -\dfrac{\mu}{2m}$,这时方程的通解为:

$x(t) = (C_1 + C_2 x)e^{-\frac{\mu}{2m}t}$（$C_1, C_2$ 为与 F_0 有关的常数）,

这时 $x(t)$ 也是按指数函数规律衰减,振动不会发生,且 $\lim\limits_{t\to+\infty} x(t) = 0$,也说明随时间的延续,物体逐渐趋于平衡位置 B,这时称之为"临界阻尼运动".

③ 若 $\mu^2 - 4mk < 0$,则 r_1 与 r_2 为一对共轭复数 $r_{1,2} = \alpha \pm \beta i \left(\text{其中 } \alpha = -\dfrac{\mu}{2m} < 0, \beta = \right.$ $\left. \dfrac{\sqrt{4mk - \mu^2}}{2m}\right)$,这是方程的通解为:

$$x(t) = (C_1\sin\beta t + C_2\cos\beta t)e^{\alpha t} = A_1\sin(\beta t + \varphi_1)e^{\alpha t},$$

其中 $A_1 = \sqrt{C_1^2 + C_2^2}$,$\varphi_1 = \arctan\dfrac{C_2}{C_1}$,$C_1, C_2$ 为与 F_0 有关的常数,它有正弦函数,会产生振动,但振动已不再是等幅了,且有 $\lim\limits_{t\to+\infty} A_1 e^{\alpha t} = 0$ 及 $\lim\limits_{t\to+\infty} x(t) = 0$,说明随时间的延续,物体振动将逐渐衰减,最后也趋于平衡位置 B,这时称之为"阻尼运动".

（3）考虑空气阻力 F_1,并且物体还受外力 $f(t)$ 作用时

这时有关系式:

$$m\dfrac{\mathrm{d}^2 x}{\mathrm{d}t^2} = -\mu\dfrac{\mathrm{d}x}{\mathrm{d}t} - kx + f(t),$$

这是二阶常系数线性非齐次方程.

具体可根据 $f(t)$ 的表达式及二阶常系数线性非齐次方程的解法,求出其通解,这里就不展开了.

5. 单摆运动

【例 6.25】　有一质量为 m 的小球,用长为 l(不能伸长、不计质量)的细线悬挂在 O 点,如图 6.5 所示. 在重力的作用下,小球在一垂直于地面的平面上作来回摆动,试确定小球来回摆动(即单摆)的运动方程.

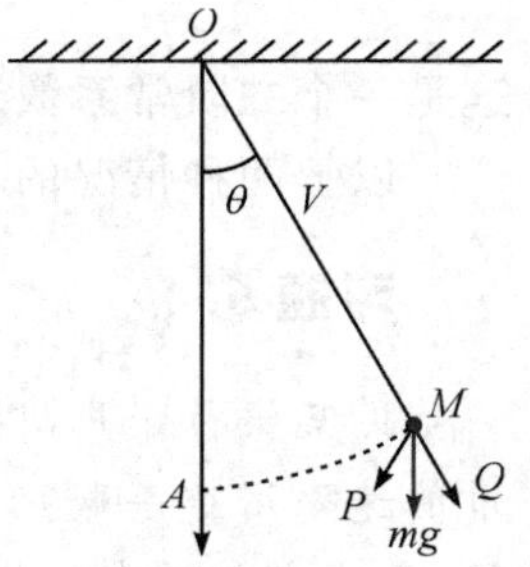

图 6.5

【解】　如图建立坐标系(O 点为坐标原点,铅垂线为 x 轴、方向向下,小球系在长为 l 的细线 M 点处),设摆线(即细线)与铅垂线的有向夹角为 θ(即摆角),并设逆时针方向为摆角的正方向,而 $\theta = 0$ 时,对应于单摆的平衡位置(即 x 轴),显然单摆在以 O 为中心,l 为半径的圆周上来回摆动.

当摆线有摆角 θ 时,重力 mg 将摆拉向平衡位置. 把重力 mg 分解为两个分量,第一个分量 $\overrightarrow{MQ}$,沿着半径 OM 的方向,与摆线的拉力相抵消,它不会影响单摆的速度;第二个分量 $\overrightarrow{MP}$,沿着圆周的切线方向,它将影响单摆的速度,因为 $\overrightarrow{MP}$ 总是使摆向着平衡位置的方向运动(即当摆角 θ 为正时,向减少 θ 的方向运动,当摆角 θ 为负时,向增大 θ 的方向运动),所以 $\overrightarrow{MP}$ 的数值为 $-mg\sin\theta$. 由牛顿第二定律,于是单摆的运动方程为:$m\left(l\dfrac{\mathrm{d}^2\theta}{\mathrm{d}t^2}\right) = -mg\sin\theta$(不计其他阻力),即

$$\frac{\mathrm{d}^2\theta}{\mathrm{d}t^2} = -\frac{g}{l}\sin\theta,$$

这是一个二阶非线性微分方程.

如果只研究摆的微小摆动,即摆角 θ 充分小时,我们可以用 $\sin\theta \approx \theta$,这时就得到了微小摆动时单摆的运动方程为:

$$\frac{\mathrm{d}^2\theta}{\mathrm{d}t^2} + \frac{g}{l}\theta = 0,$$

这是一个二阶常系数线性的齐次方程. 因其特征方程 $r^2 + \dfrac{g}{l} = 0$,有一对共轭复数 $r = \pm\sqrt{\dfrac{g}{l}}i = \pm\beta i\left(\text{其中}\ \beta = \sqrt{\dfrac{g}{l}}\right)$,于是方程的通解为:

$$\theta(t) = C_1\sin\beta t + C_2\cos\beta t = A\sin(\beta t + \varphi),$$

其中 C_1, C_2 为任意的常数,$A = \sqrt{C_1^2 + C_2^2}$,$\varphi = \arctan\dfrac{C_2}{C_1}$.

若要确定单摆在某一个特定的运动,则还应给出单摆的初始条件:当 $t = 0$ 时,$\theta = \theta_0$,$\dfrac{\mathrm{d}\theta}{\mathrm{d}t} = \omega_0$,其中 θ_0 代表摆的初始位置,ω_0 代表摆的初始角速度.

如果单摆是在一个粘性的介质中摆动,那么沿着摆的运动方向存在一个与速度成比例的阻力(阻力系数为 $\mu > 0$),则这时单摆的运动方程变为:$m\left(l\dfrac{\mathrm{d}^2\theta}{\mathrm{d}t^2}\right) = -mg\theta - \mu\left(l\dfrac{\mathrm{d}\theta}{\mathrm{d}t}\right)$,即

$$\frac{\mathrm{d}^2\theta}{\mathrm{d}t^2} + \frac{\mu}{m}\frac{\mathrm{d}\theta}{\mathrm{d}t} + \frac{g}{l}\theta = 0,$$

这也是一个二阶常系数线性的齐次方程.

如果沿着单摆的运动方向,还有一个外力 $f(t)$ 的作用,这是时单摆的运动方程变为:

$$\frac{\mathrm{d}^2\theta}{\mathrm{d}t^2} + \frac{\mu}{m}\frac{\mathrm{d}\theta}{\mathrm{d}t} + \frac{g}{l}\theta = \frac{1}{ml}f(t),$$

这是一个二阶常系数线性非齐次微分方程.

以上两种情况的求解过程,这里就不展开了.

习题 6.4

1. 某银行账户,以连续复利方式计息,年利率为 5%,希望连续 10 年以每年 10 万元人民币的速率用这一账户支付职工工资,若 t 以年为单位,试写出余额 $B = B(t)$ 所满足的微分方程,且问当初始存入的数额 B_0 为多少时,才能使 10 年后账户中的余额精确地减至 0.

2. 在某池塘内养鱼,该池塘内最多能养 1000 尾,设在 t 时刻该池塘内鱼数为 $y(t)$ 是时间 t(月)的函数,其变化率与鱼数 y 及 $1000-y$ 的乘积成正比(比例常数为 $k > 0$).已知在池塘内放养鱼 100 尾,3 个月后池塘内有鱼 250 尾,试求:(1) 在 t 时刻池塘内鱼数 $y(t)$ 的计算公式;(2) 放养 6 个月后池塘内又有多少尾鱼?

3. 设降落伞从跳伞塔下落后,所受空气阻力 R 与速度成正比,并设降落伞离开跳伞塔顶($t = 0$)时速度为零($v(0) = 0$),求降落伞下落速度与时间的函数关系(图 6.6).

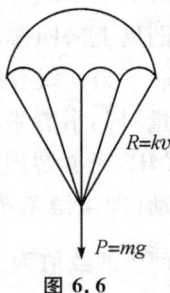

图 6.6

4. 物体的冷却速度正比于物体温度与环境温度之差.现用开水泡速溶咖啡,3 秒钟后咖啡的温度是 85℃,若房间温度为 20℃,试问:多少时间后咖啡温度为 60℃.

5. 一质量为 m 的质点作直线运动,从速度等于零的时刻起,有一个和时间成正比(比例系数为 k_1)的力作用在它上面.此外质点又受到介质的阻力,这阻力和速度成正比(比例系数为 k_2).试求此质点的速度与时间的关系.

6. 如图 6.7 所示,设质量为 m 的小球,用弹簧固定,放置于水平光滑的滑槽内,弹簧的另一

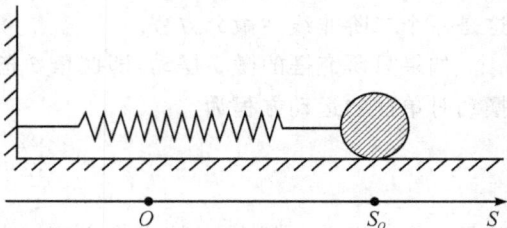

图 6.7

端固定,设平衡位置在点 O,弹簧的质量忽略不计,将小球向右拉至 s_0,然后放开.小球在点 O 附近作左右运动,在运动过程中阻力与速度成正比,求小球的运动规律.

本章小结

一、基本概念

1. 微分方程:表示未知函数、未知函数的导数(或微分)与自变量之间的关系的方程;微分方程的阶,微分方程的解、通解、特解,初始条件等.

2. 可分离变量的微分方程、齐次型微分方程、一阶线性微分方程(齐次与非齐次);可降阶的二阶微分方程、二阶常系数线性微分方程(齐次与非齐次).

二、几类微分方程解的结构定理

【定理 6.1】 一阶线性非齐次微分方程 $\dfrac{\mathrm{d}y}{\mathrm{d}x} + P(x)y = Q(x)$ 的通解,是由其对应的齐次方程 $\dfrac{\mathrm{d}y}{\mathrm{d}x} + P(x)y = 0$ 的通解加上非齐次方程自己的一个特解所构成.

【**定理 6.2**】　如果 $y_1(x)$ 和 $y_2(x)$ 是二阶常系数线性齐次微分方程 $y'' + py' + qy = 0$ 的两个线性无关的解,则 $y = C_1 y_1(x) + C_2 y_2(x)$ 就是齐次方程 $y'' + py' + qy = 0$ 的通解, 其中 C_1, C_2 为任意常数.

【**定理 6.3**】　如果 y^* 是非齐次方程 $y'' + py' + qy = f(x)$ 的一个特解, $\bar{y}$ 是对应的齐次方程 $y'' + py' + qy = 0$ 的通解,那么 $y = \bar{y} + y^*$ 就是非齐次方程 $y'' + py' + qy = f(x)$ 的通解,其中 C_1, C_2 为任意常数.

【**定理 6.4**】　如果 y_1^* 与 y_2^* 分别是非齐次方程 $y'' + py' + qy = f_1(x)$ 与 $y'' + py' + qy = f_2(x)$ 的一个特解,那么 $y_1^* + y_2^*$ 就是非齐次方程 $y'' + py' + qy = f_1(x) + f_2(x)$ 的一个特解.

三、几类微分方程的解法

1. 可分离变量微分方程 $\dfrac{\mathrm{d}y}{\mathrm{d}x} = f(x)g(y)$:先分离变量,后两边积分,最后写出方程的通解(即分离变量法).

2. 齐次型微分方程 $\dfrac{\mathrm{d}y}{\mathrm{d}x} = \varphi\left(\dfrac{y}{x}\right)$:用变量代换 $u = \dfrac{y}{x}$ 化原方程为可分离变量的方程,然后用分离变量法解出方程,最后换回原变量写出原方程的通解.

3. 一阶线性齐次的微分方程 $\dfrac{\mathrm{d}y}{\mathrm{d}x} + P(x)y = 0$:方法一,用分离变量法求得原方程的通解;方法二,用公式法 $y = Ce^{-\int P(x)\mathrm{d}x}$ 写出原方程的通解.

4. 一阶线性非齐次的微分方程 $\dfrac{\mathrm{d}y}{\mathrm{d}x} + P(x)y = Q(x)$:方法一,先求出其对应的齐次方程的通解 $y = Ce^{-\int P(x)\mathrm{d}x}$,然后把常数 C 换成待定函数 $u(x)$,求出 $u(x)$,最后写出原方程的通解(即常数变易法);方法二,用公式法 $y = e^{-\int P(x)\mathrm{d}x}\left[\int Q(x)e^{\int P(x)\mathrm{d}x}\mathrm{d}x + C\right]$ 写出原方程的通解.

5. 可降阶的二阶微分方程.

$y'' = f(x)$ 型时,只需通过两次积分就可得到方程的通解.

$y'' = f(x, y')$ 型时,先作变量代换 $y' = p(x)$,$y'' = p'(x)$,原方程化为一阶微分方程 $p' = f(x, p)$,然后求出其通解为:$p = \varphi(x, C_1)$,则 $\dfrac{\mathrm{d}y}{\mathrm{d}x} = \varphi(x, C_1)$,最后可求得原方程的通解为:$y = \int \varphi(x, C_1)\mathrm{d}x + C_2$($C_1, C_2$ 为任意常数).

$y'' = f(y, y')$ 型时,先作变量代换 $y' = p(y)$,$y'' = \dfrac{\mathrm{d}p}{\mathrm{d}x} = \dfrac{\mathrm{d}p}{\mathrm{d}y} \cdot \dfrac{\mathrm{d}y}{\mathrm{d}x} = p\dfrac{\mathrm{d}p}{\mathrm{d}y}$,原方程化为一阶微分方程 $p\dfrac{\mathrm{d}p}{\mathrm{d}y} = f(y, p)$,然后求出其通解为:$p = \varphi(y, C_1)$,则 $\dfrac{\mathrm{d}y}{\mathrm{d}x} = \varphi(y, C_1)$,最后用分离变量法,得原方程的通解为:$\int \dfrac{\mathrm{d}y}{\varphi(y, C_1)} = x + C_2$($C_1, C_2$ 为任意常数).

6. 二阶常系数线性齐次微分方程 $y'' + py' + qy = 0$:先写出齐次方程的特征方程 $r^2 + pr + q = 0$,然后求出特征根 r_1 与 r_2,最后根据特征根的不同情形,按照表 6.2 写出齐次方程的通解.

7. 二阶常系数线性非齐次微分方程 $y'' + py' + qy = f(x)$:先求出对应齐次方程 $y'' + py' + qy = 0$ 的通解 $\bar{y}$,然后按照表 6.3 求出非齐次方程 $y'' + py' + qy = f(x)$ 的一个特解 y^*,

最后写出非齐次方程的通解 $y = \bar{y} + y^*$.

四、微分方程的应用模型

物体冷却的模型、电容充放电的模型、自由落体的模型、弹簧振动的模型、数学单摆的模型.

综合练习

一、填空题

1. 微分方程 $y' + y\tan x = 0$ 的通解为＿＿＿＿＿＿＿＿＿＿＿＿＿.

2. 微分方程 $\dfrac{\mathrm{d}y}{\mathrm{d}x} = \dfrac{y}{x} + \tan \dfrac{y}{x}$ 的通解为＿＿＿＿＿＿＿＿＿＿＿＿＿.

3. 微分方程 $(x^2 - 1)y' + 2xy - \cos x = 0$ 满足 $y\,|_{x=0} = 1$ 特解为＿＿＿＿＿＿＿＿＿＿＿＿＿.

4. 微分方程 $y'' - 2y' + 2y = e^x$ 的通解为＿＿＿＿＿＿＿＿＿＿＿＿＿.

5. 以 $y = C_1 e^x + C_2 x e^x$ 为通解的微分方程为＿＿＿＿＿＿＿＿＿＿＿＿＿.

6. 微分方程 $y'' - 2y' = x e^{2x}$ 的特解形式为＿＿＿＿＿＿＿＿＿＿＿＿＿.

7. 微分方程 $y'' + 2y' + 5y = e^{-x}\cos 2x$ 的特解形式为＿＿＿＿＿＿＿＿＿＿＿＿＿.

8. 微分方程 $y'' - 4y' - 5y = e^{-x} + \sin 5x$ 的特解形式为＿＿＿＿＿＿＿＿＿＿＿＿＿.

二、选择题

1. 微分方程 $(x - y)\mathrm{d}y = (x + y)\mathrm{d}x$ 是（　　）.

A. 线性微分方程　　　　　　　　　　B. 可分离变量方程

C. 齐次微分方程　　　　　　　　　　D. 一阶线性非齐次方程

2. 微分方程 $y' = 2xy + x^3$ 是（　　）.

A. 可分离变量方程　　　　　　　　　B. 齐次微分方程

C. 线性齐次方程　　　　　　　　　　D. 线性非齐次方程

3. 微分方程 $y''' = \cos x$ 的通解为（　　）.

A. $y = 2\sin 2x$　　　　　　　　　　B. $y = -\sin x + \dfrac{1}{2}C_1 x^2 + C_2 x + C_3$

C. $y = \cos x + C_1$　　　　　　　　D. $y = \cos x + \dfrac{1}{2}C_1 x^2 + C_2 x + C_3$

4. 某二阶常微分方程下列解中为其通解的是（　　）.

A. $y = C\sin x$　　　　　　　　　　B. $y = (C_1 + C_2)\cos x$

C. $y = C_1 \sin x + C_2 \cos x$　　　　D. $y = \sin x + \cos x$

5. 某种气体的气压 p 对于温度 T 的变化率与气压成正比与温度的平方成反比,将此问题用微分方程可表示为（　　）.

A. $\dfrac{\mathrm{d}p}{\mathrm{d}T} = \kappa \dfrac{p}{T^2}$　　　B. $\dfrac{\mathrm{d}p}{\mathrm{d}T} = \dfrac{p}{T^2}$　　　C. $\dfrac{\mathrm{d}p}{\mathrm{d}T} = PT^2$　　　D. $\dfrac{\mathrm{d}p}{\mathrm{d}T} = -\dfrac{p}{T^2}$

6. 微分方程 $y'' + 2y' + y = 0$ 的通解为（　　）.

A. $y = C_1 \cos x + C_2 \sin x$　　　　　　B. $y = C_1 e^x + C_2 e^{2x}$

C. $y = (C_1 + C_2 x)e^{-x}$　　　　　　　D. $y = C_1 e^x + C_2 e^{-x}$

7. 微分方程 $\dfrac{\mathrm{d}^2 y}{\mathrm{d}x^2} + 2y = 1$ 的通解为（　　）.

A. $\dfrac{1}{2} + C_1 \cos \sqrt{2}\,x + C_2 \sin \sqrt{2}\,x$　　　　B. $\dfrac{1}{2} + C_1 e^{\sqrt{2}x} + C_2 e^{-\sqrt{2}x}$

C. $C_1\cos\sqrt{2}\,x + C_2\sin\sqrt{2}\,x$ D. $C_1 e^{\sqrt{2}x} + C_2 e^{-\sqrt{2}x}$

3. 微分方程 $y''' = \sin x$ 的通解为（　　）.

A. $y = \cos x + \dfrac{1}{2}C_1 x^2 + C_2 x + C_3$ B. $y = \sin x + \dfrac{1}{2}C_1 x^2 + C_2 x + C_3$

C. $y = \cos x + C_1$ D. $y = 2\sin 2x$

三、计算题

1. 求方程 $(e^{x+y} + e^x)\mathrm{d}x + (e^{x+y} - e^y)\mathrm{d}y = 0$ 的通解.

2. 求方程 $y'' + y' = 0$ 的通解.

3. 求 $y'' = 2\sin x$ 的通解.

4. 求微分方程 $y'' = x - 2y'$ 的通解.

5. 求方程 $y'' + y = \sin x$，满足初始条件 $y(0) = 1, y'(0) = \dfrac{1}{2}$ 的特解.

6. 设二阶常系数线性微分方程 $y'' + \alpha y' + \beta y = \gamma e^x$ 的一个特解为 $y = e^{2x} + (1+x)e^x$，试确定常数 α, β, γ，并求出该方程的通解.

7. 设 $y_1 = xe^x + e^{-x}, y_2 = xe^x + e^{2x}, y_3 = xe^x + e^{2x} - e^{-x}$ 是某二阶常系数非齐次线性微分方程的三个解，求此微分方程.

8. 求一曲线的方程，这曲线通过原点，并且它在点 (x, y) 处的切线斜率等于 $2x + y$.

四、应用题

1. 一伞兵与降落伞共重 $100\mathrm{kg}$，人、伞位置足够高. 当伞张开时，他以 $20\mathrm{m/s}$ 的速度垂直下落. 设空气阻力与瞬时速度成正比，且当速度为 $10\mathrm{m/s}$ 时，空气阻力为 $400\mathrm{kg}$，试求伞兵开伞后 t 时刻的速度及极限速度.

2. 当一次伤亡事故发生后，尸体的温度从原来的 $37℃$ 按照牛顿冷却定律（物体温度的变化率与该物体和周围介质温度之差成正比）开始变凉. 假设两个小时后尸体温度变为 $35℃$，并且假定周围空气的温度保持 $20℃$ 不变. 求出自事故发生后尸体的温度 H 是如何作为时间 t（以小时为单位）的函数随时间变化的；最终尸体的温度如何？

3. 某湖泊的水量为 V，每年排入湖泊内的含污染物 A 的污水量为 $\dfrac{V}{6}$，流入湖泊内不含污染物 A 的水量为 $\dfrac{V}{6}$，流出湖泊的水量为 $\dfrac{V}{3}$，已知 1999 年底湖中 A 的含量为 $5m_0$，超过了国家规定指标，为了治理污染，从 2000 年初起，限定排入湖中含 A 的污水浓度不超过 $\dfrac{m_0}{V}$，问至少需要经过多少年，湖泊中污染物 $\dfrac{A}{3}$ 的含量降至 m_0 以内？

（注：设湖水中 A 的浓度是均匀的）.

第7章　向量与空间解析几何

阅读材料 READ **解析几何的创始人笛卡尔**(Rene Descartes)

笛卡尔(1596—1650),法国伟大的哲学家、数学家和物理学家,是解析几何的创始人.生于法国都兰城,卒于斯德哥尔摩.

笛卡尔生于法国小镇拉埃的一个贵族家庭,他父亲是地方议会的议员,同时也是地方法院的法官,他母亲很早就病故了,他一直由保姆照看,他从小就对周围的事物充满好奇,父亲见他颇有哲学家的气质,亲昵地称他为"小哲学家".父亲希望笛卡尔将来能够成为一名神学家,于是在笛卡尔八岁时,便将他送入欧洲最有名的贵族学校——拉弗莱什的耶稣会学校,接受古典教育.他幼年体弱多病,校方特许他可以不受校规的约束,允许他在床上早读,因此他从小养成了喜欢安静、善于思考的习惯.1612年,笛卡尔到普依托大学学习法律与医学,四年后获得博士学位.毕业后,笛卡尔便背离家庭的职业传统,开始探索人生之路.他先在军队当过几年兵,然后到德国、丹麦、荷兰、瑞士、意大利等国游历,所见所闻丰富了他的见识,更重要的是对当时科学的最新成果增强了了解.1628年他定居荷兰,在那里生活了20年,写出了哲学、数学和自然科学一系列著作,如《指导哲理之原则》《论世界》《折光学》《气象学》《几何学》、《方法论》《形而上学的沉思》《哲学原理》及《论光》等.

笛卡尔不仅在哲学领域里开辟了一条新的道路,同时在物理学、生理学等领域都有值得称道的创见,特别是在数学上他创立了解析几何,从而打开了近代数学的大门,在科学史上具有划时代的意义.笛卡尔的主要数学成果集中在他的"几何学"中,当时代数还是一门比较新的学科,几何学的思维还在数学家的头脑中占有统治地位.在笛卡尔之前,几何与代数是数学中两个不同的研究领域,笛卡尔站在方法论的自然哲学的高度,认为希腊人的几何学过于依赖于图像,束缚了人的想象力,对于当时流行的代数学,他觉得它完全从属于法则和公式,不能成为一门改进智力的科学,因此他提出必须把几何与代数的优点结合起来,建立一种"真正的数学",笛卡尔的思想核心是:把几何学的问题归结成代数形式的问题,用代数学的方法进行计算、证明,从而达到最终解决几何问题的目的,依照这种思想他创立了我们现在的"解析几何学".1637年,笛卡尔发表了《几何学》,创立了直角坐标系,他用平面上的一点到两条固定直线的距离来确定点的位置,用坐标来描述空间上的点.他进而又创立了解析几何学,表明了几何问题不仅可以归结成为代数形式,而且可以通过代数变换来实现发现几何性质,证明几何性质.解析几何的出现,改变了自古希腊以来代数和几何分离的趋向,把相互对立着的"数"与"形"统一了起来,使几何曲线与代数方程相结合.笛卡尔的这一天才创见,更为微积分的创立奠定了基础,从而开拓了变量数学的广阔领域.最为可贵的是,笛卡尔用运动的观点,把曲线看成点的运动的轨迹,不仅建立了点与实数的对应关系,而且把形(包括点、线、面)和"数"两个对立的对象

统一起来,建立了曲线和方程的对应关系,这种对应关系的建立,不仅标志着函数概念的萌芽,而且标明变数进入了数学,使数学在思想方法上发生了伟大的转折 —— 由常量数学进入变量数学的时期.正如恩格斯所说:"数学中的转折点是笛卡尔的变数,有了变数,运动进入了数学,有了变数,辩证法进入了数学,有了变数,微分和积分也就立刻成为必要了".笛卡尔的这些成就,为后来牛顿、莱布尼兹发现微积分,为一大批数学家的新发现开辟了道路.

笛卡尔是欧洲近代哲学的奠基人之一,黑格尔称他为"现代哲学之父",他也是 17 世纪的欧洲哲学界和科学界最有影响的巨匠之一,被誉为"近代科学的始祖".

7.1　空间直角坐标系与向量的概念

我们生活的空间是一个三维世界,空间中各种物体其外形的基本构件是点、线(直线或曲线)、面(平面或曲面).如何描述空间中的点、线、面是本章的基本内容,为此,首先要建立空间直角坐标系,使空间中的点与有序数组建立关系,同时引入一种特殊的工具 —— 向量.

7.1.1　空间直角坐标系

1. 空间直角坐标系

我们通过已熟悉的平面直角坐标系来建立空间直角坐标系.平面直角坐标系 Oxy 是由两条互相垂直并以交点 O 为原点的数轴 Ox 与 Oy 所构成,这两条数轴就是坐标轴 x 轴与 y 轴,x 轴与 y 轴所确定的 xOy 平面就是坐标平面(图 7.1).

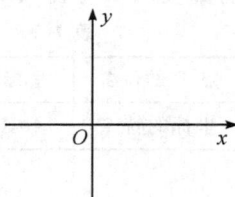

图 7.1

现将 xOy 平面置于空间中,过原点 O 作一垂直于 xOy 平面的数轴 Oz,并使这三条数轴 Ox,Oy,Oz 的单位一致,且三个数轴的正向构成右手系(图 7.2,即用右手握住数轴 Oz,当右手的四个手指从数轴 Ox 的正向以 $\frac{\pi}{2}$ 的角度转向数轴 Oy 的正向时,大拇指所指的方向就是数轴 Oz 的正向),这样就建立了一个空间直角坐标系 $Oxyz$,其中点 O 称为坐标原点,三条数轴统称为坐标轴分别叫做 x 轴、y 轴和 z 轴(或横轴、纵轴和竖轴).

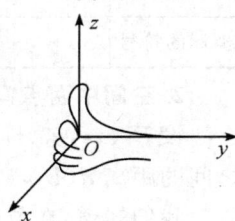

图 7.2

显然,这三条坐标轴两两垂直,且两两组成三个平面,x 轴与 y 轴,y 轴与 z 轴,z 轴与 x 轴分别组成 xOy 平面,yOz 平面,zOx 平面,这三个平面统称为坐标平面(图 7.3).三个坐标平面(公共交点就是原点 O)把整个空间分成八个区域,每一区域称为一个卦限,依次称为 Ⅰ,Ⅱ,Ⅲ,Ⅳ,Ⅴ,Ⅵ,Ⅶ,Ⅷ 卦限(图 7.4),坐标平面不属于任何卦限.

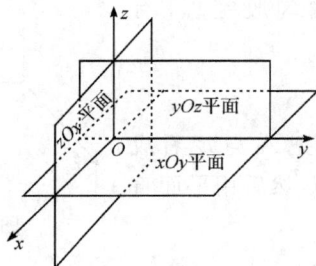

图 7.3

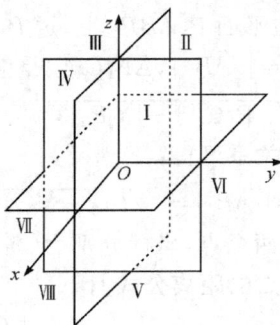

图 7.4

取定了空间直角坐标系后，可以建立起空间的点与有序实数组 (x,y,z) 之间的一一对应关系，具体如下：

设 P 为空间的任意一点，过 P 点分别作与 x 轴、y 轴和 z 轴垂直的平面，它们的交点分别记作 A、B 和 C，这三点在 x 轴、y 轴和 z 轴上的坐标分别为 x、y 和 z（图7.5），于是空间的点 P 就唯一确定了一组有序实数组 (x,y,z).

反之，对任意一组有序实数组 (x,y,z)，分别在 x 轴、y 轴和 z 轴上取坐标为 x、y 和 z 的点 A、B 和 C，然后过点 A、B 和 C 分别作垂直于 x 轴、y 轴和 z 轴的平面，这三个平面相交于空间唯一的一点 P，于是一组有序实数组 (x,y,z) 也就唯一确定了空间的一个点 P.

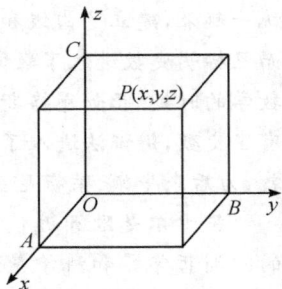

图 7.5

这样通过空间直角坐标系，就建立了空间的点 P 与有序实数组 (x,y,z) 之间的一一对应关系，并称这组数 (x,y,z) 为点 P 的坐标，记作 $P(x,y,z)$，x、y 和 z 依次称为点 P 的横坐标、纵坐标和竖坐标.

空间的点 P 分别在坐标原点、坐标轴、坐标平面或八个卦限内时，点 P 的坐标 (x,y,z) 有如表7.1与表7.2的特点.

表 7.1　空间的点 P 在特殊位置（坐标原点或坐标轴或坐标平面）时坐标特点

点 P 的位置	坐标原点	x 轴	y 轴	z 轴	xOy 平面	yOz 平面	zOx 平面
坐标的特点	$(0,0,0)$	$(x,0,0)$	$(0,y,0)$	$(0,0,z)$	$(x,y,0)$	$(0,y,z)$	$(x,0,z)$

表 7.2　空间的点 P 在八个卦限内时坐标符号

点 P 的位置	I	II	III	IV	V	VI	VII	VIII
坐标的符号	$(+,+,+)$	$(-,+,+)$	$(-,-,+)$	$(+,-,+)$	$(+,+,-)$	$(-,+,-)$	$(-,-,-)$	$(+,-,-)$

2. 空间中两点间的距离

设 $P_1(x_1,y_1,z_1)$、$P_2(x_2,y_2,z_2)$ 为空间中两个点，我们可用这两个点的坐标来表示它们之间的距离 $d(P_1,P_2)$.

我们知道：在数轴上，两点 $P_1(x_1)$ 与 $P_2(x_2)$ 的距离公式为：

$$|P_1P_2| = |x_2 - x_1|;$$

在平面直角坐标系上，两点 $P_1(x_1,y_1)$，$P_2(x_2,y_2)$ 的距离公式为：

$$|P_1P_2| = \sqrt{(x_2-x_1)^2 + (y_2-y_1)^2}.$$

现在，把空间中的两个点 P_1 与 P_2 作 xOy 坐标平面投影，得投影点为 A 与 B，在平面 P_1ABP_2 上，过 P_1 作直线 $P_1C // AB$（图7.6），于是得 $|P_1C| = |AB|$，$\triangle P_1CP_2$ 是直角三角形，由勾股定理，有 $|P_1P_2| = \sqrt{|P_1C|^2 + |CP_2|^2}$.

而从图示关系可得：

$|P_1C| = |AB| = \sqrt{(x_2-x_1)^2 + (y_2-y_1)^2}$ [把 A 与 B 看成 xOy 平面上的两个点，坐标分别为 (x_1,y_1) 与 (x_2,y_2)，然后用平面直角坐标系中两点的距离公式];

$$|CP_2| = |z_2 - z_1|.$$

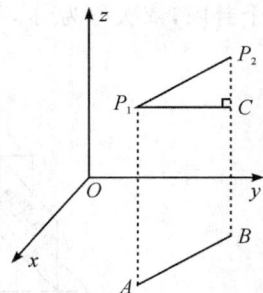

图 7.6

于是有：$|P_1P_2| = \sqrt{|P_1C|^2 + |CP_2|^2} = \sqrt{(x_2-x_1)^2 + (y_2-y_1)^2 + (z_2-z_1)^2}$,

即

$$d(P_1, P_2) = \sqrt{(x_2-x_1)^2 + (y_2-y_1)^2 + (z_2-z_1)^2}.$$

特别地，点 $P(x,y,z)$ 到原点 $O(0,0,0)$ 的距离为：

$$d = \sqrt{x^2 + y^2 + z^2}.$$

【例 7.1】　试求空间中，半径为 R 的球面方程（图 7.7）.

【解】　设球面上任意一点为 $P(x,y,z)$,

当球心为原点 $O(0,0,0)$ 时，有 $d(O,P) = R$，于是球心为原点的球面方程为：

$$x^2 + y^2 + z^2 = R^2;$$

当球心为 $Q(x_0, y_0, z_0)$ 时，有 $d(Q,P) = R$，于是球心为 $Q(x_0, y_0, z_0)$ 的球面方程为：

$$(x-x_0)^2 + (y-y_0)^2 + (z-z_0)^2 = R^2.$$

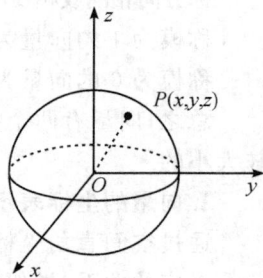

图 7.7

【例 7.2】　证明以三点 $A(4,1,9)$，$B(10,-1,6)$，$C(2,4,3)$ 为顶点的三角形为等腰直角三角形.

【证明】　根据空间中两点间的距离公式有：

$$d(A,B) = \sqrt{(10-4)^2 + (-1-1)^2 + (6-9)^2} = 7,$$

$$d(A,C) = \sqrt{(2-4)^2 + (4-1)^2 + (3-9)^2} = 7,$$

$$d(B,C) = \sqrt{(2-10)^2 + (4+1)^2 + (3-6)^2} = 7\sqrt{2},$$

可见，$d(A,B) = d(A,C)$，且 $d^2(B,C) = d^2(A,C) + d^2(A,B)$，所以 $\triangle ABC$ 是等腰直角三角形，其中 $AB = AC$，$\angle A = \dfrac{\pi}{2}$.

7.1.2　向量的基本概念及坐标表示

1.向量的基本概念

在研究力学、物理学以及其他应用性科学时所碰到的量，可分为两类：数量和向量.如时间、质量、温度、密度、长度、面积等，这类量只有大小而没有方向，我们称它们为数量.另一类量，如速度、加速度、位移、磁感应强度、电场强度等，这类量不但有大小还有方向，我们称它们为向量（或矢量）.简言之，向量就是既有大小又有方向的量.

在数学上，数量用实数来表示，而向量则用一条有向线段（即有方向的线段）来表示，此线段的长度表示该向量的大小，而箭头表示该向量的方向.如图 7.8 中所示的向量，其始点为 A，终点为 B，我们把这个向量记为 $\overrightarrow{AB}$，而该向量的长度（或大小）则用 $|\overrightarrow{AB}|$ 表示.有时为了简单起见，还可用小写黑体字母 a,b 或用一个上面加箭头的字母 $\vec{a},\vec{b}$ 来表示，如图 7.9 所示向量 a.向量 a 的长度（或大小）通常叫做向量 a 的模，记为 $|a|$.

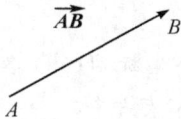

图 7.8

图 7.9

若把向量 a（或 $\overrightarrow{AB}$）的始点与终点对调，就得到一个与原向量大小相等而方向相反的向量,我们称这个向量为原向量的负向量,记为 $-a$(或 $\overrightarrow{BA}$).

对向量 a 与 b,如果它们的模相等,且方向也相同,则称向量 a 与 b 是相等向量,记为 $a = b$(如图 7.10 所示).根据这个定义,向量 a 与 b 相等意指向量 a 经平行移动后能与向量 b 完全重合.只考虑大小与方向而不考虑起讫点位置的向量叫做自由向量.

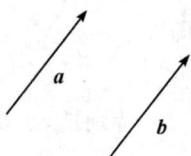

称方向相同或相反的两个向量 a 与 b 为互相平行向量,记为 $a /\!/ b$ 或 $b /\!/ a$.

称模为 1 的向量为单位向量,记为 e.

称模为 0 的向量为零向量,记为 $\mathbf{0}$,零向量的方向为任意.

总之,向量有两个要素,模与方向.向量本身不能比较大小,但其模是一实数,是可以比较大小的.

2. 向量的坐标表示

通过空间直角坐标系,使空间上的点与有序实数组之间建立了一一对应的关系,类似地,通过空间直角坐标系也可建立向量与有序实数组之间的对应关系.

先来定义三个基本单位向量:

在空间直角坐标系中,以原点为始点,而终点分别为点 $(1,0,0),(0,1,0),(0,0,1)$ 的三个单位向量,相应地记为 i,j,k 称为该坐标系的三个基本单位向量,并记 $i = \{1,0,0\}, j = \{0,1,0\}, k = \{0,0,1\}$.而 $\{1,0,0\},\{0,0,1\},\{0,1,0\}$ 分别称为是这三个基本单位向量 i,j,k 的坐标,见图 7.11.

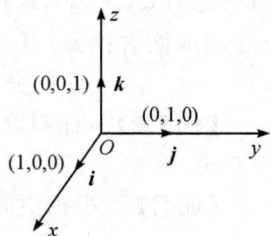

对于任意一个向量 a,先将其平移使其始点落在坐标原点 O,设此时 a 的终点为 $P(x,y,z)$,即 $a = \overrightarrow{OP}$,如图 7.12 所示,其中点 $A(x,0,0),B(0,y,0),C(0,0,z)$.于是记 $a = \overrightarrow{OP} = \{x,y,z\}$,并称为 $\{x,y,z\}$ 为向量 $\overrightarrow{OP}$ 的坐标.

反之,任给一组有序实数组 $\{x,y,z\}$,就能找到一对应的向量 $\overrightarrow{OP}$:始点为原点 O,终点为 $P(x,y,z)$.

于是在空间直角坐标系中,也建立了向量(这种始点为原点的向量叫终点的向径)与有序实数组之间的一一对应关系,并且向量的坐标就是其终点的坐标.

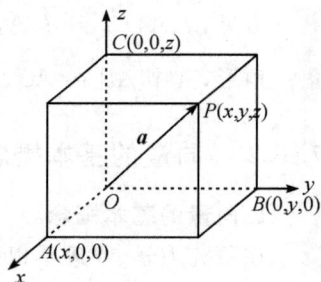

习题 7.1

1. 在空间直角坐标系中,画出下列各点
$A(0,0,3),B(0,-2,0),C(0,2,-1),D(1,-1,0),E(3,2,1),F(-2,2,-2)$.

2. 点 $P(x,y,z)$ 的三个坐标 x,y,z 中若有一个为 0,这个点在何处?若有两个为 0,这个点又在何处?

3. 求两点 $A(1,2,2)$ 和 $B(-1,0,1)$ 之间的距离.

4. 分别求出点 $P(x,y,z)$ 到(1)坐标原点;(2)各个坐标轴;(3)各坐标平面的距离.

5. 求出球面 $x^2 + y^2 + z^2 - 2x + 4z - 4 = 0$ 的球心与半径.

6. 在空间直角坐标系中,画出下列向量
$a = \{0,0,3\}, b = \{0,-2,0\}, c = \{0,2,-1\}, d = \{1,-1,0\}, e = \{3,2,1\}, f = \{-2,2,-2\}$.

7.2　向量的运算

7.2.1　向量的线性运算

1. 向量的加法运算

先看两个实际问题

如图 7.13 所示,一物体受两个力 F_1 与 F_2 的作用,试问此物体最后按哪个方向运动?

根据力学中力的合成法则,此物体最后按合力方向运动,合力方向就是以 F_1 与 F_2 为邻边的平行四边形的一条对角线 F.

如图 7.14 所示,一物体经过两次位移 $\overrightarrow{AB}$ 与 $\overrightarrow{BC}$,试问此物体两次位移的结果可看成是一次位移的结果吗?

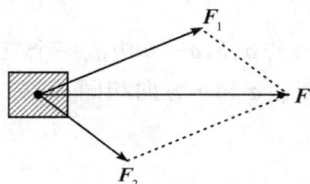

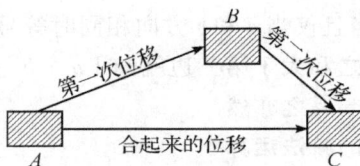

图 7.13　　　　　　　　　　　　　图 7.14

根据运动学中位移合成法则,此物体经过两次位移 $\overrightarrow{AB}$ 与 $\overrightarrow{BC}$ 的结果与直接从 A 移到 C 的结果(即 $\overrightarrow{AC}$)是一样的.

根据以上力学中力的合成法则或运动学中位移合成法则,两个向量的加法可定义如下:

平行四边形法则(如图 7.15 所示),已知两个向量 a 与 b,平移 a 与 b 使它们的始点重合,以 a 与 b 为相邻两边作平行四边形,则以 a 与 b 的始点为始点的对角线向量 c 就是 $a+b$,即

$$c = a+b,$$

向量 c 称为向量 a 与 b 的和. 这种平行四边形法则就是力学中力的合成法则.

由于平行四边形的对边平行且相等,所以从图 7.15 可看出,向量的加法还有一种合成法则即三角形法则(如图 7.16 所示):已知两个向量 a 和 b,将 b 平移使其始点与 a 的终点重合,则以 a 的始点为始点,以 b 的终点为终点的向量 c 就是 $a+b$. 这种三角形法则就是运动学中位移的合成法则.

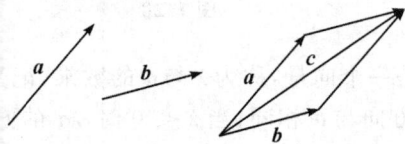

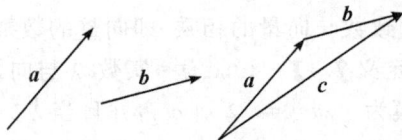

图 7.15　　　　　　　　　　　　　图 7.16

显然,向量加法的平行四边形法则与三角形法则是等价的.

向量加法的三角形法则很容易推广到有限多个向量的加法,从图 7.17 可以看到,只要把这些向量首尾相连,而以第一个向量的始点为始点,以最后一个向量的终点为终点的向量就是这些向量的和,这种加法又称为折线法.

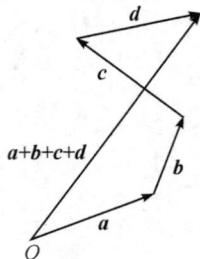

图 7.17

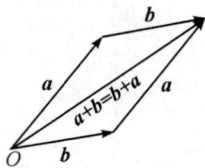

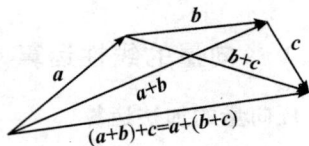

图 7.18

向量的加法满足如下运算规律,如图 7.18 所示,即:

(1) 交换律:$a + b = b + a$;

(2) 结合律:$(a + b) + c = a + (b + c)$.

另外,由向量加法的三角形法则,很容易看出有

$$|a + b| \leqslant |a| + |b|$$

成立,并且当且仅当 a 和 b 方向相同时等号成立.事实上,若 $a, b, a + b$ 构成一个三角形,则由三角形两边之和大于第三边就知 $|a + b| < |a| + |b|$.若 a 和 b 方向相同,则有 $|a + b| = |a| + |b|$,反之亦然.

2. 向量的减法运算

向量减法定义为:

$$a - b = a + (-b),$$

其中 $-b$ 叫做 b 的负向量.从图 7.19 可看出 $a - b$ 恰好是以 a 与 b 为邻边的平行四边形的另一条对角线表示的向量.

特别地,$a - a = a + (-a) = \mathbf{0}$.

3. 向量的数乘运算

如图 7.20 所示,一物体上有三个力,它们之间的关系是:F_1 与 F 同向,而 F_2 与 F 反向,且有 $|F_1| = 2|F|$,$|F_2| = \frac{1}{2}|F|$,试问 F, F_1, F_2 之间如何表示?

考虑到向量的方向与大小,很自然地记

$$F_1 = 2F, F_2 = -\frac{1}{2}F$$

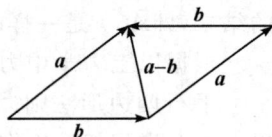

图 7.19

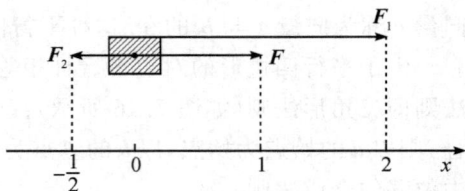

图 7.20

这就导致数与向量的相乘,即向量的数乘运算.

【**定义 7.1**】 设 λ 为一实数,λ 与向量 a 的乘积是一个向量,称为 λ 与 a 的数乘,记为 λa.λa 的模为 $|\lambda a| = |\lambda||a|$,并且当 $\lambda > 0$ 时,λa 的方向与 a 相同;当 $\lambda < 0$ 时,λa 的方向与 a 相反;当 $\lambda = 0$ 时,$\lambda a = \mathbf{0}$.特别地,当 $\lambda = -1$ 时,有 $(-1)a = -a$.

从定义 7.1 可推知,无论 λ 为正为负或为零,向量 λa 都是与向量 a 平行的.于是有

【**定理 7.1**】 两个非零向量 a 与 b 平行的充分必要条件是 $b = \lambda a$,其中 λ 为常数.

另外,由定义 7.1 对任意 $a \neq \mathbf{0}$,$\dfrac{a}{|a|} = a^0$ 是与 a 同向的单位向量.于是任何一个非零向量都可表示为 $a = |a|a^0$,即一个非零向量可表示为该向量的模与一个与它同向的单位向量的乘积.

向量的数乘还满足如下运算规律:

(1) 结合律:$\lambda(\mu a) = (\lambda\mu)a$;

(2) 分配律:$(\lambda + \mu)a = \lambda a + \mu a$ 与 $\lambda(a + b) = \lambda a + \lambda b$.

【例 7.3】　设 $\triangle ABC$ 的一边 BC 的三等分点为 D,E,记 $\overrightarrow{AB} = a$,$\overrightarrow{AC} = b$,试用 a 与 b 表示 $\overrightarrow{AD}$,$\overrightarrow{AE}$.

【解】　如图 7.21 所示,由向量的加法、减法及数乘定义知

$$\overrightarrow{BC} = \overrightarrow{BA} + \overrightarrow{AC} = -a + b,$$

$$\overrightarrow{BD} = \frac{1}{3}\overrightarrow{BC} = \frac{1}{3}(-a + b),$$

$$\overrightarrow{EC} = \frac{1}{3}\overrightarrow{BC} = \frac{1}{3}(-a + b),$$

$$\overrightarrow{AD} = \overrightarrow{AB} + \overrightarrow{BD} = a + \frac{1}{3}(-a + b) = \frac{2}{3}a + \frac{1}{3}b,$$

$$\overrightarrow{AE} = \overrightarrow{AC} + \overrightarrow{CE} = b - \frac{1}{3}(-a + b) = \frac{1}{3}a + \frac{2}{3}b.$$

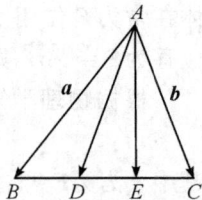
图 7.21

4. 向量线性运算的坐标表示

由于在空间直角坐标系下,向量 $\overrightarrow{OP}$ 与有序实数组 $\{x,y,z\}$ 之间有一一对应关系,那么同样可以用坐标来表示向量的加法、减法和数乘运算.

首先,由向量加法的三角形法则及图 7.12 可看出有

$$\overrightarrow{OP} = \overrightarrow{OA} + \overrightarrow{OB} + \overrightarrow{OC} = xi + yj + zk = \{x,y,z\}.$$

于是,向量的加法、减法、数乘都可以用坐标来表示:

设 $a = x_1 i + y_1 j + z_1 k = \{x_1,y_1,z_1\}$,$b = x_2 i + y_2 j + z_2 k = \{x_2,y_2,z_2\}$,则

$$a + b = (x_1 i + y_1 j + z_1 k) + (x_2 i + y_2 j + z_2 k)$$
$$= (x_1 + x_2)i + (y_1 + y_2)j + (z_1 + z_2)k$$
$$= \{x_1 + x_2, y_1 + y_2, z_1 + z_2\},$$

同理,$a - b = \{x_1 - x_2, y_1 - y_2, z_1 - z_2\}$,

$\lambda a = \{\lambda x_1, \lambda y_1, \lambda z_1\}$.

向量 $a = x_1 i + y_1 j + z_1 k$ 的模就是点 $P(x_1,y_1,z_1)$ 到原点的距离,由两点距离公式可知

$$|a| = |\overrightarrow{OP}| = \sqrt{x_1^2 + y_1^2 + z_1^2}.$$

【例 7.4】　设两点 $P_1(x_1,y_1,z_1)$,$P_2(x_2,y_2,z_2)$,求向量 $\overrightarrow{P_1P_2}$ 的坐标表示.

【解】　如图 7.22 所示,连结 OP_1,OP_2,则 $\overrightarrow{P_1P_2} = \overrightarrow{OP_2} - \overrightarrow{OP_1}$,而 $\overrightarrow{OP_2} = \{x_2,y_2,z_2\}$,$\overrightarrow{OP_1} = \{x_1,y_1,z_1\}$,所以

$\overrightarrow{P_1P_2} = \{x_2,y_2,z_2\} - \{x_1,y_1,z_1\} = \{x_2 - x_1, y_2 - y_1, z_2 - z_1\}$.

【例 7.5】　设 $a = \{3,-1,2\}$,$b = \{-1,4,-2\}$,试求 $a + b$,$a - b$,$2a$ 及 $|a|$.

【解】　$a + b = \{3,-1,2\} + \{-1,4,-2\} = \{2,3,0\}$,

$a - b = \{3,-1,2\} - \{-1,4,-2\} = \{4,-5,4\}$,

$2a = 2\{3,-1,2\} = \{6,-2,4\}$,

$|a| = \sqrt{3^2 + (-1)^2 + 2^2} = \sqrt{14}$.

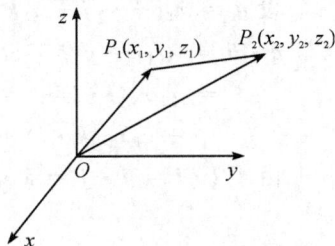
图 7.22

7.2.2 功·向量的数量积

1. 功的计算

考虑物理学中的一个做功问题：如图 7.23 所示，一物体在常力 F 作用下，沿直线运动，从位置 A 到位置 B，产生位移为 $S = \overrightarrow{AB}$，则力 F 对物体所做的功 W 如何计算？

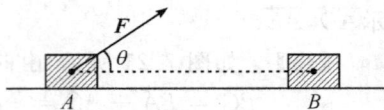

图 7.23

根据物理学知识，力 F 对物体所做的功为：

$$W = |F||S|\cos\theta,$$

其中 θ 为力 F 与位移 S 之间的夹角.

这种由"两个向量的长度（模）与其夹角余弦之积"的算式就是下面要介绍的所谓"数量积"的概念.

2. 向量的数量积

【定义 7.2】 设两个向量 a 与 b 之间的夹角为 $\theta (0 \leqslant \theta \leqslant \pi)$，则称 $|a||b|\cos\theta$ 为 a 与 b 的数量积（或点积），并记为 $a \cdot b$，即

$$a \cdot b = |a||b|\cos\theta.$$

由定义，$a \cdot b$ 是一个数，并且显然有 $|a|^2 = a \cdot a$，于是得 $|a| = \sqrt{a \cdot a}$.

向量的数量积还满足如下运算规律：

(1) 交换律：$a \cdot b = b \cdot a$；

(2) 分配律：$(a + b) \cdot c = a \cdot c + b \cdot c$；

(3) 结合律：$(\lambda a) \cdot b = \lambda(a \cdot b) = a \cdot (\lambda b)$.

【例 7.6】 已知基本单位向量 i, j, k 是三个相互垂直的单位向量，求证：

$$i \cdot i = j \cdot j = k \cdot k = 1,$$
$$i \cdot j = j \cdot k = k \cdot i = 0.$$

【解】 因为 $|i| = 1, |j| = 1, |k| = 1$，所以

$$i \cdot i = |i||i|\cos 0 = 1, j \cdot j = |j||j|\cos 0 = 1, k \cdot k = |k||k|\cos 0 = 1;$$

$$i \cdot j = |i||j|\cos\frac{\pi}{2} = 0, j \cdot k = |j||k|\cos\frac{\pi}{2} = 0, k \cdot i = |k||i|\cos\frac{\pi}{2} = 0.$$

3. 数量积的坐标表示

设 $a = x_1 i + y_1 j + z_1 k = \{x_1, y_1, z_1\}, b = x_2 i + y_2 j + z_2 k = \{x_2, y_2, z_2\}$，则

$$a \cdot b = (x_1 i + y_1 j + z_1 k) \cdot (x_2 i + y_2 j + z_2 k)$$
$$= x_1 x_2 (i \cdot i) + x_1 y_2 (i \cdot j) + x_1 z_2 (i \cdot k) + y_1 x_2 (j \cdot i) + y_1 y_2 (j \cdot j) + y_1 z_2 (j \cdot k)$$
$$+ z_1 x_2 (k \cdot i) + z_1 y_2 (k \cdot j) + z_1 z_2 (k \cdot k)$$

由于 $i \cdot i = j \cdot j = k \cdot k = 1, i \cdot j = j \cdot k = k \cdot i = 0$，于是数量积的坐标表示为：

$$a \cdot b = x_1 x_2 + y_1 y_2 + z_1 z_2$$

即向量 $a = \{x_1, y_1, z_1\}$ 与 $b = \{x_2, y_2, z_2\}$ 的数量积等于其对应坐标乘积之和.

根据数量积的定义，非零向量 a, b 夹角的坐标表示式为：

$$\cos\theta = \frac{a \cdot b}{|a||b|} = \frac{x_1 x_2 + y_1 y_2 + z_1 z_2}{\sqrt{x_1^2 + y_1^2 + z_1^2}\sqrt{x_2^2 + y_2^2 + z_2^2}}.$$

若向量 a 与 b 的夹角为 $\frac{\pi}{2}$，则称 a 与 b 垂直（或正交），记为 $a \perp b$.

【定理 7.2】　向量 a 与 b 垂直的充分必要条件是 $a \cdot b = 0$ 或 $x_1 x_2 + y_1 y_2 + z_1 z_2 = 0$.

【例 7.7】　证明向量 $a = \{1, -2, 3\}$ 与 $b = \{3, 3, 1\}$ 是垂直的.

【解】　因为 $a \cdot b = 1 \cdot 3 + (-2) \cdot 3 + 3 \cdot 1 = 0$，所以向量 a 与 b 垂直.

【例 7.8】　设向量 $a = \{3, 1, 4\}$ 与 $b = \{1, -3, 0\}$，以 a 与 b 为邻边作一平行四边形，试求

(1) 此平行四边形的内角；(2) 此平行四边形的两条对角线的夹角 α.

【解】　(1) 因为

$$\cos\theta = \frac{x_1 x_2 + y_1 y_2 + z_1 z_2}{\sqrt{x_1^2 + y_1^2 + z_1^2}\ \sqrt{x_2^2 + y_2^2 + z_2^2}} = \frac{3 \cdot 1 + 1 \cdot (-3) + 4 \cdot 0}{\sqrt{26} \cdot \sqrt{10}} = 0,$$

所以此平行四边形的内角都为 $\dfrac{\pi}{2}$；

(2) 由于此平行四边形的两条对角线分别为：

$$a + b = \{4, -2, 4\}\ \text{与}\ a - b = \{2, 4, 4\},$$

于是两条对角线夹角 α 的余弦为：

$$\cos\alpha = \frac{4 \cdot 2 + (-2) \cdot 4 + 4 \cdot 4}{\sqrt{4^2 + (-2)^2 + 4^2} \cdot \sqrt{2^2 + 4^2 + 4^2}} = \frac{16}{36} = \frac{4}{9},$$

即

$$\alpha = \arccos \frac{4}{9}.$$

4. 向量的方向余弦及坐标表示

设非零向量 $a = xi + yj + zk = \{x, y, z\}$ 与 x 轴，y 轴，z 轴正向的夹角分别为 α, β, γ，称其为向量 a 的三个方向角，并称 $\cos\alpha, \cos\beta, \cos\gamma$ 为向量 a 的方向余弦.

显然方向余弦的坐标表示为：

$$\cos\alpha = \frac{x}{|a|} = \frac{x}{\sqrt{x^2 + y^2 + z^2}},$$

$$\cos\beta = \frac{y}{|a|} = \frac{y}{\sqrt{x^2 + y^2 + z^2}},$$

$$\cos\gamma = \frac{z}{|a|} = \frac{z}{\sqrt{x^2 + y^2 + z^2}},$$

且

$$\cos^2\alpha + \cos^2\beta + \cos^2\gamma = 1.$$

于是容易推出向量 $a^0 = \{\cos\alpha, \cos\beta, \cos\gamma\}$ 为与向量 a 同向的单位向量.

【例 7.9】　设有一质点受一常力 $F = 60\{\cos 30^0, \cos 60^0, \cos 45^0\}$ 的作用，从点 $A(1, 2, \sqrt{2} - 1)$ 直线运动到点 $B(\sqrt{3} + 1, 3, -1)$，试求力 F 所做的功.

【解】　质点从点 $A(1, 2, \sqrt{2} - 1)$ 移动到点 $B(\sqrt{3} + 1, 3, -1)$ 时，其位移为：

$$\overrightarrow{AB} = \overrightarrow{OB} - \overrightarrow{OA} = \{\sqrt{3} + 1, 3, -1\} - \{1, 2, \sqrt{2} - 1\} = \{\sqrt{3}, 1, -\sqrt{2}\},$$

而 $F = 60\{\cos 30^0, \cos 60^0, \cos 45^0\} = \{30\sqrt{3}, 30, 30\sqrt{2}\}$，

所以力 F 使质点从点 A 移动到点 B 所做的功为：

$$W = F \cdot \overrightarrow{AB} = 30\sqrt{3} \times \sqrt{3} + 30 \times 1 + 30\sqrt{2} \times (-\sqrt{2}) = 60$$

7.2.3 力矩·向量的向量积

1. 力矩的计算

考虑一个力矩问题:一杠杆支点为 O 点,力 F 作用于杠杆上点 A 处,则力 F 对支点 O 的力矩 M 如何计算?

根据物理学知识,力 F 对支点 O 的力矩可用向量 M 来表示 (图 7.24).

(1) 向量 M 大小为:

$$|M| = |F| d = |F| |\overrightarrow{OA}| \sin\theta = |\overrightarrow{OA}| |F| \sin\theta,$$

其中 d 为支点 O 到力 F 的作用线的距离,θ 为 F 与 $\overrightarrow{OA}$ 的夹角.

(2) 向量 M 的方向为:

M 垂直于 $\overrightarrow{OA}$ 与 F 决定的平面(当然有 $M \perp \overrightarrow{OA}$ 与 $M \perp F$), 且 $\overrightarrow{OA}, F, M$ 符合右手螺旋法则(即伸出右手,让四指与大拇指垂直,并使四指从 $\overrightarrow{OA}$ 转到 F 方向,这时大拇指所指方向即为 M 的方向).

在工程技术领域,有许多向量具有这种特征,为此我们引入向量的向量积概念.

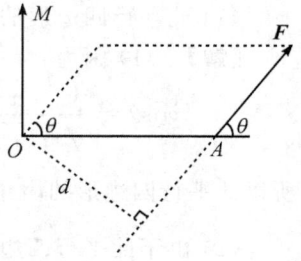

图 7.24

2. 向量的向量积

【**定义 7.3**】 两个向量 a 和 b 的向量积是一个向量,记作 $a \times b$,它的模和方向分别定义为:(1) $|a \times b| = |a| |b| \sin\theta$(其中 θ 为 a 与 b 的夹角);

(2) $a \times b$ 垂直于 a 和 b,且 $a, b, a \times b$ 符合右手螺旋法则.

按上述定义,图 7.24 中作用在点 A 的力 F 关于点 O 的力矩 M 可表示为:

$$M = \overrightarrow{OA} \times F.$$

由图 7.25 可知,模 $|a \times b|$ 的大小等于以 a, b 为相邻两边的平行四边形的面积 $S_{\square}$.

注意到向量积 $a \times b$ 是一个向量,而不是数量,这与数量积 $a \cdot b$ 有着本质的不同,向量积 $a \times b$ 有时也称为"叉积".并且显然有:$a \times a = 0$,以及基本单位向量 i, j, k 之间的向量积有:

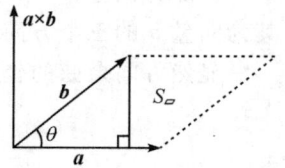

图 7.25

$$i \times i = j \times j = k \times k = 0,$$
$$i \times j = k, j \times k = i, k \times i = j.$$

向量的向量积还满足如下运算规律:

(1) 反交换律:$a \times b = -b \times a$;

(2) 结合律:$\lambda(a \times b) = (\lambda a) \times b = a \times (\lambda b)$;

(3) 分配律:$(a + b) \times c = a \times c + b \times c; c \times (a + b) = c \times a + c \times b$.

3. 向量积的坐标表示

设 $a = x_1 i + y_1 j + z_1 k = \{x_1, y_1, z_1\}, b = x_2 i + y_2 j + z_2 k = \{x_2, y_2, z_2\}$,则

$$a \times b = (x_1 i + y_1 j + z_1 k) \times (x_2 i + y_2 j + z_2 k)$$

$$= x_1 x_2 (i \times i) + x_1 y_2 (i \times j) + x_1 z_2 (i \times k) + y_1 x_2 (j \times i) + y_1 y_2 (j \times j) + y_1 z_2 (j \times k)$$

$$\quad + z_1 x_2 (k \times i) + z_1 y_2 (k \times j) + z_1 z_2 (k \times k)$$

$$= (y_1 z_2 - z_1 y_2) i + (z_1 x_2 - x_1 z_2) j + (x_1 y_2 - y_1 x_2) j +$$

$$= \begin{vmatrix} y_1 & z_1 \\ y_2 & z_2 \end{vmatrix} i - \begin{vmatrix} x_1 & z_1 \\ x_2 & z_2 \end{vmatrix} j + \begin{vmatrix} x_1 & y_1 \\ x_2 & y_2 \end{vmatrix} k$$

$$= \begin{vmatrix} \boldsymbol{i} & \boldsymbol{j} & \boldsymbol{k} \\ x_1 & y_1 & z_1 \\ x_2 & y_2 & z_2 \end{vmatrix}.$$

把 $\boldsymbol{a} \times \boldsymbol{b}$ 用一个三阶行列式形式来描述对我们掌握向量积的计算及运算规律是很有帮助的.

【定理 7.3】 向量 $\boldsymbol{a}$ 与 $\boldsymbol{b}$ 平行的充分必要条件是 $\boldsymbol{a} \times \boldsymbol{b} = \boldsymbol{0}$ 或 $\dfrac{x_1}{x_2} = \dfrac{y_1}{y_2} = \dfrac{z_1}{z_2}$.

【例 7.10】 求向量 $\boldsymbol{a} = \{1, -2, 3\}$ 与 $\boldsymbol{b} = \{3, 3, 1\}$ 的向量积.

【解】 $\boldsymbol{a} \times \boldsymbol{b} = \begin{vmatrix} \boldsymbol{i} & \boldsymbol{j} & \boldsymbol{k} \\ 3 & 1 & 4 \\ 1 & -3 & 0 \end{vmatrix} = 12\boldsymbol{i} + 4\boldsymbol{j} - 10\boldsymbol{k}.$

【例 7.11】 求同时垂直于 $\boldsymbol{a} = \{1, 1, 2\}$ 与 $\boldsymbol{b} = \{-1, -1, 1\}$ 的单位向量.

【解】 $\boldsymbol{c} = \boldsymbol{a} \times \boldsymbol{b} = \begin{vmatrix} \boldsymbol{i} & \boldsymbol{j} & \boldsymbol{k} \\ 1 & 1 & 2 \\ -1 & -1 & 1 \end{vmatrix} = 3\boldsymbol{i} - 3\boldsymbol{j}, |\boldsymbol{c}| = |3\boldsymbol{i} - 3\boldsymbol{j}| = \sqrt{3^2 + (-3)^2} = 3\sqrt{2},$

所以 $\boldsymbol{c}^0 = \dfrac{\boldsymbol{c}}{|\boldsymbol{c}|} = \dfrac{3\boldsymbol{i} - 3\boldsymbol{j}}{3\sqrt{2}} = \dfrac{1}{\sqrt{2}}(\boldsymbol{i} - \boldsymbol{j})$ 与 $-\boldsymbol{c}^0 = \dfrac{1}{\sqrt{2}}(-\boldsymbol{i} + \boldsymbol{j})$ 就是所要求向量.

【例 7.12】 已知力 $\boldsymbol{F} = 2\boldsymbol{i} - \boldsymbol{j} + 3\boldsymbol{k}$ 作用于点 $B(3, 1, -1)$ 处,求此力关于杠杆上另一点 $A(1, -2, 3)$ 的力矩.

【解】 因为 $\boldsymbol{F} = 2\boldsymbol{i} - \boldsymbol{j} + 3\boldsymbol{k}$,从支点 A 到作用点 B 的向量是:
$$\overrightarrow{AB} = (3-1)\boldsymbol{i} + (1+2)\boldsymbol{j} + (-1-3)\boldsymbol{k} = 2\boldsymbol{i} + 3\boldsymbol{j} - 4\boldsymbol{k},$$
所以,力 $\boldsymbol{F}$ 关于点 A 的力矩为:

$$\boldsymbol{M} = \overrightarrow{AB} \times \boldsymbol{F} = \begin{vmatrix} \boldsymbol{i} & \boldsymbol{j} & \boldsymbol{k} \\ 2 & 3 & -4 \\ 2 & -1 & 3 \end{vmatrix} = 5\boldsymbol{i} - 14\boldsymbol{j} - 8\boldsymbol{k}.$$

习题 7.2

1. 已知两个向量 $\boldsymbol{a} = 6\boldsymbol{i} - 4\boldsymbol{j} + 5\boldsymbol{k}, \boldsymbol{b} = 3\boldsymbol{i} + \boldsymbol{j} - 2\boldsymbol{k}$,试求

(1) $\boldsymbol{a} + 3\boldsymbol{b}$ 　　　　　　　　　　(2) $3\boldsymbol{a} - 2\boldsymbol{b}$

2. 分别求出向量 $\boldsymbol{a} = \boldsymbol{i} + \boldsymbol{j} + \boldsymbol{k}, \boldsymbol{b} = -2\boldsymbol{i} + \boldsymbol{j} - 2\boldsymbol{k}$ 的模,并分别用单位向量 $\boldsymbol{a}^0, \boldsymbol{b}^0$ 表达向量 $\boldsymbol{a}, \boldsymbol{b}$.

3. 已知向量 $\overrightarrow{OP}$ 与三个坐标轴正向成相等的锐角,求 $\overrightarrow{OP}$ 的方向余弦.

4. 试问: m, n 为何值时,向量 $\boldsymbol{a} = 2\boldsymbol{i} - 3\boldsymbol{j} + m\boldsymbol{k}$ 与 $\boldsymbol{b} = -4\boldsymbol{i} + n\boldsymbol{j} + 2\boldsymbol{k}$ 平行.

5. 已知两个向量 $\boldsymbol{a} = \boldsymbol{i} + \boldsymbol{j} - 4\boldsymbol{k}, \boldsymbol{b} = 2\boldsymbol{i} - 2\boldsymbol{j} + \boldsymbol{k}$,试求

(1) $\boldsymbol{a} \cdot \boldsymbol{b}$ 　　(2) $|\boldsymbol{a}|, |\boldsymbol{b}|, \boldsymbol{a}$ 与 $\boldsymbol{b}$ 的夹角 　　(3) $5\boldsymbol{a} \cdot 2\boldsymbol{b}$ 　　(4) $\boldsymbol{a} \cdot \boldsymbol{i}, \boldsymbol{a} \cdot \boldsymbol{j}, \boldsymbol{a} \cdot \boldsymbol{k}$

6. 已知两个向量 $\boldsymbol{a} = 3\boldsymbol{i} + \boldsymbol{j} - 4\boldsymbol{k}, \boldsymbol{b} = \boldsymbol{i} - \boldsymbol{j} + 2\boldsymbol{k}$,试求

(1) $\boldsymbol{a} \times \boldsymbol{b}$ 　　(2) $-\boldsymbol{a} \times 2\boldsymbol{b}$ 　　(3) $\boldsymbol{a} \times \boldsymbol{i}, \boldsymbol{a} \times \boldsymbol{j}, \boldsymbol{a} \times \boldsymbol{k}$

*7.3　平面与直线

从本节开始我们介绍空间解析几何的有关内容,在此我们先以向量为工具讨论空间平面与直线的方程.

7.3.1　平面的方程

研究空间直角坐标系中的平面方程,确定空间中一个平面的方式有很多,如:过空间中不在一直线上的三个点;过一直线和该直线外一点;过两条相交直线;过两条平行直线;过一点与一已知向量垂直等.为了方便我们根据上述最后一种条件来导出平面方程,而其他条件都可以化为这一基本形式.

1. 平面的点法式方程

设一平面 π 过点 $P_0(x_0, y_0, z_0)$,且与非零向量 $\boldsymbol{n} = \{A, B, C\}$ 垂直,现求此平面 π 的方程.

设点 $P(x, y, z)$ 为平面 π 上任一点,图 7.26 所示,则 $\overrightarrow{P_0P}$ 在平面 π 上,由于 $\boldsymbol{n}$ 垂直于平面 π,所以有

$$\boldsymbol{n} \cdot \overrightarrow{P_0P} = 0$$

而 $\boldsymbol{n} = \{A, B, C\}, \overrightarrow{P_0P} = \{x - x_0, y - y_0, z - z_0\}$
故有:

$$A(x - x_0) + B(y - y_0) + C(z - z_0) = 0$$

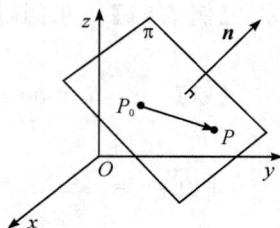

图 7.26

这就是所求平面 π 的方程.因为平面 π 上任一点 P 的坐标都满足这方程,而不在平面 π 上点 P 的坐标都不满足这方程.其中向量 $\boldsymbol{n}$ 称为该平面 π 的法向量,这种形式的平面方程就称为平面的点法式方程.

【**例 7.13**】　求由点 $A(1, 0, 0), B(0, 1, 0), C(0, 0, 1)$ 所确定的平面方程.

【**解**】　显然向量

$$\boldsymbol{n} = \overrightarrow{AB} \times \overrightarrow{AC} = \begin{vmatrix} \boldsymbol{i} & \boldsymbol{j} & \boldsymbol{k} \\ -1 & 1 & 0 \\ -1 & 0 & 1 \end{vmatrix} = \boldsymbol{i} + \boldsymbol{j} + \boldsymbol{k}$$

为所求平面的法向量,因此所求平面可理解为过点 $A(1, 0, 0)$,且以 $\boldsymbol{n} = \boldsymbol{i} + \boldsymbol{j} + \boldsymbol{k}$ 为法向量,于是所求平面方程为:

$$1 \cdot (x - 1) + 1 \cdot (y - 0) + 1 \cdot (z - 0) = 0,$$

即

$$x + y + z = 1.$$

2. 平面的一般方程

过点 $P_0(x_0, y_0, z_0)$,且以 $\boldsymbol{n} = \{A, B, C\}$ 为法向量的点法式平面方程可整理为:

$$Ax + By + Cz + (-Ax_0 - By_0 - Cz_0) = 0,$$

令 $D = -Ax_0 - By_0 - Cz_0$,则有

$$Ax + By + Cz + D = 0,$$

这个形式的平面方程称为平面的一般方程.

【注】

（1）显然，平面的法向量不是唯一的；

（2）在空间直角坐标系中，平面方程是一个三元一次方程，反过来对任意一个三元一次方程 $Ax+By+Cz+D=0(A,B,C$ 不同时为零)，也都是代表某一个平面方程，且 $n=\{A,B,C\}$ 就是平面的法向量.

于是例 7.13 也可以用下列解法

【解】　由于 $A(1,0,0),B(0,1,0),C(0,0,1)$ 不在同一直线上，所以这三点唯一确定一平面，令所求平面方程为：

$$Ax+By+Cz+D=0.$$

将有三点坐标分别代入得：

$$\begin{cases} A\times 1+B\times 0+C\times 0+D=0 \\ A\times 0+B\times 1+C\times 0+D=0 \\ A\times 0+B\times 0+C\times 1+D=0 \end{cases}$$

解得 $A=B=C=-D=\lambda(\lambda$ 为任意的非零实数)，于是平面方程为：

$$x+y+z=1.$$

【例 7.14】　求通过 z 轴和点 $P(2,-1,2)$ 的平面方程.

【解1】　由于所求平面通过 z 轴，所以原点 $O(0,0,0)$ 与向量 $k=\{0,0,1\}$ 都在此平面上，又平面过点 $P(2,-1,2)$，所以向量 $\overrightarrow{OP}=\{2,-1,2\}$ 也在此平面上，于是此平面的法向量为：

$$n=k\times\overrightarrow{OP}=\begin{vmatrix} i & j & k \\ 0 & 0 & 1 \\ 2 & -1 & 2 \end{vmatrix}=i+2j,$$

由点去式方程即得所求方程为：

$$1\times(x-0)+2\times(y-0)+0\times(z-0)=0,$$

即

$$x+2y=0.$$

【解2】　设所求平面方程为

$$Ax+By+Cz+D=0.$$

由于此平面通过 z 轴，所以 z 轴上的两点 $O(0,0,0)$ 与 $Q(0,0,1)$ 在此平面上，将 O,Q,P 三点坐标分别代入得：

$$\begin{cases} A\times 0+B\times 0+C\times 0+D=0 \\ A\times 0+B\times 0+C\times 1+D=0 \\ A\times 2+B\times(-1)+C\times 2+D=0 \end{cases}$$

解得 $2A=B=\lambda,C=D=0(\lambda$ 为任意的非零实数)，于是平面方程为：

$$x+2y=0.$$

3. 平面间的位置关系

设两个平面 $\pi_1:A_1x+B_1y+C_1z+D_1=0$ 与 $\pi_2:A_2x+B_2y+C_2z+D_2=0$，法向量分别为：$n_1=\{A_1,B_1,C_1\}$ 与 $n_2=\{A_2,B_2,C_2\}$，它们之间的位置关系有：平行、重合与相交三种.

若 $\dfrac{A_1}{A_2} = \dfrac{B_1}{B_2} = \dfrac{C_1}{C_2} \neq \dfrac{D_1}{D_2}$,则两平面平行,即 $\pi_1 \; // \; \pi_2$;

若 $\dfrac{A_1}{A_2} = \dfrac{B_1}{B_2} = \dfrac{C_1}{C_2} = \dfrac{D_1}{D_2}$,则两平面重合;

若 $\boldsymbol{n}_1 = \{A_1, B_1, C_1\}$ 与 $\boldsymbol{n}_2 = \{A_2, B_2, C_2\}$ 对应坐标不成比例,则 π_1 与 π_2 相交(如图 7.27),相交平面之间的夹角 θ 定义如下:

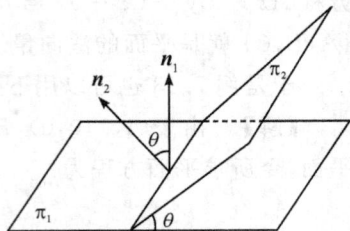

$$\theta = \arccos \frac{|\boldsymbol{n}_1 \cdot \boldsymbol{n}_2|}{|\boldsymbol{n}_1||\boldsymbol{n}_2|} (\text{或} \cos\theta = \frac{|\boldsymbol{n}_1 \cdot \boldsymbol{n}_2|}{|\boldsymbol{n}_1||\boldsymbol{n}_2|}),$$

可见 $0 < \theta \leqslant \dfrac{\pi}{2}$.

图 7.27

特别地,若 $\theta = \dfrac{\pi}{2}$,称两个平面 π_1, π_2 互相垂直,记 $\pi_1 \perp \pi_2$,

显然,$\pi_1 \perp \pi_2$ 的充分必要条件是 $\boldsymbol{n}_1 \perp \boldsymbol{n}_2$,即 $\boldsymbol{n}_1 \cdot \boldsymbol{n}_2 = A_1 A_2 + B_1 B_2 + C_1 C_2 = 0$.

【例 7.15】 已知有三个平面,$\pi_1 : 2x + 5y + 4z - 3 = 0$,$\pi_2 : 2x - 4y + 4z + 3 = 0$,$\pi_3 : x - 2y + 2z - 1 = 0$,试证 $\pi_1 \perp \pi_2, \pi_2 \; // \; \pi_3$.

【证明】 因为平面 π_1, π_2, π_3 的法向量分别为 $\boldsymbol{n}_1 = \{2, 5, 4\}$,$\boldsymbol{n}_2 = \{2, -4, 4\}$,$\boldsymbol{n}_3 = \{1, -2, 2\}$,而 $\boldsymbol{n}_1 \cdot \boldsymbol{n}_2 = 2 \times 2 + 5 \times (-4) + 4 \times 4 = 0$,$\boldsymbol{n}_2 = 2\boldsymbol{n}_3$,所以,$\boldsymbol{n}_1 \perp \boldsymbol{n}_3$,$\boldsymbol{n}_2 \; // \; \boldsymbol{n}_3$,即 $\pi_1 \perp \pi_2, \pi_2 \; // \; \pi_3$.

7.3.2　直线的方程

决定空间中一条直线的方式也有很多,如:两个不重合的点,两个相交平面,过一点并沿给定的方向等.同样我们根据上述最后一种条件来导出直线方程.

1. 直线的点向式方程

设一直线 l 过点 $P_0(x_0, y_0, z_0)$,且与非零向量 $\boldsymbol{s} = \{m, n, p\}$ 平行,现求此直线 l 的方程.

设点 $P(x, y, z)$ 为直线 l 上任一点,图 7.28 所示,则 $\overrightarrow{P_0 P}$ 平行于直线 l,所以有 $\overrightarrow{P_0 P} \; // \; \boldsymbol{s}$,即有

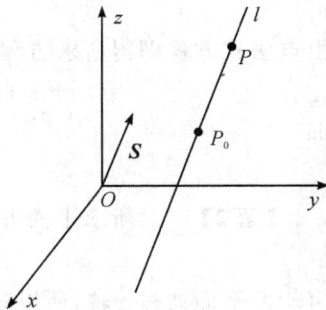

$$\overrightarrow{P_0 P} = t\boldsymbol{s}(t \text{ 为任意实数})$$

而 $\boldsymbol{s} = \{m, n, p\}$,$\overrightarrow{P_0 P} = \{x - x_0, y - y_0, z - z_0\}$

故有:

图 7.28

$$\frac{x - x_0}{m} = \frac{y - y_0}{n} = \frac{z - z_0}{p}$$

这就是所求直线 l 的方程.因为直线 l 上任一点 P 的坐标都满足这方程,而不在直线 l 上点 P 的坐标都不满足这方程.其中向量 $\boldsymbol{s}$ 称为该直线 l 方向向量,这种形式的直线方程就称为直线的点向式方程(或直线的标准方程).

【注】 直线的点向式方程中,若分母为零,则应理解为分子也为零.

直线的点向式方程也可以写成如下形式:

$$\begin{cases} x - x_0 = mt \\ y - y_0 = nt \text{（} t \text{ 为任意实数）} \\ z - z_0 = pt \end{cases}$$

称为直线的参数方程.

【例 7.16】　试求一直线 l 过点 $A(1,2,-1)$,且垂直于平面 $\pi:2y+z-3=0$.

【解】　由已知可得,平面 π 的法向量 $\boldsymbol{n}=\{0,2,1\}$ 就是直线 l 的方向向量 $\boldsymbol{s}$,所以所求直线方程为:

$$\frac{x-1}{0}=\frac{y-2}{2}=\frac{z+1}{1},$$

也即

$$\begin{cases} x=1 \\ y=2+2t\,(t\text{ 为任意实数}). \\ z=-1+t \end{cases}$$

【例 7.17】　求过两点 $A(x_1,y_1,z_1),B(x_2,y_2,z_2)$ 的直线方程.

【解】　直线的方向向量为

$$\boldsymbol{s}=\overrightarrow{AB}=\{x_2-x_1,y_2-y_1,z_2-z_1\},$$

因此过点 $A(x_1,y_1,z_1)$,且以 $\boldsymbol{s}=\{x_2-x_1,y_2-y_1,z_2-z_1\}$ 为方向向量的直线的方程为:

$$\frac{x-x_1}{x_2-x_1}=\frac{y-y_1}{y_2-y_1}=\frac{z-z_1}{z_2-z_1},$$

此形式的直线方程也叫做直线的两点式方程.

2. 直线的一般方程

直线也可看成是两个相交平面的交线,所以直线方程还可表示成:

$$\begin{cases} A_1x+B_1y+C_1z+D_1=0 \\ A_2x+B_2y+C_2z+D_2=0 \end{cases}$$

这种形式的直线方程称为直线的一般方程.

【注】

(1) 同一直线的一般方程其形式是不唯一的,因为通过一直线的平面有无穷多个,其中任意两个平面的方程联立起来都可作为此直线(两平面交线)的一般方程;

(2) 直线的各种方程之间可以相互转化.

【例 7.18】　写出直线 $l:\begin{cases} x-2y+3z-3=0 \\ 3x+y-2z+5=0 \end{cases}$ 的点向式方程.

【解】　先在直线 l 上任取一点,令 $z=0$ 得 $x=-1,y=-2$,即点 $P(-1,-2,0)$ 为直线 l 的一个点,而直线 l 的方向向量为:

$$\boldsymbol{s}=\boldsymbol{n}_1\times\boldsymbol{n}_2=\begin{vmatrix} \boldsymbol{i} & \boldsymbol{j} & \boldsymbol{k} \\ 1 & -2 & 3 \\ 3 & 1 & -2 \end{vmatrix}=\boldsymbol{i}+11\boldsymbol{j}+7\boldsymbol{k},$$

所以直线 l 的点向式方程为:

$$\frac{x+1}{1}=\frac{y+2}{11}=\frac{z-0}{7}.$$

3. 两直线的位置关系

设两条直线 $l_1:\dfrac{x-x_1}{m_1}=\dfrac{y-y_1}{n_1}=\dfrac{z-z_1}{p_1}$ 与 $l_2:\dfrac{x-x_2}{m_2}=\dfrac{y-y_2}{n_2}=\dfrac{z-z_2}{p_2}$,它们的方向向量分别为:$\boldsymbol{s}_1=\{m_1,n_1,p_1\}$ 与 $\boldsymbol{s}_2=\{m_2,n_2,p_2\}$,它们之间的位置关系有:共面(平行、重合、相交)与异面.

我们把直线 l_1 与 l_2 之间的锐角叫做两直线 l_1 与 l_2 的夹角,记为 θ(如图 7.29),显然有:

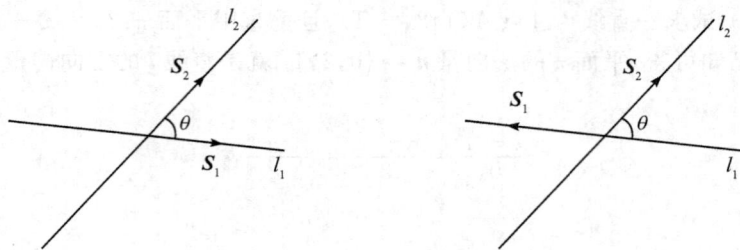

图 7.29

$$\theta = \arccos \frac{|s_1 \cdot s_2|}{|s_1||s_2|} \left(或 cos\theta = \frac{|s_1 \cdot s_2|}{|s_1||s_2|} \right),$$

特别地,若 $\theta = 0 \left(或 s_1 = \lambda s_2 \ 或 \dfrac{m_1}{m_2} = \dfrac{n_1}{n_2} = \dfrac{p_1}{p_2} \right)$,则 $l_1 /\!/ l_2$;

若 $\theta = \dfrac{\pi}{2}$(或 $s_1 \cdot s_2 = m_1 m_2 + n_1 n_2 + p_1 p_2 = 0$),则 $l_1 \perp l_2$.

【例 7.19】 试证直线 $l_1: \dfrac{x-1}{1} = \dfrac{y+2}{2} = \dfrac{z-3}{3}$ 与直线 $l_2 \dfrac{x-0}{-4} = \dfrac{y-3}{5} = \dfrac{z+2}{-2}$ 垂直.

【证明】 因为直线 l_1 与直线 l_2 方向向量分别为:$s_1 = \{1,2,3\}$ 与 $s_2 = \{-4,5,-2\}$,而

$$s_1 \cdot s_2 = 1 \times (-4) + 2 \times 5 + 3 \times (-2) = 0$$

所以,$s_1 \perp s_2$,即 $l_1 \perp l_2$.

7.3.3 直线与平面的位置关系

设平面 $\pi: Ax + By + Cz + D = 0$ 与直线 $l: \dfrac{x-x_0}{m} = \dfrac{y-y_0}{n} = \dfrac{z-z_0}{p}$,平面的法向量是:$n = \{A, B, C\}$,直线的方向向量是:$s = \{m, n, p\}$,它们之间的位置关系有:平行、相交(包含垂直)、直线在平面上.

若 $s \perp n$(或 $n \cdot s = Am + Bn + Cp = 0$),且 $Ax_0 + By_0 + Cz_0 + D \neq 0$ 则直线 l 与平面 π 平行($l /\!/ \pi$);

若 $s \perp n$(或 $n \cdot s = Am + Bn + Cp = 0$),且 $Ax_0 + By_0 + Cz_0 + D = 0$ 则直线 l 在平面 π 上($l \subset \pi$);

若 $s /\!/ n \left(或 n = \lambda s, 或 \dfrac{A}{m} = \dfrac{B}{n} = \dfrac{C}{p} \right)$,则直线与平面垂直($l \perp \pi$);

直线 l 与它在平面 π 上的投影线 l' 间的夹角 $\varphi \left(0 \leqslant \varphi \leqslant \dfrac{\pi}{2} \right)$,称为直线与平面的夹角(图 7.30),显然有:

$$\varphi = \arcsin \frac{|n \cdot s|}{|n||s|} \left(或 \sin\varphi = \frac{|n \cdot s|}{|n||s|} \right)$$

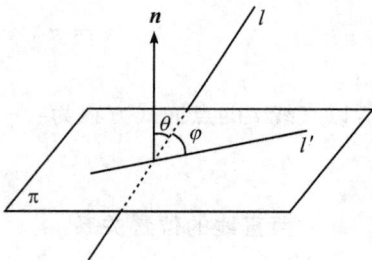

图 7.30

【例 7.20】 讨论平面 $\pi: 15x - 9y + 5z - 12 = 0$ 和直线 $l: \dfrac{x-2}{2} = \dfrac{y-7}{5} = \dfrac{z-9}{3}$ 的位置关系.

【解】 因为平面 π 的法向量为:$n = \{15, -9, 5\}$,而直线 l 的方向向量为:$s = \{2, 5, 3\}$,所以直线 l 与平面 π 的夹角 φ 的正弦是:

$$sin\varphi = \frac{|\boldsymbol{n}\cdot\boldsymbol{s}|}{|\boldsymbol{n}||\boldsymbol{s}|} = \frac{|15\times 2 + (-9)\times 5 + 5\times 3|}{\sqrt{15^2 + (-9)^2 + 5^2}\sqrt{2^2 + 5^2 + 3^2}} = 0,$$

故 $\varphi = 0$，即直线 l 与平面 π 平行或直线 l 在平面 π 上，容易验证直线 l 上的点 $(2,7,9)$ 在平面 π 上. 所以直线 l 在平面 π 上.

习题 7.3

1. 写出下列特殊平面的平面方程

(1) 过原点的平面　　　(2) 过坐标轴的平面　　　(3) 平行坐标轴的平面

2. 试求过点 $A(1,0,0)$，且平行于坐标平面 yOz 的平面方程.

3. 描绘出下列平面方程所代表的平面：

(1) $x = 2$　　　(2) $z = -1$　　　(3) $x + y = 1$　　　(4) $\dfrac{x}{a} + \dfrac{y}{b} + \dfrac{z}{c} = 1(a,b,c$ 均不为零$)$

4. 试求经过三点 $(2,3,0),(-2,-3,4),(0,1,0)$ 的平面方程.

5. 试求一平面经过坐标原点和 $(6,3,2)$，且与平面 $5x + 4y - 3z - 8 = 0$ 垂直.

6. 判断两平面 $2x - 3y + 4z - 7 = 0$ 与 $5x + y - 7 = 0$ 的位置关系.

7. 求过点 $(3,0,-1)$，且平行于直线 $\begin{cases} x + 2y - 4 = 0 \\ y + 3z - 5 = 0 \end{cases}$ 的直线方程.

8. 求通过下列两点的直线方程

(1) $P_1(3,-5,2),P_2(-1,3,4)$　　　　　　(2) $P_1(1,1,-2),P_2(1,1,4)$

9. 将直线方程 $\begin{cases} x - 2y + 2z + 1 = 0 \\ 4x - y + 4z - 3 = 0 \end{cases}$ 化为标准方程.

10. 判断两直线 $\dfrac{x-1}{1} = \dfrac{y+2}{-2} = \dfrac{z-3}{3}$ 与 $\dfrac{x+3}{1} = \dfrac{y-2}{-2} = \dfrac{z+1}{3}$ 的位置关系.

11. 试讨论下列各组直线和平面间的位置关系

(1) $\dfrac{x-2}{3} = \dfrac{y+2}{1} = \dfrac{z-3}{-4}$ 与 $x + y + z - 3 = 0$

(2) $\dfrac{x}{3} = \dfrac{y}{-2} = \dfrac{z}{-7}$ 与 $3x - 2y - 7z - 1 = 0$

*7.4　曲面与空间曲线

讨论了平面(最简单的曲面)与直线(最简单的空间曲线)之后，接下来介绍一般的曲面与一般的空间曲线.

7.4.1　曲面与空间曲线的概念

在平面解析几何中，任何曲线都看成平面上点的轨迹，并建立了平面曲线的方程. 在空间解析几何中，曲面和空间曲线也都可看作空间中点的轨迹，并可用类似的方法建立曲面和空间曲线的方程.

1. 曲面的概念

如果曲面 S 与三元方程

$$F(x,y,z) = 0 \tag{1}$$

满足如下关系

（1）曲面 S 上任一点 $M(x,y,z)$ 的坐标满足方程(1)；

（2）不在曲面 S 上的点其坐标必不满足方程(1). 则称方程(1)为曲面 S 的方程,而曲面 S 叫做方程(1)的图像（见图7.31）.

如三元方程 $(x-x_0)^2+(y-y_0)^2+(z-z_0)^2=R^2$ 表示球心在点 $M_0(x_0,y_0,z_0)$,半径为 R 的球面,三元方程 $Ax+By+Cz+D=0$ 表示空间上的平面（特殊的曲面）.

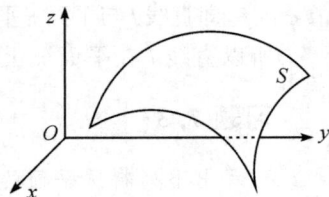

图7.31

2. 空间曲线的概念

如果曲面 $S_1:F(x,y,z)=0$ 与曲面 $S_2:G(x,y,z)=0$ 相交,则相交部分是一条空间曲线 C. 因为 C 上的任一点既在 S_1 上,又在 S_2 上,故其坐标满足方程组

$$\begin{cases} F(x,y,z)=0 \\ G(x,y,z)=0 \end{cases} \tag{2}$$

反过来,坐标满足方程组(2)的点必在 S_1 与 S_2 的公共部分即交线 C 上,方程组(2)叫做曲线 C 的方程,曲线 C 叫做方程组(2)的图像（图7.32）.

例如 $\begin{cases} x^2+y^2+z^2=R^2 \\ x+y+z=0 \end{cases}$,表示圆心在原点,半径为 R 的球面在平面 $:x+y+z=0$ 上的圆周. 又如

$$\begin{cases} A_1x+B_1y+C_1z+D_1=0 \\ A_2x+B_2y+C_2z+D_2=0 \end{cases}$$

表示一条空间直线.

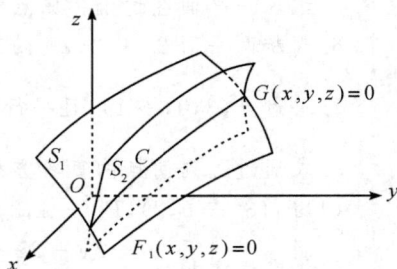

图7.32

7.4.2　常见的曲面和空间曲线

1. 柱面

直线 l 沿定曲线 C 平行移动形成的轨迹叫柱面,定曲线 C 叫做柱面的准线,动直线 l 叫做柱面的母线（图7.33）.

现在我们来建立母线平行于 z 轴,准线在 xOy 平面上的柱面方程.

设 C 为 xOy 平面上的曲线,其方程为

$$f(x,y)=0,$$

以平行于 z 轴的直线沿 C 平行移动得柱面 S（图7-34）. 在柱面 S 上任取一点 $M_1(x_1,y_1,z_1)$,过点 M_1 作直线与 z 轴平行,则该直线必定与准线 C 交于点 $M_1'(x_1,y_1,0)$,由于 M_1' 在准线 C 上,所以其坐标 x_1,y_1 满足 $f(x,y)=0$,即

$$f(x_1,y_1)=0,$$

从而点 M_1 的坐标应满足 $f(x,y)=0$.

反之,如果空间中点 $M(x_0,y_0,z_0)$ 满足方程 $f(x,y)=0$,即 $f(x_0,y_0)=0$,则 M 必在过准线 C 上一点 $M'(x_0,y_0,0)$ 且平行于 z 轴的直线上,于是 M 必在柱面上. 所以把方程 $f(x,y)=0$ 表示母线平行于 z 轴的柱面.

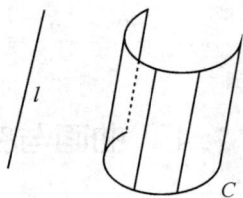

图7.33

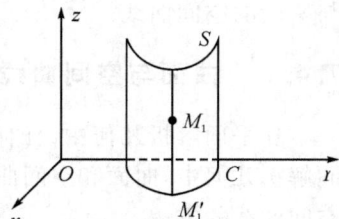

图7.34

同理可得,母线平行于 y 轴,准线在 xOz 面上的柱面方程形如 $g(x,z)=0$;母线平行 x

轴,准线在 yOz 面上的柱面方程形如 $h(y,z)=0$.

从上面的讨论可知:三元方程 $F(x,y,z)=0$ 中若缺少一个坐标,则这个方程所表示的图像是个柱面,它的母线平行于所缺少的那个坐标的坐标轴.

例如,方程 $\dfrac{x^2}{a^2}+\dfrac{y^2}{b^2}=1$ 表示的柱面称为椭圆柱面,方程 $y^2=2px$ 表示的柱面叫做抛物柱面,$x^2+y^2=1$ 表示的柱面叫做圆柱面,等等.

2. 旋转曲面

一条平面曲线 C 绕该平面上一固定直线 l 在空中旋转所产生的曲面叫旋转曲面,曲线 C 叫做旋转曲面的母线,定直线 l 叫做旋转曲面的轴.

如一个圆周绕它的一条直径旋转所生成的曲面,就是以这个圆的半径为半径的球面,又如圆柱面、圆锥面都是旋转面.下面给出曲线 C 绕坐标轴旋转而成旋转面的方程.

设 yOz 面上的曲线 $C:\begin{cases}f(y,z)=0\\x=0\end{cases}$,旋转轴为 z 轴.

曲线 C 绕 z 轴旋转所得曲面 S(如图 7.35).取曲面 S 上任一点 $M(x,y,z)$,则点 M 绕 z 轴旋转而得的圆周必与 C 交于一点 $M_1(0,y_1,z_1)$,而且 M 的坐标与 M_1 的坐标有关系 $\begin{cases}z=z_1,\\\sqrt{x^2+y^2}=|y_1|.\end{cases}$ 因 M_1 在曲线上,其坐标应该满足 $f(y,z)=0$,即 $f(y_1,z_1)=0$,从而有

$$f(\pm\sqrt{x^2+y^2},z)=0.$$

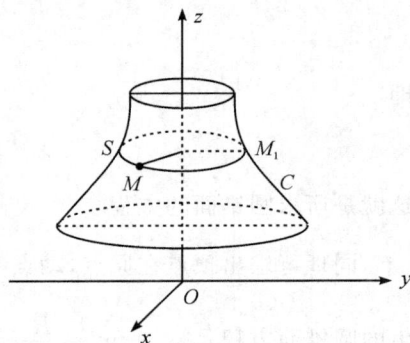

图 7.35

这就是旋转面 S 上任意点 M 的坐标 (x,y,z) 应该满足的方程.容易看出,凡满足 $f(\pm\sqrt{x^2+y^2},z)=0$ 的点一定在旋转面 S 上.因此,以 C 为母线、z 轴为旋转轴的旋转面方程为

$$f(\pm\sqrt{x^2+y^2},z)=0.$$

同理可得,曲线 $C:\begin{cases}f(y,z)=0\\x=0\end{cases}$,绕 y 轴旋转而成的旋转面方程是

$$f(y,\pm\sqrt{x^2+z^2})=0.$$

例如,平面曲线 $\dfrac{y^2}{a^2}+\dfrac{z^2}{b^2}=1$,绕 z 轴旋转而成的旋转曲面方程是 $\dfrac{x^2+y^2}{a^2}+\dfrac{z^2}{b^2}=1$,称该曲面为旋转椭球面;抛物线 $y^2=2px$ 绕 x 轴旋转而成的旋转曲面方程为 $y^2+z^2=2px$,该曲面叫做旋转抛物面,它们的图像见图 7.36.

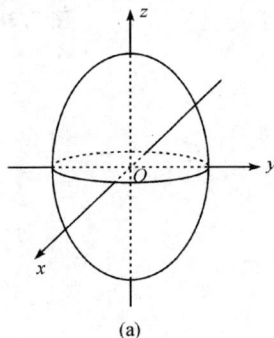

(a)

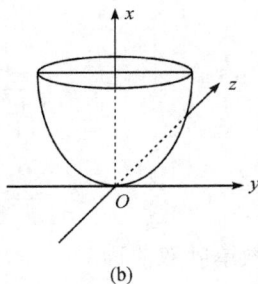

(b)

图 7.36

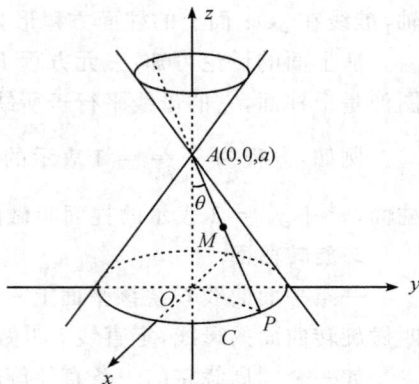

【例 7.21】 设圆周 C：$\begin{cases} x^2 + y^2 = R^2 \\ z = 0 \end{cases}$，点 $A(0,0,a)$

$(a > 0)$，P 为 C 上一动点. 当 P 在 C 上运动时，直线 PA 所产生的曲面叫做以 A 为顶点的圆锥面（图 7.37），试建立此圆锥面方程.

【解】 任取圆锥面上的一点 $M(x,y,z)$，连 AM 交 C 上点 P，则 AP 与 z 轴夹角为 θ，

$$\tan\theta = \frac{R}{a},$$

另外 $\tan\theta = \dfrac{\sqrt{x^2 + y^2}}{a - z}$，所以

图 7.37

$$\frac{R}{a} = \frac{\sqrt{x^2 + y^2}}{a - z},$$

即

$$x^2 + y^2 = \frac{R^2}{a^2}(z - a)^2.$$

这就是所求圆锥面的方程.

同理可求出顶点在原点，动点 P 在圆周 C：$\begin{cases} x^2 + y^2 = R^2 \\ z = h \end{cases}$ $(h \neq 0)$ 上运动时直线 OP 产生的圆锥面方程是 $x^2 + y^2 = \dfrac{R^2}{h^2}z^2$.

若令 $k = \dfrac{R}{h}$，则上式成为

$$x^2 + y^2 = k^2 z^2.$$

这是一个关于 x, y, z 的二次齐式，它是顶点在原点的圆锥面方程的一般形式.

3. 椭球面、双曲面

（1）由方程 $\dfrac{x^2}{a^2} + \dfrac{y^2}{b^2} + \dfrac{z^2}{c^2} = 1$ $(a > 0, b > 0, c > 0)$

所决定的曲面叫做椭球面（见图 7.38）. 它是关于坐标面、坐标轴及原点对称的图像，如果用平行于坐标面的平面去截它，交线（称为截痕）是椭圆周.

（2）由方程

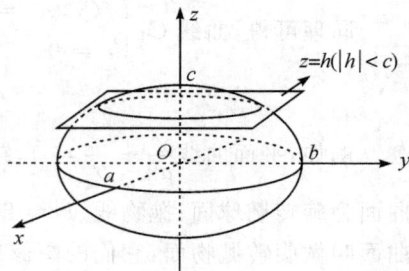

图 7.38

$$\frac{x^2}{a^2} + \frac{y^2}{b^2} - \frac{z^2}{c^2} = 1,$$

或

$$\frac{x^2}{a^2} - \frac{y^2}{b^2} + \frac{z^2}{c^2} = 1,$$

或

$$-\frac{x^2}{a^2} + \frac{y^2}{b^2} + \frac{z^2}{c^2} = 1$$

所决定的曲面叫做单叶双曲面.

单叶双曲面$\dfrac{x^2}{a^2}+\dfrac{y^2}{b^2}-\dfrac{z^2}{c^2}=1$关于坐标面、坐标轴及原点对称，如果用平面 $z=h$ 去截，截痕是椭圆周；若用平面 $x=h_1$ 或 $y=h_2(h_1\neq a,h_2\neq b)$ 平面去截曲面,截痕为双曲线；若用 $x=\pm a$ 或 $y=\pm b$ 截曲面,得到的截痕是两条相交直线（见图 7.39）.

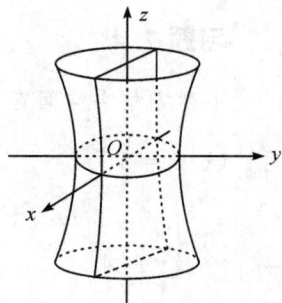

图 7.39

（3）由方程

$$\frac{x^2}{a^2}-\frac{y^2}{b^2}-\frac{z^2}{c^2}=1,$$

或

$$-\frac{x^2}{a^2}+\frac{y^2}{b^2}-\frac{z^2}{c^2}=1,$$

或

$$-\frac{x^2}{a^2}-\frac{y^2}{b^2}+\frac{z^2}{c^2}=1$$

所决定的曲面叫做双叶双曲面（见图 7.40）.

（4）由方程

$$\frac{x^2}{a^2}+\frac{y^2}{b^2}=2z$$

决定的曲面叫做椭圆抛物面（见图 7.41）.

（5）由方程

$$-\frac{x^2}{a^2}+\frac{y^2}{b^2}=2z$$

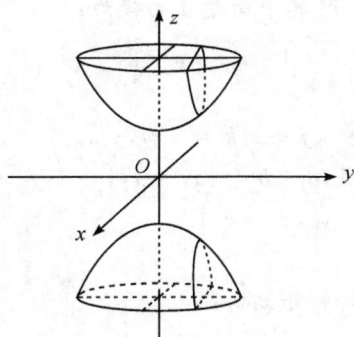

图 7.40

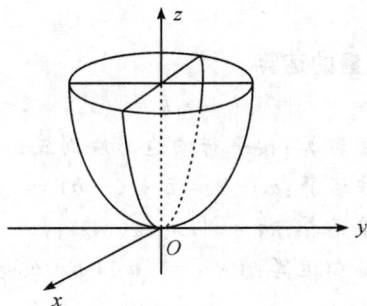

图 7.41

决定的曲面叫做双曲抛物面. 由于它的形状如马鞍,故也叫马鞍面（见图 7.42）.

同（1）、（2）一样可研究（3）、（4）、（5）三种曲面的特征,我们把它留给读者.

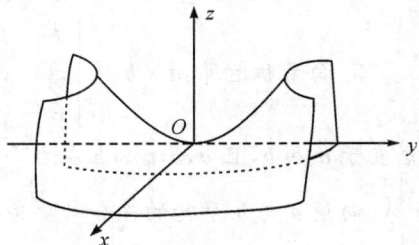

图 7.42

习题 7.4

下列方程在空间直角坐标系下分别表示什么图像

(1) $x = 1$ (2) $2x - y + 1 = 0$ (3) $2y^2 + z^2 = 9$ (4) $\begin{cases} x - 5 = 0 \\ z + 1 = 0 \end{cases}$

(5) $\begin{cases} x^2 + y^2 = 25 \\ y = 4 \end{cases}$ (6) $x^2 + y^2 = 2z$ (7) $z^2 - y^2 = 0$ (8) $\begin{cases} x^2 + y^2 = z^2 \\ y = 1 \end{cases}$

本章小结

一、空间直角坐标系

1. 一个坐标原点 O，三条坐标轴：x 轴、y 轴和 z 轴（或横轴、纵轴和竖轴），构成了一个空间直角坐标系 $Oxyz$.

2. 取定空间直角坐标系后，空间的点与有序实数组 (x, y, z) 之间建立了一一对应关系.

3. 空间两点 $P_1(x_1, y_1, z_1)$ 与 $P_2(x_2, y_2, z_2)$ 之间的距离公式为：

$$d(P_1, P_2) = \sqrt{(x_2 - x_1)^2 + (y_2 - y_1)^2 + (z_2 - z_1)^2}.$$

二、向量的概念与坐标表示

1. 既有大小又有方向的量为向量，用有向线段来表示，记为 $\overrightarrow{AB}$ 或 $\boldsymbol{a}$. $\boldsymbol{a}$ 的模记为 $|\boldsymbol{a}|$.

2. 特殊的向量概念有：负向量，零向量，单位向量，向量相等，平行向量，自由向量等.

3. 向量的坐标表示：$\boldsymbol{a} = \overrightarrow{OP} = x\boldsymbol{i} + y\boldsymbol{j} + z\boldsymbol{k} = \{x, y, z\}$，其中：$\boldsymbol{i} = \{1, 0, 0\}$，$\boldsymbol{j} = \{0, 1, 0\}$，$\boldsymbol{k} = \{0, 0, 1\}$ 为空间直角坐标系中的三个基本单位向量. 其中向量 $\boldsymbol{a}$ 的模为：

$$|\boldsymbol{a}| = \sqrt{x^2 + y^2 + z^2}.$$

三、向量的运算

设 $\boldsymbol{a} = x_1\boldsymbol{i} + y_1\boldsymbol{j} + z_1\boldsymbol{k} = \{x_1, y_1, z_1\}$，$\boldsymbol{b} = x_2\boldsymbol{i} + y_2\boldsymbol{j} + z_2\boldsymbol{k} = \{x_2, y_2, z_2\}$

1. 加法运算：按平行四边形法则或三角形法则合成，$\boldsymbol{a} + \boldsymbol{b} = \{x_1 + x_2, y_1 + y_2, z_1 + z_2\}$.

2. 减法运算：$\boldsymbol{a} - \boldsymbol{b} = \boldsymbol{a} + (-\boldsymbol{b}) = \{x_1 - x_2, y_1 - y_2, z_1 - z_2\}$.

3. 数乘运算：$\lambda\boldsymbol{a} = \{\lambda x_1, \lambda y_1, \lambda z_1\}$.

4. 数量积运算：$\boldsymbol{a} \cdot \boldsymbol{b} = |\boldsymbol{a}| |\boldsymbol{b}| \cos\theta = x_1 x_2 + y_1 y_2 + z_1 z_2$，

$\boldsymbol{a}$ 与 $\boldsymbol{b}$ 夹角公式为：$\cos\theta = \dfrac{\boldsymbol{a} \cdot \boldsymbol{b}}{|\boldsymbol{a}| |\boldsymbol{b}|} = \dfrac{x_1 x_2 + y_1 y_2 + z_1 z_2}{\sqrt{x_1^2 + y_1^2 + z_1^2} \sqrt{x_2^2 + y_2^2 + z_2^2}}$，

$\boldsymbol{a}$ 与 $\boldsymbol{b}$ 垂直（$\boldsymbol{a} \perp \boldsymbol{b}$）的充分必要条件是 $\boldsymbol{a} \cdot \boldsymbol{b} = 0$ 或 $x_1 x_2 + y_1 y_2 + z_1 z_2 = 0$.

5. 向量积运算：$\boldsymbol{a} \times \boldsymbol{b} = \begin{vmatrix} \boldsymbol{i} & \boldsymbol{j} & \boldsymbol{k} \\ x_1 & y_1 & z_1 \\ x_2 & y_2 & z_2 \end{vmatrix}$，其中模为：$|\boldsymbol{a} \times \boldsymbol{b}| = |\boldsymbol{a}| |\boldsymbol{b}| \sin\theta$，方向为：$\boldsymbol{a} \times \boldsymbol{b}$ 垂直于 $\boldsymbol{a}$ 和 $\boldsymbol{b}$，且 $\boldsymbol{a}, \boldsymbol{b}, \boldsymbol{a} \times \boldsymbol{b}$ 成右手系.

向量 $\boldsymbol{a}$ 与 $\boldsymbol{b}$ 平行的充分必要条件是 $\boldsymbol{a} \times \boldsymbol{b} = 0$ 或 $\dfrac{x_1}{x_2} = \dfrac{y_1}{y_2} = \dfrac{z_1}{z_2}$.

四、平面与直线

1. 平面的方程：设 $\boldsymbol{n} = \{A, B, C\}$ 为平面的法向量，

点法式方程为 $A(x - x_0) + B(y - y_0) + C(z - z_0) = 0$，

一般方程为 $Ax + By + Cz + D = 0$.

2. 两平面 $A_1x + B_1y + C_1z + D_1 = 0$ 与 $A_2x + B_2y + C_2z + D_2 = 0$ 的位置关系:

若 $\dfrac{A_1}{A_2} = \dfrac{B_1}{B_2} = \dfrac{C_1}{C_2} \neq \dfrac{D_1}{D_2}$,则两平面平行,

若 $\dfrac{A_1}{A_2} = \dfrac{B_1}{B_2} = \dfrac{C_1}{C_2} = \dfrac{D_1}{D_2}$,则两平面重合,

两平面的夹角公式为:$\theta = \arccos \dfrac{|\boldsymbol{n}_1 \cdot \boldsymbol{n}_2|}{|\boldsymbol{n}_1||\boldsymbol{n}_2|}$,

两平面垂直的充分必要条件是 $\boldsymbol{n}_1 \cdot \boldsymbol{n}_2 = A_1A_2 + B_1B_2 + C_1C_2 = 0$.

3. 直线的方程:设 $\boldsymbol{s} = \{m, n, p\}$ 为直线的方向向量,

点向式(或标准)方程为 $\dfrac{x - x_0}{m} = \dfrac{y - y_0}{n} = \dfrac{z - z_0}{p}$,

参数方程为 $\begin{cases} x - x_0 = mt \\ y - y_0 = nt\ (t\ 为任意实数), \\ z - z_0 = pt \end{cases}$

两点式方程为 $\dfrac{x - x_1}{x_2 - x_1} = \dfrac{y - y_1}{y_2 - y_1} = \dfrac{z - z_1}{z_2 - z_1}$,

一般方程为 $\begin{cases} A_1x + B_1y + C_1z + D_1 = 0 \\ A_2x + B_2y + C_2z + D_2 = 0. \end{cases}$

4. 两直线 $\dfrac{x - x_1}{m_1} = \dfrac{y - y_1}{n_1} = \dfrac{z - z_1}{p_1}$ 与 $\dfrac{x - x_2}{m_2} = \dfrac{y - y_2}{n_2} = \dfrac{z - z_2}{p_2}$ 的位置关系:

若 $\dfrac{m_1}{m_2} = \dfrac{n_1}{n_2} = \dfrac{p_1}{p_2}$,则两直线平行,

若 $m_1m_2 + n_1n_2 + p_1p_2 = 0$,则两直线垂直,

两直线的夹角公式为:$\theta = \arccos \dfrac{|\boldsymbol{s}_1 \cdot \boldsymbol{s}_2|}{|\boldsymbol{s}_1||\boldsymbol{s}_2|}$.

5. 直线 $\dfrac{x - x_0}{m} = \dfrac{y - y_0}{n} = \dfrac{z - z_0}{p}$ 与平面 $Ax + By + Cz + D = 0$ 的位置关系:

若 $\boldsymbol{n} \cdot \boldsymbol{s} = Am + Bn + Cp = 0$,且 $Ax_0 + By_0 + Cz_0 + D \neq 0$,则直线 l 与平面 π 平行,

若 $\boldsymbol{n} \cdot \boldsymbol{s} = Am + Bn + Cp = 0$,且 $Ax_0 + By_0 + Cz_0 + D = 0$,则直线 l 在平面 π 上,

若 $\boldsymbol{n} = \lambda\boldsymbol{s}$ 或 $\dfrac{A}{m} = \dfrac{B}{n} = \dfrac{C}{p}$,则直线与平面垂直,

直线与平面的夹角公式为:$\varphi = \arcsin \dfrac{|\boldsymbol{n} \cdot \boldsymbol{s}|}{|\boldsymbol{n}||\boldsymbol{s}|} \left(0 \leqslant \varphi \leqslant \dfrac{\pi}{2}\right)$.

五、曲面与空间曲线

1. 曲面的方程 $F(x, y, z) = 0$.

2. 空间曲线的方程 $\begin{cases} F(x, y, z) = 0 \\ G(x, y, z) = 0. \end{cases}$

3. 常见的曲面有:柱面,旋转曲面,椭球面,双曲面等.

综合练习

1.在空间直角坐标系中,作出下列各点

(1,2,3)　　　　(−1,0,2)　　　　(−1,3,−2)　　　　(2,0,−1)

(−1,0,0)　　　(0,−1,1)　　　　(0,2,0)　　　　　(0,0,−2)

2.求点 $M_0(1,2,3)$ 关于坐标轴、坐标面和坐标原点的对称点.

3.求两点 $M_1(2,−1,3)$ 和 $M_2(−3,0,5)$ 之间的距离.

4.已知 $A(1,2,−4),\overrightarrow{AB}=\{−3,2,1\}$,求 B 点坐标.

5.已知 $|\overrightarrow{AB}|=11$,点 $A(4,−7,1)$,点 $B(6,2,z)$,求 z 的值.

6.设 $A(1,2,−3),B(2,−3,5)$ 为平行四边形相邻两个顶点,而 $M(1,1,1)$ 为对角线的交点,求其余两个顶点的坐标.

7.已知向量 $a=\{5,7,8\},b=\{3,−4,6\},c=\{−6,−9,−5\}$,求向量 $a+b+c$ 的模.

8.一个向量与 y 轴和 z 轴的夹角分别是 $\dfrac{\pi}{3}$ 和 $\dfrac{2\pi}{3}$,求它与 x 轴的夹角.

9.点 M 的向径 $r=\overrightarrow{OM}$ 与 Ox 轴成 $\dfrac{\pi}{4}$ 的角,与 Oy 轴成 $\dfrac{\pi}{3}$ 的角,它的长度 $|r|=6$,如果点 M 的坐标中 z 是负的,试求 $r=\overrightarrow{OM}$ 的坐标.

10.求 $a=\{4,−3,4\}$ 在向量 $b=\{2,2,1\}$ 上的投影.

11.说明下列各结果是否正确

(1) $|a|a=a\cdot a$;

(2) $(a\cdot b)(a\cdot b)=(a\cdot a)(b\cdot b)$;

(3) $(a\cdot b)c=a(b\cdot c)$;

(4) $(a+b)\cdot(a+b)=a\cdot a+2a\cdot b+b\cdot b$;

(5) 若 $a\cdot b=0$,则 $a=0$ 或 $b=0$.

12.证明向量 $a=2i−j+k$ 和向量 $b=4i+9j+k$ 垂直.

13.已知向量 $a=2i−3j+k,b=i−j+3k,c=i−2j$,计算

(1) $(a\cdot b)c−(a\cdot c)b$;

(2) $(a+b)\times(b+c)$;

(3) $(a\times b)\cdot c$;

(4) $(a\times b)\times c$.

14.已知 $\overrightarrow{OA}=i+3k,\overrightarrow{OB}=j+3k$,求 $\triangle OAB$ 的面积.

15.试确定 m 和 n 的值,使向量 $a=−2i+3j+nk$ 与 $b=mi−6j+2k$ 平行.

16.求同时垂直于 $a=3i+6j+8k$ 和 x 轴的单位向量.

17.已知 $A(2,−1,3),B(1,1,1),C(0,0,5)$,求 $\angle ABC$.

18.求下列平面方程

(1) 通过点 $M(1,1,1)$,法向量 $n=\{2,2,3\}$;

(2) 过坐标原点,并通过 $M_1(1,3,2),M_2(2,−1,1)$;

(3) 过点 $M_1(2,3,0),M_2(−2,1,0)$ 并和 z 轴平行;

(4) 平行于平面 $7x−3y+z−5=0$ 并过点 $M(1,−2,3)$.

19. 判断下列各对平面的位置关系

(1)$2x - 3y + z - 1 = 0$ 与 $5x + y - 7 = 0$

(2)$x + 2y - z + 3 = 0$ 与 $2x + 4y - 2z - 1 = 0$

(3)$2x - 3y + z - 1 = 0$ 与 $5x + y - 7z = 0$

20. 分别求出点 $M_1(1,2,3)$，$M_2(-1,7,6)$，$M_3(8,3,-4)$ 到平面 $2x - 2y + z - 3 = 0$ 的距离 d.

21. 求两平面间的夹角

(1)$4x + 2y + 4z - 7 = 0$ 与 $3x - 4y = 0$

(2)$x - y + z + 1 = 0$ 与 $2x - y - 3z + 5 = 0$

22. 求通过下列两点的直线

(1)$P_1(3,5,2)$，$P_2(1,3,4)$

(2)$P_1(-2,1,-3)$，$P_2(-1,-2,-3)$

(3)$P_1(1,1,2)$，$P_2(1,1,3)$

23. 求过点 $P_0(3,0,-1)$ 且平行于直线 $\begin{cases} x + 2z - 4 = 0 \\ y + 3z - 5 = 0 \end{cases}$ 的直线方程.

24. 求通过点 $P_0(-1,0,4)$ 且平行于平面 $3x - 4y + z - 10 = 0$，又与直线 $\dfrac{x+1}{3} = \dfrac{y-3}{1} = \dfrac{z}{2}$ 相交的直线方程.

25. 求一直线使其与直线 $\begin{cases} x = 3y - 1 \\ y = 2z - 3 \end{cases}$ 和直线 $\begin{cases} y = 2x - 5 \\ z = 7y + 2 \end{cases}$ 垂直相交.

26. 求点 $P_0(5,4,2)$ 到直线 $\dfrac{x+1}{2} = \dfrac{y-3}{3} = \dfrac{z-1}{-1}$ 的距离.

27. 求两直线 $\dfrac{x-1}{-1} = \dfrac{y}{2} = \dfrac{z}{0}$ 和 $\dfrac{x}{0} = \dfrac{y+1}{1} = \dfrac{z-1}{1}$ 之间的距离.

28. 写出点 $C(1,3,-2)$ 为球心并通过坐标原点的球面方程.

29. 在空间直角坐标系下，下列方程的图像各是什么？

(1)$x^2 + 4y^2 - 4 = 0$

(2)$y^2 + z^2 = -z$

(3)$z = x^2 - 2x + 1$

30. 已知柱面的母线为 z 轴，准线为 $\begin{cases} y^2 - 4x = 0 \\ z = 0 \end{cases}$ 求柱面方程.

31. 在空间直角坐标系下，求通过点 $A(2,0,-1)$ 并与 yOz 平面成 $\dfrac{\pi}{6}$ 角的所有直线的轨迹.

32. 旋转椭球面 $\dfrac{x^2 + y^2}{12} + \dfrac{z^2}{9} = 1$，被平面 $z = 2$ 所截而得一圆，求这个圆的周长.

33. 指出下列方程各表示什么曲面，若是旋转曲面，指出它们是由什么曲线绕什么轴旋转而成

(1)$\dfrac{x^2}{4} + \dfrac{y^2}{9} + \dfrac{z^2}{4} = 1$ 　　　　　(2)$\dfrac{x^2}{9} + \dfrac{y^2}{4} = 3z$

(3)$x^2 + y^2 + z^2 = 4$ 　　　　　(4)$x^2 + 2y^2 + 3z^2 = 9$

(5) $x^2 - \dfrac{y^2}{4} + z^2 = 1$　　　　(6) $x^2 - y^2 - z^2 = 1$

(7) $\dfrac{x^2}{9} + \dfrac{y^2}{9} - \dfrac{z^2}{16} = -1$　　　(8) $x^2 - y^2 = 4z^2$

34. 画出下列方程表示的曲面

(1) $\dfrac{x^2}{2} + \dfrac{y^2}{4} = -z$

(2) $\dfrac{x^2}{2} - \dfrac{y^2}{4} = -z$

(3) $-\dfrac{x^2}{a^2} + \dfrac{y^2}{b^2} + \dfrac{z^2}{c^2} = -1$

35. 指出下列方程所表示的曲线

(1) $\begin{cases} x^2 + y^2 + z^2 = 25 \\ x = 3 \end{cases}$　　　(2) $\begin{cases} x^2 - 4y^2 + z^2 = 25 \\ x = -3 \end{cases}$

(3) $\begin{cases} y^2 + z^2 - 4x + 8 = 0 \\ y = 4 \end{cases}$　　(4) $\begin{cases} \dfrac{y^2}{9} - \dfrac{z^2}{4} = 1 \\ x = 2 \end{cases}$

第 8 章　　多元函数的微积分学

第三次数学危机 —— 罗素悖论

　　1902 年,罗素发现了一个悖论,它除了涉及集合概念本身外不涉及别的概念. 把所有集合分为 2 类,第一类中的集合以其自身为元素,第二类中的集合不以自身为元素,假令第一类集合所组成的集合为 P,第二类所组成的集合为 Q,于是有:$P = \{A \mid A \in A\}, Q = \{A \mid A \notin A\}$. 问 $Q \in P$ 还是 $Q \in Q$?若 $Q \in P$,那么根据第一类集合的定义,必有 $Q \in Q$,但是 Q 中任何集合都有 $A \notin A$ 的性质,因为 $Q \in Q$,所以 $Q \not\subset Q$,引出矛盾. 若 $Q \in Q$,根据第一类集合的定义,必有 $Q \in P$,而显然 $P \bigcap Q = \varnothing$,所以 $Q \notin Q$,还是矛盾. 这就是著名的"罗素悖论". 罗素悖论曾被以多种形式通俗化,其中最著名的是罗素于 1919 年给出的,它涉及某村理发师的困境. 理发师宣布了这样一条原则:他给所有不给自己刮脸的人刮脸,并且,只给村里这样的人刮脸. 当人们试图回答下列疑问时,就认识到了这条原则的悖论性质:"理发师是否自己给自己刮脸?"如果他不给自己刮脸,那么他按原则就该为自己刮脸;如果他给自己刮脸,那么他就不符合他的原则. 数学从一定意义上讲,是从发现悖论和解决悖论中发展起来的.

8.1　多元函数的概念

　　函数 $y = f(x)$ 是因变量与一个自变量之间的关系,即因变量的值只依赖于一个自变量,称为一元函数. 但在许多实际问题中往往需要研究因变量与几个自变量之间的关系,即因变量的值依赖于几个自变量. 对于自变量的个数多于一个的函数通常称为多元函数. 多元函数的概念及其微分学是一元函数的概念及其微分学的推广和发展.

8.1.1　二元函数的概念

　　【定义 8.1】　设 D 是平面上的一个非空点集,如果对于每个点 $(x, y) \in D$,变量 z 按照一定的法则 f 总有唯一确定的值与之对应,则称 z 是变量 x, y 的二元函数,记为
$$z = f(x, y),$$
其中变量 x, y 称为自变量,z 称为因变量,集合 D 称为函数 $z = f(x, y)$ 的定义域,对应函数值的集合 $\{z \mid z = f(x, y), (x, y) \in D\}$ 称为该函数的值域.

　　类似地,可以定义三元函数 $u = f(x, y, z)$ 以及三元以上的函数. 二元以及二元以上的函数统称为多元函数.

　　与一元函数一样,定义域和对应法则是二元函数的两个要素.

　　一元函数的自变量只有一个,因而函数的定义域比较简单,是一个或几个区间. 二元函数有两个自变量,定义域通常是由平面上一条或几条光滑曲线所围成的某一部分,称之为区

域.围成区域的这些曲线称为区域的边界,区域连同它的全部边界叫做闭区域,不包括边界的区域叫做开区域.二元函数的定义域也有可能是平面 xOy 上的曲线或离散点集.

【例 8.1】 求下列二元函数的定义域,并绘出定义域的图像

(1) $z = \sqrt{1-x^2-y^2}$ 　　　　　　　　(2) $z = \ln(x+y)$

(3) $z = \dfrac{1}{\ln(x+y)}$ 　　　　　　　　(4) $z = \ln(xy-1)$

【解】 (1) 要使函数 $z = \sqrt{1-x^2-y^2}$ 有意义,必须有 $1-x^2-y^2 \geqslant 0$,即有

$$x^2 + y^2 \leqslant 1.$$

故所求函数的定义域为 $D = \{(x,y) \mid x^2+y^2 \leqslant 1\}$,图像如图 8.1 所示.

(2) 要使函数 $z = \ln(x+y)$ 有意义,必须有 $x+y > 0$.故所有函数的定义域为:
$D = \{(x,y) \mid x+y > 0\}$,图像如图 8.2 所示.

(3) 要使函数 $z = \dfrac{1}{\ln(x+y)}$ 有意义,必须有 $\ln(x+y) \neq 0$,即 $x+y > 0$ 且 $x+y \neq 1$.

故该函数的定义域为 $D = \{(x,y) \mid x+y > 0, x+y \neq 1\}$,图像如图 8.3 所示.

(4) 要使函数 $z = \ln(xy-1)$ 有意义,必须有 $xy-1 > 0$.故该函数的定义域为:
$D = \{(x,y) \mid xy > 1\}$,图像如图 8.4 所示.

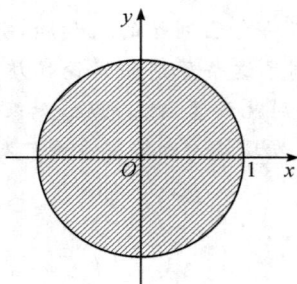

图 8.1

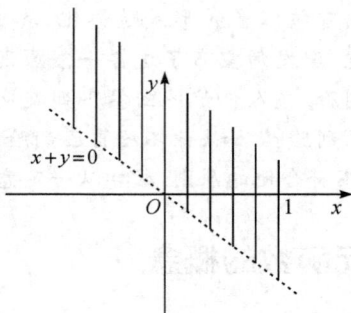

图 8.2

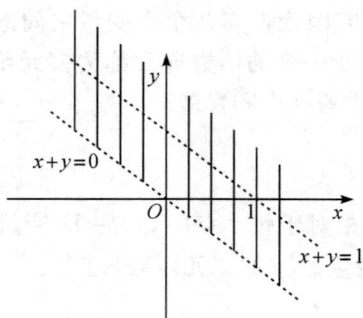

图 8.3

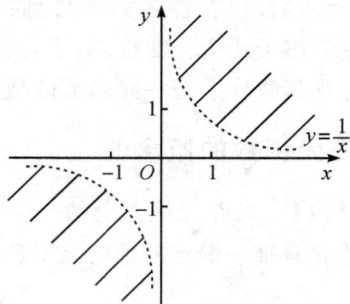

图 8.4

设函数 $z = f(x,y)$ 的定义域为 D,对于任意取定的 $P(x,y) \in D$,对应的函数值为 $z = f(x,y)$.这样,以 x 为横坐标、y 为纵坐标、z 为竖坐标在空间就确定一点 $M(x,y,z)$,当 $P(x,y)$ 取遍 D 上一切点时,得一个空间点集 $\{(x,y,z) \mid z = f(x,y), (x,y) \in D\}$,这个点集称为二元函数 $z = f(x,y)$ 的图像.如图 8.5,二元函数的图像通常为空间中的一张曲面.

具体地,如函数 $z = \sin xy$ 的图像如图 8.6 所示;函数 $x^2+y^2+z^2 = a^2$ 的图像为一个球面,如图 8.7 所示.

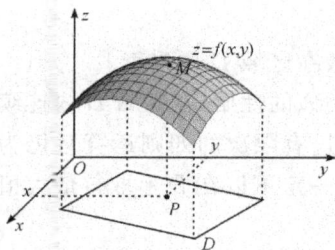

图 8.5

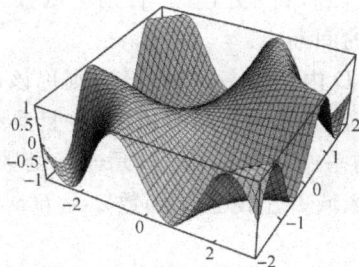

图 8.6

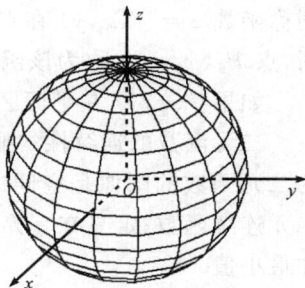

图 8.7

8.1.2　二元函数的极限与连续

在一元函数中,我们研究了当自变量趋于某一数值时函数的极限,而这时动点趋于定点的各种方式总是沿着坐标轴进行的. 对于二元函数 $z = f(x,y)$,同样可以讨论当自变量 x 与 y 趋向于 x_0 和 y_0 时,函数的变化状态. 也就是说,研究当点 (x,y) 趋向 (x_0,y_0) 时,函数 $z = f(x,y)$ 的变化趋势. 但是,二元函数的情况要比一元函数复杂得多. 因为在坐标平面 xOy 上,(x,y) 趋向 (x_0,y_0) 的方式是多种多样的.

首先介绍邻域的概念,邻域:设 $P_0(x_0,y_0)$ 是 xOy 平面上的一个点,δ 是某一正数,与点 $P_0(x_0,y_0)$ 距离小于 δ 的点 $P(x,y)$ 的全体,称为点 P_0 的 δ 邻域,记为 $U(P_0,\delta)$,

$$U(P_0,\delta) = \{P \mid |PP_0| < \delta\} = \{(x,y) \mid \sqrt{(x-x_0)^2 + (y-y_0)^2} < \delta\}.$$

【定义 8.2】　设函数 $z = f(x,y)$ 在点 $P_0(x_0,y_0)$ 的某去心邻域[即邻域 $U(P_0\delta)$ 中 P_0 点除外]内有定义,如果当点 $P(x,y)$ 沿任何路径无限趋于 $P_0(x_0,y_0)$ 时,对应的函数值 $z = f(x,y)$ 都无限趋近于一个确定的常数 A,则称当点 $P(x,y)$ 趋向于 $P_0(x_0,y_0)$ 时,函数 $z = f(x,y)$ 以 A 为极限. 记为

$$\lim_{(x,y)\to(x_0,y_0)} f(x,y) = A.$$

二元函数极限也叫二重极限,可记为

$$\lim_{\substack{x\to x_0 \\ y\to y_0}} f(x,y) = A.$$

值得注意的是,在二重极限的计算中,不是先 $x \to x_0$,再 $y \to y_0$,而是 $P(x,y)$ 以任意方式趋于 $P_0(x_0,y_0)$,因此二重极限比一元函数的极限要复杂很多.

如极限 $\lim\limits_{(x,y)\to(0,0)} \dfrac{xy}{x^2+y^2}$,若先 $x \to 0$,再 $y \to 0$,则极限为

$$\lim_{y\to 0}\left(\lim_{x\to 0} \frac{xy}{x^2+y^2}\right) = \lim_{y\to 0} \frac{0}{0+y^2} = 0;$$

若 (x,y) 以沿直线 $y = x$ 的方式趋向与原点,则

$$\lim_{\substack{(x,y)\to(0,0) \\ y=x}} \frac{xy}{x^2+y^2} = \lim_{x\to 0} \frac{x^2}{x^2+x^2} = \frac{1}{2}.$$

故 $\lim\limits_{(x,y)\to(0,0)} \dfrac{xy}{x^2+y^2}$ 极限不存在.

【定义 8.3】　设函数 $z = f(x,y)$ 在点 $P_0(x_0,y_0)$ 的某一邻域内有定义,并且

$$\lim_{\substack{x\to x_0 \\ y\to y_0}} f(x,y) = f(x_0,y_0)$$

则称函数 $z = f(x, y)$ 在点 $P_0(x_0, y_0)$ 处连续. 否则称函数 $z = f(x, y)$ 在点 $P_0(x_0, y_0)$ 间断, 点 $P_0(x_0, y_0)$ 称为该函数的间断点.

如果 $f(x, y)$ 在平面区域 D 内的每一点都连续, 则称该函数在区域 D 内连续.

二元函数的连续性的概念与一元函数是类似的, 并且具有类似的性质: 在区域 D 内连续的二元函数的图像是空间中的一个连续曲面; 二元连续函数经过有限次的四则运算后仍为二元连续函数; 定义在有界闭区域 D 上的连续函数 $z = f(x, y)$ 一定可以在 D 上取得最大值和最小值.

习题 8.1

1. 求下列函数的表达式

(1) 已知 $f(x, y) = x^2 y$, 求 $f(x + y, x - y)$

(2) 已知 $f(x, y) = \dfrac{xy}{x^2 + y^2}$, 求 $f\left(\dfrac{x}{y}, \dfrac{y}{x}\right)$

2. 求下列函数的定义域, 并绘出定义域的图像

$(1) z = \sqrt{4x^2 + y^2 - 1}$ 　　　　　　　　$(2) z = \ln xy$

$(3) z = \dfrac{1}{\sqrt{x + y}} + \dfrac{1}{\sqrt{x - y}}$ 　　　　　　$(4) z = \dfrac{\sqrt{4x - y^2}}{\ln(1 - x^2 - y^2)}$

8.2　多元函数的偏导数与全微分

在研究一元函数的变化率时曾引入导数的概念, 对于多元函数同样需要研究函数关于自变量的变化率问题. 但多元函数的自变量不止一个, 函数关系也比较复杂, 通常的方法是只让一个变量变化, 固定其他的变量(即视为常数), 于是只要研究该多元函数关于这个变量的变化率. 我们把这种变化率称为偏导数.

8.2.1　多元函数的偏导数

1. 偏导数的定义

【定义 8.4】　设函数 $z = f(x, y)$ 在点 (x_0, y_0) 的某一邻域内有定义, 当 y 固定在 y_0, 而 x 在 x_0 处有增量 Δx 时, 相应地函数值 z 有增量 $\Delta z = f(x_0 + \Delta x, y_0) - f(x_0, y_0)$, 如果

$$\lim_{\Delta x \to 0} \frac{\Delta z}{\Delta x} = \lim_{\Delta x \to 0} \frac{f(x_0 + \Delta x, y_0) - f(x_0, y_0)}{\Delta x}$$

存在, 则称此极限值为函数 $z = f(x, y)$ 在点 (x_0, y_0) 处关于 x 的偏导数, 记为

$$z'_x \Big|_{\substack{x=x_0 \\ y=y_0}}, \ f'_x(x_0, y_0), \frac{\partial f}{\partial x}\Big|_{\substack{x=x_0 \\ y=y_0}} \ 或 \frac{\partial z}{\partial x}\Big|_{\substack{x=x_0 \\ y=y_0}}.$$

类似地, 当 x 固定在 x_0, 而 y 在 y_0 有增量 Δy 时, 如果极限

$$\lim_{\Delta y \to 0} \frac{f(x_0, y_0 + \Delta y) - f(x_0, y_0)}{\Delta y}$$

存在, 则称此极限值为函数 $z = f(x, y)$ 在点 (x_0, y_0) 处关于 y 的偏导数, 记为

$$z'_y \Big|_{\substack{x=x_0 \\ y=y_0}}, \ f'_y(x_0, y_0), \frac{\partial f}{\partial y}\Big|_{\substack{x=x_0 \\ y=y_0}} \ 或 \frac{\partial z}{\partial y}\Big|_{\substack{x=x_0 \\ y=y_0}}.$$

如果函数 $z = f(x, y)$ 在平面区域 D 内任一点 (x, y) 处都存在关于 x（或 y）的偏导数，则称函数 $z = f(x, y)$ 在 D 内存在关于 x（或 y）的偏导函数，简称函数 $z = f(x, y)$ 在 D 内有偏导数，记为

$$z'_x, f'_x(x, y), \frac{\partial f}{\partial x} \text{ 或 } \frac{\partial z}{\partial x},$$

$$z'_y, f'_y(x, y), \frac{\partial f}{\partial y} \text{ 或 } \frac{\partial z}{\partial y}.$$

从偏导数的定义中可以看出，偏导数的实质就是：把一个变量固定，而将二元函数 $z = f(x, y)$ 看成另一个变量的一元函数的导数。因此求二元函数的偏导数，不需要引进新的方法，只需用一元函数的微分法，把一个自变量暂时视为常量，而对另一个自变量进行求导。即求 $\frac{\partial z}{\partial x}$ 时，把 y 视为常数而对 x 求导数；而求 $\frac{\partial z}{\partial y}$ 时，把 x 视为常数而对 y 求导数。

$f(x, y)$ 在点 (x_0, y_0) 处的偏导数 $f'_x(x_0, y_0)$、$f'_y(x_0, y_0)$，就是偏导函数 $f'_x(x, y)$，$f'_y(x, y)$ 在 (x_0, y_0) 处的函数值。

【例 8.2】　设 $z = x^3 - 2x^2y + 3y^4$，求 $\frac{\partial z}{\partial x}, \frac{\partial z}{\partial y}, \frac{\partial z}{\partial x}\Big|_{(1,1)}$ 和 $\frac{\partial z}{\partial y}\Big|_{(1,-1)}$。

【解】　对 x 求偏导数，就是把 y 看作常量对 x 求导数，$\frac{\partial z}{\partial x} = 3x^2 - 4xy$；

对 y 求偏导数，就是把 x 看作常量对 y 求导数，$\frac{\partial z}{\partial y} = -2x^2 + 12y^3$；

$$\frac{\partial z}{\partial x}\Big|_{(1,1)} = 3x^2 - 4xy\Big|_{\substack{x=1 \\ y=1}} = -1; \quad \frac{\partial z}{\partial y}\Big|_{(1,-1)} = -2x^2 + 12y^3\Big|_{\substack{x=1 \\ y=-1}} = -14.$$

【例 8.3】　设 $z = x^y$，求 $\frac{\partial z}{\partial x}, \frac{\partial z}{\partial y}$。

【解】　$\frac{\partial z}{\partial x} = yx^{y-1}$，　$\frac{\partial z}{\partial y} = x^y \ln x$。

【例 8.4】　设 $z = \ln xy$，求 $\frac{\partial z}{\partial x}, \frac{\partial z}{\partial y}$。

【解】　$\frac{\partial z}{\partial x} = \frac{1}{xy} \cdot (xy)'_x = \frac{1}{xy} \cdot y = \frac{1}{x}$，　$\frac{\partial z}{\partial y} = \frac{1}{xy} \cdot (xy)'_y = \frac{1}{xy} \cdot x = \frac{1}{y}$

【例 8.5】　设 $z = e^x \sin xy$，求 $\frac{\partial u}{\partial x}, \frac{\partial u}{\partial y}$。

【解】　$\frac{\partial z}{\partial x} = e^x \sin xy + e^x \cos xy \cdot y = e^x(\sin xy + y\cos xy)$，

$\frac{\partial z}{\partial y} = e^x \cos xy \cdot x$，

【例 8.6】　设 $f(x, y) = (1 + xy)^y \ln(1 + x^2 + y^2)$，求 $f'_x(1, 0)$。

【解】　如果先求偏导数 $f'_x(x, y)$，再求 $f'_x(1, 0)$ 显然比较繁杂，可以先求一元函数 $f(x, 0)$，再求导数 $f'_x(x, 0)$。

因 $f(x, 0) = \ln(1 + x^2)$，所以 $f'_x(x, 0) = \frac{2x}{1 + x^2}$。

故 $f'_x(1, 0) = 1$。

2. 偏导数的几何意义

设 $M_0(x_0,y_0,f(x_0,y_0))$ 是曲面 $z=f(x,y)$ 上一点,过 M_0 作平面 $y=y_0$,与曲面相截得一条曲线(如图 8.8),其方程为

$$\begin{cases} y=y_0 \\ z=f(x,y_0) \end{cases}.$$

偏导数 $f'_x(x_0,y_0)$,就是导数 $\dfrac{\mathrm{d}}{\mathrm{d}x}f(x,y_0)\Big|_{x=x_0}$

在几何上,它是该曲线在点 M_0 处的切线 M_0T_x 对 x 轴的斜率.

同样,偏导数 $f'_y(x_0,y_0)$ 表示曲面 $z=f(x,y)$ 被平面 $x=x_0$ 所截得的曲线

$$\begin{cases} x=x_0 \\ z=f(x_0,y) \end{cases}$$

在点 M_0 处的切线 M_0T_y 对 y 轴的斜率.

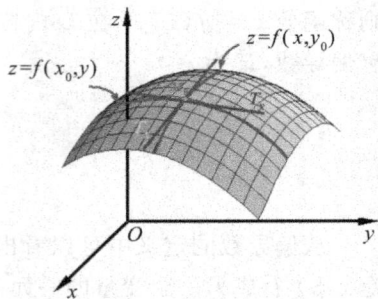

图 8.8

8.2.2　多元函数的全微分及其在近似计算中的应用举例

1. 二元函数的全微分

在一元函数微分学中,函数 $y=f(x)$ 的微分 $\mathrm{d}y=f'(x)\mathrm{d}x$,并且当自变量 x 的改变量 $\Delta x \to 0$ 时,函数相应的改变量 Δy 与 $\mathrm{d}y$ 的差是比 Δx 高阶的无穷小量.这一结论可以推广到二元函数的情形.

【定义 8.5】　如果函数 $z=f(x,y)$ 在点 (x,y) 的全增量 $\Delta z=f(x+\Delta x,y+\Delta y)-f(x,y)$ 可以表示为

$$\Delta z = A\Delta x + B\Delta y + o(\rho),$$

其中 A,B 不依赖于 $\Delta x,\Delta y$ 而仅与 x,y 有关,$\rho=\sqrt{(\Delta x)^2+(\Delta y)^2}$,则称函数 $z=f(x,y)$ 在点 (x,y) 可微,$A\Delta x+B\Delta y$ 称为函数 $z=f(x,y)$ 在点 (x,y) 的全微分,记为 $\mathrm{d}z$,即

$$\mathrm{d}z = A\Delta x + B\Delta y.$$

当函数可微时,$A=\dfrac{\partial z}{\partial x}$、$B=\dfrac{\partial z}{\partial y}$,又 $\mathrm{d}x=\Delta x$、$\mathrm{d}y=\Delta y$,从而二元函数的全微分通常写为

$$\mathrm{d}z = f'_x(x,y)\mathrm{d}x + f'_y(x,y)\mathrm{d}y$$

或

$$\mathrm{d}z = \frac{\partial z}{\partial x}\mathrm{d}x + \frac{\partial z}{\partial y}\mathrm{d}y.$$

$\dfrac{\partial z}{\partial x}\mathrm{d}x,\dfrac{\partial z}{\partial y}\mathrm{d}y$ 分别称为函数关于 x,y 的偏微分,全微分是偏微分之和.

二元函数 $z=f(x,y)$ 在点 (x,y) 处有全微分,又称为 $f(x,y)$ 在点 (x,y) 处可微. 函数若在某区域 D 内处处可微,则称这函数在 D 内可微.由定义可知 $f(x,y)$ 在点 (x,y) 处可微,则 $f(x,y)$ 在点 (x,y) 处有偏导数和连续. 多元函数的各偏导数存在并不能保证全微分存在,但若偏导数 $\dfrac{\partial z}{\partial x}$、$\dfrac{\partial z}{\partial y}$ 在点 (x,y) 连续,则该函数在点 (x,y) 可微. 偏导数与可微的关系如图 8.9.

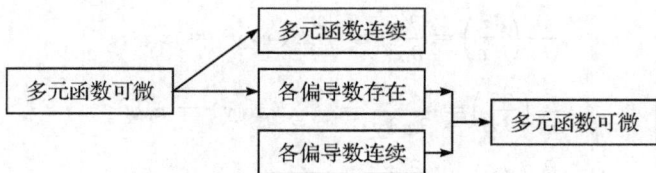

图 8.9

【例 8.7】　求函数 $z = \sin(x + y^2)$ 的全微分.

【解】　因为 $\dfrac{\partial z}{\partial x} = \cos(x + y^2)$，$\dfrac{\partial z}{\partial y} = 2y\cos(x + y^2)$，

所以 $\mathrm{d}z = \dfrac{\partial z}{\partial x}\mathrm{d}x + \dfrac{\partial z}{\partial y}\mathrm{d}y = \cos(x + y^2)\mathrm{d}x + 2y\cos(x + y^2)\mathrm{d}y.$

【例 8.8】　计算函数 $z = e^{xy}$ 在点 $(2,1)$ 处的全微分.

【解】　由于 $\dfrac{\partial z}{\partial x} = ye^{xy}$，$\dfrac{\partial z}{\partial y} = xe^{xy}$，$\left.\dfrac{\partial z}{\partial x}\right|_{(2,1)} = e^2$，$\left.\dfrac{\partial z}{\partial y}\right|_{(2,1)} = 2e^2$，

因此 $\mathrm{d}z = e^2\mathrm{d}x + 2e^2\mathrm{d}y.$

2. 全微分在近似计算中的应用举例

在近似计算中，应用一元函数的微分，我们能计算如 $\sqrt{0.99}$、$\ln(1.02)$、$2^{1.02}$ 等类型的近似值. 利用二元函数的全微分，我们可以近似计算如 $\sqrt[2.02]{0.99}$、$2.01^{1.02}$ 等更复杂的值.

如果 $f(x,y)$ 在点 (x,y) 处可微，那么 $\Delta z = \mathrm{d}z + o(\rho)\,(\rho = \sqrt{(\Delta x)^2 + (\Delta y)^2})$. 利用它可得出求二元函数的近似函数值的公式

$$\Delta z = f(x + \Delta x, y + \Delta y) - f(x, y) \approx \frac{\partial z}{\partial x}\mathrm{d}x + \frac{\partial z}{\partial y}\mathrm{d}y,$$

$$f(x + \Delta x, y + \Delta y) \approx f(x, y) + \frac{\partial z}{\partial x}\Delta x + \frac{\partial z}{\partial y}\Delta y$$

或

$$f(x, y) \approx f(x_0, y_0) + \left.\frac{\partial z}{\partial x}\right|_{(x_0, y_0)}\Delta x + \left.\frac{\partial z}{\partial y}\right|_{(x_0, y_0)}\Delta y.$$

【例 8.9】　近似计算 $\sqrt[2.02]{0.99}$.

【解】　设 $z = \sqrt[y]{x}$，取 $x_0 = 1, y_0 = 2, \Delta x = -0.01, \Delta y = 0.02.$

求出偏导数 $\left.\dfrac{\partial z}{\partial x}\right|_{(1,2)} = \left.\dfrac{1}{y}x^{\frac{1}{y}-1}\right|_{(1,2)} = \dfrac{1}{2}$，$\left.\dfrac{\partial z}{\partial y}\right|_{(1,2)} = x^{\frac{1}{y}}\ln x|_{(1,2)} = 0.$ 所以

$$\sqrt[2.02]{0.99} \approx \sqrt[2]{1} + \left.\frac{\partial z}{\partial x}\right|_{(1,2)}\Delta x + \left.\frac{\partial z}{\partial y}\right|_{(1,2)}\Delta y = 1 + \frac{1}{2} \times (-0.01) + 0 \times 0.02 = 0.995.$$

8.2.3　多元函数的高阶偏导数

函数 $z = f(x,y)$ 对于 x、y 的偏导数 $\dfrac{\partial z}{\partial x}$、$\dfrac{\partial z}{\partial y}$ 仍是 x、y 的二元函数，自然地可以考虑 $\dfrac{\partial z}{\partial x}$ 和 $\dfrac{\partial z}{\partial y}$ 能不能再求偏导数. 如果 $\dfrac{\partial z}{\partial x}$、$\dfrac{\partial z}{\partial y}$ 对自变量 x、y 的偏导数也存在，则他们的偏导数称为 $z = f(x,y)$ 的二阶偏导数

按照对变量求偏导的次序有下列四种二阶偏导数.

$$\frac{\partial}{\partial x}\left(\frac{\partial z}{\partial x}\right) = \frac{\partial^2 z}{\partial x^2} = f''_{xx}(x,y) = z''_{xx};$$

$$\frac{\partial}{\partial y}\left(\frac{\partial z}{\partial x}\right) = \frac{\partial^2 z}{\partial x \partial y} = f''_{xy}(x,y) = z''_{xy};$$

$$\frac{\partial}{\partial x}\left(\frac{\partial z}{\partial y}\right) = \frac{\partial^2 z}{\partial y \partial x} = f''_{yx}(x,y) = z''_{yx};$$

$$\frac{\partial}{\partial y}\left(\frac{\partial z}{\partial y}\right) = \frac{\partial^2 z}{\partial y^2} = f''_{yy}(x,y) = z''_{yy}.$$

其中 $f''_{xy}(x,y)$，$f''_{yx}(x,y)$ 称为二阶混合偏导数. 类似地，有三阶、四阶和更高阶的偏导数，二阶及二阶以上的偏导数统称为高阶偏导数.

【例 8.10】　求函数 $z = x^3 y^2 - 3xy^3 - xy + 1$ 的二阶偏导数.

【解】　因为函数的一阶偏导数为

$$\frac{\partial z}{\partial x} = 3x^2 y^2 - 3y^3 - y, \frac{\partial z}{\partial y} = 2x^3 y - 9xy^2 - x,$$

所以所求二阶偏导数为

$$\frac{\partial^2 z}{\partial x^2} = \frac{\partial}{\partial x}\left(\frac{\partial z}{\partial x}\right) = \frac{\partial}{\partial x}(3x^2 y^2 - 3y^3 - y) = 6xy^2,$$

$$\frac{\partial^2 z}{\partial x \partial y} = \frac{\partial}{\partial y}\left(\frac{\partial z}{\partial x}\right) = \frac{\partial}{\partial y}(3x^2 y^2 - 3y^3 - y) = 6x^2 y - 9y^2 - 1,$$

$$\frac{\partial^2 z}{\partial y \partial x} = \frac{\partial}{\partial x}\left(\frac{\partial z}{\partial y}\right) = \frac{\partial}{\partial x}(2x^3 y - 9xy^2 - x) = 6x^2 y - 9y^2 - 1,$$

$$\frac{\partial^2 z}{\partial y^2} = \frac{\partial}{\partial y}\left(\frac{\partial z}{\partial y}\right) = \frac{\partial}{\partial y}(2x^3 y - 9xy^2 - x) = 2x^3 - 18xy.$$

此例中的两个二阶混合偏导数相等，但这个结论并非对于任意可求二阶偏导数的二元函数都成立，我们不加证明地给出下列定理.

【定理 8.1】　若函数 $z = f(x,y)$ 的两个二阶混合偏导数在点 (x,y) 处都连续，则在该点处有

$$\frac{\partial^2 z}{\partial x \partial y} = \frac{\partial^2 z}{\partial y \partial x}.$$

对于三元以上的函数也可以类似地定义高阶偏导数，而且在偏导数连续时，混合偏导数也与求偏导的次序无关.

习题 8.2

1. 求下列函数的偏导数

(1) $z = 2xy^2 - \sin x + 5y^2$

(2) $z = \dfrac{xy}{x+y}$

(3) $u = xy + yz + xz$

(4) $u = x^{yz^2}$

2. 求下列各函数在指定点处的偏导数

(1) $f(x,y) = \sin(x + 2y)$，$\left(\dfrac{\pi}{2}, 0\right)$

(2) $f(x,y) = \ln(1 + x^2 + y^2)$，$(1,2)$

(3) $f(x,y) = e^{x+y}\cos(xy) + 3y$，$(0,1)$

(4) $f(x,y) = \tan(xy^2)$，$(0,1)$

3.求下列函数全微分

$(1)z = \dfrac{x^2 + y^2}{xy}$　　　　　　　　　　$(2)z = \dfrac{e^{xy}}{x + y}$

4.设 $z = \dfrac{y}{x}$,当 $x = 2, y = 1, \Delta x = 0.1, \Delta y = -0.2$ 时,求 $\Delta z, \mathrm{d}z$.

5.利用全微分计算 $(1.01)^{2.99}$ 的近似值.

6.求下列函数的二阶偏导数

$(1)z = x^8 e^y$　　　　　　　　　　$(2)z = e^x(\cos y + x\sin y)$

8.3　多元函数的复合函数偏导数

在一元函数中,复合函数的求导法则是求导的灵魂,在一元函数求导数过程中起到了非常重要的作用,对于多元函数也是如此.本节讨论多元复合函数求导法则.

8.3.1　中间变量是一元函数的情况

【定理 8.2】　如果函数 $u = \varphi(t)$ 及 $v = \psi(t)$ 都在点 t 可导,函数 $z = f(u, v)$ 在对应点 (u, v) 具有连续偏导数,则复合函数 $z = f[\varphi(t), \psi(t)]$ 在点 t 可导,且有全导数:

$$\frac{\mathrm{d}z}{\mathrm{d}t} = \frac{\partial z}{\partial u}\frac{\mathrm{d}u}{\mathrm{d}t} + \frac{\partial z}{\partial v}\frac{\mathrm{d}v}{\mathrm{d}t}.$$

【证明】　由条件知,当 $\Delta t \to 0$ 时,$\Delta u \to 0, \Delta v \to 0, \dfrac{\Delta u}{\Delta t} \to \dfrac{\mathrm{d}u}{\mathrm{d}t}, \dfrac{\Delta v}{\Delta t} \to \dfrac{\mathrm{d}v}{\mathrm{d}t}$.

又因为函数 $z = f(u, v)$ 在点 (u, v) 处有连续偏导数,所以 $z = f(u, v)$ 关于 u, v 可微,即

$$\Delta z = \frac{\partial z}{\partial u}\Delta u + \frac{\partial z}{\partial v}\Delta v + \alpha_1\Delta u + \alpha_2\Delta v,$$ 其中当 $\Delta u \to 0 \Delta v \to 0$ 时,$\alpha_1 \to 0, \alpha_2 \to 0$,

$$\frac{\Delta z}{\Delta t} = \frac{\partial z}{\partial u} \cdot \frac{\Delta u}{\Delta t} + \frac{\partial z}{\partial v} \cdot \frac{\Delta v}{\Delta t} + \alpha_1\frac{\Delta u}{\Delta t} + \alpha_2\frac{\Delta v}{\Delta t},$$

所以 $\dfrac{\mathrm{d}z}{\mathrm{d}t} = \lim\limits_{\Delta t \to 0}\dfrac{\Delta z}{\Delta t} = \dfrac{\partial z}{\partial u} \cdot \dfrac{\mathrm{d}u}{\mathrm{d}t} + \dfrac{\partial z}{\partial v} \cdot \dfrac{\mathrm{d}v}{\mathrm{d}t}.$

全导数的公式可用图 8.10 清楚地表示出来.$z = f(u, v)$,z 有两个直接变量 u 和 v,画两个箭头,u 和 v 都有变量 t,画两个箭头.箭头表示求偏导数,两个箭头连起来是相乘关系,z 关于 t 的导数就是的两条路径之和.

图 8.10

【例 8.11】　设 $z = uv$,而 $u = e^t, v = \cos t$,求全导数 $\dfrac{\mathrm{d}z}{\mathrm{d}t}$.

【解】　$\dfrac{\mathrm{d}z}{\mathrm{d}t} = \dfrac{\partial z}{\partial u}\dfrac{\mathrm{d}u}{\mathrm{d}t} + \dfrac{\partial z}{\partial v}\dfrac{\mathrm{d}v}{\mathrm{d}t} = ve^t - u\sin t = e^t\cos t - e^t\sin t$

对两个以上中间变量的全导数类似可求,例如有三个中间变量,$z = f(u, v, w), u, v, w$ 都是 t 的函数,则

$$\frac{\mathrm{d}z}{\mathrm{d}t} = \frac{\partial z}{\partial u}\frac{\mathrm{d}u}{\mathrm{d}t} + \frac{\partial z}{\partial v}\frac{\mathrm{d}v}{\mathrm{d}t} + \frac{\partial z}{\partial w}\frac{\mathrm{d}w}{\mathrm{d}t}$$

图 8.11

用箭头表示如图 8.11.

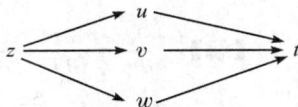

8.3.2　中间变量是多元函数的情况

由定理 8.2 可推出下面的定理：

【定理 8.3】　设 $u=\varphi(x,y)$、$v=\psi(x,y)$ 都在点 (x,y) 有偏导数，而 $z=f(u,v)$ 在对应点 (u,v) 具有连续偏导数，则复合函数 $z=f[\varphi(x,y),\psi(x,y)]$ 在对应点 (x,y) 的两个偏导数均存在，且有

$$\frac{\partial z}{\partial x}=\frac{\partial z}{\partial u}\frac{\partial u}{\partial x}+\frac{\partial z}{\partial v}\frac{\partial v}{\partial x},$$

$$\frac{\partial z}{\partial y}=\frac{\partial z}{\partial u}\frac{\partial u}{\partial y}+\frac{\partial z}{\partial v}\frac{\partial v}{\partial y}.$$

$\dfrac{\partial z}{\partial x}$,$\dfrac{\partial z}{\partial y}$ 这两个计算公式可由图 8.12 可以清楚的表示出来.

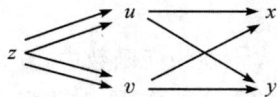

图 8.12

【例 8.12】　设 $z=e^{u}\sin v$，而 $u=xy$，$v=x+y$，求 $\dfrac{\partial z}{\partial x}$ 和 $\dfrac{\partial z}{\partial y}$.

【解】　$\dfrac{\partial z}{\partial x}=\dfrac{\partial z}{\partial u}\dfrac{\partial u}{\partial x}+\dfrac{\partial z}{\partial v}\dfrac{\partial v}{\partial x}=e^{u}\sin v\cdot y+e^{u}\cos v\cdot 1=e^{xy}(y\sin(x+y)+\cos(x+y))$,

$\dfrac{\partial z}{\partial y}=\dfrac{\partial z}{\partial u}\dfrac{\partial u}{\partial y}+\dfrac{\partial z}{\partial v}\dfrac{\partial v}{\partial y}=e^{u}\sin v\cdot x+e^{u}\cos v\cdot 1=e^{xy}(x\sin(x+y)+\cos(x+y))$.

【例 8.13】　设 $z=u^{2}\ln v$，其中 $u=\dfrac{x}{y}$，$v=2x-y$，求 $\dfrac{\partial z}{\partial x}$ 和 $\dfrac{\partial z}{\partial y}$.

【解】　$\dfrac{\partial z}{\partial x}=\dfrac{\partial z}{\partial u}\dfrac{\partial u}{\partial x}+\dfrac{\partial z}{\partial v}\dfrac{\partial v}{\partial x}=2u\ln v\cdot\dfrac{1}{y}+\dfrac{u^{2}}{v}\cdot 2=\dfrac{2x}{y^{2}}\ln(2x-y)+\dfrac{2x^{2}}{y^{2}(2x-y)}$,

$\dfrac{\partial z}{\partial y}=\dfrac{\partial z}{\partial u}\dfrac{\partial u}{\partial y}+\dfrac{\partial z}{\partial v}\dfrac{\partial v}{\partial y}=2u\ln v\cdot\left(-\dfrac{x}{y^{2}}\right)+\dfrac{u^{2}}{v}\cdot(-1)=-\dfrac{2x^{2}}{y^{3}}\ln(2x-y)-\dfrac{x^{2}}{y^{2}(2x-y)}$.

两个以上中间变量情况有类似的公式和图像表示，例如三个中间变量 $z=f(u,v,w)$，u,v,w 都是 x,y 的函数，则有：

$$\frac{\partial z}{\partial x}=\frac{\partial z}{\partial u}\frac{\partial u}{\partial x}+\frac{\partial z}{\partial v}\frac{\partial v}{\partial x}+\frac{\partial z}{\partial w}\frac{\partial w}{\partial x},$$

$$\frac{\partial z}{\partial y}=\frac{\partial z}{\partial u}\frac{\partial u}{\partial y}+\frac{\partial z}{\partial v}\frac{\partial v}{\partial y}+\frac{\partial z}{\partial w}\frac{\partial w}{\partial y}.$$

多元复合函数的复合关系是多种多样的，不可能把所有的公式都写出来，也没有必要这样做，只要我们把握住函数间的复合关系就可以了，并且牢记：复合函数对某自变量的偏导数等于通向这个自变量的各条路径上函数对中间变量的导数与中间变量对这个自变量导数乘积之和.

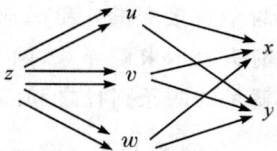

图 8.13

【例 8.14】　设 $t=f(x,y,z)=e^{x^{2}+y^{2}+z^{2}}$，$z=x^{2}\sin y$，求 $\dfrac{\partial t}{\partial x}$ 和 $\dfrac{\partial t}{\partial y}$.

【解】　$\dfrac{\partial t}{\partial x}=\dfrac{\partial t}{\partial x}+\dfrac{\partial t}{\partial z}\dfrac{\partial z}{\partial x}=2xt+2zt\cdot 2x\sin y=2x(1+2x^{2}\sin^{2}y)e^{x^{2}+y^{2}+x^{4}\sin^{2}y}$,

$\dfrac{\partial t}{\partial y}=\dfrac{\partial t}{\partial y}+\dfrac{\partial t}{\partial z}\cdot\dfrac{\partial z}{\partial y}=2yt+2zt\cdot x^{2}\cos y=2(y+x^{4}\sin y\cos y)e^{x^{2}+y^{2}+x^{4}\sin^{2}y}$.

【例 8.15】　设 $t=f(x+yz,xyz)$，求 $\dfrac{\partial t}{\partial x}$ 和 $\dfrac{\partial t}{\partial y}$.

【解】　令 $u=x+yz$，$v=xyz$，则 $t=f(u,v)$，于是

$$\frac{\partial t}{\partial x} = \frac{\partial f}{\partial u} \cdot \frac{\partial u}{\partial x} + \frac{\partial f}{\partial v} \cdot \frac{\partial v}{\partial x} = \frac{\partial f}{\partial u} + \frac{\partial f}{\partial v} \cdot yz,$$

$$\frac{\partial t}{\partial y} = \frac{\partial f}{\partial u} \cdot \frac{\partial u}{\partial y} + \frac{\partial f}{\partial v} \cdot \frac{\partial v}{\partial y} = \frac{\partial f}{\partial u} \cdot z + \frac{\partial f}{\partial v} \cdot xz.$$

习题 8.3

1. 求下列复合函数的偏导数和导数

(1) 设 $z = u^2 \ln v, u = xy, v = 3x - 2y$,求 $\dfrac{\partial z}{\partial x}, \dfrac{\partial z}{\partial y}$

(2) 设 $u = e^{2x - y + z}, x = 3t^2, y = 2t^3, z = \sin t$,求 $\dfrac{\mathrm{d}u}{\mathrm{d}t}$

(3) 设 $z = (\ln x)^{xy}$,求 $\dfrac{\partial z}{\partial x}, \dfrac{\partial z}{\partial y}$

(4) 设 $z = f(x^2 - y^2, e^{xy})$,求 $\dfrac{\partial z}{\partial x}, \dfrac{\partial z}{\partial y}$

2. 设 $z = xy + x\varphi\left(\dfrac{y}{x}\right)$,其中 $\varphi(u)$ 是可微函数,证明 $x\dfrac{\partial z}{\partial x} + y\dfrac{\partial z}{\partial y} = z + xy$.

8.4　多元函数的极值

在一元函数中,我们利用函数的导数求得函数的极值,进一步解决了某些实际问题的最优化问题.但在工程技术、管理技术、经济分析等实际问题中,往往涉及多元函数的极值和最值问题.本节就来重点讨论二元函数的极值问题,进而可以类推到更多元函数的极值问题.

8.4.1　二元函数的极值

【定义 8.6】　设函数 $z = f(x, y)$ 在点 $P_0(x_0, y_0)$ 的某邻域内有定义,若对于该邻域内的任意异于 $P_0(x_0, y_0)$ 的点 $P(x, y)$,都有
$$f(x, y) < f(x_0, y_0)$$
则称函数 $z = f(x, y)$ 在 $P_0(x_0, y_0)$ 有极大值 $f(x_0, y_0)$;若都有
$$f(x, y) > f(x_0, y_0)$$
则称函数 $z = f(x, y)$ 在 $P_0(x_0, y_0)$ 有极小值 $f(x_0, y_0)$.

极大值、极小值统称为极值,使函数取得极值的点统称为极值点.

【例 8.16】　讨论下列函数在原点 $(0, 0)$ 处是否取得极值.

(1) $z = 3x^2 + 4y^2$ 　　　　　(2) $z = -\sqrt{x^2 + y^2}$ 　　　　　(3) $z = xy$

【解】　(1) 从函数 $z = 3x^2 + 4y^2$ 的特点看出:在 $(0, 0)$ 的去心邻域内,函数值均大于 0,即 $f(x, y) > f(0, 0)$.故在 $(0, 0)$ 处此函数取得极小值 $f(0, 0) = 0$.

(2) 从函数 $z = -\sqrt{x^2 + y^2}$ 的特点看出:在 $(0, 0)$ 的去心邻域内,函数值均小于 0,即 $f(x, y) < f(0, 0)$.故在 $(0, 0)$ 处此函数取得极大值 $f(0, 0) = 0$.

(3) 函数 $z = xy$ 在 $(0, 0)$ 的去心邻域内,显然,有大于 $f(0, 0) = 0$ 的函数值,也有小于 $f(0, 0) = 0$ 的函数值.故 $f(0, 0) = 0$ 不是函数的极值.

求极值关键在于求出极值点,类似于一元函数的极值我们有下列定理.

【定理 8.4】（极值存在的必要条件）　设函数 $z = f(x,y)$ 在点 (x_0,y_0) 具有偏导数，且在点 (x_0,y_0) 处有极值，则它在该点的偏导数必然为零. 即

$$f'_x(x_0,y_0) = 0, f'_y(x_0,y_0) = 0.$$

【证明】　因为点 (x_0,y_0) 是函数 $f(x,y)$ 的极值点，若固定 $f(x,y)$ 中的变量 $y = y_0$，则 $z = f(x,y_0)$ 是一个一元函数，且在点 $x = x_0$ 处取得极值.

由一元函数极值的必要条件知 $f'(x_0,y_0) = 0$，即 $f'_x(x_0,y_0) = 0$，同理可得 $f'_y(x_0,y_0) = 0$.

使 $f'_x(x,y) = 0, f'_y(x,y) = 0$ 同时成立的点 (x_0,y_0)，称为函数 $z = f(x,y)$ 的驻点.

【定理 8.5】　（极值存在的充分条件）设函数 $z = f(x,y)$ 在点 (x_0,y_0) 的某邻域内具有连续的二阶偏导数，且点 (x_0,y_0) 是函数的驻点，即 $f'_x(x_0,y_0) = 0, f'_y(x_0,y_0) = 0$. 若记 $f''_{xx}(x_0,y_0) = A, f''_{xy}(x_0,y_0) = B, f''_{yy}(x_0,y_0) = C$，则

(1) 当 $B^2 - AC < 0$ 时，点 (x_0,y_0) 是极值点，且若 $A < 0$，点 (x_0,y_0) 是极大值点；若 $A > 0$，点 (x_0,y_0) 是极小值点.

(2) 当 $B^2 - AC > 0$ 时，点 (x_0,y_0) 不是极值点.

(3) 当 $B^2 - AC = 0$ 时，不能确定点 (x_0,y_0) 是否为极值点，需另作讨论.

【例 8.17】　求函数 $f(x,y) = x^3 - y^3 + 3x^2 + 3y^2 - 9x$ 的极值.

【解】　令 $\begin{cases} f'_x = 3x^2 + 6x - 9 = 0 \\ f'_y = -3y^2 + 6y = 0 \end{cases}$，得驻点：$(1,0),(1,2),(-3,0),(-3,2)$.

$A = f''_{xx} = 6x + 6, B = f''_{xy} = 0, C = f''_{yy} = -6y + 6$，得 $B^2 - AC = 36(x+1)(y-1)$.

列表如下：

驻点	A	B	C	$B^2 - AC$	结论
$(1,0)$	$12 > 0$	0	$6 > 0$	$-72 < 0$	极小值点
$(1,2)$	$12 > 0$	0	$-6 < 0$	$72 > 0$	非极值点
$(-3,0)$	$-12 < 0$	0	$6 > 0$	$72 > 0$	非极值点
$(-3,2)$	$-12 < 0$	0	$-6 < 0$	$-72 < 0$	极大值点

故在点 $(1,0)$ 处函数取得极小值 $f(1,0) = -5$；

在点 $(-3,2)$ 处函数取得极大值 $f(-3,2) = 31$.

由上面解题过程可以归纳出求函数 $z = f(x,y)$ 极值的一般步骤：

(1) 求一阶偏导数，并解方程组 $\begin{cases} f'_x(x,y) = 0 \\ f'_y(x,y) = 0 \end{cases}$ 得驻点；

(2) 对于每一个驻点 (x_0,y_0)，求出二阶偏导数的值 A,B,C，然后确定出 $B^2 - AC$ 的符号（驻点较多时，可列表显示）；

(3) 由定理 8.5 确定驻点是否为极值点，若是极值点求出极值.

8.4.2　二元函数的最大（小）值

与一元函数相类似，对于有界闭区域 D 上连续的二元函数 $f(x,y)$，一定能在该区域上取得最大值和最小值，统称最值. 使函数取得最值的点既可能在 D 的内部，也可能在 D 的边界上.

若函数的最值在区域 D 的内部取得，这个最值也是函数的极值，它必在函数的驻点或偏导数不存在的点处取得.

若函数的最值在区域 D 的边界上取得,往往比较复杂,在实际应用中可根据问题的具体性质来判断.

综上所述,求有界闭区域 D 上的连续函数 $z = f(x, y)$ 的最值的方法和步骤为:

(1) 求出在 D 的内部的可能的极值点,并计算出在这些点处的函数值;

(2) 求出 $f(x, y)$ 在 D 的边界上的最值;

(3) 比较上述函数值的大小,最大者就是函数的最大值;最小值就是函数的最小值.

【例 8.18】　有盖长方体水箱长、宽、高分别为 x, y, z. 若 $xyz = V = 2$,怎样用料最省?

【解】　用料 $S = 2(xy + yz + zx) = 2\left(xy + \dfrac{2}{x} + \dfrac{2}{y}\right), x, y > 0.$

令 $\begin{cases} S_x = 2\left(x - \dfrac{2}{x^2}\right) = 0, \\ S_y = 2\left(x - \dfrac{2}{y^2}\right) = 0. \end{cases} \Rightarrow \begin{cases} x = \sqrt[3]{2} \\ y = \sqrt[3]{2} \end{cases}$ 同时 $z = \dfrac{2}{xy} = \sqrt[3]{2}.$

据实际情况可知,长、宽、高均为 $\sqrt[3]{2}$ 时,用料最省.

【例 8.19】　某工厂生产两种产品甲和乙,出售单价分别为 10 万元与 9 万元,生产 x 单位的产品甲与生产 y 单位的产品乙的总费用是

$$400 + 2x + 3y + 0.01(3x^2 + xy + 3y^2) \text{ 万元},$$

求取得最大利润时,两种产品的产量各为多少?

【解】　$L(x, y)$ 表示获得的总利润,则总利润等于总收益与总费用之差,即有利润目标函数

$$L(x, y) = (10x + 9y) - [400 + 2x + 3y + 0.01(3x^2 + xy + 3y^2)]$$
$$= 8x + 6y - 0.01(3x^2 + xy + 3y^2) - 400, (x > 0, y > 0),$$

令 $\begin{cases} L'_x = 8 - 0.01(6x + y) = 0 \\ L'_y = 6 - 0.01(x + 6y) = 0 \end{cases}$,解得唯一驻点 $(120, 80)$.

又因 $A = L''_{xx} = -0.06 < 0, B = L''_{xy} = -0.01, C = L''_{yy} = -0.06,$ 得

$$B^2 - AC = -3.5 \times 10^{-3} < 0.$$

得极大值 $L(120, 80) = 320$. 根据实际情况,此极大值就是最大值. 故生产 120 单位产品甲与 80 单位产品乙时所得利润最大为 320 万元.

*8.4.3　条件极值 —— 拉格朗日乘数法

对自变量有约束条件的极值问题,称为条件极值问题;相对而言对自变量除了限制在定义域内外,并无其他约束条件的极值问题称为无条件极值问题.

对于条件极值问题,如果能从条件中表示出一个变量,代入目标函数,就能把有条件的极值问题转化为为无条件极值问题了. 但在许多情形,我们不能由条件解得这样的表达式,为此下面介绍一种解决条件极值问题的方法 —— 拉格朗日乘数法.

求函数 $z = f(x, y)$ 在约束条件 $\varphi(x, y) = 0$ 下求极值的步骤为:

(1) 构造辅助函数(称为拉格朗日函数)

$$F(x, y, \lambda) = f(x, y) + \lambda\varphi(x, y),$$

其中 λ 为待定常数,称为拉格朗日乘数;

(2) 求解方程组 $\begin{cases} F'_x(x,y,\lambda) = f'_x(x,y) + \lambda\varphi'_x(x,y) = 0 \\ F'_y(x,y,\lambda) = f'_y(x,y) + \lambda\varphi'_y(x,y) = 0, \\ F'_\lambda(x,y,\lambda) = \varphi(x,y) = 0 \end{cases}$

消去 λ,解出所有可能的极值点 (x,y);

(3) 判别求出的点 (x,y) 是否为极值点,通常可以根据问题的实际意义直接判定.

【例 8.20】 某工厂生产两种商品的日产量分别为 x 和 y(件),总成本函数

$$C(x,y) = 8x^2 - xy + 12y^2 (\text{元}).$$

商品生产的限额为 $x + y = 42$,求最小成本.

【解】 约束条件为 $\varphi(x,y) = x + y - 42 = 0$,

构造拉格朗日函数 $F(x,y,\lambda) = 8x^2 - xy + 12y^2 + \lambda(x + y - 42)$,

解方程组 $\begin{cases} F'_x = 16x - y + \lambda = 0 \\ F'_y = -x + 24y + \lambda = 0, \\ F'_\lambda = x + y - 42 = 0 \end{cases}$ 得唯一驻点 $(x,y) = (25,17)$,

由实际情况知,$(x,y) = (25,17)$ 就是使总成本最小的点,

最小成本为 $C(25,17) = 8043 (\text{元})$.

【例 8.21】 求表面积为 a^2 而体积为最大的长方体的体积.

【解】 设 x,y,z 分别为长方体三棱长,求 $V = xyz (x,y,z > 0)$ 的最大值,约束条件为 $\varphi(x,y,z) = 2xy + 2yz + 2zx - a^2 = 0$.

构造格朗日函数 $F(x,y,z,\lambda) = xyz + \lambda(2xy + 2yz + 2zx - a^2)$,解方程组

$$\begin{cases} F_x = yz + 2\lambda(y + z) = 0, \\ F_y = xz + 2\lambda(x + z) = 0, \\ F_z = xy + 2\lambda(y + x) = 0, \\ F_\lambda = 2xy + 2yz + 2xz - a^2 = 0, \end{cases}$$

得:$x = y = z = \dfrac{\sqrt{6}}{6}a$,此时 $V = \dfrac{\sqrt{6}}{36}a^3$. 由题意知,$V$ 的最大值为 $\dfrac{\sqrt{6}}{36}a^3$.

习题 8.4

1. 求下列函数的极值

(1) $z = x^3 + y^2 - 6xy - 39x + 18y + 18$　　　　(2) $z = (6x - x^2)(4y - y^2)$

(3) $z = \dfrac{1}{2} - \sin(x^2 + y^2)$　　　　(4) $z = e^{2x}(x + y^2 + 2y)$

2. 求函数 $z = x + y$,在条件 $x^2 + y^2 = 1$ 约束下的极值.

*8.5　二重积分的概念和计算

8.5.1　二重积分的概念和性质

首先看两个引例:

引例 1:曲顶柱体的体积

设有一空间立体 Ω,它的底是 xOy 面上的有界区域 D,它的侧面是以 D 的边界曲线为准

线,而母线平行于 z 轴的柱面,它的顶是曲面 $z = f(x,y)$ [$f(x,y)$ 在 D 上连续]且 $f(x,y) \geqslant 0$,这种立体称为曲顶柱体(如图 8.14).

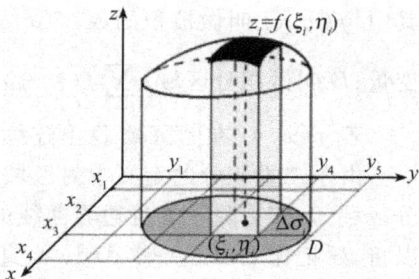

图 8.14

曲顶柱体的体积 V 可以这样来计算:

用任意一组曲线网将区域 D 分成 n 个小区域 $\Delta\sigma_1$, $\Delta\sigma_2, \cdots, \Delta\sigma_n$,以这些小区域的边界曲线为准线,作母线平行于 z 轴的柱面,这些柱面将原来的曲顶柱体 Ω 分划成 n 个小曲顶柱体 $\Delta\Omega_1, \Delta\Omega_2, \cdots, \Delta\Omega_n$.(假设 $\Delta\sigma_i$ 所对应的小曲顶柱体为 $\Delta\Omega_i$,这里 $\Delta\sigma_i$ 既代表第 i 个小区域,又表示它的面积值,$\Delta\Omega_i$ 既代表第 i 个小曲顶柱体,又代表它的体积值.)从而

$$V = \sum_{i=1}^{n} \Delta\Omega_i.$$

由于 $f(x,y)$ 连续,对于同一个小区域来说,函数值的变化不大.因此,可以将小曲顶柱体近似地看作小平顶柱体,于是 $\Delta\Omega_i \approx f(\xi_i, \eta_i)\Delta\sigma_i$,$(\xi_i, \eta_i)$ 为 $\Delta\sigma_i$ 内的任意一点.

整个曲顶柱体的体积近似值为 $V \approx \sum\limits_{i=1}^{n} f(\xi_i, \eta_i)\Delta\sigma_i$.为得到 V 的精确值,只需让这 n 个小区域越来越小,即让每个小区域向某点收缩.为此,我们引入区域直径的概念:一个闭区域的直径是指区域上任意两点距离的最大者.所谓让区域向一点收缩,意指让区域的直径趋向于零.设 n 个小区域直径中的最大者为 λ,则

$$V = \lim_{\lambda \to 0} \sum_{i=1}^{n} f(\xi_i, \eta_i)\Delta\sigma_i$$

引例 2:平面薄片的质量.

设有一平面薄片占有 xOy 面上的区域 D,它在 (x,y) 处的密度为 $\mu(x,y)$,这里 $\mu(x,y) > 0$,而且 $\mu(x,y)$ 在 D 上连续,现计算该平面薄片的质量 M.

将 D 分成 n 个小区域 $\Delta\sigma_1, \Delta\sigma_2, \cdots, \Delta\sigma_n$ 用 λ_i 记 $\Delta\sigma_i$ 的直径,$\Delta\sigma_i$ 既代表第 i 个小区域又代表它的面积. 当 $\lambda = \max\limits_{1 \leqslant i \leqslant n}\{\lambda_i\}$ 很小时,由于 $\mu(x,y)$ 连续,每小片区域的质量可近似地看作是均匀的,那么第小 i 块区域的近似质量可取为 $\mu(\xi_i, \eta_i)\Delta\sigma_i$,$(\xi_i, \eta_i)$ 为 $\Delta\sigma_i$ 内的任意一点,于是 $M \approx \sum\limits_{i=1}^{n} \mu(\xi_i, \eta_i)\Delta\sigma_i$,$M = \lim\limits_{\lambda \to 0} \sum\limits_{i=1}^{n} \mu(\xi_i, \eta_i)\Delta\sigma_i$

两种实际意义完全不同的问题,最终都归结同一形式的极限问题.因此,有必要撇开这类极限问题的实际背景,给出一个更广泛、更抽象的数学概念 —— 二重积分.

1　二重积分的定义

【定义 8.7】　设 $f(x,y)$ 是有界闭区域 D 上的有界函数,将区域 D 任意分成 n 个小闭区域:$\Delta\sigma_1, \Delta\sigma_2, \cdots, \Delta\sigma_n$,其中:$\Delta\sigma_i$ 既表示第 i 个小闭区域,也表示它的面积.在每个 $\Delta\sigma_i$ 上任取一点 (ξ_i, η_i),作乘积 $f(\xi_i, \eta_i)\Delta\sigma_i (i = 1, 2, \cdots, n)$,并作和 $\sum\limits_{i=1}^{n} f(\xi_i, \eta_i)\Delta\sigma_i$.如果当各小闭区域的直径中的最大值 λ 趋于零时,这和的极限总存在,则称此极限为函数 $f(x,y)$ 在闭区域 D 上的二重积分,记作 $\iint\limits_{D} f(x,y)d\sigma$,即

$$\iint\limits_{D} f(x,y)d\sigma = \lim_{\lambda \to 0} \sum_{i=1}^{n} f(\xi_i, \eta_i)\Delta\sigma_i$$

其中：$f(x,y)$ 叫做被积函数；$f(x,y)d\sigma$ 叫做被积表达式；$d\sigma$ 叫做面积元素；x 与 y 叫做积分变量；D 叫做积分区域；$\sum\limits_{i=1}^{n} f(\xi_i,\eta_i)\Delta\sigma_i$ 叫做积分和．

若 $f(x,y)$ 在闭区域 D 上连续，则 $f(x,y)$ 在 D 上的二重积分存在．

由于二重积分的定义中对区域 D 的划分是任意的，若用一组平行于坐标轴的直线来划分区域 D，那么除了靠近边界曲线的一些小区域之外，绝大多数的小区域都是矩形，因此，可以将 $d\sigma$ 记作 $dxdy$（并称 $dxdy$ 为直角坐标系下的面积元素），二重积分也可表示成为

$$\iint\limits_{D} f(x,y)dxdy.$$

若 $f(x,y) \geqslant 0$，二重积分表示以 $z = f(x,y)$ 为顶，以 D 为底的曲顶柱体的体积．如果 $f(x,y)$ 是负的，柱体就在 xOy 面的下方，二重积分的绝对值仍等于柱体的体积，但二重积分的值是负的．如果 $f(x,y)$ 在 D 的若干部分区域上是正的，而在其他的部分区域上是负的，我们可以把 xOy 面上方的柱体体积取成正，xOy 下方的柱体体积取成负，则 $f(x,y)$ 在 D 上的二重积分就等于这些部分区域上的柱体体积的代数和．

2. 二重积分的性质

二重积分与定积分有相类似的性质

【性质 8.1】 $\iint\limits_{D}[a \cdot f(x,y) + b \cdot g(x,y)]d\sigma = a\iint\limits_{D} f(x,y)d\sigma + b\iint\limits_{D} g(x,y)d\sigma,$

其中：a,b 是常数．

【性质 8.2】（对区域的可加性） 若区域 D 分为两个部分区域 D_1 与 D_2，则

$$\iint\limits_{D} f(x,y)d\sigma = \iint\limits_{D_1} f(x,y)d\sigma + \iint\limits_{D_2} f(x,y)d\sigma.$$

【性质 8.3】 若在 D 上，$f(x,y) = 1$，σ 为区域 D 的面积，则：$\sigma = \iint\limits_{D} 1d\sigma = \iint\limits_{D} d\sigma.$

该性质表示：高为 1 的平顶柱体的体积在数值上等于柱体的底面积．

【性质 8.4】 若在 D 上，$f(x,y) \leqslant \varphi(x,y)$，则有不等式：

$$\iint\limits_{D} f(x,y)d\sigma \leqslant \iint\limits_{D} \varphi(x,y)d\sigma$$

特别地，由于 $-|f(x,y)| \leqslant f(x,y) \leqslant |f(x,y)|$，有：$\left|\iint\limits_{D} f(x,y)d\sigma\right| \leqslant \iint\limits_{D} |f(x,y)|d\sigma.$

【性质 8.5】（估值不等式） 设 M 与 m 分别是 $f(x,y)$ 在闭区域 D 上最大值和最小值，σ 是 D 的面积，则 $m \cdot \sigma \leqslant \iint\limits_{D} f(x,y)d\sigma \leqslant M \cdot \sigma$

【性质 8.6】（二重积分的中值定理） 设函数 $f(x,y)$ 在闭区域 D 上连续，σ 是 D 的面积，则在 D 上至少存在一点 (ξ,η)，使得 $\iint\limits_{D} f(x,y)d\sigma = f(\xi,\eta) \cdot \sigma$

8.5.2 二重积分的计算

利用二重积分的定义来计算二重积分显然是不实际的，下面讨论告诉我们，二重积分的计算是通过两个定积分的计算（即二次积分）来实现的．

1. 利用直角坐标计算二重积分

如果积分区域 D 为 x 型：$\varphi_1(x) \leqslant y \leqslant \varphi_2(x)$，$a \leqslant x \leqslant b$，$\varphi_1(x)$、$\varphi_2(x)$ 在区间 $[a,b]$ 上

连续,如图 8.15 所示.$\iint\limits_{D} f(x,y)\mathrm{d}\sigma$ 的值等于以 D 为底,以曲面 $z =$
$f(x,y)$ 为顶的曲顶柱体的体积应用计算"平行截面面积为已知的立体求体积"的方法,得:

$$\iint\limits_{D} f(x,y)\mathrm{d}\sigma = \int_{a}^{b}\mathrm{d}x\int_{\varphi_1(x)}^{\varphi_2(x)} f(x,y)\mathrm{d}y.$$

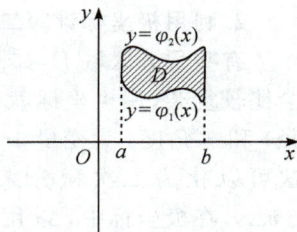

图 8.15

　如果积分区域 D 为 y 型:$\psi_1(y) \leqslant x \leqslant \psi_2(y)$,$c \leqslant y \leqslant d$,
$\psi_1(y)$、$\psi_2(y)$ 在区间 $[c,d]$ 上连续,如图 8.16 所示.同理应用计算"平行截面面积为已知的立体求体积"的方法,得:

$$\iint\limits_{D} f(x,y)\mathrm{d}\sigma = \int_{c}^{d}\mathrm{d}y\int_{\psi_1(y)}^{\psi_2(y)} f(x,y)\mathrm{d}x$$

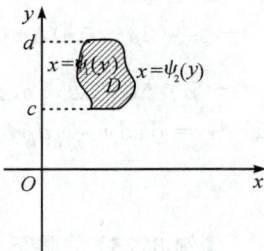

图 8.16

　x 型区域的特点:穿过区域且平行于 y 轴的直线与区域边界相交不多于两个交点.y 型区域的特点:穿过区域且平行于 x 轴的直线与区域边界相交不多于两个交点.如果积分区域既不是 x 型区域,又不是 y 型区域,则可把 D 分成几部分,使每个部分是 x 型区域或是 y 型区域,每部分上的二重积分求得后,根据二重积分对于积分区域具有可加性,它们的和就是在 D 上的二重积分.

【例 8.22】　改变积分 $\int_{0}^{1}\mathrm{d}x\int_{0}^{1-x} f(x,y)\mathrm{d}y$ 的次序.

【解】　积分区域 D 如图 8.17 所示,

原式 $= \int_{0}^{1}\mathrm{d}x\int_{0}^{1-y} f(x,y)\mathrm{d}y.$

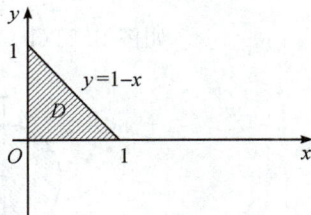

图 8.17

【例 8.23】　计算 $\iint\limits_{D} xy\mathrm{d}\sigma$,其中 D 是由抛物线 $y^2 = x$ 及直线 $y = x-2$ 所围成的区域,如图 8.18 所示.

【解 1】　$D_1:0 \leqslant x \leqslant 1, -\sqrt{x} \leqslant y \leqslant \sqrt{x}$,$D_2:1 \leqslant x \leqslant 4$,
$x-2 \leqslant y \leqslant \sqrt{x}$,

$$\iint\limits_{D} xy\mathrm{d}\sigma = \iint\limits_{D_1} xy\mathrm{d}\sigma + \iint\limits_{D_2} xy\mathrm{d}\sigma = \int_{0}^{1}\mathrm{d}x\int_{-\sqrt{x}}^{\sqrt{x}} xy\mathrm{d}\sigma + \int_{1}^{4}\mathrm{d}x\int_{x-2}^{\sqrt{x}} xy\mathrm{d}\sigma = \frac{45}{8}.$$

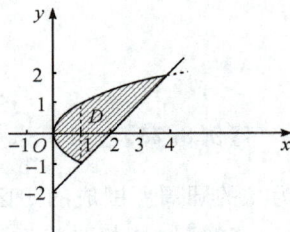

图 8.18

【解 2】　$D:-1 \leqslant y \leqslant 2, y^2 \leqslant x \leqslant y+2$,

$$\iint\limits_{D} xy\mathrm{d}\sigma = \int_{-1}^{2}\mathrm{d}y\int_{y^2}^{y+2} xy\mathrm{d}x = \frac{45}{8}.$$

【例 8.24】　求 $\iint\limits_{D} x^2 e^{-y^2}\mathrm{d}x\mathrm{d}y$,其中 D 是以 $(0,0)$,$(0,1)$,$(1,1)$ 为顶点的三角形,如图 8.19 所示.

【解】　$\iint\limits_{D} x^2 e^{-y^2}\mathrm{d}x\mathrm{d}y = \int_{0}^{1}\mathrm{d}y\int_{0}^{y} x^2 e^{-y^2}\mathrm{d}x = \int_{0}^{1} e^{-y^2}\cdot\frac{y^3}{3}\mathrm{d}y =$
$\int_{0}^{1} e^{-y^2}\cdot\frac{y^2}{6}\mathrm{d}y^2 = \frac{1}{6}\left(1 - \frac{2}{e}\right).$

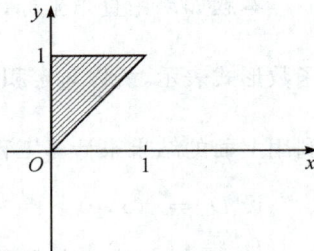

图 8.19

　在化二重积分为二次积分时,为了计算简便,需要选择恰当的二次积分的次序.这时,既要考虑积分区域 D 的形状,又要考虑被积函数 $f(x,y)$ 的特性,事先画出积分区域图是必要的.

2. 利用极坐标计算二重积分

有些积分区域 D,如圆形、扇形等,用直角坐标计算会比较复杂,用极坐标就会很容易. 在极坐标中以 ρ(向径) 和 θ(角度) 为变量,$x = \rho\cos\theta,y = \rho\sin\theta$. 用同样方法可以化为二次积分来计算,直角坐标中的 $\Delta\sigma = \Delta x \Delta y$,在极坐标中,$\Delta\sigma$ 用 $\Delta\rho$、$\Delta\theta$ 表示为(如图 8.20):

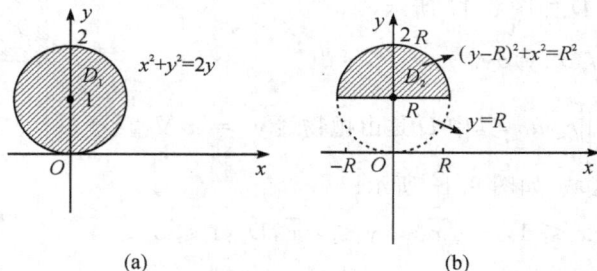

图 8.20

$$\Delta\sigma = \frac{1}{2}(\rho + \Delta\rho)^2 \cdot \Delta\theta - \frac{1}{2}\rho^2 \cdot \Delta\theta$$

$$= \frac{1}{2}(2\rho + \Delta\rho)\Delta\rho \cdot \Delta\theta = \rho \cdot \Delta\rho \cdot \Delta\theta + \frac{1}{2}(\Delta\rho)^2 \cdot \Delta\theta$$

$$= \rho \cdot \Delta\rho \cdot \Delta\theta + o(\Delta\rho \cdot \Delta\theta).$$

即 $d\sigma = dxdy = \rho d\rho d\theta$,故极坐标系中的二重积分公式为:

$$\iint\limits_{D} f(x,y)d\sigma = \iint\limits_{D} f(\rho\cos\theta,\rho\sin\theta)\rho d\rho d\theta.$$

【例 8.25】 将下列区域用极坐标变量表示

(1)$D_1 : x^2 + y^2 \leqslant 2y$, (2)$D_2 : -R \leqslant x \leqslant R, R \leqslant y \leqslant R + \sqrt{R^2 - x^2}$.

【解】 如图 8.21(a) 所示,$D_1 : 0 \leqslant \rho \leqslant 2\sin\theta, 0 \leqslant \theta \leqslant \pi$;

如图 8.21(b) 所示,$D_2 : \dfrac{R}{\sin\theta} \leqslant \rho \leqslant 2R\sin\theta, \dfrac{\pi}{4} \leqslant \theta \leqslant \dfrac{3\pi}{4}$.

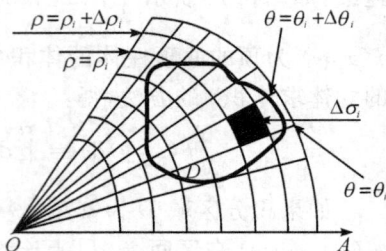

(a)   (b)

图 8.21

【例 8.26】 计算 $\iint\limits_{D} e^{-x^2-y^2} dxdy$,其中 D 是由中心在原点,半径为 a 的圆周所围成的闭区域(如图 8.22 所示).

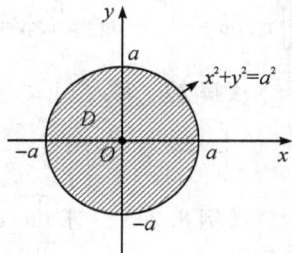

图 8.22

【解】 在极坐标系下,$D : 0 \leqslant \rho \leqslant a, 0 \leqslant \theta \leqslant 2\pi$;

$$\iint\limits_{D} e^{-x^2-y^2} dxdy = \iint\limits_{D} e^{-\rho^2} \rho d\rho d\theta = \int_0^{2\pi} d\theta \int_0^a e^{-\rho^2} \rho d\rho = \pi(1 - e^{-a^2}).$$

本题如果用直角坐标计算,由于不定积分 $\int e^{-x^2} dx$ 不能用初等函数形式表示,所以对定积分 $\int_a^b e^{-x^2} dx$,不能用牛顿—莱布尼兹公式计算出来. 另外我们可以利用上面的结果来计算工程上常用的无穷积分 $\int_0^{+\infty} e^{-x^2} dx$.

设 $D_1 = \{(x,y) \mid x^2 + y^2 \leqslant R^2, x \geqslant 0, y \geqslant 0\}, S = \{(x,y) \mid 0 \leqslant x \leqslant R, 0 \leqslant y \leqslant R\}$

$D_2 = \{(x,y) \mid x^2 + y^2 \leqslant 2R^2, x \geqslant 0, y \geqslant 0\}$,显然,$D_1 \subset S \subset D_2$

而被积函数满足 $e^{-x^2-y^2} > 0$,故

$$\iint\limits_{D_1} e^{-x^2-y^2} \mathrm{d}x\mathrm{d}y < \iint\limits_{S} e^{-x^2-y^2} \mathrm{d}x\mathrm{d}y < \iint\limits_{D_2} e^{-x^2-y^2} \mathrm{d}x\mathrm{d}y,$$

再利用例 8.26 的结果有

$$\iint\limits_{D_1} e^{-x^2-y^2} \mathrm{d}x\mathrm{d}y = \frac{\pi}{4}(1-e^{-R^2}) \text{ 和} \iint\limits_{D_2} e^{-x^2-y^2} \mathrm{d}x\mathrm{d}y = \frac{\pi}{4}(1-e^{-2R^2}),$$

又

$$\iint\limits_{S} e^{-x^2-y^2} \mathrm{d}x\mathrm{d}y = \int_0^R \mathrm{d}x \int_0^R e^{-x^2-y^2} \mathrm{d}y = \int_0^R e^{-x^2} \mathrm{d}x \int_0^R e^{-y^2} \mathrm{d}y = \left(\int_0^R e^{-x^2} \mathrm{d}x \right)^2,$$

故不等式改写成：

$$\frac{\pi}{4}(1-e^{-R^2}) < \left(\int_0^R e^{-x^2} \mathrm{d}x \right)^2 < \frac{\pi}{4}(1-e^{-2R^2}).$$

当 $R \to +\infty$ 时, $\frac{\pi}{4}(1-e^{-R^2})$ 和 $\frac{\pi}{4}(1-e^{-2R^2})$ 的极限都是 $\frac{\pi}{4}$, 即 $\int_0^{+\infty} e^{-x^2} \mathrm{d}x = \frac{\sqrt{\pi}}{2}$.

【注】 运用极坐标变换计算二重积分时,要考虑：

1. 积分区域的边界曲线易于用极坐标方程表示(如含圆弧、直线段等)；

2. 被积函数表示式用极坐标变量表示较简单[如含 $(x^2+y^2)^\alpha$, α 为实数].

本章小结

1. 二元函数的概念：定义域,极限,连续.

2. 偏导数与全微分：

求二元函数偏导数时,只需将一个自变量看作常数,对另一个自变量运用一元函数求导公式和四则运算法则即可. 求 $\frac{\partial z}{\partial x}$ 是将 y 视为常数,求 $\frac{\partial z}{\partial y}$ 是将 x 视为常数.

二元函数的全微分概念类似于一元函数, $\mathrm{d}f(x,y) = f'_x(x,y)\mathrm{d}x + f'_y(x,y)\mathrm{d}y$.

二元函数的二阶偏导数是相应的一阶偏导数的偏导数,对 $\frac{\partial z}{\partial x}$ 关于 x,y 分别求偏导,可得 $\frac{\partial^2 z}{\partial x^2}, \frac{\partial^2 z}{\partial x \partial y}$; 对 $\frac{\partial z}{\partial y}$ 关于 x,y 分别求偏导,可得 $\frac{\partial^2 z}{\partial y \partial x}, \frac{\partial^2 z}{\partial y^2}$.

3. 复合函数偏导数：

在求复合函数的微分时,应先分清变量间的关系：哪些是中间变量,哪些是自变量. 一般,可画出变量关系图,明确复合关系,然后运用公式得到正确结果.

4. 二元函数的极值：

在求二元函数 $z = f(x,y)$ 的无条件极值时,应按下述步骤进行：

(1) 由函数极值存在的必要条件,求解

$$\begin{cases} f'_x(x,y) = 0 \\ f'_x(x,y) = 0 \end{cases}$$

得到所有的驻点.

(2) 对于每一驻点 (x_0, y_0),计算 $z = f(x,y)$ 的二阶偏导数在该点的值：

$A = f''_{xx}(x_0, y_0), B = f''_{xy}(x_0, y_0), C = f''_{yy}(x_0, y_0).$

(3) 判断 (x_0, y_0) 是否为极值点,利用极值的充分条件：

当 $B^2 - AC < 0$ 时,点 (x_0, y_0) 是极值点,且若 $A < 0$,点 (x_0, y_0) 是极大值点;若 $A > 0$,点 (x_0, y_0) 是极小值点.

当 $B^2 - AC > 0$ 时,点 (x_0, y_0) 是非极值点.

当 $B^2 - AC = 0$ 时,不能确定 (x_0, y_0) 是否为极值点.

对求条件极值,可以转化为无条件极值去解决,也可以用拉格朗日乘数法.条件极值一般都是解决某些最大、最小值问题.在实际问题中,往往根据问题本身就可以判定最大(最小)值是否存在,并不需要比较复杂的条件(充分条件)去判断.

5.二重积分的概念、性质要了解;二重积分的计算包括直角坐标积分,极坐标积分.

综合练习

一、填空题

1.已知 $f(u, v) = u^v$,则 $f(xy, x + y) = $ _____.

2.函数 $z = \sqrt{1 - x^2 - y^2}$ 的定义域是_____.

3.设 $z = e^x \cos y$,则 $\dfrac{\partial^2 z}{\partial x \partial y} = $ _____.

4.二元函数 $f(x, y)$ 在点 (x_0, y_0) 的偏导数存在,且在该点有极值,则 $f'_x(x_0, y_0) = $ _____,$f'_y(x_0, y_0) = $ _____.

5.函数 $z = f(x, y)$ 在驻点 (x_0, y_0) 的某邻域内有直至二阶连续偏导数,记 $f''_{xx}(x_0, y_0) = A, f''_{xy}(x_0, y_0) = B, f''_{yy}(x_0, y_0) = C$,则

当_____时,函数 $z = f(x, y)$ 在 (x_0, y_0) 处取得极大值;

当_____时,函数 $z = f(x, y)$ 在 (x_0, y_0) 处取得极小值;

当_____时,函数 $z = f(x, y)$ 在 (x_0, y_0) 处无极值.

二、选择题

1.设 $f(x, y) = \dfrac{x - y}{x + y}$,则 $f(x - y, x + y) = ($ ____ $)$

A. $\dfrac{y}{x}$ B. $\dfrac{x}{y}$ C. $-\dfrac{y}{x}$ D. $-\dfrac{x}{y}$

2.设 $z = x^2 \sin y$,则 $\dfrac{\partial z}{\partial x} = ($ ____ $)$

A. $2x \cos y$ B. $2x \sin y$ C. $x^2 \sin y$ D. $x^2 \cos y$

3.设 $z = xy + x^3$,则 $\mathrm{d}z \big|_{\substack{x=1 \\ y=1}} = ($ ____ $)$

A. $\mathrm{d}x + 4\mathrm{d}y$ B. $\mathrm{d}x + \mathrm{d}y$ C. $4\mathrm{d}x + \mathrm{d}y$ D. $3\mathrm{d}x + \mathrm{d}y$

4.设 $z = u^2 \ln v, u = x + y, v = xy$,则 $\dfrac{\partial z}{\partial x} \bigg|_{(1,1)} = ($ ____ $)$

A. 3 B. 2 C. 0 D. 4

5.函数 $f(x, y) = x^2 + y^2 - 2x - 2y + 1$ 的驻点是 $($ ____ $)$

A. $(0, 0)$ B. $(0, 1)$ C. $(1, 0)$ D. $(1, 1)$

三、计算题

1.求下列函数的偏导数

(1) $z = x^2 + \sin xy$ (2) $z = (1 + xy)^y$

(3)$z = x^2 + 3xy + y^2$ 在点 $(1,2)$　　　(4)$z = (x+y)^{xy}$

(5)$z = f(x^2 + y^2, xy)$

2. 求全微分

(1)$z = x^y$　　　　　　　　　(2)$z = x^2 y^3 + e^{xy}$ 在点 $(1,1)$ 处

3. 求二阶偏导数

(1)$z = x^3 - 2xy^2 - y^3$　　　　(2)$z = e^{2x} \sin y^2$

四、应用题

1. 某工厂生产某产品需要两种原料 A,B，且产品的产量 z 与所需 A 原料数 x 及 B 原料数 y 的关系式为 $z = x^2 + 8xy + 7y^2$，已知 A 原料数的单价为 1 万元 / 吨，B 原料数的单价为 2 万元 / 吨，现有 100 万元，如何购买原料才能使该产品的产量最大.

2. 要造一个容积等于 10m^3 的长方体无盖水池，应如何选择水池尺寸，方可使它的表面积最小.

第9章　无穷级数

阅读材料　(READ)　**英国数学家泰勒(Taylor)**

泰勒·布罗克(Taylor Brook)是英国数学家.1685年8月18日生于埃德蒙顿,1731年12月29日卒于伦敦.泰勒出生在富裕的家庭,经常有音乐家、艺术家来往,使他自幼就受到了良好的音乐艺术上的感染与熏陶.他1705年进入剑桥大学圣约翰学院学习,1709年毕业并获法学学士学位,随后移居伦敦.由于他在英国《皇家学会会报》发表一系列高水平的论文而崭露头角.27岁时当选为英国皇家学会会员,1714年获法学博士学位,1714—1718年任皇家学会秘书,是解决牛顿与莱布尼茨关于微积分发明权之争问题的仲裁委员会委员.

泰勒以微积分学中将函数展开成幂级数的定理 —— 泰勒定理而闻名于世.这条定理大致可以叙述为:函数在一个点的邻域内的值可以用函数在该点的值及各阶导数值组成的幂级数表示出来.泰勒1715年出版了《增量法及其逆》,在该书中"他力图搞清微积分的思想,但他把自己局限于代数函数与代数微分方程".这本书发展了牛顿的方法,并奠定了有限差分法的基础.在这本书中载有现在微积分教程中以他的姓氏命名的单元函数的幂级数展开公式,这个公式是他通过对格雷戈里 — 牛顿插值公式求极限而得到的.用现在的标准衡量,证明有失严谨,这因为和他同时代人一样,他没有认识到处理无穷级数时,必须先考虑它的收敛性.对此,德国著名数学家克莱因(Klein)曾评注道:"无先例的大胆地通过极限.""泰勒实际上是用无穷小(微分)进行运算,同莱布尼茨一样认为其中没有什么问题.有意思的是,一个20多岁的年轻人,在牛顿的眼皮底下,却离开了他的极限方法."另外,泰勒定理的重要性最初并未引起人们的注意,直到1755年,欧拉把泰勒定理用于他的微分学时才认识到其价值;稍后拉格朗日用带余项的级数作为其函数理论的基础,从而进一步确认泰勒定理的重要地位.他把这一定理刻画为微积分的基本定理.泰勒定理的严格证明是在定理诞生一个世纪之后,由柯西给出的."泰勒级数"这个名词大概是由瑞士数学家吕利埃(L'Huillier)在1786年首先使用的.特别是在"1880年,魏尔斯特拉斯又把泰勒级数引进为一个基本概念,用现代术语来讲,泰勒级数是解析函数芽".泰勒也以函数的泰勒级数而闻名于后世.《增量法及其逆》一书,不仅是微积分发展史上重要著作,而且还开创了一门新的数学分支,现在称为"有限差分".虽然有限差分法在17世纪时已广泛用于插值问题,但正是泰勒的工作才使之成为一个数学分支.

在数学以外的领域,泰勒也有重要的成就.他在《皇家学会会报》上也发表过关于物理学、动力学、流体动力学、磁学和热学方面的论文,其中包括对磁引力定律的实验说明.泰勒还是一位富有才华的音乐家和画家.他曾将几何方法应用于绘画中的透视,并于1715年、

1719 年先后编写出版了《直线透视》、《直线透视的新原理》两本论著,这是关于透视画法的权威性著作,包含了对"没影点"原理最早的一般论述.泰勒这些工作受到了后人的高度赞扬.库利奇(Coolidge)在 1940 年称泰勒的工作是透视学"整个大建筑的拱顶石".他对空中屈折现象首先作出了正确解释.

泰勒对数学发展的贡献,本质上要比那个以他的姓氏命名的级数大得多,他涉及的、创造的但未能进一步发展的主要概念之多非常惊人.然而泰勒的写作风格过于简洁,从而令人费解.这也是他的许多创见未能获得更高声誉的一个原因.

泰勒后期的家庭生活是不幸的.1721 年,因和一位出身名门但没有财产的女人结婚,遭到父亲的严厉反对,只好离开家庭.两年后,妻子因难产去世,才又回到家里.1725 年,在征得父亲同意后,他第二次结婚,并于 1729 年继承了父亲在肯特郡的财产.1730 年,第二个妻子也在难产中死去,不过这一次留下了一个女儿.妻子的死深深地刺激了他,第二年他也去世了,安葬在伦敦圣·安教堂墓地.

由于工作及健康上的原因,泰勒曾几次访问法国并和法国数学家蒙莫尔多次通信讨论级数问题和概率论的问题.1708 年,23 岁的泰勒得到了"振动中心问题"的解,引起了人们的注意,在这个工作中他用了牛顿的瞬(如瞬时速度、瞬时加速度)的记号.从 1714 年到 1719 年,是泰勒在数学领域丰产的时期.他的两本著作:《正和反的增量法》及《直线透视》都出版于 1715 年,它们的第二版分别出于 1717 和 1719 年.从 1712 到 1724 年,他在《哲学会报》上共发表了 13 篇文章,其中有些是通信和评论.文章中还包含毛细管现象、磁学及温度计的实验记录.

在生命的后期,泰勒转向宗教和哲学的写作,他的第三本著作《哲学的沉思》在他死后由外孙 W. 杨于 1793 年出版.

9.1　常数项级数

9.1.1　常数项级数的概念

读者已经在初等数学中知道:有限个实数 $u_1, u_2, \cdots, u_n$ 相加,其结果是一个实数.本章将在这个基础上加以推广,并讨论"无限个实数相加"而可能出现的情形及特性.

战国时代哲学家庄周所著的《庄子·天下篇》中提到"一尺之棰,日取其半,万世不竭",也就是说一根长为一尺的木棒,每天截去一半,这样的过程可以无限制的进行下去.若把每天截下那一部分的长度"加"起来:

$$\frac{1}{2} + \frac{1}{2^2} + \frac{1}{2^3} + \cdots + \frac{1}{2^n} + \cdots$$

这就是一个"无限个数相加"的例子.从直观上可以看到,它的和是 1.

又例如把无穷数列 $1, -1, 1, -1, \cdots, (-1)^{n-1}, \cdots$ 每一项相加:

$$1 + (-1) + 1 + (-1) + \cdots$$

如果将它写作　$(1-1) + (1-1) + (1-1) + \cdots$,

其结果是 0,如果写作

$$1 + [(-1) + 1] + [(-1) + 1] + \cdots$$

其结果就是 1.

两个结果完全不同. 由此可推断:"无限个数相加"之"和"绝不像有限个数相加所得的和来得明确;

【定义 9.1】 设有一个无穷数列 $u_1, u_2, \cdots, u_n, \cdots$,则称

$$u_1 + u_2 + \cdots + u_n + \cdots \tag{1}$$

为常数项级数或无穷级数(也简称级数),其中 u_n 称为常数项级数(1)的通项. 常数项级数(1)也常记作 $\sum\limits_{n=1}^{\infty} u_n$,在不致混淆的情形下也可简记为 $\sum u_n$.

取常数项级数(1)的前 n 项作和

$$S_n = u_1 + u_2 + \cdots + u_n = \sum_{k=1}^{n} u_k$$

S_n 称为级数(1)的前 n 项部分和,也简称部分和. 当 n 依次取 $1, 2, 3, \cdots$ 时,它们构成一个新的数列:

$$S_1 = u_1, \quad S_2 = u_1 + u_2, \quad S_3 = u_1 + u_2 + u_3, \quad \cdots, \quad S_n = u_1 + u_2 + \cdots + u_n, \quad \cdots.$$

【定义 9.2】 若常数项级数(1)的部分和数列 $\{S_n\}$ 收敛于 S(即 $\lim\limits_{n \to \infty} S_n = S$),则称常数项级数(1)收敛,并称 S 为常数项级数(1)的和,即 $S = u_1 + u_2 + \cdots + u_n + \cdots = \sum\limits_{n=1}^{\infty} u_n$;若部分和数列 $\{S_n\}$ 是发散的,则称常数项级数(1)发散.

【例 9.1】 判断以下级数是否收敛,若收敛求出其和.

(1) $1 + 2 + 3 + \cdots + n + \cdots$

(2) $\dfrac{1}{1 \cdot 2} + \dfrac{1}{2 \cdot 3} + \cdots + \dfrac{1}{n(n+1)} + \cdots$

【解】 (1) 这个级数的部分和为 $S_n = 1 + 2 + 3 + \cdots + n = \dfrac{n(n+1)}{2}$,

显然有 $\lim\limits_{n \to \infty} S_n = +\infty$,因此所给级数是发散的.

(2) 由于这个级数的部分和为

$$S_n = \frac{1}{1 \cdot 2} + \frac{1}{2 \cdot 3} + \cdots + \frac{1}{n(n+1)}$$

$$= \left(1 - \frac{1}{2}\right) + \left(\frac{1}{2} - \frac{1}{3}\right) + \cdots + \left(\frac{1}{n} - \frac{1}{n+1}\right) = 1 - \frac{1}{n+1},$$

从而 $\lim\limits_{n \to \infty} S_n = \lim\limits_{n \to \infty} \left(1 - \dfrac{1}{n+1}\right) = 1$.

故这个级数是收敛的,它的和是 1.

【例 9.2】 讨论几何级数(也叫等比级数):

$$\sum_{n=0}^{\infty} aq^n = a + aq + aq^2 + \cdots + aq^{n-1} + \cdots (a \neq 0) \text{ 的敛散性.}$$

【解】 作 $S_n = \sum\limits_{i=1}^{n} aq^{i-1} = a + aq + aq^2 + \cdots + aq^{n-1}$,

若 $q \neq 1$,则 $S_n = \dfrac{a(1 - q^n)}{1 - q} = \dfrac{a}{1 - q}(1 - q^n)$.

下面考虑 $\lim\limits_{n \to \infty} S_n$ 的问题:

若 $|q| < 1$,即当 $n \to \infty$ 时,$q^n \to 0$,则 $\lim\limits_{n \to \infty} S_n = \lim\limits_{n \to \infty} \dfrac{a}{1 - q}(1 - q^n) = \dfrac{a}{1 - q}$;

若 $|q|>1$，即当 $n \to \infty$ 时，$q^n \to \infty$，故 $\lim\limits_{n\to\infty} S_n$ 不存在；

若 $q=1$，当 $n \to \infty$ 时，$S_n = na \to \infty$，故 $\lim\limits_{n\to\infty} S_n$ 不存在；

若 $q=-1$，当 $n \to \infty$ 时，$S_n = \begin{cases} 0, & n \text{ 为偶数} \\ a, & n \text{ 为奇数}, \end{cases}$ 故 $\lim\limits_{n\to\infty} S_n$ 不存在；

综上所述，$\lim\limits_{n\to\infty} S_n = \lim\limits_{n\to\infty} \dfrac{a}{1-q}(1-q^n) = \begin{cases} \dfrac{a}{1-q}, & |q|<1 \\ \text{不存在}, & |q| \geqslant 1. \end{cases}$

当级数收敛时，其部分和 S_n 是级数的和 S 的近似值，它们之间的误差为：
$$r_n = S - S_n = u_{n+1} + u_{n+2} + \cdots$$
叫做级数（1）的余项.

级数与数列极限有着紧密的联系. 给定级数 $\sum\limits_{n=1}^{\infty} u_n$，就有部分和数列 $\left\{ S_n = \sum\limits_{k=1}^{n} u_k \right\}$；反之，给定数列 $\{S_n\}$，就有以 $\{S_n\}$ 为部分和数列的级数
$$S_1 + (S_2 - S_1) + \cdots + (S_n - S_{n-1}) + \cdots = S_1 + \sum_{n=2}^{\infty}(S_n - S_{n-1}) = \sum_{n=2}^{\infty} u_n$$

其中 $u_1 = S_1$，$u_n = S_n - S_{n-1}(n \geqslant 2)$. 因此，级数 $\sum\limits_{n=1}^{\infty} u_n$ 与数列 $\{S_n\}$ 同时收敛或同时发散，且在收敛时，有 $\sum\limits_{n=1}^{\infty} u_n = \lim\limits_{n\to\infty} S_n$，即 $\sum\limits_{n=1}^{\infty} u_n = \lim\limits_{n\to\infty} \sum\limits_{k=1}^{n} u_k$.

基于级数与数列极限的这种关系，我们不难根据数列极限的性质推出下面有关级数的一些性质.

【性质 9.1】　若级数 $\sum u_n$ 与 $\sum v_n$ 分别收敛于 u 和 v，c,d 为常数，则级数 $\sum(cu_n + dv_n)$ 也收敛，且
$$\sum(cu_n + dv_n) = c\sum u_n \pm d\sum v_n = cu \pm dv,\text{ 即其和为 } cu \pm dv.$$

【证明】　设 $\sum u_n$ 的部分和是 S'_n，$\sum v_n$ 的部分和为 S''_n，则有
$$\lim_{n\to\infty} S_n = u, \lim_{n\to\infty} S'_n = v$$
则级数 $\sum(cu_n + dv_n)$ 的部分和
$$\begin{aligned} S_n &= (cu_1 \pm dv_1) + (cu_2 \pm dv_2) + \cdots + (cu_n \pm dv_n) \\ &= c(u_1 + u_2 + \cdots + u_n) \pm d(v_1 + v_2 + \cdots + v_n) \\ &= cS_n \pm dS'_n \end{aligned}$$
而 $\lim\limits_{n\to\infty} S_n = \lim\limits_{n\to\infty}(cS'_n \pm dS''_n) = cu \pm dv$.

所以级数 $\sum(cu_n + dv_n)$ 收敛，且其和为 $cu \pm dv$.

【性质 9.2】　去掉、增加或改变级数的有限个项并不改变级数的敛散性.

【证明】　我们只需证明"在级数的前面部分去掉有限项，不会改变级数的敛散性"，则其他情形可以类似证明.

设将级数 $u_1 + u_2 + \cdots + u_k + u_{k+1} + \cdots + u_{k+n} + \cdots$ 的前 k 项去掉，则得到级数
$$u_{k+1} + u_{k+2} \cdots + u_{k+n} + \cdots$$

于是新得到的级数的部分和 S_n 为

$$S_n = u_{k+1} + \cdots + u_{k+n} = S_{k+n} - S_k,$$

其中 S_{k+n} 为原级数的前 $k+n$ 项的和. 由于 S_k 为常数, $\lim\limits_{n\to\infty} S'_n = \lim\limits_{n\to\infty}(S_{k+n} - S_k)$, 所以 S'_n 与 S_{k+n} 或者同时收敛, 或者同时发散.

【注】　虽然, 一个级数是否收敛与级数前面有限项的取值无关, 但是对于收敛级数来说, 去掉或增加或改变有限项后, 级数的和一般是要发生变化的.

【性质 9.3】　在收敛级数的项中任意加括号, 既不改变级数的收敛性, 也不改变它的和.

需要指出的是, 从级数加括号后的收敛性, 不能推断它在未加括号前也收敛. 例如,

$$(1-1) + (1-1) + \cdots + (1-1) + \cdots = 0 + 0 + \cdots + 0 + \cdots = 0 \text{ 收敛},$$

但级数 $1 - 1 + 1 - 1 + \cdots$ 却是发散的.

【性质 9.4】　（收敛级数的必要条件）：若级数 $\sum u_n$ 收敛, 则有 $\lim\limits_{n\to\infty} u_n = 0$.

【证明】　设级数 $\sum u_n$ 收敛, 其和为 s, 显然 $u_n = S_n - S_{n-1}$ 　$(n \geqslant 2)$, 于是 $\lim\limits_{n\to\infty} u_n = \lim\limits(S_n - S_{n-1}) = s - s = 0$.

【注】　性质 9.4 的逆命题是不成立的. 即有些级数虽然通项趋于零, 但仍然是发散的.

【例 9.3】　证明调和级数

$$1 + \frac{1}{2} + \frac{1}{3} + \cdots + \frac{1}{n} + \cdots \tag{2}$$

是发散的.

【证明】　这里调和级数虽然满足性质 9.4 的结论, 即 $\lim\limits_{n\to\infty} u_n = \lim\limits_{n\to\infty} \frac{1}{n} = 0$, 但是它是发散的. 我们用反证法来证明.

假设级数 (2) 收敛, 设它的前 n 项部分和为 S_n, 且 $S_n \to S(n \to \infty)$, 显然, 对级数 (2) 的前 $2n$ 部分和为 S_{2n}, 也有 $S_{2n} \to S$　$(n \to \infty)$.

于是 $\qquad\qquad S_{2n} - S_n \to S - S = 0$　$(n \to \infty)$. $\tag{3}$

但是

$$S_{2n} - S_n = \frac{1}{n+1} + \frac{1}{n+2} + \cdots + \frac{1}{2n} > \frac{1}{2n} + \frac{1}{2n} + \cdots + \frac{1}{2n} = \frac{1}{2}.$$

与 (3) 式矛盾, 故假设不成立, 即原级数发散.

9.1.2　正项级数收敛性判别法

一般的常数项级数, 它的各项可以是正数、负数或者零, 其收敛性的判断比较困难, 而各项都是正数或零的级数的收敛性判断较容易. 级数 $\sum\limits_{n=1}^{\infty} u_n$ 中的每项都为正数, 则称级数 $\sum\limits_{n=1}^{\infty} u_n$ 为正项级数.

设正项级数

$$\sum_{n=1}^{\infty} u_n = u_1 + u_2 + \cdots + u_n + \cdots, \text{其中 } u_n \geqslant 0. \tag{4}$$

设其部分和为 S_n, 显然 $S_{n+1} \geqslant S_n$, 也就是说部分和数列 $\{S_n\}$ 是单调增加的,

$$S_1 \leqslant S_2 \leqslant \cdots \leqslant S_n \leqslant \cdots (n = 1, 2, \cdots)$$

从而 S_n 只有两种变化情况:

a. S_n 无限增大,于是 $\lim\limits_{n\to\infty}S_n$ 不存在;

b. 存在一个正数 M,使得 $\mid S_n\mid < M$. 此时,根据数列极限存在准则,$\lim\limits_{n\to\infty}S_n$ 存在.

对于情况 a 表明级数(4)发散;对于情况 b 表明级数(4)是收敛的. 因此正项级数是否收敛只要判定是否存在一个正数 M,使得 $\mid S_n\mid < M$ 就行了. 下面我们不加证明的介绍几种判别法.

【定理 9.1】　比较判别法

设 $\sum\limits_{n=1}^{\infty}u_n$ 和 $\sum\limits_{n=1}^{\infty}v_n$ 是两个正项级数,如果存在某正数 N,对一切 $n > N$,都有 $u_n \leqslant v_n$,那么:

(1) 若级数 $\sum\limits_{n=1}^{\infty}v_n$ 收敛,则级数 $\sum\limits_{n=1}^{\infty}u_n$ 也收敛;

(2) 若级数 $\sum\limits_{n=1}^{\infty}u_n$ 发散,则级数 $\sum\limits_{n=1}^{\infty}v_n$ 也发散.

【例 9.4】　判断以下正项级数的敛散性.

(1) $\sum\limits_{n=1}^{\infty}\dfrac{1}{2^n+1}$ 　　　　　　　　　(2) $\sum\limits_{n=1}^{\infty}\dfrac{1}{n+\sqrt{n}}$

【解】　1) 由于 $\dfrac{1}{2^n+1} < \dfrac{1}{2^n}$,而几何级数 $\sum\limits_{n=1}^{\infty}\dfrac{1}{2^n}$ 是收敛的,则有比较判别法知:$\sum\limits_{n=1}^{\infty}\dfrac{1}{2^n+1}$ 收敛.

(2) 由于 $\dfrac{1}{n+\sqrt{n}} > \dfrac{1}{2n}$,$\sum\limits_{n=1}^{\infty}\dfrac{1}{2n} = \dfrac{1}{2}\sum\limits_{n=1}^{\infty}\dfrac{1}{n}$,而调和级数 $\sum\limits_{n=1}^{\infty}\dfrac{1}{n}$ 是发散的,所以 $\sum\limits_{n=1}^{\infty}\dfrac{1}{2n}$ 也发散. 于是由比较判别法知 $\sum\limits_{n=1}^{\infty}\dfrac{1}{n+\sqrt{n}}$ 也发散.

【例 9.5】　讨论 $p-$ 级数 $1+\dfrac{1}{2^p}+\dfrac{1}{3^p}+\cdots+\dfrac{1}{n^p}+\cdots(P > 0)$ 的敛散性.

【解】　当 $p\leqslant 1$ 时,$\dfrac{1}{n^p}\geqslant\dfrac{1}{n}$,由于调和级数 $\sum\limits_{n=1}^{\infty}\dfrac{1}{n}$ 发散.由比较判别法,当 $p\leqslant 1$ 时,该级数是发散的.

当 $p > 1$ 时,按顺序把该级数的 1 项、2 项、4 项、8 项 …… 括在一起.

$$1+\left(\dfrac{1}{2^p}+\dfrac{1}{3^p}\right)+\left(\dfrac{1}{4^p}+\dfrac{1}{5^p}+\dfrac{1}{6^p}+\dfrac{1}{7^p}\right)+\left(\dfrac{1}{8^p}+\cdots+\dfrac{1}{15^p}\right)+\cdots \tag{5}$$

它的各项显然小于下列级数的各项.

$$1+\left(\dfrac{1}{2^p}+\dfrac{1}{2^p}\right)+\left(\dfrac{1}{4^p}+\dfrac{1}{4^p}+\dfrac{1}{4^p}+\dfrac{1}{4^p}\right)+\left(\dfrac{1}{8^p}+\cdots+\dfrac{1}{8^p}\right)+\cdots$$

即　　　　　　　　　　　$1+\dfrac{1}{2^{p-1}}+\dfrac{1}{4^{p-1}}+\dfrac{1}{8^{p-1}}+\cdots \tag{6}$

而后一个级数是等比级数,其介比 $q = \left(\dfrac{1}{2}\right)^{p-1} < 1$,所以级数(6)收敛.

由比较判别法,当 $p > 1$ 时,级数(5)收敛,又因级数(5)是正项级数,所以加括号不影响其敛散性,故原级数收敛.

综上所述,$p-$ 级数当 $p\leqslant 1$ 时,发散;当 $p > 1$ 时,收敛.

【定理 9.2】 比式判别法

若 $\sum\limits_{n=1}^{\infty} u_n$ 为正项级数,且 $\lim\limits_{n\to\infty} \dfrac{u_{n+1}}{u_n} = q$　则:

(1) 当 $q < 1$ 时,级数 $\sum\limits_{n=1}^{\infty} u_n$ 收敛;

(2) 当 $q > 1$ 时,级数 $\sum\limits_{n=1}^{\infty} u_n$ 发散;

(3) 当 $q = 1$ 时,级数 $\sum\limits_{n=1}^{\infty} u_n$ 可能收敛也可能发散.

【例 9.6】 判断下列级数的敛散性.

(1) $\dfrac{2}{1} + \dfrac{2 \cdot 5}{1 \cdot 5} + \dfrac{2 \cdot 5 \cdot 8}{1 \cdot 5 \cdot 9} + \cdots + \dfrac{2 \cdot 5 \cdot 8 \cdots [2 + 3(n-1)]}{1 \cdot 5 \cdot 9 \cdots [1 + 4(n-1)]} + \cdots$;

(2) $\sum\limits_{n=1}^{\infty} n x^{n-1} \quad (x > 0)$;

(3) $\sum\limits_{n=1}^{\infty} \dfrac{5^n \cdot n!}{n^n}$.

【解】 (1) 由于 $\lim\limits_{n\to\infty} \dfrac{u_{n+1}}{u_n} = \lim\limits_{n\to\infty} \dfrac{2 + 3n}{1 + 4n} = \dfrac{3}{4} < 1$,由比式判别法知,原级数收敛.

(2) 由于 $\lim\limits_{n\to\infty} \dfrac{u_{n+1}}{u_n} = \lim\limits_{n\to\infty} \dfrac{(n+1)x^n}{nx^{n-1}} = \lim\limits_{n\to\infty} x \cdot \dfrac{n+1}{n} = x$,故由比式判别法知:

当 $0 < x < 1$ 时,$\sum n x^{n-1}$ 收敛;

当 $x > 1$ 时,$\sum n x^{n-1}$ 发散;

当 $x = 1$ 时,$\sum n x^{n-1} = \sum n$ 发散.

(3) 由于

$$\lim_{n\to\infty} \frac{u_{n+1}}{u_n} = \lim_{n\to\infty} \frac{\dfrac{5^{n+1}(n+1)!}{(n+1)^{n+1}}}{\dfrac{5^n \cdot n!}{n^n}} = \lim_{n\to\infty} 5 \cdot \left(\frac{n}{n+1}\right)^n = \lim_{n\to\infty} 5 \cdot \left[\frac{1}{\left(1 + \dfrac{1}{n}\right)^n}\right] = \frac{5}{e} > 1.$$

故原级数发散.

【定理 9.3】 根式判别法

设 $\sum\limits_{n=1}^{\infty} u_n$ 为正项级数,如果 $\lim\limits_{n\to\infty} \sqrt[n]{u_n} = q$,则有

(1) 当 $q < 1$ 时,级数收敛;

(2) 当 $q > 1$ 时,级数发散;

(3) 当 $q = 1$ 时,级数可能收敛也可能发散.

【例 9.7】 讨论级数 $\sum\limits_{n=1}^{\infty} \dfrac{3 + (-1)^n}{2^n}$ 的敛散性.

【解】 由于 $\lim\limits_{n\to\infty} \sqrt[n]{u_n} = \lim\limits_{n\to\infty} \sqrt[n]{\dfrac{3 + (-1)^n}{2^n}} = \dfrac{1}{2} (< 1)$,所以原级数是收敛的.

上面我们讨论了正项级数的三个判别法.比较判别法(包括它的极限形式)则需找一个已知收敛或发散的级数作参照,而比式判别法与根式判别法不需要其他参照级数,就其级数

本身的特点进行判定,这是它的优点,缺点是当极限 $\lim\limits_{n\to\infty}\dfrac{u_{n+1}}{u_n}=1$(或 $\lim\limits_{n\to\infty}\sqrt[n]{u_n}=1$)时,判别法失效,需用其他判别法判别. 总之,在具体判断一个正项级数的收敛性应根据所给级数的特征而灵活选择判别法.

9.1.3　任意项级数、绝对收敛和条件收敛

1.绝对收敛、条件收敛

【定义 9.3】　(1)若级数 $\sum\limits_{n=1}^{\infty}u_n=u_1+u_2+\cdots+u_n+\cdots$ 的各项的绝对值所组成的级数

$\sum\limits_{n=1}^{\infty}|u_n|=|u_1|+|u_2|+\cdots+|u_n|+\cdots$ 收敛,则称原级数 $\sum\limits_{n=1}^{\infty}u_n$ 绝对收敛.

(2)若级数 $\sum\limits_{n=1}^{\infty}u_n$ 收敛,而级数 $\sum\limits_{n=1}^{\infty}|u_n|$ 发散,则称原级数 $\sum\limits_{n=1}^{\infty}u_n$ 条件收敛.

【定理 9.4】　绝对收敛的级数一定收敛.

【证明】　设级数 $\sum\limits_{n=1}^{\infty}u_n$,且 $\sum\limits_{n=1}^{\infty}|u_n|$ 收敛.

$$令\ v_n=\frac{1}{2}(u_n+|u_n|)\quad(n=1,2,\cdots)$$

显然 $\qquad\qquad v_n\geqslant 0\ 且\ v_n\leqslant|u_n|\quad(n=1,2,\cdots).$

因 $\sum\limits_{n=1}^{\infty}|u_n|$ 收敛,故由比较判别法正项级数 $\sum\limits_{n=1}^{\infty}v_n$ 收敛,从而级数 $\sum\limits_{n=1}^{\infty}2v_n$ 也收敛,而

$u_n=2v_n-|u_n|$,由性质 9.1 知 $\sum\limits_{n=1}^{\infty}u_n$ 收敛.

2.交错级数及其敛散性

【定义 9.4】　形如

$$\sum_{n=1}^{\infty}(-1)^{n-1}u_n(u_n>0,n=1,2,\cdots).$$

的级数称为交错级数.

例如,

$$1-\frac{1}{2}+\frac{1}{3}-\frac{1}{4}+\cdots(-1)^{n-1}\frac{1}{n}+\cdots$$

和

$$1-\ln2+\ln3-\ln4+\cdots+(-1)^{n-1}\ln n+\cdots$$

等都是交错级数.

【例 9.8】　讨论级数 $\sum\limits_{n=1}^{\infty}\dfrac{\sin nx}{n^2}$ 的收敛性.

【解】　由 $u_n=\dfrac{\sin nx}{n^2}$ 得 $|u_n|=\dfrac{|\sin nx|}{n^2}\leqslant\dfrac{1}{n^2}.$

而级数 $\sum\limits_{n=1}^{\infty}\dfrac{1}{n^2}$ 收敛,故由比较判别法知 $\sum\limits_{n=1}^{\infty}|u_n|$ 收敛,由定理9.4知原级数 $\sum\limits_{n=1}^{\infty}\dfrac{\sin nx}{n^2}$ 收敛,并且为绝对收敛.

交错级数的收敛性有以下判别方法：

【定理 9.5】—— 莱布尼兹判别法

设交错级数 $\sum\limits_{n=1}^{+\infty}(-1)^{n-1}u_n(u_n>0)$ 满足条件：

(1) $u_1\geqslant u_2\geqslant u_3\geqslant\cdots$，即数列 $\{u_n\}$ 单调递减；

(2) $\lim\limits_{n\to\infty}u_n=0$；

则交错级数 $\sum\limits_{n=1}^{+\infty}(-1)^{n-1}u_n(u_n>0)$ 是收敛的，且它的和 $S\leqslant u_1$.

【例 9.9】 判断下列级数是否收敛，若收敛，是否为绝对收敛.

(1) $\sum\limits_{n=1}^{\infty}(-1)^{n-1}\dfrac{1}{n}$；

(2) $\sum\limits_{n=1}^{\infty}(-1)^{n-1}\dfrac{1}{n^2}$；

(3) $1-\dfrac{1}{3}+\dfrac{1}{5}-\dfrac{1}{7}+\cdots$.

【解】 (1) 为交错级数，$u_n=\dfrac{1}{n}$，$u_{n+1}=\dfrac{1}{n+1}$，故 $u_n\geqslant u_{n+1}$ 且 $\lim\limits_{n\to\infty}u_n=0$

由莱布尼兹判别法知原级数收敛. 但由于 $\sum\limits_{n=1}^{\infty}|u_n|=1+\dfrac{1}{2}+\cdots+\dfrac{1}{n}+\cdots$ 发散，故原级数为条件收敛.

(2) 由于 $\sum\limits_{n=1}^{\infty}\left|(-1)^{n-1}\dfrac{1}{n^2}\right|=\sum\limits_{n=1}^{\infty}\dfrac{1}{n^2}$，而 $\sum\limits_{n=1}^{\infty}\dfrac{1}{n^2}$ 为收敛级数，故原级数收敛，并且为绝对收敛.

(3) $u_n=\dfrac{1}{2n-1}$，$\lim\limits_{n\to\infty}u_n=0$，且

$$u_{n+1}-u_n=\dfrac{1}{2n+1}-\dfrac{1}{2n-1}=\dfrac{-2}{(2n+1)(2n-1)}<0$$

故 $u_n\geqslant u_{n+1}$，根据莱布尼兹判别法，知原级数收敛.

又因为 $\left|(-1)^{n-1}\dfrac{1}{2n-1}\right|=\dfrac{1}{2n-1}>\dfrac{1}{2n}$，而级数 $\sum\limits_{n=1}^{\infty}\dfrac{1}{2n}=\dfrac{1}{2}\sum\limits_{n=1}^{\infty}\dfrac{1}{n}$ 发散，由比较判别法知级数 $\sum\limits_{n=1}^{\infty}\dfrac{1}{2n-1}$ 发散.

故原级数为条件收敛.

习题 9.1

1. 级数 $\sum\limits_{n=1}^{\infty}U_n$ 收敛的充要条件是(   ).

A. $\lim\limits_{n\to\infty}U_n=0$ B. $\lim\limits_{n\to\infty}\dfrac{U_{n+1}}{U_n}=r<1$

C. $\lim\limits_{n\to\infty}S_n$ 存在(其中 $S_n=U_1+U_2+\cdots+U_n$)   D. $U_n\leqslant\dfrac{1}{n^2}$

2. 若级数 $\sum\limits_{n=1}^{\infty}u_n$ 收敛，记 $S_n=\sum\limits_{i=1}^{n}u_i$，则(   ).

A. $\lim_{n\to\infty} S_n = 0$

B. $\lim_{n\to\infty} S_n = S$ 存在

C. $\lim_{n\to\infty} S_n$ 可能不存在

D. $\{S_n\}$ 为单调数列

3. 设 $\lim_{n\to\infty} a_n \neq 0$，则级数 $\sum_{n=1}^{\infty} a_n$（　　）.

A. 绝对收敛　　　　B. 条件收敛　　　　C. 收敛　　　　　　D. 发散

4. $\lim_{n\to\infty} a_n = 0$ 是无穷级数 $\sum_{n=1}^{\infty} a_n$ 收敛的（　　）.

A. 充分而非必要条件　　　　　　B. 必要而非充分条件

C. 充分且必要条件　　　　　　　D. 既非充分也非必要条件

5. 写出下列级数的前 6 项

(1) $\sum_{n=1}^{\infty} \frac{1+n}{1+n^2}$

(2) $\sum_{n=1}^{\infty} \frac{(-1)^{n-1}}{3^n}$.

6. 写出下列级数的通项

(1) $\frac{1}{2} + \frac{1}{4} + \frac{1}{6} + \frac{1}{8} + \frac{1}{10} + \cdots$

(2) $\frac{\sqrt{x}}{1 \cdot 3} + \frac{x}{3 \cdot 5} + \frac{x\sqrt{x}}{5 \cdot 7} + \frac{x^2}{7 \cdot 9} + \cdots$

7. 用级数收敛的定义判别下列级数的敛散性

(1) $\sum_{n=1}^{\infty} 5 \cdot \frac{1}{a^n} (a > 0)$

(2) $\frac{1}{1 \cdot 6} + \frac{1}{6 \cdot 11} + \frac{1}{11 \cdot 16} + \cdots + \frac{1}{(5n-4)(5n+1)} + \cdots$

(3) $\sum_{n=1}^{\infty} \ln \frac{n}{n+1}$

(4) $\sum_{n=1}^{\infty} (-1)^n \cdot 2$

(5) $\sum_{n=1}^{\infty} \frac{1}{(3n-2)(3n+1)}$

(6) $\left(\frac{1}{2} + \frac{1}{3}\right) + \left(\frac{1}{2^2} + \frac{1}{3^2}\right) + \cdots + \left(\frac{1}{2^n} + \frac{1}{3^n}\right) + \cdots$

8. 用级数收敛的必要条件判断下列级数是否发散

(1) $\frac{1}{2} + \frac{1}{\sqrt{2}} + \frac{1}{\sqrt[3]{2}} + \cdots$

(2) $\frac{1}{101} + \frac{2}{201} + \frac{3}{301} + \frac{4}{401} + \cdots$

(3) $\sqrt{2} + \sqrt{\frac{3}{2}} + \sqrt{\frac{4}{3}} + \cdots + \sqrt{\frac{n+1}{n}} + \cdots$

9. 用比较判别法判别下列级数的收敛性

(1) $\sum_{n=1}^{\infty} \frac{1}{5n+3}$

(2) $\sum_{n=1}^{\infty} \frac{1}{n\sqrt{n+1}}$

(3) $\sum_{n=1}^{\infty} \frac{1}{3^n+1}$

(4) $\sum_{n=1}^{\infty} \sin \frac{\pi}{6^n}$

10.用比式判别法判别下列级数的收敛性

(1) $\dfrac{1}{2} + \dfrac{3}{2^2} + \dfrac{5}{2^3} + \cdots + \dfrac{2n-1}{2^n} + \cdots$

(2) $\displaystyle\sum_{n=1}^{\infty} \dfrac{n!}{4^n}$

(3) $\dfrac{3}{1 \times 2} + \dfrac{3^2}{2 \times 2^2} + \cdots + \dfrac{3^n}{n \times 2^n} + \cdots$

(4) $\displaystyle\sum_{n=1}^{\infty} \dfrac{n}{3n^3 + 1}$

11.讨论下列交错级数是否收敛?如果是收敛的,是绝对收敛还是条件收敛

(1) $\dfrac{1}{3} - \dfrac{2}{5} + \dfrac{3}{7} - \dfrac{4}{9} + \cdots + (-1)^{n+1} \dfrac{n}{2n+1} + \cdots$

(2) $1 - \dfrac{1}{3^2} + \dfrac{1}{5^2} - \dfrac{1}{7^2} + \cdots$

(3) $\displaystyle\sum_{n=1}^{\infty} \dfrac{(-1)^n}{\sqrt{n}}$

(4) $\displaystyle\sum_{n=1}^{\infty} (-1)^n \dfrac{n}{2^n}$

9.2　幂级数

上一节讨论的级数其每一项都是常数,称之为常数项级数,还有一类级数,其每一项都是函数 $u_n(x)(n = 0,1,2,\cdots)$,称之为函数项级数,记

$$\sum_{n=0}^{\infty} u_n(x) = u_0 + u_1(x) + u_2(x) + \cdots + u_n(x) + \cdots$$

其中 $u_0 = u_0(x)$ 为常数.

如果 x 取定某一实数,则 $\displaystyle\sum_{n=0}^{\infty} u_n(x_0)$ 成为常数项级数,这个级数可能收敛也可能发散.如果 $\displaystyle\sum_{n=0}^{\infty} u_n(x_0)$ 收敛,我们称 x_0 是 $\displaystyle\sum_{n=0}^{\infty} u_n(x)$ 的收敛点,否则称 x_0 是 $\displaystyle\sum_{n=0}^{\infty} u_n(x)$ 的发散点. $\displaystyle\sum_{n=0}^{\infty} u_n(x)$ 的收敛点全体称之为它的收敛域.

对应于收敛域内的任意一个数 x,$\displaystyle\sum_{n=0}^{\infty} u_n(x)$ 成为一收敛的常数项级数,因而有一确定的和 S,在收敛域上,它是 x 的函数 $S = S(x)$,称为 $\displaystyle\sum_{n=0}^{\infty} u_n(x)$ 的和函数,该函数的定义域就是级数的收敛域,并写成

$$S(x) = u_0 + u_1(x) + u_2(x) + \cdots + u_n(x) + \cdots,$$

对一般的函数项级数求出其收敛域是很困难的,本节将介绍其中具有重要意义的一类函数项级数 —— 幂级数.

9.2.1　幂级数的概念与性质

1. 幂级数的概念及其收敛性

【定义 9.5】

形如

$$\sum_{n=0}^{\infty} a_n x^n = a_0 + a_1 x + \cdots + a_n x^n + \cdots \tag{7}$$

的级数称为幂级数,其中 $a_0, a_1, \cdots, a_n, \cdots$ 都是常数,称为幂级数的系数,$a_n x^n$ 称为幂级数的通项.

$$级数 \sum_{n=1}^{\infty} a_n (x-x_0)^n = a_0 + a_1(x-x_0) + a_2(x-x_0)^2 + \cdots + a_n(x-x_0)^n + \cdots$$

称为 x 在 x_0 处的幂级数,它是(7)的一般形式.只要令 $t = x - x_0$,就可把它转化成(7)式,所以不失一般性,我们着重讨论幂级数(7)的收敛性问题.

显然,任何一个形如(7)的幂级数在 $x = 0$ 处肯定是收敛的.

【定理 9.6】　如果幂级数 $\sum_{n=0}^{\infty} a_n x^n$ 在 $x = x_0 \neq 0$ 处收敛,则必有一个确定的正数 R. 使得

(1) 当 $|x| < R$ 时,幂级数收敛;

(2) 当 $|x| > R$ 时,幂级数发散;

(3) 当 $x = R$ 和 $x = -R$ 时,幂级数可能收敛,也可能发散.

(证明略)

这里的正数 R 通常叫做幂级数(7)的收敛半径,开区间 $(-R, R)$ 叫做幂级数(7)的收敛区间,再由幂级数在 $x = \pm R$ 处是否收敛来决定它的收敛域.

如果幂级数(7)只在 $x = 0$ 处收敛,此时收敛域只有一点 $x = 0$,为方便起见,规定它的收敛半径为 $R = 0$;如果幂级数(7)对一切 $x \in (-\infty, +\infty)$ 都收敛,则规定收敛半径 $R = +\infty$,此时收敛域是 $(-\infty, +\infty)$.

下面的定理给出了一种求收敛半径的方法:

【定理 9.7】　如果幂级数 $\sum_{n=0}^{\infty} a_n x^n$ 的相邻两项的系数满足条件:

$$\lim_{n \to \infty} \left| \frac{a_n}{a_{n+1}} \right| = R,$$

则 R 就是 $\sum_{n=0}^{\infty} a_n x^n$ 的收敛半径.

(证明略)

【例 9.10】　求下列幂级数的收敛半径和收敛域:

(1) $x + \dfrac{x^2}{2} + \dfrac{x^3}{3} + \cdots + \dfrac{x^n}{n} + \cdots$;

(2) $\sum_{n=0}^{\infty} n! \, x^n$.

【解】　(1)　$R = \lim\limits_{n \to \infty} \left| \dfrac{a_n}{a_{n+1}} \right| = \lim\limits_{n \to \infty} \dfrac{\dfrac{1}{n}}{\dfrac{1}{n+1}} = 1$,故收敛半径 $R = 1$.

当 $x = 1$ 时,原幂级数成为调和级数 $1 + \dfrac{1}{2} + \dfrac{1}{3} + \cdots + \dfrac{1}{n} + \cdots$　是发散的.

当 $x=-1$ 时,原幂级数成为 $-1+\dfrac{1}{2}-\dfrac{1}{3}+\cdots+(-1)^n\dfrac{1}{n}+\cdots$ 这是一个交错级数,根据莱布尼兹判别法知,是收敛的.

因此收敛域为 $[-1,1)$.

$(2)R=\lim\limits_{n\to\infty}\left|\dfrac{a_n}{a_{n+1}}\right|=\lim\limits_{n\to\infty}\dfrac{n!}{(n+1)!}=\lim\limits_{n\to\infty}\dfrac{1}{n+1}=0.$

故收敛半径 $R=0$,即原幂级数仅在 $x=0$ 处收敛.

【例9.11】 求幂级数 $1+x+\dfrac{1}{2!}x^2+\cdots+\dfrac{1}{n!}x^n+\cdots$ 的收敛半径和收敛域.

【解】 $R=\lim\limits_{n\to\infty}|\dfrac{a_n}{a_{n+1}}|=\lim\limits_{n\to\infty}\dfrac{\dfrac{1}{n!}}{\dfrac{1}{(n+1)!}}=\lim\limits_{n\to\infty}(n+1)=+\infty$

故收敛半径 $R=+\infty$,收敛域为 $(-\infty,+\infty)$.

【例9.12】 求幂级数 $\sum\limits_{n=1}^{\infty}\dfrac{(x-1)^n}{2^n\cdot n}$ 的收敛域.

【解】 令 $t=x-1$,则原幂级数变为 $\sum\limits_{n=1}^{\infty}\dfrac{t^n}{2^n\cdot n}$.

则 $R=\lim\limits_{n\to\infty}\left|\dfrac{a_n}{a_{n+1}}\right|=\lim\limits_{n\to\infty}\dfrac{\dfrac{1}{2^n\cdot n}}{\dfrac{1}{2^{n+1}\cdot(n+1)}}=\lim\limits_{n\to\infty}\dfrac{2^{n+1}\cdot(n+1)}{2^n\cdot n}=2.$

所以收敛半径为 $R=2$,收敛区间为 $|t|<2$,即 $-1<x<3$.

当 $x=3$ 时,原级数成为 $\sum\limits_{n=1}^{\infty}\dfrac{1}{n}$,发散;

当 $x=-1$ 时,原级数成为 $\sum\limits_{n=1}^{\infty}\dfrac{(-1)^n}{n}$,收敛.

因此原级数的收敛域为 $[-1,3)$.

2.幂级数和函数的性质

【性质9.5】 $\sum\limits_{n=0}^{\infty}a_nx^n\pm\sum\limits_{n=0}^{\infty}b_nx^n=\sum\limits_{n=0}^{\infty}(a_n+b_n)x^n=S_1(x)\pm S_2(x).$

【性质9.6】 $\left(\sum\limits_{n=0}^{\infty}a_nx^n\right)\left(\sum\limits_{n=0}^{\infty}b_nx^n\right)=S_1(x)S_2(x).$

【性质9.7】 幂级数 $\sum\limits_{n=0}^{\infty}a_nx^n=S(x)$ 在其收敛域 $(-R_1,R_1)$ 内可以逐项求导,而且求导后的幂级数的收敛半径与原级数的收敛半径相同,即

$$\left(\sum\limits_{n=0}^{\infty}a_nx^n\right)'=\sum\limits_{n=0}^{\infty}(a_nx^n)'=\sum\limits_{n=0}^{\infty}na_nx^{n-1}=S'(x),\ |x|<R_1$$

由此可推出,若幂级数 $\sum\limits_{n=0}^{\infty}a_nx^n$ 的收敛半径为 R_1,则它的和函数 $S(x)$ 在区间内其有任意阶导数.

【性质9.8】 幂级数 $\sum\limits_{n=0}^{\infty}a_nx^n=S(x)$ 在收敛区域 $(-R_1,R_1)$ 内可以逐项积分,而且积

分后所得的幂级数的收敛半径与原级数的收敛半径相同,即

$$\int_0^x \left(\sum_{n=0}^{\infty} a_n x^n \right) \mathrm{d}x = \sum_{n=0}^{\infty} \int_0^x a_n x^n \mathrm{d}x = \sum_{n=0}^{\infty} \frac{1}{n+1} a_n x^{n+1} = \int_0^x S(x)\mathrm{d}x, \quad |x| < R_1.$$

【例 9.13】　求幂级数 $\sum\limits_{n=1}^{\infty} \dfrac{(-1)^{n-1}}{n} x^n$ 的和函数.

【解】　$R = \lim\limits_{n \to \infty} \left| \dfrac{a_n}{a_{n+1}} \right| = \lim\limits_{n \to \infty} \dfrac{\dfrac{1}{n}}{\dfrac{1}{n+1}} = 1,$

当 $x = 1$ 时,原级数成为

$$1 - \frac{1}{2} + \frac{1}{3} - \frac{1}{4} \cdots + (-1)^{n-1} \frac{1}{n} + \cdots \text{ 是收敛的;}$$

当 $x = -1$ 时,原级数成为调和级数

$$-\left(1 + \frac{1}{2} + \frac{1}{3} + \frac{1}{4} + \cdots + \frac{1}{n} + \cdots \right) \text{是发散的.}$$

故收敛域为 $(-1,1]$.

设 $S(x) = \sum\limits_{n=1}^{\infty} \dfrac{(-1)^{n-1}}{n} x^n = x - \dfrac{1}{2} x^2 + \dfrac{1}{3} x^3 - \cdots + (-1)^{n-1} \dfrac{1}{n} x^n + \cdots$

从而 $S(0) = 0$.

两边对 x 求导,得 $S'(x) = 1 - x + x^2 - \cdots + (-1)^{n-1} x^{n-1} + \cdots$

右边级数是公比为 $-x$ 的几何级数,所以 $S'(x) = \dfrac{1}{1+x}$.

根据性质 9.8,两边同时从 0 到 x 积分得:

$$S'(x) = \int_0^x S'(t)\mathrm{d}t = \int_0^x \frac{1}{1+t}\mathrm{d}t = \ln(1+x), \quad x \in (-1,1]$$

即

$$\sum_{n=1}^{\infty} \frac{(-1)^{n-1}}{n} x^n = \ln(1+x), \quad x \in (-1,1].$$

9.2.2　函数的幂级数展开

前面我们讨论了幂级数的收敛域及其和函数的性质.但在许多应用中,我们遇到的却恰好是相反的问题:给定函数 $f(x)$,要考虑它是否能在某个区间内"展开成幂级数"?就是说,是否能找到这样一个幂函数,它在某区间内收敛,且其和恰好就是给定函数 $f(x)$.

1.泰勒级数

第三章中的拉格朗日中值定理的推广 —— 泰勒中值定理:

若函数 $f(x)$ 在点 x_0 的某邻域内存在直到 $n+1$ 阶的连续导数,则

$$f(x) = f(x_0) + f'(x_0)(x - x_0) + \frac{f''(x_0)}{2!}(x - x_0)^2 + \cdots + \frac{f^{(n)}(x_0)}{n!}(x - x_0)^n + R_n(x),$$

其中 $R_n(x)$ 为拉格朗日余项,且 $R_n(x) = \dfrac{f^{(n+1)}(\xi)}{(n+1)!}(x - x_0)^{n+1}$($\xi$ 在 x 与 x_0 之间).

在 x_0 的邻域内,$f(x)$ 可以用 n 次多项式:

$$P_n(x) = f(x_0) + f'(x_0)(x - x_0) + \cdots + \frac{f^{(n)}(x_0)}{n!}(x - x_0)^n \text{ 来近似代替.}$$

【定义 9.6】　如果函数 $f(x)$ 在 $x = x_0$ 处存在任何阶的导数,则称幂级数

$$f(x_0) + f'(x_0)(x - x_0) + \frac{f''(x_0)}{2!}(x - x_0)^2 + \cdots + \frac{f^{(n)}(x_0)}{n!}(x - x_0)^n + \cdots$$

为函数 $f(x)$ 在 x_0 处的泰勒级数[或称为 $f(x)$ 在 $x = x_0$ 处的泰勒(Tayor)展开式]. 特别地, 当 $x_0 = 0$ 时, 我们称幂级数

$$f(0) + f'(0) + \frac{f''(0)}{2!}x^2 + \cdots + \frac{f^{(n)}(0)}{n!}x^n + \cdots$$ 为函数 $f(x)$ 的麦克劳林级数(或麦克劳林展开式).

【定理 9.8】 设函数 $f(x)$ 在点 x_0 的某个邻域内有任意阶导数, 则 $f(x)$ 在 x_0 处的泰勒级数的和函数为 $f(x)$ 的充分必要条件为 $\lim\limits_{n \to \infty} R_n(x) = 0$. 其中 $R_n(x)$ 为 $f(x)$ 在 x_0 处的拉格朗日余项.

(证明略)

【定理 9.9】 如果函数 $f(x)$ 在点 x_0 的某个邻域内可以展开成幂级数, 则幂级数是唯一的.

(证明略)

定理 9.9 说明, 若 $f(x)$ 为幂级数 $\sum\limits_{n=0}^{\infty} a_n (x - x_0)^n$ 在收敛域 D 上的和函数, 则 $\sum\limits_{n=0}^{\infty} a_n (x - x_0)^n$ 就是 $f(x)$ 在 D 上的泰勒展开式.

2. 初等函数的幂级数展开式

为方便起见, 我们仅讨论麦克劳林展开式, 即 $x_0 = 0$ 时的情况, 以下是几个基本初等函数的麦克劳林展开式.

(1) 函数 $f(x) = e^x$ 的展开式.

由于 $f^n(x) = e^x, f^{(n)}(0) = 1 \quad (n = 1.2\cdots)$

则
$$e^x = 1 + x + \frac{x^2}{2!} + \cdots + \frac{x^n}{n!} + \cdots \qquad (|x| < \infty) \tag{8}$$

收敛半径为 $R = \lim\limits_{n \to \infty} \frac{(n+1)!}{n!} = \infty$.

(2) 函数 $f(x) = \sin x$ 的展开式.

$$f^{(n)}(x) = \sin\left(x + \frac{n\pi}{2}\right), (n = 1,2\cdots)$$

令 $x_0 = 0$, 知 $f^{(2n)}(0) = 0, f^{(2n-1)}(0) = (-1)^{n+1}$.

则
$$\sin x = x - \frac{x^3}{3!} + \frac{x^5}{5!} + \cdots + (-1)^{n+1}\frac{x^{2n-1}}{(2n-1)!} + \cdots (|x| < \infty). \tag{9}$$

同理可得: 在 $(-\infty, +\infty)$ 内有:

$$\cos x = 1 - \frac{x^2}{2!} + \frac{x^4}{4!} + \cdots + (-1)^n \frac{x^{2n}}{(2n)!} + \cdots (|x| < \infty). \tag{10}$$

(3) 二项式函数 $f(x) = (1+x)^\alpha$ 的展开式.

当 α 为正整数时, 由二项式定理可直接展开, 就得到 $f(x)$ 的展开式. 下面讨论 α 不等于正整数时的情形.

此时,
$$f^{(n)}(x) = \alpha(\alpha-1)\cdots(\alpha-n+1)(1+x)^{\alpha-n}, \quad n = 1,2\cdots$$

$$f^{(n)}(0) = \alpha(\alpha-1)\cdots(\alpha-n+1), \quad n = 1,2\cdots$$

于是, $f(x)$ 的麦克劳林级数是:

$$(1+x)^\alpha = 1 + \alpha x + \frac{\alpha(\alpha-1)}{2!}x^2 + \cdots + \frac{\alpha(\alpha-1)\cdots(\alpha-n+1)}{n!}x^n + \cdots \quad (11)$$

$$R = \lim_{n\to\infty}\left|\frac{n!}{\alpha(\alpha-1)\cdots(\alpha-n+1)}\cdot\frac{\alpha(\alpha-1)\cdots(\alpha-n)}{(n+1)!}\right| = 1$$

收敛区间为$(-1,1)$. 对于收敛区间端点的情形, 它与 α 的取值有关. 其结果如下：

当 $\alpha \leqslant -1$ 时, 收敛域为$(-1,1)$.

当 $-1 < \alpha < 0$ 时, 收敛域为$(-1,1]$.

当 $\alpha > 0$ 时, 收敛域为$[-1,1]$.

当(11)式中 $\alpha = -1$ 时就得到

$$\frac{1}{1+x} = 1 - x + x^2 + \cdots + (-1)^n x^n + \cdots, (-1,1) \quad (12)$$

当 $a = -\frac{1}{2}$ 时得到

$$\frac{1}{\sqrt{1+x}} = 1 - \frac{1}{2}x + \frac{1\cdot 3}{2\cdot 4}x^2 - \frac{1\cdot 3\cdot 5}{2\cdot 4\cdot 6}x^3 \cdots (-1,1]. \quad (13)$$

一般来说, 只有少数比较简单的函数, 其幂级数展开式能直接从定义出发求出. 更多的情况是从已知的展开式出发, 通过变量代换, 四则运算或逐项求导、逐项求积等方法, 间接的求出函数的幂级数展开式.

【例 9.14】 求 $\dfrac{1}{1+x^2}$ 和 $\dfrac{1}{\sqrt{1-x^2}}$ 的展开式.

【解】 将 x^2 代入(12)式中可得：

$$\frac{1}{1+x^2} = 1 - x^2 + x^4 + \cdots + (-1)^n x^{2n} + \cdots, \quad (-1,1) \quad (14)$$

将 $-x^2$ 代入(13)式中可得：

$$\frac{1}{\sqrt{1-x^2}} = 1 + \frac{1}{2}x^2 + \frac{1\cdot 3}{2\cdot 4}x^4 + \frac{1\cdot 3\cdot 5}{2\cdot 4\cdot 6}x^6 + \cdots, \quad (-1,1) \quad (15)$$

对(14)、(15)分别逐项求积可得函数 $\arctan x$ 与 $\arcsin x$ 的展开式：

$$\arctan x = \int_0^x \frac{dt}{1+t^2} = x - \frac{1}{3}x^3 + \frac{1}{5}x^5 + \cdots + (-1)^n \frac{x^{2n+1}}{2n+1} + \cdots, \quad [-1,1]$$

$$\arcsin x = \int_0^x \frac{dt}{\sqrt{1-t^2}} = x + \frac{1}{2}\cdot\frac{x^3}{3} + \frac{1\cdot 3}{2\cdot 4}\frac{1}{5}x^5 + \frac{1\cdot 3\cdot 5}{2\cdot 4\cdot 6}\frac{x^7}{7} + \cdots, \quad [-1,1]$$

【例 9.15】 求函数 $F(x) = \displaystyle\int_0^x e^{-t^2} dt$ 的幂级数展开式.

【解】 以 $-x^2$ 代替 e^x 展开式中的 x, 得到

$$e^{-x^2} = 1 - \frac{x^2}{1!} + \frac{x^4}{2!} - \frac{x^6}{3!} + \cdots + (-1)^n \frac{x^{2n}}{n!} + \cdots \quad (-\infty < x < +\infty)$$

再逐项求积就得到 $F(x)$ 在$(-\infty < x < +\infty)$ 上的展开式

$$F(x) = \int_0^x e^{-t^2} dt = x - \frac{1}{1!}\cdot\frac{x^3}{3} + \frac{1}{2!}\cdot\frac{x^5}{5} - \frac{1}{3!}\cdot\frac{x^7}{7} + \cdots + \frac{(-1)^n}{n!}\cdot\frac{x^{2n+1}}{2n+1} + \cdots$$

【例 9.16】 将函数 $\sin x$ 展开成 $\left(x - \dfrac{\pi}{4}\right)$ 的幂级数.

【解】 由于 $\sin x = \sin\left[\frac{\pi}{4} + \left(x - \frac{\pi}{4}\right)\right]$

$$= \sin\frac{\pi}{4}\cos\left(x - \frac{\pi}{4}\right) + \cos\frac{\pi}{4}\sin\left(x - \frac{\pi}{4}\right)$$

$$= \frac{1}{\sqrt{2}}\left[\cos\left(x - \frac{\pi}{4}\right) + \sin\left(x - \frac{\pi}{4}\right)\right].$$

且有

$$\cos\left(x - \frac{\pi}{4}\right) = 1 - \frac{1}{2!}\left(x - \frac{\pi}{4}\right)^2 + \frac{1}{4!}\left(x - \frac{\pi}{4}\right)^2 + \cdots, \quad (-\infty < x < +\infty),$$

$$\sin\left(x - \frac{\pi}{4}\right) = \left(x - \frac{\pi}{4}\right) - \frac{1}{3!}\left(x - \frac{\pi}{4}\right)^3 + \frac{1}{5!}\left(x - \frac{\pi}{4}\right)^5 + \cdots, \quad (-\infty < x < +\infty),$$

所以 $\sin x = \frac{1}{\sqrt{2}}\left[1 + \left(x - \frac{\pi}{4}\right) - \frac{\left(x - \frac{\pi}{4}\right)^2}{2!} - \frac{\left(x - \frac{\pi}{4}\right)^3}{3!} + \cdots\right].$ $\quad (-\infty < x < +\infty)$

【例 9.17】 将函数 $f(x) = \dfrac{1}{x^2 + 4x + 3}$ 展开成 $(x-1)$ 的幂级数.

【解】 $f(x) = \dfrac{1}{x^2 + 4x + 3} = \dfrac{1}{(x+1)(x+3)} = \dfrac{1}{2(x+1)} - \dfrac{1}{2(x+3)} = \dfrac{1}{2}\left(\dfrac{1}{x+1} - \dfrac{1}{x+3}\right)$

$$= \frac{1}{2}\left[\frac{1}{2+(x-1)} - \frac{1}{4+(x-1)}\right] = \frac{1}{2}\left(\frac{1}{2}\cdot\frac{1}{1+\frac{x-1}{2}} - \frac{1}{4}\cdot\frac{1}{1+\frac{x-1}{4}}\right)$$

$$= \frac{1}{4\left(1+\frac{x-1}{2}\right)} - \frac{1}{8\left(1+\frac{x-1}{4}\right)},$$

而 $\dfrac{1}{4\left(1+\frac{x-1}{2}\right)} = \dfrac{1}{4}\sum_{n=0}^{\infty}\dfrac{(-1)^n}{2^n}(x-1)^n, \quad (-1 < x < 3);$

$$\frac{1}{8\left(1+\frac{x-1}{4}\right)} = \frac{1}{8}\sum_{n=0}^{\infty}\frac{(-1)^n}{4^n}(x-1)^n, \quad (-3 < x < 5).$$

故 $f(x) = \dfrac{1}{x^2 + 4x + 3} = \sum_{n=0}^{\infty}(-1)^n\left(\dfrac{1}{2^{n+2}} - \dfrac{1}{2^{2n+3}}\right)(x-1)^n. \quad (-1 < x < 3)$

习题 9.2

1. 幂级数 $\displaystyle\sum_{n=0}^{\infty}\dfrac{n!}{2^n}x^n$ 的收敛半径 $R = ($ $)$.

A. $\dfrac{1}{2}$ 　　　　 B. 2 　　　　 C. 0 　　　　 D. $+\infty$

2. 余弦级数 $\cos x$ 的麦克劳林展开式为（ $)$.

A. $\cos x = 1 - \dfrac{x^2}{2!} + \dfrac{x^4}{4!} - \cdots + (-1)^m\dfrac{x^{2m}}{(2m)!} + \cdots, -\infty < x < +\infty$

B. $\cos x = 1 - \dfrac{x^2}{2!} + \dfrac{x^4}{4!} - \cdots + (-1)^m\dfrac{x^{2m}}{(2m)!} + \cdots, -1 < x < 1$

C. $\cos x = 1 - \dfrac{x^2}{2!} + \dfrac{x^4}{4!} - \cdots + (-1)^m\dfrac{x^{2m}}{(2m)!} + \cdots, 0 < x < +\infty$

D. $\cos x = 1 - \dfrac{x^2}{2!} + \dfrac{x^4}{4!} - \cdots + (-1)^m \dfrac{x^{2m}}{(2m)!} + \cdots, -\infty < x < 0$

3. 设幂级数 $\displaystyle\sum_{n=0}^{\infty} a_n x^n$ 满足 $\displaystyle\lim_{n\to\infty}\left|\dfrac{a_{n+1}}{a_n}\right| = \rho$，则其收敛半径 $R = $ _____.

4. 设 $\displaystyle\lim_{n\to\infty}\left|\dfrac{a_n}{a_{n+1}}\right| = 1$，则幂级数 $\displaystyle\sum_{n=0}^{\infty} a_n x^n$ 在开区间_____内是收敛的.

5. 当 $t \in (-1,1)$ 时，$1 - t + t^2 - \cdots + (-1)^n t^n + \cdots = $ _____.

*6. 要将 $f(x) = \ln x$ 展开成 $(x-2)$ 的幂级数，可以令 $t = x - 2$，得 $\ln x = \ln(2+t) = $ _____，再利用 $\ln(1+x)$ 的展开式进行展开.

7. 求下列幂级数的收敛半径和收敛区间

(1) $\displaystyle\sum_{n=1}^{\infty} \dfrac{x^n}{n^2}$ (2) $\displaystyle\sum_{n=1}^{\infty} n x^n$ (3) $\displaystyle\sum_{n=1}^{\infty} \dfrac{(n!)^2}{(2n)!} x^n$

(4) $\displaystyle\sum_{n=1}^{\infty} \dfrac{1}{n^2 2^n} x^n$ (5) $\displaystyle\sum_{n=0}^{\infty} \dfrac{(-1)^n x^n}{5^n \sqrt{n+1}}$ (6) $\displaystyle\sum_{n=1}^{\infty} \dfrac{3^n + (-2)^n}{n}(x+1)^n$

8. 求幂级数 $\displaystyle\sum_{n=1}^{\infty} n x^n = x + 2x^2 + 3x^3 + \cdots + n x^n + \cdots$ 的收敛区间及和函数.

9. 利用已知函数的幂级数展开式，求下列函数在 $x = 0$ 处的幂级数展开式，并确定它收敛于该函数的区间.

(1) $f(x) = e^{x^2}$ (2) $f(x) = \dfrac{1}{x-4}$ (3) $f(x) = \dfrac{e^x + e^{-x}}{2}$

(4) $f(x) = \sin^2 x$ (5) $f(x) = \sin x \cos x$ (6) $f(x) = x e^{-x}$

10. 求函数 $f(x) = \dfrac{1}{x}$ 在 $x = 1$ 处的泰勒展开式.

11. 将函数 $f(x) = \cos x$ 展开成 $\left(x + \dfrac{\pi}{3}\right)$ 的幂级数.

9.3 级数在近似计算中的应用举例

有了函数的幂级数展开式，就可以用它来进行近似计算，即在展开式的有效区间上，函数值可以近似地利用这个级数按精确度要求计算出来.

【例 9.18】 求 $\sqrt{e}$ 的近似值.

【解】 在 e^x 的麦克劳林展开式中，令 $x = \dfrac{1}{2}$，得

$$\sqrt{e} = e^{\frac{1}{2}} = 1 + \dfrac{1}{2} + \dfrac{1}{2!}\left(\dfrac{1}{2}\right)^2 + \dfrac{1}{3!}\left(\dfrac{1}{2}\right)^3 + \dfrac{1}{4!}\left(\dfrac{1}{2}\right)^4 + \cdots + \dfrac{1}{n!}\left(\dfrac{1}{2}\right)^n + \cdots$$

取前 5 项作为 $\sqrt{e}$ 的近似值，故 $\sqrt{e} \approx 1 + \dfrac{1}{2} + \dfrac{1}{4} + \dfrac{1}{48} + \dfrac{1}{384} \approx 1.648$.

而误差

$$|r| = \dfrac{1}{5!}\left(\dfrac{1}{2}\right)^5 + \dfrac{1}{6!}\left(\dfrac{1}{2}\right)^6 + \dfrac{1}{7!}\left(\dfrac{1}{2}\right)^7 + \cdots < \dfrac{1}{5!}\left(\dfrac{1}{2}\right)^5\left[1 + \dfrac{1}{6}\left(\dfrac{1}{2}\right) + \dfrac{1}{66}\left(\dfrac{1}{2}\right)^2 + \cdots\right]$$

$$= \dfrac{1}{5}\left(\dfrac{1}{2}\right)^5 \dfrac{1}{1 - \dfrac{1}{12}} < \dfrac{1}{1000}$$

【例 9.19】 计算 $\sqrt[5]{245}$ 的近似值,要求误差不超过 10^{-4}.

【解】 $\sqrt[5]{245} = \sqrt[5]{3^5 + 2} = 3\left(1 + \dfrac{2}{3^5}\right)^{\frac{1}{5}}$,

在 $(1+x)^\alpha$ 的麦克劳林展开式中令 $\alpha = \dfrac{1}{5}$, $x = \dfrac{2}{3^5}$,得

$$\sqrt[5]{245} = 3\left[1 + \frac{1}{5}\left(\frac{2}{3^5}\right) - \frac{1}{2!}\frac{1}{5}\left(\frac{1}{5} - 1\right)\left(\frac{2}{3^5}\right)^2 + \cdots\right]$$

该级数从第二项起交错级数,如果取前 n 项和作为近似值,则其误差 $|r_n| \leqslant a_{n+1}$,而

$$|a_2| = 3 \cdot \frac{4 \cdot 2^2}{2 \cdot 5^2 \cdot 3^{10}} = \frac{8}{25 \cdot 3^9} < 10^{-4}$$

故要保证误差不超过 10^{-4},只要取其前两项作为其近似值即可,则有

$$\sqrt[5]{245} \approx 3\left(1 + \frac{1}{5} \cdot \frac{2}{243}\right) \approx 3.0049.$$

利用幂级数不仅可以计算一些函数值的近似值,而且也可以计算一些定积分的近似值,具体地说,如果被积函数在积分区间能展开成幂级数,则把这个幂级数逐项积分,用积分后的级数即可算出定积分的近似值.

【例 9.20】 计算定积分 $\displaystyle\int_0^1 \frac{\sin x}{x} \mathrm{d}x$ 的近似值,要求误差不超过 0.0001.

【解】 由上一节知

$$\sin x = \sum_{n=0}^{\infty} (-1)^n \frac{x^{2n+1}}{(2n+1)!} = x - \frac{x^3}{3!} + \frac{x^5}{5!} + \cdots + (-1)^n \frac{x^{2n+1}}{(2n+1)!} + \cdots, (-\infty < x < +\infty)$$

则

$$\frac{\sin x}{x} = 1 - \frac{x^2}{3!} + \frac{x^4}{5!} + \cdots + (-1)^n \frac{x^{2n}}{(2n+1)!} + \cdots,$$

于是,根据幂级数在收敛区间内可逐项积分,得

$$\begin{aligned}
\int_0^1 \frac{\sin x}{x} \mathrm{d}x &= \int_0^1 \left[1 - \frac{x^2}{3!} + \frac{x^4}{5!} + \cdots + (-1)^n \frac{x^{2n}}{(2n+1)!} + \cdots\right] \mathrm{d}x \\
&= \int_0^1 \left[\sum_{n=0}^{\infty} (-1)^n \cdot \frac{x^{2n}}{(2n+1)!}\right] \mathrm{d}x \\
&= \sum_{n=0}^{\infty} (-1)^n \cdot \frac{1}{(2n+1)!} \int_0^1 x^{2n} \mathrm{d}x \\
&= \sum_{n=0}^{\infty} (-1)^n \cdot \frac{1}{(2n+1)!} \cdot \frac{1}{2n+1} \\
&= 1 - \frac{1}{3!} \cdot \frac{1}{3} + \frac{1}{5!} \cdot \frac{1}{5} - \frac{1}{7!} \cdot \frac{1}{7} + \cdots
\end{aligned}$$

若取前三项的和作为近似值,其误差 $|r_4| \leqslant a_4 = \dfrac{1}{7!} \cdot \dfrac{1}{7} < 10^{-4}$,

故 $\displaystyle\int_0^1 \frac{\sin x}{x} \mathrm{d}x = 1 - \frac{1}{3!} \cdot \frac{1}{3} + \frac{1}{5!} \cdot \frac{1}{5} \approx 0.9461.$

习题 9.3

1.利用函数的幂级数展开式求下列各数的近似值,且误差不超过 0.0001

(1)$\ln 3$ (2) $\sqrt[9]{522}$ (3)$\cos 2°$

2.利用被积函数的幂级数展开式求定积分 $\int_0^{0.5} \dfrac{1}{1+x^4} \mathrm{d}x$ 的近似值,且误差不超过0.0001

本章小结

1.常数项级数的基本概念

前 n 项和为 $S_n = \sum\limits_{i=1}^{n} u_i = u_1 + u_2 + \cdots + u_i$ 则称 S_n 为级数 $\sum\limits_{n=1}^{\infty} u_n$ 的前 n 项部分和,简称部分和.

若 $\lim\limits_{n \to \infty} S_n = S$(常数),则称 S 为无穷级数 $\sum\limits_{n=1}^{\infty} u_n$ 的和,记作

$$S = \sum_{n=1}^{\infty} u_n = u_1 + u_2 + \cdots + u_n + \cdots.$$

此时称级数 $\sum\limits_{n=1}^{\infty} a_n$ 收敛,否则称级数 $\sum\limits_{n=1}^{\infty} u_n$ 发散.

2.常数项级数的性质

3.正项级数及其收敛性

若 $u_n \geqslant 0 (n=1,2,\cdots)$,称级数 $\sum\limits_{n=1}^{\infty} u_n$ 为正项级数.

(1)　比较判别法

设 $\sum\limits_{n=1}^{\infty} u_n$ 和 $\sum\limits_{n=1}^{\infty} v_n$ 是两个正项级数,若 $u_n \leqslant v_n (n=1,2,\cdots)$,则

① 当 $\sum\limits_{n=1}^{\infty} v_n$ 收敛时,$\sum\limits_{n=1}^{\infty} u_n$ 也可收敛;② 当 $\sum\limits_{n=1}^{\infty} u_n$ 发散时,$\sum\limits_{n=1}^{\infty} v_n$ 也发散.

(2)比式判别法

若正项级数 $\sum\limits_{n=1}^{\infty} u_n (u_n > 0)$ 的后项与前项之比的极限等于 q,即 $\lim\limits_{n \to \infty} \dfrac{u_{n+1}}{u_n} = q$,则

① 当 $q < 1$ 时,级数 $\sum\limits_{n=1}^{\infty} u_n$ 收敛;② 当 $q > 1$ 时,级数 $\sum\limits_{n=1}^{\infty} u_n$ 发散;③ 当 $q = 1$ 时,无法判断.

4.几个常见级数敛散性的重要结论

(1)调和级数

$$\sum_{n=1}^{\infty} \frac{1}{n} = 1 + \frac{1}{2} + \cdots + \frac{1}{n} + \cdots \text{是发散的.}$$

(2)几何级数(也称等比级数)

$$\sum_{n=0}^{\infty} aq^n = a + aq + aq^2 + \cdots + aq^n + \cdots$$

当 $|q| < 1$ 时,级数收敛,且 $S = \dfrac{a}{1-q}$;当 $|q| \geqslant 1$ 时,级数发散.

(3)p-级数:$\sum\limits_{n=1}^{\infty} \dfrac{1}{n^p} = 1 + \dfrac{1}{2^p} + \dfrac{1}{3^p} + \cdots + \dfrac{1}{n^p} + \cdots$

当 $p \leqslant 1$ 时发散;当 $p > 1$ 时收敛.

5.交错项级数的莱布尼兹判别法

若交错级数 $\sum\limits_{n=1}^{\infty}(-1)^{n+1}u_n, u_n > 0, n = 1, 2, \cdots,$ 满足条件

(1)$u_n \geqslant u_{n+1}$ (2)$\lim\limits_{n\to\infty}u_n = 0$ 则级数 $\sum\limits_{n=1}^{\infty}(-1)^{n+1}u_n$ 收敛,且其和 $S \leqslant u_1$.

6.绝对收敛与条件收敛

(1)若级数 $\sum\limits_{n=1}^{\infty}|u_n|$ 收敛,则级数 $\sum\limits_{n=1}^{\infty}u_n$ 收敛.

(2)若级数 $\sum\limits_{n=1}^{\infty}|u_n|$ 收敛,则称原级数 $\sum\limits_{n=1}^{\infty}u_n$ 绝对收敛,若级数 $\sum\limits_{n=1}^{\infty}|u_n|$ 发散,但级数 $\sum\limits_{n=1}^{\infty}u_n$ 收敛,则称级数 $\sum\limits_{n=1}^{\infty}u_n$ 为条件收敛.

7.幂级数的概念

形如 $\sum\limits_{n=0}^{\infty}a_n x^n = a_0 + a_1 x + a_2 x^2 + \cdots + a_n x^n + \cdots$ 的级数称为幂级数,其中 $a_0, a_1, \cdots, a_n,$ $\cdots$ 称为幂级数的系数.

8.幂级数的收敛半径和收敛域及其求法

若 $\lim\limits_{n\to\infty}\left|\dfrac{a_n}{a_{n+1}}\right| = R,$ 其中 a_n, a_{n+1} 是幂级数 $\sum\limits_{n=0}^{\infty}a_n x^n$ 相邻两项的系数,则 R 即是幂级数 $\sum\limits_{n=0}^{\infty}a_n x^n$ 的收敛半径,区间 $(-R, R)$ 称为幂级数的收敛区间;$x = \pm R$ 时,幂级数可能收敛也可能发散.

9.幂级数的性质.

10.函数的幂级数的展开式:

泰勒级数与麦克劳林级数

若 $f(x)$ 在 x_0 的某邻域内具有各阶导数,则

$$f(x) = f(x_0) + f'(x_0)(x-x_0) + \frac{f''(x_0)}{2!}(x-x_0)^2 + \cdots + \frac{f^{(n)}(x_0)}{n!}(x-x_0)^n + \cdots$$ 称为函数 $f(x)$ 在 x_0 处的泰勒级数.

若 $x_0 = 0,$ 则有 $f(x) = f(0) + f'(0)x + \dfrac{f''(x_0)}{2!}x^2 + \cdots + \dfrac{f^{(n)}(0)}{n!}x^n + \cdots$

称为函数 $f(x)$ 的麦克劳林级数.

综合练习

一、选择题

1.如果级数 $\sum\limits_{n=1}^{\infty}u_n$ 收敛,且 $S_n = \sum\limits_{k=1}^{\infty}u_k,$ 则数列 $S_n($ $)$.

A.单调增加   B.单调减少   C.收敛   D.发散

2.若(   )成立,则级数 $\sum\limits_{n=1}^{\infty}u_n$ 发散,其中 S_n 表示此级数的部分和.

A. $\lim\limits_{n\to\infty}S_n \neq 0$ B.u_n 单调上升   C.$\lim\limits_{n\to\infty}u_n = 0$ D.$\lim\limits_{n\to\infty}u_n$ 不存在

3. 当条件(　　)成立时,级数 $\displaystyle\sum_{n=1}^{\infty}(a_n+b_n)$ 一定发散.

A. $\displaystyle\sum_{n=1}^{\infty}a_n$ 发散且 $\displaystyle\sum_{n=1}^{\infty}b_n$ 收敛　　　　　　　B. $\displaystyle\sum_{n=1}^{\infty}a_n$ 发散

C. $\displaystyle\sum_{n=1}^{\infty}b_n$ 发散　　　　　　　　　　　D. $\displaystyle\sum_{n=1}^{\infty}a_n$ 和 $\displaystyle\sum_{n=1}^{\infty}b_n$ 都收敛

4. 下列级数中发散的是(　　).

A. $\displaystyle\sum_{n=1}^{\infty}\frac{1}{n(n+1)}$　　　　　　　　　B. $\displaystyle\sum_{n=1}^{\infty}\frac{1}{3^n}$

C. $\displaystyle\sum_{n=1}^{\infty}(-1)^{n-1}\frac{1}{n}$　　　　　　　D. $\displaystyle\sum_{n=1}^{\infty}\frac{1}{\sqrt{n}}$

5. $\displaystyle\lim_{n\to\infty}u_n=0$ 是级数 $\displaystyle\sum_{n=1}^{\infty}u_n$ 收敛的(　　).

A. 充分条件　　　　　B. 必要条件　　　　　C. 充要条件　　　　　D. 无关条件

6. 若级数 $\displaystyle\sum_{n=1}^{\infty}n^{p+1}$ 发散,则(　　).

A. $-3\leqslant p\leqslant 2$　　　B. $-2\leqslant p\leqslant-1$　　　C. $1<p\leqslant 2$　　　D. $p\geqslant 3$

7. 已知级数 $\displaystyle\sum_{n=1}^{\infty}(-1)^n u_n$ 不满足莱布尼兹判别法,则该级数(　　).

A. 绝对收敛　　　　　B. 发散　　　　　　C. 条件收敛　　　　　D. 敛散性不确定

8. 幂级数 $\displaystyle\sum_{n=0}^{\infty}2^n x^{2n}$ 的收敛区间是(　　).

A. $(-2,2)$　　　B. $[-2,2]$　　　C. $\left(-\dfrac{\sqrt{2}}{2},\dfrac{\sqrt{2}}{2}\right)$　　　D. $\left[-\dfrac{\sqrt{2}}{2},\dfrac{\sqrt{2}}{2}\right]$

9. 幂级数 $\displaystyle\sum_{n=1}^{\infty}\frac{x^n}{2^n+1}$ 在 $(-2,2)$ 内收敛于 $S(x)$,那么幂级数 $\displaystyle\sum_{n=1}^{\infty}\frac{(n+1)x^n}{2^n+1}$ 在 $(-2,2)$ 内收敛于(　　).

A. $x\cdot S'(x)$　　　　B. $(x\cdot S(x))'$　　　　C. $x\displaystyle\int_0^x S(t)\mathrm{d}t$　　　　D. $\displaystyle\int_0^x tS(t)\mathrm{d}t$

二、填空题

1. 若级数 $\displaystyle\sum_{n=1}^{\infty}u_n$ 的前 n 项和 $S_n=\dfrac{1}{2}-\dfrac{1}{2(2n+1)}$,则 $\displaystyle\sum_{n=1}^{\infty}u_n=$ _____.

2. 若正项级数 $\displaystyle\sum_{n=1}^{\infty}u_n$ 收敛,则级数 $\displaystyle\sum_{n=1}^{\infty}(-1)^n u_n$ 的敛散性是 _____.

3. 若 $\displaystyle\lim_{n\to\infty}u_n\neq 0$,则 $\displaystyle\sum_{n=1}^{\infty}u_n$ 必为 _____ 级数.

4. 几何级数 $\displaystyle\sum_{n=1}^{\infty}r^n$ 发散,则 r 应满足 _____.

5. 设常数项级数 $\displaystyle\sum_{n=1}^{\infty}a_n=2010$,则 $\displaystyle\lim_{n\to\infty}a_n=$ _____.

6. 幂级数 $\displaystyle\sum_{n=1}^{\infty}n!x^n$ 的收敛半径 $R=$ _____,收敛区间为 _____.

7. 幂级数 $\displaystyle\sum_{n=1}^{\infty}\frac{x^{n}}{2^{n}\cdot n}$ 的收敛半径 $R=$ _____,收敛区间为_____.

8. 幂级数 $\displaystyle\sum_{n=1}^{\infty}\frac{x^{n}}{n^{n}}$ 的收敛半径 $R=$ _____,收敛区间为_____.

9. 已知 $e^{x}=\displaystyle\sum_{n=0}^{\infty}\frac{x^{n}}{n!},x\in(-\infty,\infty)$,则 $e^{\frac{x}{2}}=$ _____.

三、解答题

1. 判别下列级数的敛散性

(1) $\displaystyle\sum_{n=1}^{\infty}\frac{n+1}{2n+3}$ (2) $\displaystyle\sum_{n=1}^{\infty}\frac{(2n-1)!}{3^{n}\cdot n!}$ (3) $\displaystyle\sum_{n=1}^{\infty}\frac{\sin3^{n}}{n^{3}}$

(4) $\displaystyle\sum_{n=1}^{\infty}\frac{1}{3^{n}-n}$ (5) $\displaystyle\sum_{n=1}^{\infty}\frac{2^{n}n!}{n^{n}}$ (6) $\displaystyle\sum_{n=1}^{\infty}\frac{1}{(2n-1)(2n+1)}$

2. 求下列幂级数的收敛区间

(1) $\displaystyle\sum_{n=1}^{\infty}\frac{2^{n-1}x^{2n-1}}{n^{2}}$ *(2) $\displaystyle\sum_{n=1}^{\infty}\frac{1}{2\times4\times\cdots\times(2n)}x^{n}$

(3) $\displaystyle\sum_{n=1}^{\infty}\frac{2^{n}}{n^{2}+1}x^{n}$ (4) $\displaystyle\sum_{n=1}^{\infty}(-1)^{n+1}\frac{(2x-3)^{n}}{2n-1}$

3. 求下列幂级数在收敛区间内的和函数

(1) $\displaystyle\sum_{n=1}^{\infty}nx^{n-1}(-1<x<1)$ (2) $\displaystyle\sum_{n=1}^{\infty}\frac{n(n+1)}{2}x^{n-1}\quad(-1<x<1)$

4. 将下列函数 x 展开成幂级数,并求出收敛区间

(1) $\sin\dfrac{x}{2}$ (2) $(1+x)e^{x}$ (3) $\arctan x$

(4) $\dfrac{1}{x-4}$ (5) $e^{x^{2}}$ (6) $\dfrac{e^{x}+e^{-x}}{2}$

(7) $\ln(1+x)$ (8) $\dfrac{x}{\sqrt{1+x^{2}}}$ (9) $\dfrac{x}{\sqrt{1-2x}}$ (10) $\dfrac{x^{10}}{1-x}$

5. 将函数 $f(x)=\dfrac{1}{x}$ 在 $x=3$ 处展开成幂级数.

6. 将函数 $f(x)=e^{x}$ 在 $x=1$ 处展开成幂级数.

7. 将函数 $f(x)=\cos x$ 展开成 $\left(x+\dfrac{\pi}{3}\right)$ 的幂级数.

8. 将函数 $f(x)=3+2x-4x^{2}+7x^{3}$ 展开成 $(x-1)$ 的幂级数.

第 10 章　　傅里叶级数

本章将介绍在数学与工程技术中都有着广泛应用的一类函数项级数,即由三角函数组成的函数项级数 —— 三角级数.

10.1　傅里叶级数

10.1.1　三角级数、正交函数系

在第一章中,我们介绍过周期函数的概念.正弦函数就是一种常见而简单的周期函数.例如描述简谐振动的函数.

$$y = A\sin(\omega t + \varphi)$$

就是一个以 $\dfrac{2\pi}{|\omega|}$ 为周期的正弦函数,其中 y 表示动点的位置,t 表示时间,A 表示振幅,ω 为角频率 φ 为初相位.

在实际问题中,除了正弦函数外,还会遇到一些非正弦的周期函数,它们反映了较复杂的周期运动,如电子技术中常用的周期为 T 的矩形波[图 10.1(a)]和锯齿波[图 10.1(b)]等就是非正弦周期函数的例子.

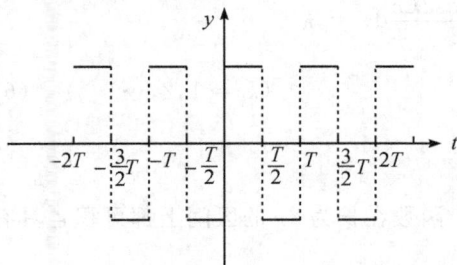

图 10.1(a)

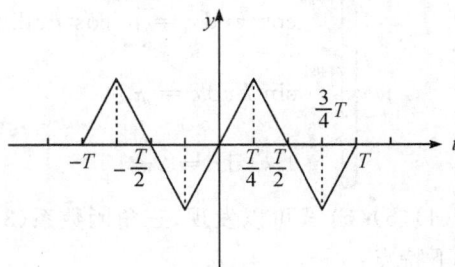

图 10.1(b)

联系到前面介绍过的用函数的幂级数展开式来讨论函数,我们也想将周期函数展开成由简单的周期函数例如三角函数组成的级数.即将周期为 $T\left(=\dfrac{2\pi}{|\omega|}\right)$ 的周期函数用一系列以 T 为周期的正弦函数 $A_n\sin(n\omega t + \varphi_n)$ 组成的级数来表示,记为

$$f(t) = A_0 + \sum_{n=1}^{\infty} A_n\sin(n\omega t + \varphi_n) \tag{1}$$

其中 $A_0, A_n, \varphi_n (n = 1, 2, \cdots)$ 都为常数.

将周期函数按上述方式展开,它的物理意义是很明确的,这就是把一个比较复杂的周期运动看成是许多不同频率的简谐振动的叠加.在电工学中,这种展开称谐波分析,其中常数项 A_0 称为 $f(t)$ 的直流分量;$A_1\sin(\omega t + \varphi_1)$ 称为一次谐波(或基波);而 $A_2\sin(2\omega t + \varphi_2)$,

$A_3\sin(3\omega t + \varphi_3)$,$\cdots$ 依次称为二次谐波,三次谐波,等等.

由于 $A_n\sin(n\omega t + \varphi_n) = A_n\sin\varphi_n\cos n\omega t + A_n\cos\varphi_n\sin n\omega t$;并且令$\dfrac{a_0}{2} = A_0$,$a_n = A_n\sin\varphi_n$,$b_n = A_n\cos\varphi_n$,$\omega t = x$,则(1)式可以简记为:

$$\frac{a_0}{2} + \sum_{n=1}^{\infty}(a_n\cos nx + b_n\sin nx) \tag{2}$$

我们把形如(2)式的级数叫做三角级数,其中 a_0,a_n,$b_n(n = 1,2,\cdots)$ 都是常数.

并且从(2)式知道:三角级数就是由三角函数列(也称三角函数系)

$$1,\cos x,\sin x,\cos 2x,\sin 2x,\cdots,\cos nx,\sin nx,\cdots \tag{3}$$

所产生的一般形式的三角级数.

容易看出,三角函数系(3)中所有的函数具有共同的周期 2π.

其次设 c 为任意的实数,$[c,c+2\pi]$ 是长度为 2π 的区间,经过简单计算得:

$$\begin{cases}\displaystyle\int_c^{c+2\pi}\cos kx\,\mathrm{d}x = \int_0^{2\pi}\cos kx\,\mathrm{d}x = 0 \\ \displaystyle\int_c^{c+2\pi}\sin kx\,\mathrm{d}x = \int_0^{2\pi}\sin kx\,\mathrm{d}x = 0\end{cases} \quad (k = 1,2,\cdots) \tag{4}$$

利用积化和差的三角公式容易证明:

$$\begin{cases}\displaystyle\int_c^{c+2\pi}\sin kx\cos lx\,\mathrm{d}x = 0 \\ \displaystyle\int_c^{c+2\pi}\sin kx\sin lx\,\mathrm{d}x = 0 \quad (k \neq l; k,l = 1,2,\cdots) \\ \displaystyle\int_c^{c+2\pi}\cos kx\cos lx\,\mathrm{d}x = 0\end{cases} \tag{5}$$

最后有

$$\begin{cases}\displaystyle\int_c^{c+2\pi}\cos^2 kx\,\mathrm{d}x = \int_0^{2\pi}\cos^2 kx\,\mathrm{d}x = \int_0^{2\pi}\frac{1+\cos 2kx}{2}\mathrm{d}x = \pi \\ \displaystyle\int_c^{c+2\pi}\sin^2 kx\,\mathrm{d}x = \pi \quad\quad\quad\quad\quad (k = 1,2,\cdots) \\ \displaystyle\int_c^{c+2\pi}1^2 kx\,\mathrm{d}x = 2\pi\end{cases} \tag{6}$$

从(4)(5)(6)式可以发现,三角函数系(3)中的每一个函数在长为 2π 的区间上都可积且具有以下特点:

(1)任意两个不同的函数的乘积沿区间上的积分等于零;

(2)任意一个函数自身的平方沿区间上的积分非零.

通常把两个函数 $\varphi(x)$ 与 $\psi(x)$ 在 $[a,b]$ 上可积,且 $\displaystyle\int_a^b\varphi(x)\psi(x)\mathrm{d}x = 0$ 的函数 $\varphi(x)$ 与 $\psi(x)$ 称为在 $[a,b]$ 上是正交的.因此,我们说三角函数系(3)在长为 2π 的区间上具有正交性,或称(3)是正交函数系.为方便起见,我们通常在 $[-\pi,\pi]$ 或 $[0,2\pi]$ 上讨论三角级数.

10.1.2　傅里叶级数

设 $f(x)$ 是周期为 2π 的周期函数,且能展开成三角级数,即

$$f(x) = \frac{a_0}{2} + \sum_{k=1}^{\infty}(a_k\cos kx + b_k\sin kx) \tag{7}$$

下面我们讨论系数 $a_0,a_1,b_1,\cdots$ 与函数 $f(x)$ 之间的关系.

把(7)沿区间$[-\pi,\pi]$积分,设右边级数可以逐项积分,则由(4)式知:

$$\int_{-\pi}^{\pi}f(x)\mathrm{d}x=\frac{a_0}{2}\cdot 2\pi=a_0\pi \quad 即\ a_0=\frac{1}{\pi}\int_{-\pi}^{\pi}f(x)\mathrm{d}x.$$

又设 n 为任一正整数,对 $f(x)$ 的展开式的两边同时乘以 $\cos nx$,沿$[-\pi,\pi]$积分,右边同样可以逐项积分,得到:$\int_{-\pi}^{\pi}f(x)\cos nx\,\mathrm{d}x=\frac{a_0}{2}\int_{-\pi}^{\pi}\cos nx\,\mathrm{d}x+\sum_{k=1}^{\infty}(a_n\int_{-\pi}^{\pi}\cos kx\cos nx\,\mathrm{d}x+b_n\int_{-\pi}^{\pi}\sin kx\cos nx\,\mathrm{d}x)$ 根据三角函数系的正交性,等式右边除 $k=n$ 的一项外,其余各项均为零,故有

$$\int_{-\pi}^{\pi}f(x)\cos nx\,\mathrm{d}x=\int_{-\pi}^{\pi}a_n\cos^2 nx\,\mathrm{d}x=a_n\pi,$$

即

$$a_n=\frac{1}{\pi}\int_{-\pi}^{\pi}f(x)\cos nx\,\mathrm{d}x.$$

同理得到

$$b_n=\frac{1}{\pi}\int_{-\pi}^{\pi}f(x)\sin nx\,\mathrm{d}x.$$

由于当 $n=0$ 时,a_n 的表达式恰好给出 a_0,因此,

$$\begin{cases} a_n=\dfrac{1}{\pi}\displaystyle\int_{-\pi}^{\pi}f(x)\cos nx\,\mathrm{d}x & (n=0,1,2,\cdots) \\[2mm] b_n=\dfrac{1}{\pi}\displaystyle\int_{-\pi}^{\pi}f(x)\sin nx\,\mathrm{d}x & (n=1,2,\cdots) \end{cases} \tag{8}$$

一般来说,若 $f(x)$ 是以 2π 为周期且在$[-\pi,\pi]$上可积的函数,则可按公式(8)计算出相应的 a_n 和 b_n,它们称为函数 $f(x)$ 的傅里叶系数,以 $f(x)$ 的傅里叶系数为系数的三角级数(7)称为 $f(x)$ 的傅里叶级数,记作:$f(x)\sim\dfrac{a_0}{2}+\sum_{n=1}^{\infty}(a_k\cos kx+b_k\sin kx)$.

这里记号"$\sim$"表示上式右端是左端的傅里叶级数.

10.1.3　收敛定理

由于函数 $f(x)$ 的傅里叶级数也是函数项级数中的一类,因此也存在级数收敛问题.那么在什么条件下,傅里叶级数是收敛的?如果收敛,在什么条件下收敛于 $f(x)$?以下收敛定理作出了回答.

【定理 10.1】　(傅里叶级数的收敛定理或狄利克雷充分条件)若以 2π 为周期的函数 $f(x)$ 在$[-\pi,\pi]$上满足以下条件:

1) 在一个周期内连续或只有有限个第一类间断点;

2) 在一个周期内至多有有限个极值点.

则傅里叶级数收敛,且有:

当 x 是 $f(x)$ 的连续点时,级数收敛于 $f(x)$;

当 x 是 $f(x)$ 的间断点时,级数收敛于 $\frac{1}{2}[f(x-0)+f(x+0)]$;

当 x 是 $f(x)$ 的区间端点即 $x=\pm\pi$ 时,级数收敛于 $\frac{1}{2}[f(-\pi+0)+f(\pi-0)]$.

收敛定理告诉我们:只要函数在$[-\pi,\pi]$上至多有有限个第一类间断点,并且不作无限次振动,则函数的傅里叶级数在连续点处就收敛于该点的函数值,在间断点处收敛于该点左极限

与右极限的算术平均值. 可见, 函数展开成傅里叶级数的条件比展开成幂级数的条件要低得多.

记：
$$C = \left\{ x \mid f(x) = \frac{1}{2}[f(x-0) + f(x+0)] \right\},$$

则在 C 上

$$f(x) = \frac{a_0}{2} + \sum_{n=1}^{\infty} (a_n \cos nx + b_n \sin nx), x \in C. \tag{9}$$

【推论 10.1】 若 $f(x)$ 是以 2π 为周期的连续函数, 且在 $[-\pi, \pi]$ 上满足定理 1 的两个条件, 则函数 $f(x)$ 的傅里叶级数在 $(-\infty, +\infty)$ 上收敛于 $f(x)$.

因此, 傅里叶级数的系数公式 (8) 中的积分区间 $[-\pi, \pi]$ 可以改成长度为 2π 的任何区间, 而不影响 a_n 和 b_n 的值：

$$\left. \begin{array}{l} a_n = \dfrac{1}{\pi} \displaystyle\int_c^{c+2\pi} f(x) \cos nx \, dx \quad (n = 0, 1, 2, \cdots) \\[4mm] b_n = \dfrac{1}{\pi} \displaystyle\int_c^{c+2\pi} f(x) \sin nx \, dx \quad (n = 1, 2, \cdots) \end{array} \right\} \tag{10}$$

其中 c 为任意实数.

在具体讨论函数的傅里叶级数展开式时, 常常只给出函数 $f(x)$ 在 $(-\pi, \pi)$[或 $[-\pi, \pi)$] 上的解析表达式, 但我们应理解为它是定义在整个数轴上以 2π 为周期的函数, 即在 $(-\pi, \pi]$ 以外的部分按函数 $(-\pi, \pi]$ 上的对应关系作周期延拓. 如 $f(x)$ 为 $(-\pi, \pi]$ 上的解析式, 那么周期延拓后的函数为

$$\hat{f}(x) = \begin{cases} f(x), x \in (-\pi, \pi] \\ f(x - 2k\pi), x \in ((2k-1)\pi, (2k+1)\pi), k = \pm 1, \pm 2, \cdots. \end{cases}$$

因此, 我们说函数 $f(x)$ 的傅里叶级数就是指函数 $\hat{f}(x)$ 的傅里叶级数.

【例 10.1】 设 $f(x)$ 是周期为 2π 的周期函数, 它在 $[-\pi, \pi)$ 上的表达式为 $f(x) = \begin{cases} -1, & -\pi \leqslant x < 0 \\ 1, & 0 \leqslant x < \pi \end{cases}$, 将 $f(x)$ 展开成傅里叶级数.

【解】 所给函数满足收敛定理的条件, 它在点 $x = k\pi (k = 0, \pm 1, \pm 2, \cdots)$ 处不连续, 在其他点处连续, 从而由收敛定理知道 $f(x)$ 的傅里叶级数收敛, 并且当 $x = k\pi$ 时级数收敛于 $\frac{-1+1}{2} = \frac{1+(-1)}{2} = 0$.

当 $x \neq k\pi$ 时级数收敛与 $f(x)$, 且函数 $f(x)$ 及其周期延拓后的图像如图 10.2 所示：

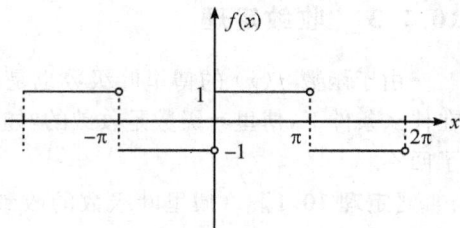

图 10.2

计算傅里叶系数如下：

$$\begin{aligned} a_n &= \frac{1}{\pi} \int_{-\pi}^{\pi} f(x) \cos nx \, dx \\ &= \frac{1}{\pi} \int_{-\pi}^{0} (-1) \cos nx \, dx + \frac{1}{\pi} \int_0^{\pi} \cos nx \, dx \\ &= 0 \quad (n = 0, 1, 2, \cdots), \\ b_n &= \frac{1}{\pi} \int_{-\pi}^{\pi} f(x) \sin nx \, dx \\ &= \frac{1}{\pi} \int_{-\pi}^{0} (-1) \sin nx \, dx + \frac{1}{\pi} \int_0^{\pi} \sin nx \, dx \end{aligned}$$

$$= \frac{1}{\pi} \left(\frac{\cos nx}{n} \right) \Big|_{-\pi}^{0} + \frac{1}{\pi} \left(-\frac{\cos nx}{n} \right) \Big|_{0}^{\pi}$$

$$= \frac{1}{n\pi} (1 - \cos n\pi - \cos n\pi + 1)$$

$$= \frac{2}{n\pi} [1 - (-1)^n] = \begin{cases} \dfrac{4}{n\pi}, & n = 1, 3, 5, \cdots \\ 0, & n = 2, 4, 6, \cdots \end{cases}.$$

将求得的系数代入(9)中,就等到 $f(x)$ 的傅里叶级数展开式为:

$$f(x) = \frac{4}{\pi} \left(\sin x + \frac{1}{3} \sin 3x + \cdots + \frac{1}{2k-1} \sin(2k-1)x + \cdots \right)$$

$$(-\infty < x < +\infty; x \neq 0, \pm\pi, \pm 2\pi, \cdots)$$

如果把例 10.1 的函数理解为矩形波的波形函数(周期 $T = 2\pi$,振幅 $A = 1$,自变量 x 表示时间),那么上面所得到的展开式表明:矩形波是由一系列不同频率的正弦波叠加而成的,这些正弦波的频率依次为基波频率的奇数倍.

【例 10.2】 设 $f(x)$ 是周期为 2π 的周期函数,它在 $[-\pi, \pi)$ 上的表达式为:

$$f(x) = \begin{cases} x, & 0 \leqslant x < \pi \\ 0, & -\pi \leqslant x < 0 \end{cases} \quad \text{求 } f(x) \text{ 傅里叶级数展开式.}$$

【解】 函数 $f(x)$ 及其周期延拓后的图像如图 10.3 所示. 显然 $f(x)$ 是满足定理 10.1 的两个条件的,则它可以展开成傅里叶级数.

由于 $a_0 = \dfrac{1}{\pi} \displaystyle\int_{-\pi}^{\pi} f(x) \mathrm{d}x = \dfrac{1}{\pi} \int_{0}^{\pi} x \mathrm{d}x = \dfrac{\pi}{2}$,

当 $n \geqslant 1$ 时,

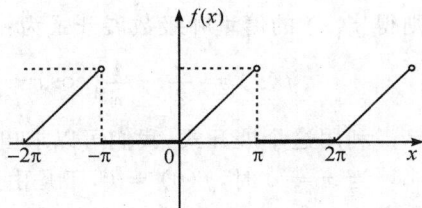

图 10.3

$$a_n = \frac{1}{\pi} \int_{-\pi}^{\pi} f(x) \cos nx \, \mathrm{d}x = \frac{1}{\pi} \int_{0}^{\pi} x \cos nx \, \mathrm{d}x$$

$$= \frac{1}{n\pi} x \sin nx \Big|_{0}^{\pi} - \frac{1}{n\pi} \int_{0}^{\pi} \sin nx \, \mathrm{d}x$$

$$= \frac{1}{n^2\pi} \cos nx \Big|_{0}^{\pi}$$

$$= \frac{1}{n^2\pi} (\cos nx - 1) = \begin{cases} -\dfrac{2}{n^2\pi}, & \text{当 } n \text{ 为奇数时}; \\ 0, & \text{当 } n \text{ 为偶数时}. \end{cases}$$

$$b_n = \frac{1}{\pi} \int_{-\pi}^{\pi} f(x) \sin nx \, \mathrm{d}x = \frac{1}{\pi} \int_{0}^{\pi} x \sin nx \, \mathrm{d}x = -\frac{1}{n\pi} (x \cos nx) \Big|_{0}^{\pi} + \frac{1}{n\pi} \int_{0}^{\pi} \cos nx \, \mathrm{d}x$$

$$= \frac{(-1)^{n+1}}{n} + \frac{1}{n^2\pi} \sin nx \Big|_{0}^{\pi} = \frac{(-1)^{n+1}}{n}.$$

所以在开区间 $(-\pi, \pi)$ 上,

$$f(x) = \frac{\pi}{4} - \left(\frac{2}{\pi} \cos x - \sin x \right) - \frac{1}{2} \sin 2x - \left(\frac{2}{9\pi} \cos 3x - \frac{1}{3} \sin 3x \right) - \cdots.$$

在 $x = \pm\pi$ 时,上式右端收敛于

$$\frac{f(\pi - 0) + f(-\pi + 0)}{2} = \frac{\pi + 0}{2} = \frac{\pi}{2}.$$

【例 10.3】 将函数 $f(x) = \begin{cases} -x, & -\pi \leqslant x < 0 \\ x, & 0 \leqslant x \leqslant \pi \end{cases}$ 展开成傅里叶级数.

【解】 所给函数在区间 $[-\pi,\pi]$ 上满足收敛定理的条件，并且作周期延拓后，它在每一点 x 处都连续(如图 10.4). 因此作延拓后的周期函数的傅里叶级数在 $[-\pi,\pi]$ 上收敛于 $f(x)$.

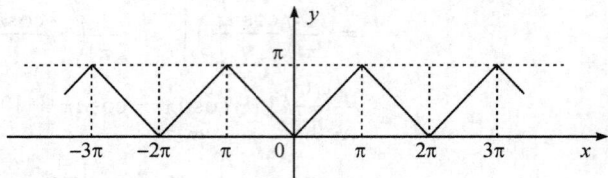

图 10.4

计算傅里叶系数如下：

因为 $f(x)\cos nx$ 为偶函数，

故 $a_n = \dfrac{1}{\pi}\displaystyle\int_{-\pi}^{\pi} f(x)\cos nx\,\mathrm{d}x = \dfrac{2}{\pi}\displaystyle\int_0^{\pi} x\cos nx\,\mathrm{d}x = \dfrac{2}{\pi}\left(\dfrac{x\sin nx}{n} + \dfrac{\cos nx}{n^2}\right)\Bigg|_0^{\pi}$

$$= \frac{2}{n^2\pi}(\cos n\pi - 1) = \begin{cases} -\dfrac{4}{n^2\pi}, & n=1,3,5,\cdots \\ 0, & n=2,4,6,\cdots \end{cases};$$

$a_0 = \dfrac{1}{\pi}\displaystyle\int_{-\pi}^{\pi} f(x)\cos nx\,\mathrm{d}x = \dfrac{1}{\pi}\displaystyle\int_{-\pi}^{0}(-x)\,\mathrm{d}x + \dfrac{1}{\pi}\displaystyle\int_0^{\pi} x\,\mathrm{d}x$

$= \dfrac{1}{\pi}\left(-\dfrac{x^2}{2}\right)\Bigg|_{-\pi}^{0} + \dfrac{1}{\pi}\left(\dfrac{x^2}{2}\right)\Bigg|_0^{\pi} = \pi.$

因为 $f(x)\sin nx$ 为奇函数，

故 $b_n = \dfrac{1}{\pi}\displaystyle\int_{-\pi}^{\pi} f(x)\sin nx\,\mathrm{d}x = 0 \quad (n=1,2,3,\cdots)$.

则得 $f(x)$ 的傅里叶级数展开式为：

$$f(x) = \frac{\pi}{2} - \frac{4}{\pi}\left(\cos x + \frac{1}{3^2}\cos 3x + \frac{1}{5^2}\cos 5x + \cdots\right) \quad (-\pi \leqslant x \leqslant \pi).$$

利用这个展开式，我们可以求出几个特殊级数的和.

当 $x=0$ 时，$f(0)=0$，于是由这个展开式得出：

$$\frac{\pi^2}{8} = 1 + \frac{1}{3^2} + \frac{1}{5^2} + \cdots,$$

设

$$\sigma = 1 + \frac{1}{2^2} + \frac{1}{3^2} + \frac{1}{4^2} + \cdots,$$

$$\sigma_1 = 1 + \frac{1}{3^2} + \frac{1}{5^2} + \cdots \left(= \frac{\pi^2}{8}\right),$$

$$\sigma_2 = \frac{1}{2^2} + \frac{1}{4^2} + \frac{1}{6^2} + \cdots,$$

$$\sigma_3 = 1 - \frac{1}{2^2} + \frac{1}{3^2} - \frac{1}{4^2} + \cdots,$$

由于

$$\sigma_2 = \frac{\sigma}{2^2} = \frac{\sigma_1 + \sigma_2}{2^2};$$

所以

$$\sigma_2 = \frac{\sigma_1}{3} = \frac{\pi^2}{24},$$

$$\sigma = \sigma_1 + \sigma_2 = \frac{\pi^2}{8} + \frac{\pi^2}{24} = \frac{\pi^2}{6},$$

且有

$$\sigma_3 = 2\sigma_1 - \sigma = \frac{\pi^2}{4} - \frac{\pi^2}{6} = \frac{\pi^2}{12}.$$

10.1.4　正弦级数和余弦级数

一般说来,一个函数的傅里叶级数既含有正弦项,又含余弦项.但是,也有一些函数的傅里叶级数只含有正弦项或者只含有余弦项,这与所给函数 $f(x)$ 的奇偶性有关系.我们知道,对于周期为 2π 的函数 $f(x)$,它们的傅里叶系数计算公式为:

$$a_n = \frac{1}{\pi}\int_{-\pi}^{\pi} f(x)\cos nx\,\mathrm{d}x \quad (n=0,1,2,\cdots)$$

$$b_n = \frac{1}{\pi}\int_{-\pi}^{\pi} f(x)\sin nx\,\mathrm{d}x \quad (n=1,2,\cdots)$$

则若 $f(x)$ 为奇函数时,$f(x)\cos nx$ 是奇函数,$f(x)\sin nx$ 是偶函数.

因此,
$$\begin{cases} a_n = 0 \\ b_n = \dfrac{2}{\pi}\displaystyle\int_0^{\pi} f(x)\sin nx\,\mathrm{d}x \end{cases} \tag{11}$$

奇函数的傅里叶级数只含有正弦项,我们称只含有正弦项的傅里叶级数

$$\sum_{n=1}^{\infty} b_n \sin nx \tag{12}$$

为正弦级数.

当 $f(x)$ 为偶函数时,$f(x)\cos nx$ 是偶函数,$f(x)\sin nx$ 是奇函数,则有

$$\begin{cases} a_n = \dfrac{2}{\pi}\displaystyle\int_0^{\pi} f(x)\cos nx\,\mathrm{d}x & (n=0,1,2,\cdots) \\ b_n = 0 & (n=1,2,3,\cdots) \end{cases} \tag{13}$$

偶函数的傅里叶级数只含有余弦项,我们称只含有常数项和余弦项的傅里叶级数

$$\frac{a_0}{2} + \sum_{n=1}^{\infty} a_n \cos nx \tag{14}$$

为余弦级数.

在实际应用中,有时需把定义在 $[0,\pi]$ 上的函数展开成余弦级数或正弦级数.为此,先把定义在 $[0,\pi]$ 上的函数偶式延拓或奇式延拓到 $[-\pi,\pi]$ 上,再用周期延拓,最后求延拓后函数的傅里叶级数,即得到(12)或(14)的形式.

所谓偶式延拓,即是构造下列函数

$$F(x) = \begin{cases} f(x), & 0 \leqslant x \leqslant \pi \\ f(-x), & -\pi \leqslant x \leqslant 0 \end{cases}$$

它是定义在 $[-\pi,\pi]$ 上的偶函数.根据前面分析,即知其傅里叶系数为

$$a_n = \frac{2}{n}\int_0^{\pi} F(x)\cos nx\,\mathrm{d}x = \frac{2}{n}\int_0^{\pi} f(x)\cos nx\,\mathrm{d}x \quad (n=0,1,2,\cdots),$$
$$b_n = 0.$$

相应的傅里叶级数是一个余弦级数,即为 $f(x)$ 在 $[0,\pi]$ 上的傅里叶展开式.若 $f(x)$ 在 $[0,\pi]$ 上连续,则

$$f(x) = \frac{a_0}{2} + \sum_{n=1}^{\infty} a_n \cos nx.$$

所谓奇式延拓,即是构造函数 $F(x)$,使得 $F(x)$ 在 $[-\pi,\pi]$ 上为奇函数,构造如下

$$F(x) = \begin{cases} f(x), & 0 < x \leqslant \pi \\ 0, & x = 0 \\ -f(-x), & -\pi \leqslant x < 0 \end{cases}$$

此时,$F(x)$ 的傅里叶级数为一个正弦函数,其中

$$a_n = 0,$$

$$b_n = \frac{2}{\pi}\int_0^\pi F(x)\sin nx\,\mathrm{d}x = \frac{2}{\pi}\int_0^\pi f(x)\sin nx\,\mathrm{d}x \quad (n=1,2,\cdots).$$

若 $f(x)$ 在 $[0,\pi]$ 上连续,则在 $[0,\pi]$ 内有:

$$f(x) = \sum_{n=1}^\infty b_n \sin nx.$$

从上述分析也可发现,延拓这一过程可省略而不影响傅里叶级数的正确性,因此对于定义在 $[0,\pi]$ 上的函数,将它展开成余弦级数或正弦级数时,可以不必作出延拓而直接由(11)或(13)计算其傅里叶系数.

【例 10.4】　将函数 $f(x) = x + 1(0 \leqslant x \leqslant \pi)$ 分别展开成正弦级数和余弦级数.

【解】　先求正弦级数. 为此,对函数 $f(x)$ 进行奇式延拓(如图 10.5)

按公式(11)展开有:

$$b_n = \frac{2}{\pi}\int_0^\pi f(x)\sin nx\,\mathrm{d}x = \frac{2}{\pi}\int_0^\pi (x+1)\sin nx\,\mathrm{d}x$$

$$= \frac{2}{\pi}\left(-\frac{(x+1)\cos nx}{n} + \frac{\sin nx}{n^2}\right)\Big|_0^\pi$$

$$= \frac{2}{n\pi}[1 - (\pi+1)\cos n\pi]$$

$$= \begin{cases} \dfrac{2}{n}\cdot\dfrac{\pi+2}{n}, & n=1,3,5,\cdots \\[2mm] -\dfrac{2}{n}, & n=2,4,6,\cdots \end{cases}$$

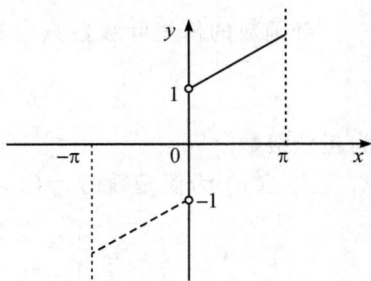

图 10.5

将求得的 b_n 代入正弦级数(12)中得:

$$x+1 = \frac{2}{\pi}\left[(\pi+2)\sin x - \frac{\pi}{2}\sin 2x + \frac{1}{3}(\pi+2)\sin 3x - \frac{\pi}{4}\sin 4x + \cdots\right] \quad (0 < x < \pi).$$

在端点 $x=0$ 及 $x=\pi$ 处,级数的和显然为零,它不代表原来函数 $f(x)$ 的值.

再求余弦级数. 为此对 $f(x)$ 进行偶式延拓(如图 10.6)

按公式(13)展开即是:

$$a_n = \frac{2}{\pi}\int_0^\pi (x+1)\cos nx\,\mathrm{d}x$$

$$= \frac{2}{\pi}\left(\frac{(x+1)\sin nx}{n} + \frac{\cos nx}{n^2}\right)\Big|_0^\pi$$

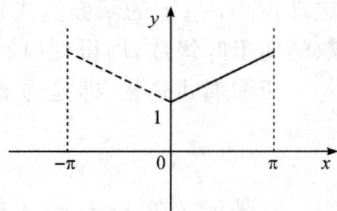

图 10.6

$$= \frac{2}{n^2\pi}(\cos n\pi - 1) = \begin{cases} 0, & n=2,4,6\cdots \\[2mm] -\dfrac{4}{n^2\pi}, & n=1,3,5\cdots, \end{cases}$$

$$a_0 = \frac{2}{\pi}\int_0^\pi (x+1)\,\mathrm{d}x = \frac{2}{\pi}\left(\frac{x^2}{2} + x\right)\Big|_0^\pi = \pi+2;$$

将求得的 a_n 代入余弦级数(14)中得:

$$x+1 = \frac{\pi}{2} + 1 - \frac{4}{\pi}\left(\cos x + \frac{1}{3^2}\cos 3x + \frac{1}{5^2}\cos 5x + \cdots\right) \quad (0 \leqslant x \leqslant \pi).$$

10.2　以 $2l$ 为周期的函数的傅里叶级数

10.2.1　以 $2l$ 为周期的函数的傅里叶级数

前面我们所讨论的是函数都是以 2π 为周期.事实上在实际问题中所遇到的周期函数,它的周期不一定是 2π.例如我们在前面所指出的矩形波,它的周期是 $T = \dfrac{2\pi}{|\omega|}$.因此,下面我们讨论周期为 $2l$ 的函数的傅里叶级数.

设 $f(x)$ 是以 $2l$ 为周期的函数,通过变量代换

$$\frac{\pi x}{l} = t \text{ 或 } x = \frac{lt}{\pi}.$$

可以把 $f(x)$ 变换成以 2π 为周期的关于 t 的函数 $F(t) = f\left(\dfrac{lt}{\pi}\right)$.若 $f(x)$ 在 $[-l, l]$ 上可积,则 $F(x)$ 在 $[-\pi, \pi]$ 上也可积.这时函数 F 的傅里叶级数展开式是:

$$F(t) = \frac{a_0}{2} + \sum_{n=1}^{\infty}(a_n\cos nt + b_n\sin nt), \tag{15}$$

其中
$$a_n = \frac{1}{\pi}\int_{-\pi}^{\pi}F(t)\cos nt\, \mathrm{d}t \quad (n = 0, 1, 2, \cdots),$$
$$b_n = \frac{1}{\pi}\int_{-\pi}^{\pi}F(t)\sin nt\, \mathrm{d}t \quad (n = 1, 2, \cdots). \tag{16}$$

由于 $t = \dfrac{\pi x}{l}$,所以 $F(t) = f\left(\dfrac{lt}{\pi}\right) = f(x)$,则由(15)与(16)式可得:

【定理 10.2】　设周期为 $2l$ 的函数 $f(x)$ 在 $[-l, l]$ 上满足狄利克雷条件,则它的傅里叶级数展开式为:

$$f(x) = \frac{a_0}{2} + \sum_{n=1}^{\infty}\left(a_n\cos\frac{n\pi x}{l} + b_n\sin\frac{n\pi x}{l}\right) \quad (x \in C). \tag{17}$$

且有:
$$\begin{cases} a_n = \dfrac{1}{l}\displaystyle\int_{-l}^{l}f(x)\cos\dfrac{n\pi x}{l}\mathrm{d}x & (n = 0, 1, 2, \cdots), \\[2mm] b_n = \dfrac{1}{l}\displaystyle\int_{-l}^{l}f(x)\sin\dfrac{n\pi x}{l}\mathrm{d}x & (n = 1, 2, \cdots). \end{cases} \tag{18}$$

这里,我们称(18)为周期为 $2l$ 的函数 $f(x)$ 傅里叶系数.

其中 $C = \left\{ x \,\middle|\, f(x) = \dfrac{1}{2}[f(x+0) + f(x-0)] \right\}$

【例 10.5】　把函数 $f(x) = \begin{cases} 0, & -5 < x < 0 \\ 3, & 0 \leqslant x < 5 \end{cases}$ 展开成傅里叶级数.

【解】　由于 f 在 $(-5, 5)$ 上满足狄利克雷条件,因此可以展开成傅里叶级数.根据(18)式有:

$$a_n = \frac{1}{5}\int_{-5}^{0}0 \cdot \cos\frac{n\pi x}{5}\mathrm{d}x + \frac{1}{5}\int_{0}^{5}3 \cdot \cos\frac{n\pi x}{5}\mathrm{d}x$$

$$= \frac{3}{5} \cdot \frac{5}{n\pi}\sin\frac{n\pi x}{5}\bigg|_{0}^{5} = 0 \quad (n = 0, 1, 2, \cdots),$$

$$a_0 = \frac{1}{5}\int_{-5}^{5} f(x)\mathrm{d}x = 3,$$

$$b_n = \frac{1}{5}\int_{-5}^{5} f(x)\sin\frac{n\pi x}{5}\mathrm{d}x = \frac{1}{5}\int_{0}^{5} 3 \cdot \sin\frac{n\pi x}{5}\mathrm{d}x = \frac{3}{5}\left[-\frac{5}{n\pi}\cos\frac{n\pi x}{5}\right]\Big|_{0}^{5} = \frac{3(1-\cos n\pi x)}{n\pi}$$

$$= \frac{6}{(2k-1)\pi} \quad (k = 1,2,\cdots).$$

代入(17)式中可得:

$$f(x) = \frac{3}{2} + \sum_{k=1}^{\infty} \frac{6}{(2k-1)\pi} \cdot \sin\frac{(2k-1)\pi x}{5}$$

$$= \frac{3}{2} + \frac{6}{\pi}\left(\sin\frac{\pi x}{5} + \frac{1}{3}\sin\frac{3\pi x}{5} + \frac{1}{5}\sin\frac{5\pi x}{5} + \cdots\right)$$

此时,$x \in (-5,0) \bigcup (0,5)$. 当 $x = 0$ 和 ± 5 时级数收敛于 $\frac{3}{2}$.

推论 若 $f(x)$ 满足定理 10.2 中的条件,则

(1) 当 $f(x)$ 为奇函数时,

$$f(x) = \sum_{n=1}^{\infty} b_n\sin\frac{n\pi x}{l}(x \in C), \tag{19}$$

其中 $$b_n = \frac{2}{l}\int_{0}^{l} f(x)\sin\frac{n\pi x}{l}\mathrm{d}x(n = 1,2,3,\cdots). \tag{20}$$

(2) 当 $f(x)$ 为偶函数时,

$$f(x) = \frac{a_0}{2} + \sum_{n=1}^{\infty} a_n\cos\frac{n\pi x}{l}(x \in C), \tag{21}$$

其中 $$a_n = \frac{2}{l}\int_{0}^{l} f(x)\cos\frac{n\pi x}{l}\mathrm{d}x(n = 0,1,2,\cdots). \tag{22}$$

证明与定理 10.2 的证明类似(略).

【例 10.6】 把 $f(x) = x$ 在 $(0,2)$ 内展开成:

(1) 正弦级数;(2) 余弦级数.

【解】 1) 为了要把 $f(x)$ 展开为正弦级数,对 $f(x)$ 作奇式周期延拓(如图 10.7),并由公式(20)有:

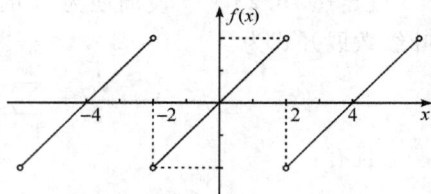

图 10.7

$$a_n = 0 \quad (n = 0,1,2\cdots)$$

$$b_n = \frac{2}{2}\int_{0}^{2} x\sin\frac{n\pi x}{2}\mathrm{d}x = -\frac{4}{n\pi}\cos n\pi = \frac{4}{n\pi}(-1)^{n+1}, \quad n = 1,2,\cdots.$$

所以当 $x \in (0,2)$ 时,由(5)式有:

$$f(x) = x = \sum_{n=1}^{\infty} \frac{4}{n\pi}(-1)^{n+1}\sin\frac{n\pi x}{2}$$

$$= \frac{4}{\pi}\left(\sin\frac{\pi x}{2} - \frac{1}{2}\sin\frac{2\pi x}{2} + \frac{1}{3}\sin\frac{3\pi x}{2} + \cdots\right)$$

但当 $x = 0,2$ 时,右端级数收敛于 0.

(2) 为了要把 $f(x)$ 展开为余弦级数,对 $f(x)$ 作偶式周期延拓(如图 10.8),由公式(22)得到 $f(x)$ 的傅里叶系数为:

$$b_n = 0 \quad (n = 1,2,\cdots),$$

$$a_0 = \int_0^2 x \mathrm{d}x = 2,$$

$$a_n = \frac{2}{2}\int_0^2 x\cos\frac{n\pi x}{2}\mathrm{d}x = \frac{4}{n^2\pi^2}(\cos n\pi - 1)$$

$$= \frac{4}{n^2\pi^2}\big[(-1)^n - 1\big] \quad (n = 1, 2, \cdots),$$

或 $\begin{cases} a_{2k-1} = \dfrac{-8}{(2k-1)^2\pi^2} \\ a_{2k} = 0 \end{cases} \quad (k = 1, 2, \cdots).$

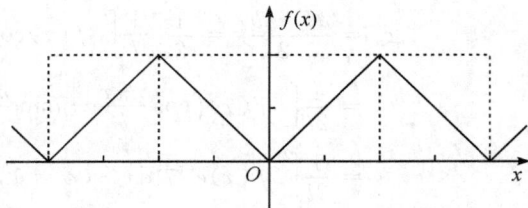

图 10.8

所以当 $x \in (0, 2)$ 时,由(21)及收敛定理得到:

$$f(x) = x = 1 + \sum_{k=1}^{\infty} \frac{-8}{(2k-1)^2\pi^2}\cos\frac{(2k-1)\pi x}{2}$$

$$= 1 - \frac{8}{\pi^2}\Big(\cos\frac{\pi x}{2} + \frac{1}{3^2}\cos\frac{3\pi x}{2} + \frac{1}{5^2}\cos\frac{5\pi x}{2} + \cdots\Big).$$

*10.2.2　傅里叶级数的复数形式

傅里叶级数还可以用复数形式表示. 在电子技术中,经常应用到这种形式.

设周期为 $2l$ 的周期函数 $f(x)$ 的傅里叶级数为

$$f(x) = \frac{a_0}{2} + \sum_{n=1}^{\infty}\Big(a_n\cos\frac{n\pi x}{l} + b_n\sin\frac{n\pi x}{l}\Big). \tag{23}$$

则系数

$$a_n = \frac{1}{l}\int_{-l}^{l} f(x)\cos\frac{n\pi x}{l}\mathrm{d}x \quad (n = 0, 1, 2, \cdots),$$

$$b_n = \frac{1}{l}\int_{-l}^{l} f(x)\sin\frac{n\pi x}{l}\mathrm{d}x \quad (n = 1, 2, \cdots). \tag{24}$$

利用欧拉公式:

$$\cos\theta = \frac{e^{i\theta} + e^{-i\theta}}{2}, \sin\theta = \frac{e^{i\theta} - e^{-i\theta}}{2i}$$

$$(\text{或 } e^{i\theta} = \cos\theta + i\sin\theta, e^{-i\theta} = \cos\theta - i\sin\theta)$$

则可将(23)式化为

$$\frac{a_0}{2} + \sum_{n=1}^{\infty}\Big[\frac{a_n}{2}(e^{i\frac{n\pi x}{l}} + e^{-i\frac{n\pi x}{l}}) - \frac{ib_n}{2}(e^{i\frac{n\pi x}{l}} - e^{-i\frac{n\pi x}{l}})\Big] = \frac{a_0}{2} + \sum_{n=1}^{\infty}\Big(\frac{a_n - ib_n}{2}e^{i\frac{n\pi x}{l}} + \frac{a_n + ib_n}{2}e^{-i\frac{n\pi x}{l}}\Big) \tag{25}$$

记 $\quad \dfrac{a_0}{2} = c_0, \dfrac{a_n - ib_n}{2} = c_n, \dfrac{a_n + ib_n}{2} = c_{-n}(n = 1, 2, 3, \cdots),$ \hfill (26)

则(25)式就可以表示为

$$c_0 + \sum_{n=1}^{\infty}(c_n e^{i\frac{n\pi x}{l}} + c_{-n}e^{-i\frac{n\pi x}{l}}) = (c_n e^{i\frac{n\pi x}{l}})_{n=0} + \sum_{n=1}^{\infty}(c_n e^{i\frac{n\pi x}{l}} + c_{-n}e^{-i\frac{n\pi x}{l}}),$$

即得到傅里叶级数的复数形式为:

$$\sum_{n=-\infty}^{+\infty} c_n e^{i\frac{n\pi x}{l}}. \tag{27}$$

下面来求系数 c_n 的表达式. 把(24)式代入到(26)式中得:

$$c_0 = \frac{a_0}{2} = \frac{1}{2l}\int_{-l}^{l} f(x)\mathrm{d}x;$$

$$c_n = \frac{a_n - ib_n}{2} = \frac{1}{2}\left[\frac{1}{l}\int_{-l}^{l} f(x)\cos\frac{n\pi x}{l}\mathrm{d}x - \frac{i}{l}\int_{-l}^{l} f(x)\sin\frac{n\pi x}{l}\mathrm{d}x\right]$$

$$= \frac{1}{2l}\int_{-l}^{l} f(x)\left(\cos\frac{n\pi x}{l} - i\sin\frac{n\pi x}{l}\right)\mathrm{d}x$$

$$= \frac{1}{2l}\int_{-l}^{l} f(x)e^{-i\frac{n\pi x}{l}}\mathrm{d}x \quad (n=1,2,3,\cdots)$$

$$c_{-n} = \frac{a_n + ib_n}{2} = \frac{1}{2l}\int_{-l}^{l} f(x)e^{i\frac{n\pi x}{l}}\mathrm{d}x \quad (n=1,2,3,\cdots)$$

将已得的结果合并写为

$$c_n = \frac{1}{2l}\int_{-l}^{l} f(x)e^{-i\frac{n\pi x}{l}}\mathrm{d}x(n=0,\pm 1,\pm 2,\cdots). \tag{28}$$

这就是傅里叶系数的复数形式.

需要说明的是,傅里叶级数的两种形式,本质上是一样的,但复数形式比较简洁,且只用一个算式计算系数.

【例 10.7】 把宽为 τ,高为 h,周期为 T 的矩形波 (如图 10.9) 展开成复数形式的傅里叶级数.

【解】 在一个周期 $\left[-\frac{T}{2}, \frac{T}{2}\right)$ 内矩形波的函数

表达式为 $u(t)=\begin{cases} 0, & -\dfrac{T}{2}\leqslant t<-\dfrac{\tau}{2} \\ h, & -\dfrac{\tau}{2}\leqslant t<\dfrac{\tau}{2} \\ 0, & \dfrac{\tau}{2}\leqslant t<\dfrac{T}{2} \end{cases}$.

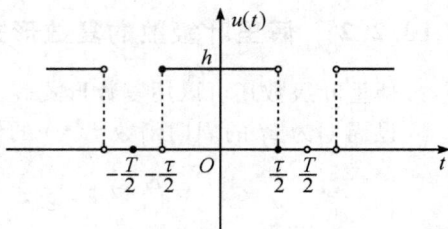

图 10.9

按公式(28) 有①:

$$c_n = \frac{1}{T}\int_{-\frac{T}{2}}^{\frac{T}{2}} u(t)e^{-i\frac{2n\pi t}{T}}\mathrm{d}t = \frac{1}{T}\int_{-\frac{\tau}{2}}^{\frac{\tau}{2}} he^{-i\frac{2n\pi t}{T}}\mathrm{d}t = \frac{h}{T}\left(\frac{-T}{2n\pi i}e^{-i\frac{2n\pi t}{T}}\right)\Big|_{-\frac{\tau}{2}}^{\frac{\tau}{2}} = \frac{h}{n\pi}\sin\frac{n\pi\tau}{T} \quad (n=\pm 1,\pm 2,\cdots),$$

$$c_0 = \frac{1}{T}\int_{-\frac{T}{2}}^{\frac{T}{2}} u(t)\mathrm{d}t = \frac{1}{T}\int_{-\frac{\tau}{2}}^{\frac{\tau}{2}} h\mathrm{d}t = \frac{h\tau}{T}.$$

将求得的 c_n 代入级数(14) 中得:

$$u(t) = \frac{h\tau}{T} + \frac{h}{\pi}\sum_{\substack{n=-\infty \\ n\neq 0}}^{+\infty}\frac{1}{n}\sin\frac{n\pi\tau}{T}e^{i\frac{2n\pi t}{T}} \quad \left(-\infty < t < +\infty; t\neq\pm\frac{\tau}{2},\pm\frac{T}{2},\pm T,\cdots\right).$$

*10.3 傅里叶变换

这里我们简单介绍一些有关傅里叶变换的初步知识.

---

①根据欧拉公式: $e^{-i\alpha x} = \cos\alpha x - i\sin\alpha x$,当 $\alpha\neq 0$ 时,有 $\int e^{-i\alpha x}\mathrm{d}x = \int(\cos\alpha x - i\sin\alpha x)\mathrm{d}x = \int\cos\alpha x\mathrm{d}x - i\int\sin\alpha x\mathrm{d}x = \frac{\sin\alpha x}{\alpha} + i\frac{\cos\alpha x}{\alpha} + C = -\frac{1}{i\alpha}(\cos\alpha x - i\sin\alpha x) + C = -\frac{1}{i\alpha}e^{-i\alpha x} + C.$

10.3.1　傅里叶变换的概念

首先假定所讨论的函数在 $f(x)$ 在 $(-\infty,+\infty)$ 内绝对可积即 $\int_{-\infty}^{+\infty}|f(x)|\,\mathrm{d}x$ 收敛.

【定义 10.1】　我们称 $\int_{-\infty}^{+\infty}f(x)e^{-i\omega x}\,\mathrm{d}x$ 是 $f(x)$ 的傅里叶变换,并把它记为 $F(f)$ 或 $\hat{f}(\omega)$.即

$$F(f)=\hat{f}(\omega)=\int_{-\infty}^{+\infty}f(x)e^{-i\omega x}\,\mathrm{d}x.$$

由 $f(x)$ 的绝对可积性以及 $|e^{-i\omega x}|=1$,可推得:

(1) $\hat{f}(\omega)$ 是 ω 在 $(-\infty,+\infty)$ 内的连续函数;

(2)(黎曼引理): $\lim\limits_{\omega\to\infty}\hat{f}(\omega)=0$;

由　　　$\hat{f}(\omega)=\int_{-\infty}^{+\infty}f(x)e^{-i\omega x}\,\mathrm{d}x$ 可证: $\hat{f}(x)=\dfrac{1}{2\pi}\int_{-\infty}^{+\infty}f(\omega)e^{i\omega x}\,\mathrm{d}\omega$ 　　　(29)

我们称(29)式是 $\hat{f}(\omega)$ 的傅里叶逆变换,又称

$$f(x)=\frac{1}{2\pi}\int_{-\infty}^{+\infty}\left[\int_{-\infty}^{+\infty}f(x)e^{-i\omega x}\,\mathrm{d}x\right]e^{i\omega x}\,\mathrm{d}\omega \tag{30}$$

为 $f(x)$ 的傅里叶积分公式.把(30)式与傅里叶级数相比较,就会发现,一个非周期函数也可以分解为许多简单的谐波 $e^{i\omega x}$ 的迭加 —— 积分.

【例 10.8】　求单个矩形脉冲

$$f(x)=\begin{cases}h, & |x|<\dfrac{\tau}{2}\\[2mm]0, & |x|>\dfrac{\tau}{2}\end{cases}\text{ 的傅里叶变换和傅里叶积分公式.}$$

【解】　$\hat{f}(\omega)=\int_{-\infty}^{+\infty}f(x)e^{-i\omega x}\,\mathrm{d}x=\int_{-\frac{\tau}{2}}^{\frac{\tau}{2}}he^{-i\omega x}\,\mathrm{d}x=\dfrac{2h}{\omega}\sin\dfrac{\omega\tau}{2}\ (\omega\neq 0)$

$\hat{f}(0)=\int_{-\infty}^{+\infty}f(x)\,\mathrm{d}x=h\tau$

傅里叶积分公式为:　　　$f(x)=\dfrac{1}{2\pi}\int_{-\infty}^{+\infty}\dfrac{2h}{\omega}\sin\dfrac{\omega\tau}{2}e^{i\omega x}\,\mathrm{d}x$

【例 10.9】　求指数衰减函数

$$f(x)=\begin{cases}e^{-\alpha x}, & x>0\\ 0, & x\leqslant 0\end{cases}\text{的傅里叶变换.}$$

【解】　$\hat{f}(\omega)=\int_{0}^{+\infty}e^{-\alpha x}e^{-i\omega x}\,\mathrm{d}x=\dfrac{1}{\alpha+i\omega}$　　　这便是指数衰减函数的傅里叶变换.

最后,我们给出傅里叶积分的三角形式:

$$f(x)=\frac{1}{2\pi}\int_{-\infty}^{+\infty}\left[\int_{-\infty}^{+\infty}f(\tau)e^{-i\omega\tau}\,\mathrm{d}\tau\right]e^{i\omega x}\,\mathrm{d}\omega=\frac{1}{2\pi}\int_{-\infty}^{+\infty}\left[\int_{-\infty}^{+\infty}f(\tau)e^{i\omega(x-t)}\,\mathrm{d}\tau\right]\mathrm{d}\omega$$

$$=\frac{1}{2\pi}\int_{-\infty}^{+\infty}\left[\int_{-\infty}^{+\infty}f(\tau)\cos\omega(x-\tau)\,\mathrm{d}\tau+i\int_{-\infty}^{+\infty}f(\tau)\sin\omega(x-\tau)\,\mathrm{d}\tau\right]\mathrm{d}\omega$$

记　　　　　　　$G(\omega)=\int_{-\infty}^{+\infty}f(\tau)\sin\omega(x-\tau)\,\mathrm{d}\tau,$

它是一个奇函数,同此 $\int_{-\infty}^{+\infty} G(\omega)\mathrm{d}\omega = 0$,于是

$$f(x) = \frac{1}{2\pi}\int_{-\infty}^{+\infty}\left[\int_{-\infty}^{+\infty} f(\tau)\cos\omega(x-\tau)\mathrm{d}\tau\right]\mathrm{d}\omega \tag{31}$$

这就是傅里叶积分的三角形式.或者,由于 $\int_{-\infty}^{+\infty} f(\tau)\cos\omega(x-t)\mathrm{d}\tau$ 是 ω 的偶函数,则(31)

式又可写为 $f(x) = \frac{1}{\pi}\int_0^{+\infty}\left[\int_{-\infty}^{+\infty} f(\tau)\cos\omega(x-t)\mathrm{d}\tau\right]\mathrm{d}\omega.$

10.3.2　傅里叶变换的一些性质

傅里叶变换有一些常用的简单的性质,这些性质在工程技术中有很重要的应用.

【性质 10.1】(线性)　$F(a_1 f_1 + a_2 f_2) = a_1 F(f_1) + a_2 F(f_2)$,其中 a_1,a_2 是两个任意给定的常数.

由傅里叶变换的定义,证明是很明显的,这里省略.

【性质 10.2】(平移性)　对任何 $f(x)$,设 $\tau_s f(x) = f(x-s)$[即 $f(x)$ 的平移],那么 $F(\tau_s f) = e^{-i\omega s}F(f)$.这个性质表明平移后的傅里叶变换等于来作平移的傅里叶变换乘以 $e^{-i\omega s}$.

【证】　$F(\tau_s f) = \int_{-\infty}^{+\infty} f(x-s)e^{-i\omega x}\mathrm{d}x \overset{\diamondsuit t=x-s}{=\!=\!=} \int_{-\infty}^{+\infty} f(t)e^{-i\omega(t+s)}\mathrm{d}t$

$$= e^{-i\omega s}\int_{-\infty}^{+\infty} f(t)e^{-i\omega t}\mathrm{d}t = e^{-i\omega s}F(f).$$

【性质 10.3】(微分性)　设 $f(x) \to 0 (x \to \pm\infty)$,则

$$F\left(\frac{\mathrm{d}}{\mathrm{d}x}f\right) = i\omega F(f) \text{ 或 } \hat{f}'(\omega) = i\omega\hat{f}.$$

这个性质表明,求导运算在傅里叶变换下成为乘积运算.

【证】　利用分部积分公式,有

$$\hat{f}'(\omega) = \int_{-\infty}^{+\infty} f'(x)e^{-i\omega x}\mathrm{d}x = f(x)e^{-i\omega x}\Big|_{-\infty}^{+\infty} + i\omega\int_{-\infty}^{+\infty} f(x)e^{-i\omega x}\mathrm{d}x = i\omega\hat{f}(\omega)$$

【性质 10.4】　$F(-ixf(x)) = \dfrac{\mathrm{d}}{\mathrm{d}\omega}F(f).$

【证】　$\dfrac{\mathrm{d}}{\mathrm{d}\omega}\hat{f}(\omega) = \dfrac{\mathrm{d}}{\mathrm{d}\omega}\int_{-\infty}^{+\infty} f(x)e^{-i\omega x}\mathrm{d}x = \int_{-\infty}^{+\infty}\left[-ixf(x)\right]e^{-i\omega x}\mathrm{d}x = F\left[-ixf(x)\right]$

式(29)和式(30)的证明:

证明:由上一节可知函数 $f(x)$ 的复数形式可以写为:

$$f(x) = \sum_{n=-\infty}^{+\infty} C_n e^{iw_n x}$$

其中

$$C_n = \frac{1}{T}\int_{-\frac{T}{2}}^{\frac{T}{2}} f(x)e^{-iw_n x}\mathrm{d}x$$

$$C_{-n} = \frac{1}{T}\int_{-\frac{T}{2}}^{\frac{T}{2}} f(x)e^{iw_n x}\mathrm{d}x$$

故

$$f(x) = \frac{1}{T}\sum_{n=-\infty}^{+\infty}\left[\int_{-\frac{T}{2}}^{\frac{T}{2}} f(x)e^{-iw_n x}\mathrm{d}x\right]e^{iw_n x}$$

为了以示不同 x 之间的区别,令 $C_n = \frac{1}{T}\int_{-\frac{T}{2}}^{\frac{T}{2}} f(t)e^{-iw_n t}\mathrm{d}t.$

从而
$$f(x) = \frac{1}{T} \sum_{n=-\infty}^{+\infty} \left[\int_{-\frac{T}{2}}^{\frac{T}{2}} f(t) e^{-iw_n t} \, dt \right] e^{iw_n x} \qquad (*)$$

对于任意一个非周期函数 $f(x)$ 都可以看成是由某个周期函数 $f_T(x)$ 当 $T \to +\infty$ 时转化而来的,为了说明这一点,作周期为 T 的函数 $f_T(x)$,使其在 $\left[-\frac{T}{2}, \frac{T}{2} \right)$ 内等于 $f(x)$,而在 $\left[-\frac{T}{2}, \frac{T}{2} \right)$ 之外接周期 T 进行延拓到整个数轴上. 从而,T 越大,$f_T(x)$ 与 $f(x)$ 相等的范围越大,即当 $T \to +\infty$ 时,周期函数 $f_T(x)$ 便可转化为 $f(x)$,即
$$\lim_{T \to +\infty} f_T(x) = f(x),$$

从而在 $(*)$ 中,令 $T \to +\infty$ 时,就是 $f(x)$ 的展开式,即
$$f(x) = \lim_{T \to +\infty} \frac{1}{T} \sum_{n=-\infty}^{+\infty} \left[\int_{-\frac{T}{2}}^{\frac{T}{2}} f_T(t) e^{-iw_n t} \, dt \right] e^{iw_n x}$$

当 n 取一切整数时,w_n 对应的点便均匀分布在整个数轴上,

令 $\Delta w_n = w_n - w_{n-1} = \frac{2\pi}{T}$,故 $T \to +\infty$ 时,$\Delta w_n \to 0$,

故上式可写为
$$f(x) = \lim_{\Delta w_n \to 0} \frac{1}{T} \sum_{n=-\infty}^{+\infty} \left[\int_{-\frac{T}{2}}^{\frac{T}{2}} f_T(t) e^{-iw_n t} \, dt \right] e^{iw_n x}.$$

由于 $\Delta w_n = \frac{2\pi}{T}$,或 $T = \frac{2\pi}{\Delta w_n}$

因此
$$f(x) = \lim_{\Delta w_n \to 0} \frac{1}{2\pi} \sum_{n=-\infty}^{+\infty} \left[\int_{-\frac{T}{2}}^{\frac{T}{2}} f_T(t) e^{-iw_n t} \, dt \right] e^{iw_n x} \Delta w_n.$$

当 x 固定时,$\frac{1}{2\pi} \left[\int_{-\frac{T}{2}}^{\frac{T}{2}} f_T(t) e^{-iw_n t} \, dt \right] e^{iw_n x}$ 可以看作是参数 w_n 的函数,记为
$$\hat{f}_T(w_n) = \frac{1}{2\pi} \left[\int_{-\frac{T}{2}}^{\frac{T}{2}} f_T(t) e^{-iw_n t} \, dt \right] e^{iw_n x},$$

故
$$f(x) = \lim_{\Delta w_n \to 0} \sum_{n=-\infty}^{+\infty} \hat{f}_T(w_n) \Delta w_n.$$

当 $\Delta w_n \to 0$,即 $T \to +\infty$ 时,$\hat{f}_T(w_n) \to \hat{f}(w_n)$,
$$\hat{f}(w_n) = \frac{1}{2\pi} \left[\int_{-\infty}^{+\infty} f(t) e^{-iw_n t} \, dt \right] e^{iw_n x},$$

从而 $f(x)$ 可以看作是 $\hat{f}(w_n)$ 在 $(-\infty, +\infty)$ 上的积分,
$$f(x) = \int_{-\infty}^{+\infty} \hat{f}(w_n) \, dw_n.$$

即
$$f(x) = \int_{-\infty}^{+\infty} \hat{f}(w) \, dw,$$

即
$$f(x) = \frac{1}{2\pi} \int_{-\infty}^{+\infty} \left[\int_{-\infty}^{+\infty} f(x) e^{-iwx} \, dx \right] e^{iwx} \, dw.$$

*10.4　拉普拉斯变换

在前一节傅里叶变换中我们知道,一个函数除了满足狄利克雷条件以外,还在 $(-\infty, +\infty)$ 内绝对可积时,就一定存在傅里叶变换. 但事实上,绝对可积的条件是比较强的,许多函数即

使是很简单的函数都不一定满足这个条件;其次,可以进行傅里叶变换的函数必须在整个数轴上有定义,但在物理、无线电技术等实际领域中,许多以时间 t 作为自变量的函数往往在 $t < 0$ 时是无意义的或者是不需要考虑的,像这样的函数都不能取傅里叶变换.由此可见,傅里叶变换的应用范围受到相当大的限制.在本节中,我们从解决这两个问题入手,介绍另一种变换 —— 拉普拉斯变换.

10.4.1 拉普拉斯变换的概念

对于任意一个函数 $\varphi(x)$,能否经过适当的改造使其进行傅里叶变换时克服前面所说的两个缺点呢?这就使我们想到前面遇到过的两个函数 —— 单位阶跃函数 $u(x)$(见例 10.10)和指数衰减函数 $e^{-\alpha x}(\alpha > 0)$ 所具有的特点.用前者乘以 $\varphi(x)$ 就可以使积分区间由 $(-\infty, +\infty)$ 换成 $[0, +\infty)$,用后者乘 $\varphi(x)$ 就有可能使其变得绝对可积.因此,为了克服傅里叶变换上述的两个缺点,我们就自然会想到用 $u(x)e^{-\alpha x}(\alpha > 0)$ 来乘 $\varphi(x)$,即

$$\varphi(x)u(x)e^{-\alpha x}(\alpha > 0).$$

结果发现,只要 α 选取适当,一般说来,这个函数的傅里叶变换总是存在的.对函数 $\varphi(x)$ 进行先乘以 $u(x)e^{-\alpha x}(\alpha > 0)$,再取傅里叶变换的运算,就产生了拉普拉斯(Laplace)变换.

对函数 $\varphi(x)u(x)e^{-\alpha x}(\alpha > 0)$ 取傅里叶变换,就得到:

$$G_a(\omega) = \int_{-\infty}^{+\infty} \varphi(x)u(x)e^{-\alpha x}e^{-i\omega x}\mathrm{d}x = \int_0^{+\infty} f(x)e^{-(\alpha + i\omega)x}\mathrm{d}x = \int_0^{+\infty} f(x)e^{-sx}\mathrm{d}x,$$

其中 $s = \alpha + i\omega$,$f(x) = \varphi(x)u(x)$.

再设 $F(s) = G_a(\omega) = G_a\left(\dfrac{s-\alpha}{i}\right)$,则得 $F(s) = \int_0^{+\infty} f(x)e^{-sx}\mathrm{d}x$.

由上式所确定的函数 $F(s)$,实际上是由 $f(x)$ 通过一种新的变换得来的,这种变换我们称为拉普拉斯变换.

【定义 10.2】 设函数 $f(x)$ 当 $x \geqslant 0$ 时有定义,而且积分

$$\int_0^{+\infty} f(x)e^{-sx}\mathrm{d}x \text{(s 是一个复参量)}$$

在 s 的某一邻域内收敛,则由此积分所确定的函数可写为

$$F(s) = \int_0^{+\infty} f(x)e^{-sx}\mathrm{d}x \tag{32}$$

我们称(32)式为函数 $f(x)$ 的拉普拉斯变换式,记为 $F(s) = \pmb{\mathcal{L}}[f(x)]$.$F(s)$ 称为 $f(x)$ 的拉普拉斯变换.若 $F(s)$ 是 $f(x)$ 的拉普拉斯变换,则称 $f(x)$ 为 $F(s)$ 的拉普拉斯逆变换,记为 $f(x) = \pmb{\mathcal{L}}^{-1}[F(s)]$.

【例 10.10】 求单位阶跃函数 $u(x) = \begin{cases} 0, & x < 0 \\ 1, & x > 0 \end{cases}$ 的拉普拉斯变换.

【解】 根据定义有 $F(s) = \pmb{\mathcal{L}}[u(x)] = \int_0^{+\infty} e^{-sx}\mathrm{d}x$,

这个积分在 $\mathrm{Re}(s) > 0$(复数 s 的实部)时收敛,而且有

$\int_0^{+\infty} e^{-sx}\mathrm{d}x = -\dfrac{1}{s}e^{-sx}\Big|_0^{+\infty} = \dfrac{1}{s}$,所以 $F(s) = \pmb{\mathcal{L}}[u(x)] = \dfrac{1}{s}(\mathrm{Re}(s) > 0)$.

【例 10.11】 求指数函数 $f(x) = e^{kx}$ 的拉普拉斯变换($k \in R$).

【解】 由定义知 $F(s) = \pmb{\mathcal{L}}[e^{kx}] = \int_0^{+\infty} e^{kx}e^{-sx}\mathrm{d}x = \int_0^{+\infty} e^{-(s-k)x}\mathrm{d}x$,

这个积分在 $\mathbf{Re}(s) > k$ 时收敛,而且有 $\int_0^{+\infty} e^{-(s-k)x} \mathrm{d}x = \dfrac{1}{s-k}$,

故 $F(s) = \mathcal{L}[e^{kx}] = \dfrac{1}{s-k}$　$(\mathbf{Re}(s) > k)$.

10.4.2　拉普拉斯变换的存在定理

从上面的例题可以看出,拉普拉斯变换存在的条件要比傅里叶变换存在的条件弱得多,但是对一个函数作拉普拉斯变换也还是要具备一些条件的.

【定理 10.3】(拉普拉斯变换的存在定理)

若函数 $f(x)$ 满足下列条件:

(1) 在 $x \geqslant 0$ 的任一有限区间上分段连续;

(2) 在 $x \to +\infty$ 时,$f(x)$ 的增长速度不超过某一指数函数,亦即存在常数 $M > 0$ 及 $c \geqslant 0$,恒得 $|f(x)| \leqslant M e^{cx}$,$0 \leqslant x < +\infty$ 成立(满足此条件的函数,称它的增大是指数级的,c 为它的增长指数). 则 $f(x)$ 的拉普拉斯变换 $F(s) = \int_0^{+\infty} f(x) e^{-sx} \mathrm{d}x$ 在半平面 $\mathrm{Re}(s) > c$ 上一定存在,右端的积分在 $\mathrm{Re}(s) \geqslant c_1 > c$ 上绝对收敛而且一致收敛,并且在 $\mathrm{Re}(s) > c$ 的半平面内,$F(s)$ 为解析函数[①].

(证明从略)

这个定理的条件是充分的,物理学和工程技术中常见的函数大都能满足. 一个函数的增大是指数级的与函数要绝对可积这两个条件,前者的条件弱得多. 因此,拉普拉斯变换用的更广泛.

除了前面介绍的单位阶跃函数和指数函数的拉普拉斯变换外,下面再求一些常用函数的拉普拉斯变换.

【例 10.12】　求正弦函数 $f(x) = \sin kx \, (k \in R)$ 的拉普拉斯变换.

【解】　由定义知:

$$F(s) = \int_0^{+\infty} \sin kx \, e^{-sx} \mathrm{d}x = \frac{e^{-sx}}{s^2 + k^2}(-s\sin kx - k\cos kx)\Big|_0^{+\infty} = \frac{k}{s^2 + k^2}, (\mathrm{Re}(s) > 0).$$

同理可得到余弦函数的拉普拉斯变换

$$F(s) = \frac{s}{s^2 + k^2}, (\mathbf{Re}(s) > 0).$$

一般地,以 T 为周期的函数 $f(x)$,即 $f(x+T) = f(x)(x > 0)$,当 $f(x)$ 在一个周期上是分段连续时,则有 $\mathcal{L}[f(x)] = \dfrac{1}{1 - e^{-sT}} \int_0^T f(x) e^{-sx} \mathrm{d}x$　$(\mathbf{Re}(s) > 0)$ 成立. 这就是求周期函数的拉普拉斯变换的公式.

10.4.3　拉普拉斯变换的性质

【性质 10.5】(线性)　若 α, β 为常数,$\mathcal{L}[f_1(x)] = F_1(s)$,$\mathcal{L}[f_2(x)] = F_2(s)$,则有

$$\mathcal{L}[\alpha f_1(x) + \beta f_2(x)] = \alpha \mathcal{L}[f_1(x)] + \beta \mathcal{L}[f_2(x)];$$

---

①解析函数:如果函数 $f(x)$ 在区域 D 内可微,则称为区域 D 内的解析函数,或称 z 在区域 D 内解析. z 属于复数域.

$$\mathcal{L}^{-1}[\alpha F_1(s) + \beta F_2(s)] = \alpha \mathcal{L}^{-1}[F_1(s)] + \beta \mathcal{L}^{-1} F_2(s).$$

这条性质表明函数线性组合的拉普拉斯变换等于各函数拉普拉斯变换的线性组合.

【性质 10.6】(微分性)　若 $\mathcal{L}[f(x)] = F(s)$,则有 $\mathcal{L}[f'(x)] = sF(s) - f(0)$.

【证】　根据拉普拉斯变换的定义,有 $\mathcal{L}[f'(x)] = \int_0^{+\infty} f'(x)e^{-sx}\mathrm{d}x$,对右端积分利用分部积分法,可得

$$\int_0^{+\infty} f'(x)e^{-sx}\mathrm{d}x = f(x)e^{-sx}\Big|_0^{+\infty} + s\int_0^{+\infty} f(x)e^{-sx}\mathrm{d}x = s\mathcal{L}[f(x)] - f(0)\,(\mathrm{Re}(s) > c),$$

故 $\mathcal{L}[f'(x)] = sF(s) - f(0)$.

即一个函数求导后取拉普拉斯变换等于这个函数的拉普拉斯变换乘以参变数 s,再减去函数的初值.

【性质 10.7】　(积分性) 若 $\mathcal{L}[f(x)] = F(s)$,则有 $\mathcal{L}\left[\int_0^x f(t)\mathrm{d}t\right] = \dfrac{1}{s}F(s)$.

即一个函数积分后再取拉普拉斯变换等于这个函数的拉普拉斯变换除以复参数 s.

【证】　设 $h(x) = \int_0^x f(t)\mathrm{d}t$,则有 $h'(x) = f(x)$,且有 $h(0) = 0$.由前面微分性质,有 $\mathcal{L}[h'(x)] = s\mathcal{L}[h(x)] - h(0) = s\mathcal{L}[h(x)]$.即

$$\mathcal{L}\left[\int_0^x f(t)\mathrm{d}t\right] = \frac{1}{s}\mathcal{L}[f(x)] = \frac{1}{s}F(s).$$

【性质 10.8】(位移性质)

若 $\mathcal{L}[f(x)] = F(s)$,则有 $\mathcal{L}[e^{\alpha x}f(x)] = F(s - \alpha)$,　$(\mathrm{Re}(s - \alpha) > c)$.

即一个函数乘以指数函数 $e^{\alpha x}$ 的拉普拉斯变换等于将这个函数的拉普拉斯变换作位移 α.

【证】　由 $F(s) = \int_0^{+\infty} f(x)e^{-sx}\mathrm{d}x$ 知:

$$\mathcal{L}[e^{\alpha x}f(x)] = \int_0^{+\infty} e^{\alpha x}f(x)e^{-sx}\mathrm{d}x = \int_0^{+\infty} f(x)e^{-(s-\alpha)x}\mathrm{d}x.$$

综合练习

1. $\displaystyle\int_{-\pi}^{\pi} \sin^2 nx\,\mathrm{d}x = $ ＿＿＿＿＿＿＿＿.

2. $\displaystyle\int_{-\pi}^{\pi} \sin nx \sin kx\,\mathrm{d}x\,(k \neq n) = $ ＿＿＿＿＿＿＿＿.

3. 以 $2l$ 为周期的函数 $f(x)$ 的傅里叶级数的复数形式为＿＿＿＿＿＿＿＿.

4. 验证三角函数系 $\{\sin x, \sin 2x, \cdots, \sin nx, \cdots\}$ 在 $[0, \pi]$ 上具有正交性.

5. 将下列函数展开成傅里叶级数

(1) $f(x) = x^2$,　　　 $|x| \leqslant \pi$　　　　　　　　(2) $f(x) = \sin x$,　$|x| \leqslant \pi$

(3) $f(x) = x + 1$,　$|x| \leqslant \pi$　　　　　　　　(4) $f(x) = \begin{cases} x, & 0 \leqslant x \leqslant \pi \\ -x, & -\pi \leqslant x \leqslant 0 \end{cases}$

(5) $f(x) = e^{2x}$,　$-\pi \leqslant x < \pi$

6. 将函数 $f(x) = \cos\dfrac{x}{2}$　$(-\pi \leqslant x \leqslant \pi)$ 展开成傅里叶级数.

7. 设 $f(x)$ 是周期为 2π 的周期函数,它在 $[-\pi, \pi]$ 上的表达式为

$$f(x) = \begin{cases} -\dfrac{\pi}{2}, & -\pi \leqslant x < \dfrac{\pi}{2}; \\ x, & -\dfrac{\pi}{2} \leqslant x < \dfrac{\pi}{2}; \\ \dfrac{\pi}{2}, & \dfrac{\pi}{2} \leqslant x < \pi. \end{cases}$$

将 $f(x)$ 展开成傅里叶级数.

8. 将函数 $f(x) = 2x^2 (0 \leqslant x \leqslant \pi)$ 分别展开成正弦级数和余弦级数.

9. 将函数 $f(x) = \dfrac{\pi - x}{2} (0 \leqslant x \leqslant \pi)$ 展开成正弦级数.

10. 将下列各函数展开成傅里叶级数

$(1) f(x) = 1 - x^2 \left(-\dfrac{1}{2} \leqslant x < \dfrac{1}{2} \right)$ $(2) f(x) = \begin{cases} x, & 0 \leqslant x \leqslant 1 \\ 1, & 1 < x < 2 \\ 3 - x, & 2 \leqslant x \leqslant 3 \end{cases}$

$(3) f(x) = \begin{cases} x, & -1 \leqslant x < 0 \\ 1, & 0 \leqslant x < \dfrac{1}{2} \\ -1, & \dfrac{1}{2} \leqslant x < 1 \end{cases}$ $(4) f(x) = \begin{cases} 2x + 1, & -3 \leqslant x < 0 \\ 1, & 0 \leqslant x < 3 \end{cases}$

11. 将函数 $f(x) = \dfrac{\pi}{2} - x$ 在 $[0, \pi]$ 上展开成余弦级数.

12. 将函数 $f(x) = \cos \dfrac{x}{2}$ 在 $[0, \pi]$ 展开成正弦级数.

13. 把函数 $f(x) = \begin{cases} 1 - x, & 0 < x \leqslant 2 \\ x - 3, & 2 < x < 4 \end{cases}$ 在 $(0, 4)$ 上展开成余弦级数.

14. 设 $f(x)$ 是周期为 2 的周期函数, 它在 $[-1, 1)$ 上的表达式为 $f(x) = e^{-x}$. 试将 $f(x)$ 展开成复数形式的傅里叶级数.

15. 求矩形脉冲函数 $f(x) = A e^{-\alpha x^2}$ (其中 $A, \alpha > 0$) 的傅里叶变换.

16. 求矩形脉冲函数 $f(x) = \begin{cases} A, & 0 \leqslant x \leqslant \tau \\ 0, & 其他 \end{cases}$ 的傅里叶变换.

17. 求下列函数的傅里叶变换.

$(1) f(x) = \begin{cases} E \sin \omega_0 x, & |x| < \dfrac{\pi}{\omega_0} \\ 0, & |x| \geqslant \dfrac{\pi}{\omega_0} \end{cases}$ $(2) f(x) = \begin{cases} 0, & -\infty < x \leqslant -\dfrac{\tau}{2} \\ \dfrac{2h}{\tau} x + h, & -\dfrac{\pi}{2} < x < 0 \\ -\dfrac{2h}{\tau} x + h, & 0 \leqslant x < \dfrac{\tau}{2} \\ 0, & \dfrac{\tau}{2} \leqslant x < +\infty \end{cases}$

18. 求单位阶跃函数 $u(t) = \begin{cases} 0, & t < 0 \\ 1, & t > 0 \end{cases}$ 的傅里叶变换.

第 11 章　MATLAB 数学软件简介

11.1　MATLAB 基础知识

MATLAB 是 Matrix Laboratory 的缩写,是 Mathworks 公司于 1984 年推出的一套科学计算软件,分为总包和若干工具箱. 具有强大的矩阵计算和数据可视化能力. 一方面可以实现数值分析、优化、统计、偏微分方程数值解、自动控制、信号处理、系统仿真等若干个领域的数学计算,另一方面可以实现二维、三维图像绘制、三维场景创建和渲染、科学计算可视化、图像处理、虚拟现实和地图制作等图像图像方面的处理. 同时,MATLAB 是一种解释式语言. 简单易学、代码短小高效、计算功能强大、图像绘制和处理容易、可扩展性强.

11.1.1　数学软件基本知识介绍

常用的进入 MATLAB 方法是鼠标双击 Windows 桌面上的 MATLAB 图标,以快捷方式进入(如果没有图标,可在桌面上新建"快捷方式",将 MATLAB"图标"置于桌面).

在 MATLAB 的环境中,键入 quit(或 exit)并回车,将退出 MATLAB,返回到 Windows 桌面. 也可以用鼠标单击 MATLAB 命令窗口右上方的关闭按钮"×"退出 MATLAB. 如果想用计算机做另外的工作而不退出 MATLAB,这时可以单击 MATLAB 命令窗口右上方的极小化按钮"一",暂时退出(并没有真正退出)MATLAB 并保留了工作现场,随时可以单击 Windows 任务栏(屏幕下方)中的 MATLAB 标记以恢复命令窗口继续工作.

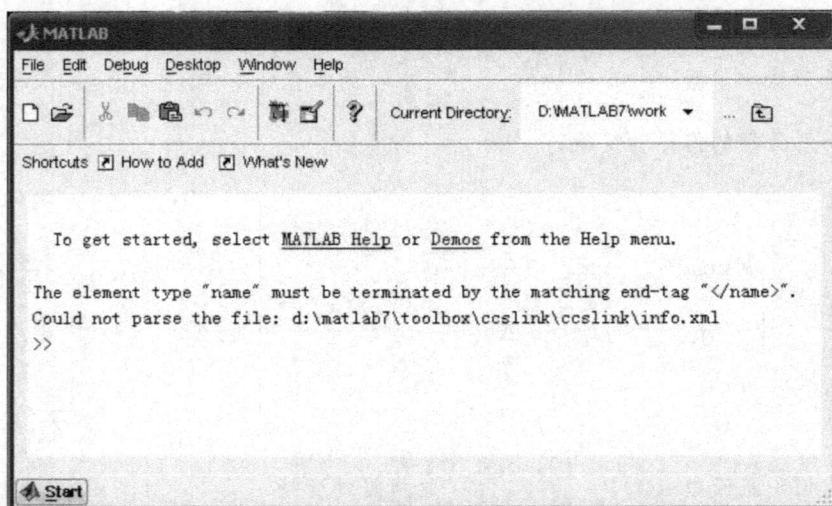

图 11.1

"＞＞"是 MATLAB 的提示符号(Prompt),但在 PC 中文视窗系统下,由于编码方式不同,此提示符号常会消失不见,但这并不会影响到 MATLAB 的运算结果.

假如我们想计算$[(1+3)×2-4]÷2^3$,只需在提示符"＞＞"后面输入"((1+3) * 2-4)/2^3",然后按 Enter 键,命令窗口马上就会出现算式的结果 0.5000,并出现新的提示符等待新的运算命令的输入.

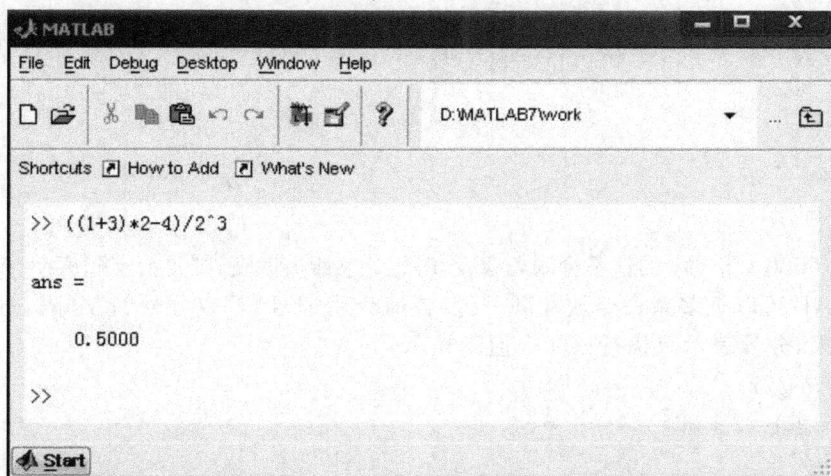

图 11.2

该命令行涉及加(＋)、减(－)、乘(＊)、除(/)及幂运算符(^),Matlab 运算的执行次序遵循的优先规则为:从左到右执行;幂运算具有最高级的优先级,乘法和除法具有相同的次优先级,加法和减法有相同的最低优先级;使用括号可以改变前述优先次序,并由最内层括号向外执行.

由于此例中没有指定计算结果赋值给哪个变量,MATLAB 用"ans"来临时存储计算结果."ans"是 MATLAB 用来存储结果的缺省变量名,属于特殊变量.常用的特殊变量如表 11.1 所示.

表 11.1　特殊变量

特殊变量	取值	特殊变量	取值
ans	用于结果的缺省变量名	i,j	虚数单位 $\sqrt{-1}$
pi	圆周率	eps	浮点运算的相对精度
NaN	不定值,如 0/0	inf	正无穷大

MATLAB 对所用的变量不用指定变量类型,它会根据所赋予变量的值或对变量所进行的操作来确定变量类型.用 sym、syms 命令来定义变量.如把前面的计算结果赋值给变量 x,再由 x 构造一个新的变量,然后再将变量 x 赋新值.执行命令和结果如下所示:

```
>>syms  x  y
>>x=((1+3)*2-4)/2^3
x=
    0.5000
>>y=3*x+5          %这里乘号"*"一定要有,若写成 y=3x+5 则会出错.
y=
    6.5000
>>x=3              %可以重新给 x 赋值
x=
    3
>>y
y=
    6.5000         %y 的值不会跟着改变,若想让 y 跟着改变,则再给 y 赋值 y=3*x+5.
```

MATLAB 可以把多余命令放在同一行,各命令用逗号","或分号";"分隔,逗号表示显示本命令结果,分号表示只执行该命令但不显示.

```
>>syms  r  l  s
>>r=2;l=2*pi*r,s=pi*r^2
l=
    12.5664
s=
    12.5664
```

MATLAB 对变量名的要求是区分大小写,以字母开头."clear"命令可以清除定义过的变量.

11.1.2 MATLAB 常用函数与计算

MATLAB 的内部函数包括基本初等函数在内的一些函数,只要给定自变量的数据并知道函数名就可以计算出对应函数值,见表 11.2.

表 11.2 常用基本函数

名称	函数	名称	函数
正弦函数	$\sin(x)$	反正弦函数	$\mathrm{asin}(x)$
余弦函数	$\cos(x)$	反余弦函数	$\mathrm{acos}(x)$
正切函数	$\tan(x)$	反正切函数	$\mathrm{atan}(x)$
开平方	$\mathrm{sqrt}(x)$	以 e 为底的指数	$\exp(x)$
自然对数	$\log(x)$	以 10 为底的对数	$\log_{10}(x)$
绝对值	$\mathrm{abs}(x)$	符号函数	$\mathrm{sign}(x)$
最大值	$\max(x)$	最小值	$\min(x)$
求和	$\mathrm{sum}(x)$	取整	$\mathrm{fix}(x)$

通常 MATLAB 自变量采用弧度制,例如计算正弦函数在 $45°\left(即\dfrac{\pi}{4}\right)$ 处的值,只需在 MATLAB 环境下键入 $\sin(pi/4)$,计算机屏幕将显示出计算结果:

ans＝0.7071.

如果需计算出正弦函数 sin30°,sin45°,sin60°的值,可输入命令:

>>x=[pi/6,pi/4,pi/3];sin(x)

计算机屏幕将显示计算结果:

ans＝
　　0.5000　　0.7071　　0.8660

这说明 MATLAB 可以同时计算出某一函数在多个点处的值,而且所用的格式与数学书写格式几乎是完全一致的.

在命令窗口中键入表达式 $z=x^2+e^{x+y}-\dfrac{y\ln x\sin y}{\cos x}$,并求 $x=2,y=4$ 时的值.

syms　x　y　z
x=2;y=4;
z=x^2+exp(x+y)-y*log(x)*sin(y)/cos(x)

可以运算出结果是 402.3866,注意变量要区分字母的大小写,标点符号必须是在英文状态下输入.

11.2　用 MATLAB 软件解方程、求极限、导数、积分、微分方程

11.2.1　解方程

命令格式:solve('方程','变量')

【例 11.1】　求方程 $x^3+2x^2-x-2=0$ 的根.

>>solve('x^3-4*x^2=0','x')

ans＝
　　-1
　　　1
　　-2

【例 11.2】　求方程 $x+\sin x=\dfrac{1}{3}$ 的根.

>>solve('x+sin(x)=1/3','x')

ans＝
　　0.16705462784461125110122359965962

【注】　这个命令只适合求一元方程的根.

11.2.2　求极限

命令格式:limit(函数名,变量,趋近值)
　　　　　limit(函数名)　　　默认变量趋向于零
　　　　　limit(函数名,变量,趋近值,'left or right')表示求左右极限

【例 11.3】　求极限 $\lim\limits_{x\to 0}\dfrac{\sin x}{x}$.

```
>>limit(sin(x)/x)
ans=
    1
```

【例 11.4】 求 $\lim\limits_{x \to 2}\dfrac{x^2+2x-8}{x^2-3x+2}$.

```
>>limit((x^2+2*x-8)/(x^2-3*x+2),x,2)
ans=
    6
```

在求相除形式的极限时,如果按从左到右输入,初学者容易出现括号不配对的错误,括号应该成对输入.先输入"limit(( )/( ),x,)",再输入相应的分子、分母和趋近值,就不容易出错.

【例 11.5】 求 $\lim\limits_{x \to -\infty} e^x$.

```
>>limit(exp(x),x,-inf)
ans=
    0
```

【例 11.6】 求 $\lim\limits_{x \to +\infty}\dfrac{\ln x}{x}$.

```
>>limit(log(x)/x,x,inf)
ans=
    0
```

【注】 正无穷大用"inf"表示,负无穷大用"-inf"表示.

【例 11.7】 求 $\lim\limits_{x \to 0^-}\dfrac{|x|}{x}$ 和 $\lim\limits_{x \to 0^+}\dfrac{|x|}{x}$.

```
>>limit(abs(x)/x,x,0,'left')
ans=
    -1
>>limit(abs(x)/x,x,0,'right')
ans=
    1
```

11.2.3 求导数

命令格式:diff(函数名)   表示求函数的一阶导数;
　　　　　diff(函数名,变量名,n)   表示函数对该变量求 n 阶导数.

【例 11.8】 求函数 $y=e^{\frac{1}{x}}$ 的导数.

```
>>diff(exp(1/x))
ans=
    -1/x^2*exp(1/x)
```

【例 11.9】 求 $x^{\sin x}$ 的导数.

```
>>diff(x^sin(x))
ans=
    x^sin(x)*(cos(x)*log(x)+sin(x)/x)
```

【例 11.10】　求 xe^x 的 1 阶和 3 阶导数.

```
>>diff(x * exp(x))
ans=
    exp(x)+x * exp(x)
>>diff(x * exp(x),x,3)
ans=
    3 * exp(x)+x * exp(x)
```

11.2.4　求积分

命令格式：int(函数名)　　求不定积分

　　　　　　int(函数名,a,b)　　求在 $[a,b]$ 区间内的定积分

【例 11.11】　求不定积分 $\int \cos x \mathrm{d}x$.

```
>>int(cos(2 * x))
ans=
    1/2 * sin(2 * x)
```

【注】　求不定积分得到的结果，只是被积函数的一个原函数，并没有加常数 C.

【例 11.12】　求不定积分 $\int \ln x \mathrm{d}x$.

```
>>int(log(x))
ans=
    x * log(x)=x
```

【例 11.13】　求定积分 $\int_0^\pi \sin x \mathrm{d}x$.

```
>>int(sin(x),0,pi)
ans=
    2
```

【例 11.14】　求定积分 $\int_0^1 \sqrt{1-x^2} \mathrm{d}x$　（即求四分之一个单位圆的面积）.

```
int(sqrt(1-x^2),0,1)
ans=
    pi/4
```

11.2.5　解微分方程

在 Matlab 中，用大写字母 D 表示微分方程的导数. 例如 Dy 表示 y'，D2y 表示 y''；D2y+Dy−6 * x+2=0 表示微分方程 $y''+y'-6x+2=0$；Dy(1)=2 表示 $y'(1)=2$.

命令格式：dsolve('微分方程','初始条件','变量')

若不给出初始条件，则求方程的通解. 如不指定变量，将定为默认自变量.

【例 11.15】　求解微分方程 $y''=y'+e^x$.

```
>>dsolve('D2y=Dy+exp(x)','x')
ans=
    exp(x) * x−exp(x)+exp(x) * C1+C2
```

【例 11.16】 求解微分方程 $y'' + 4y = 3x, y(0) = 0, y'(0) = 1$.

```
>>dsolve('D2y+4*y=3*x','y(0)=0,Dy(0)=1','x')
ans=
     1/8*sin(2*x)+3/4*x
```

11.3 向量、矩阵及其运算

MATLAB 之所以成名,是由于它具备了比其他软件更全面、更强大的矩阵运算功能. MATLAB 所有的数值功能都是以矩阵为基本单位进行的,所有的标量(整数、实数和复数)可以看作是 1×1 矩阵,行向量和列向量可分别看作 $1 \times n$ 和 $n \times 1$ 矩阵.

11.3.1 向量的表示与运算

1. 向量的生成

我们先对向量的运算作一简单介绍. 要对向量进行运算,首先要生成向量,生成向量最直接的方法就是在命令窗口中直接输入各分量. 所有的分量用空格、逗号或分号分隔,按次序写在中括号"[ ]"中,用空格和逗号分隔生成行向量,用分号分隔生成列向量.

```
>>x=[1  2],y=[3,4],z=[5;6]
x=
     1     2
y=
     3     4
z=
     5
     6
```

生成行向量还可以用冒号表达式或 linspace 函数两种方法. 冒号表达式的格式为 $n : s : m$,它产生从实数 n 开始,步长为 s,不超过 m 的行向量. 若 s 缺省,默认步长为 1,即 $n : m$ 与 $n : 1 : m$ 等价.

```
>>a=1:5
a=
     1     2     3     4     5
>>b=1:2:10
b=
     1     3     5     7     9
>>c=1:-0.2:0.1
c=
     1.0000    0.8000    0.6000    0.4000    0.2000
```

linspace 函数的格式有两种:$\text{linspace}(x_1, x_2)$ 和 $\text{linspace}(x_1, x_2, n)$. 前者表示以 x_1 为首分量,x_2 为末分量的 100 维线性等分行向量,后者产生以 x_1 为首分量,x_2 为末分量的 n 维线性等分行向量.

```
>>linspace(0,10,5)
ans=
        0    2.5000    5.0000    7.5000   10.0000
```

列向量可以对行向量使用转置命令:单引号"'"得到.

```
>>syms  d  e
d=linspace(1,9,4);e=d′
e=
    1.0000
    3.6667
    6.3333
    9.0000
```

2. 向量的运算

向量与标量之间的加、减、乘、除等简单数学运算是对向量的每个分量施加运算.

```
>>x=1:5;x1=x+2,x2=x*2-3,x3=sin(x)
x1=
    3    4    5    6    7
x2=
   -1    1    3    5    7
x3=
    0.8415    0.9093    0.1411   -0.7568   -0.9589
```

向量与标量之间的幂运算要用".^".

```
>>x4=x.^2,x5=2.^x
x4=
    1    4    9   16   25
x5=
    2    4    8   16   32
```

各式相同的向量之间也可以进行加减乘除及幂运算,格式为:加法"+"、减法"-"、乘法
".*"、除法"./"或".\"、幂运算".^"

```
>>y1=1:4;y2=3:6;y3=y1+2*y2,y4=y1.*y2,y5=y1./y2,y6=y1.\y2,y7=y2.^y1
y3=
    7    10    13    16
y4=
    3    8    15    24
y5=
    0.3333    0.5000    0.6000    0.6667
y6=
    3.0000    2.0000    1.6667    1.5000
y7=
    3         16        125       1296
```

11.3.2 矩阵的表示及运算

1. 矩阵的表示

行向量和列向量均为特殊的矩阵,一般的矩阵具有多个行和多个列.生成矩阵的方法和生成向量的方法类似,在中括号"[]"中按次序输入矩阵的各元素,同行的元素之间用空格或逗号分隔,行与行用分号或回车符分隔.

```
>>[1  2  3  4;2,3,4,5;3;6]
ans=
    1    2    3    4
    2    3    4    5
    3    4    5    6
```

2. 矩阵与标量的运算

同向量类似,矩阵与标量之间的加、减、乘、除等简单数学运算是对矩阵的每个元素施加运算,分别使用算子"+"、"−"、"*"、"/".但作除法时,若将矩阵直接作为除数将会出错.

```
>>A=[1  2  0;3  1  5];
>>A1=A+1,A2=A−2,A3=A*3,A4=A/4
A1=
    2    3    1
    4    2    6
A2=
   −1    0   −2
    1   −1    3
A3=
    3    6    0
    9    3   15
```

3. 矩阵与矩阵的运算

矩阵与矩阵之间的运算,必须符合矩阵的运算要求.如矩阵的加减使用算子"+"和"−",要求两矩阵必须有相同的行数和列数.

```
>>A=[1  2  0;3  1  5];B=[1  3  7;2  4  2];
>>A+B
ans=
    2    5    7
    5    5    7
>>2*A−3*B
ans=
   −1   −5  −21
    0  −10    4
    6   13   −1
```

两矩阵相乘,使用算子"*",前一矩阵的列数必须和后一矩阵的行数相同.

```
>>A=[1  2  3;3  2  1];B=[1  2;0  1;-1  3];
>>A * B
ans=
    -2    13
     2    11
>>B * A
ans=
     7     6     5
     3     2     1
     8     4     0
```

4. 常用矩阵函数

常用矩阵函数有 det、inv、rank、eig、poly、trace 等. 函数 det 用于求矩阵的行列式,inv 用于求逆矩阵,rank 用于求矩阵的秩,eig 用于求矩阵的特征值和特征向量,poly 用于求矩阵的特征多项式,trace 用于求矩阵的迹.

```
>>det([1  2  3;2  3  5;3  6  7])
ans=
     2
>>inv([1  1  1  1;0  1  1  0;0  0  1  1;0  0  0  1])
ans=
     1    -1     0    -1
     0     1    -1     1
     0     0     1    -1
     0     0     0     1
>>rank([1  2  2  2;0  1  1  0;1  0  1  1;0  1  0  1])
ans=
     3
```

11.3.3　解线性方程组

1. 唯一解情况

若线性方程组 $AX=B$ 有唯一解,即 A 可逆,则方程组的解为 $X=A\backslash B$(左除 A);若线性方程组 $XA=B$ 有唯一解,则方程组的解为 $X=B/A$(右除 A). 如解线性方程组

$$\begin{pmatrix} 1 & 2 & -3 & -2 \\ 2 & 1 & -3 & -2 \\ 0 & 3 & -1 & 1 \\ 1 & -1 & 1 & 4 \end{pmatrix} \begin{pmatrix} x_1 \\ x_2 \\ x_3 \\ x_4 \end{pmatrix} = \begin{pmatrix} 2 \\ 7 \\ 6 \\ -4 \end{pmatrix}$$

的解可以用左除得到.

```
>>A=[1 2-3-2;2 1-3-2;0 3-1 1;1-1 1 4];
>>B=[2;7;6;-4];
>>A\B
ans=
    13.0000
     8.0000
    12.6000
    -5.4000
```

即线性方程组的解为 $\begin{cases} x_1=13 \\ x_2=8 \\ x_3=12.6 \\ x_4=-5.4 \end{cases}$

2. 无穷多解情况

用函数 rref 将其化增广矩阵 $\overline{A}$ 为最简形,如线性方程组

$$\begin{cases} x_1-2x_2+3x_3+x_4+x_5=7 \\ x_1+x_2-x_3-x_4-2x_5=2 \\ 2x_1-x_2+x_3-2x_5=7 \\ 2x_1+2x_2+5x_3-x_4+x_5=18 \end{cases}$$

```
>>rref([1,-2,3,1,1,7;1,1,-1,-1,-2,2;2,-1,1,0,-2,7;2,2,5,-1,1,18])
ans=
     1     0     0     0    -2     3
     0     1     0     0    -1     1
     0     0     1     0     1     2
     0     0     0     1    -2     0
```

即线性方程组的解为

$$\begin{cases} x_1=3+2k \\ x_2=1+k \\ x_3=2-k , \quad k \text{ 为任意实数.} \\ x_4=2k \\ x_5=k \end{cases}$$

线性方程组 $AX=B$ 有唯一解时,也可以用 rref 命令求解.

11.4　MATLAB 图像处理

　　不管是数值计算还是符号计算,无论计算多么完美,结果多么准确,人们还是很难直接从一大堆原始数据中发现它们的含义,而数据图像化能使视觉感官直接感受到数据的许多内在本质,发现数据的内在联系,可把数据的内在特征表现得淋漓尽致.MATLAB 具有强大的图像处理能力,本节我们简单地介绍 MATLAB 关于二维图像、三维图像的一些常用命令.

11.4.1　二维图像

二维图像的绘制是 MATLAB 图像处理的基础,常用的函数是 fplot 函数、polt 函数和 ezplct 函数.

1. fplot 函数

fplot 是精确绘图函数,命令格式为:fplot('fun',[a,b]). 显示函数在区间[a,b]上图像. 如在区间[-5,5]上,函数 $y=x\cos x$ 的图像. 只要输入命令:

>>fplot('x * cos(x)',[-5,5])

就会出现图 11.3.

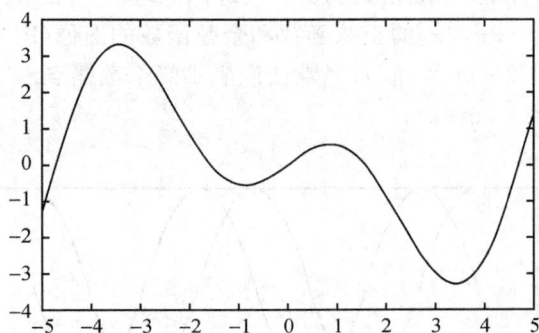

图 11.3

fplot 函数简单方便,但能处理的函数有限,只能画 MATLAB 定义过的函数图像.

2. plot 函数

绘制二维函数图像最常用的函数是 plot 函数,plot 函数最常用的格式为:plot(x,y),其中 x 和 y 是长度相同的向量,它将绘出以 x 为横坐标,y 为纵坐标的散点图,默认在相邻两点间用线段相连,可以用控制符设置线型、颜色及标记.

如绘制 0 到 2π 内 $\sin x$ 的图像

>>x=linspace(0,2 * pi,50);y=sin(x);
　　　　　　　　　　　　　　%产生 50 个数据点,如图 11.4,图像效果比较好.
>>plot(x,y)

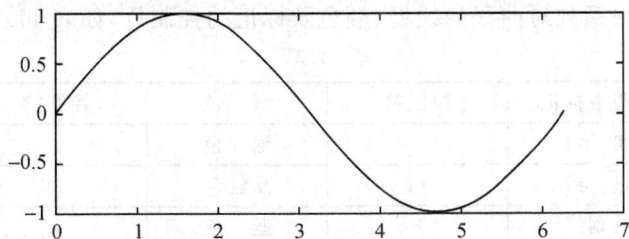

图 11.4

>>x=linspace(0,2 * pi,10);y=sin(x);　　%产生 10 个数据点,如图 11.5,效果不好.
>>plot(x,y)

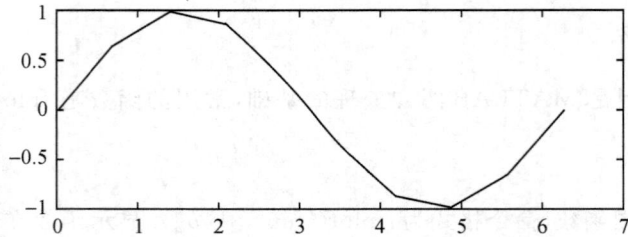

图 11.5

若想在同一个坐标系内画出不同的曲线,只需将各曲线的散点横纵坐标向量依次填入 plot 后的括号中,用逗号分隔.一般格式为:$plot(x_1, y_1, x_2, y_2, \cdots, x_n, y_n)$.例如我们希望在同一坐标系内画出区间$[-2\pi, 2\pi]$的正弦函数和余弦函数的图像(图 11.6),可用一下命令:

$\gg$x=linspace(-2 * pi,2 * pi);%默认产生 100 个数据点.
$\gg$y1=sin(x);y2=cos(x);
$\gg$plot(x,y1,x,y2)

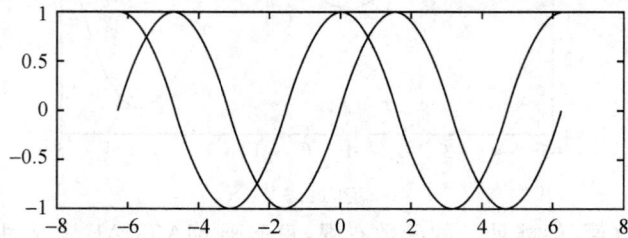

图 11.6

我们也可以使用 hold 命令来实现上述功能. MATLAB 只有一个图像窗口,在缺省状态下,画一个新的图像将会自动清除图像窗口中已有的图像,然后在此窗口中绘制新的图像.使用 holdon 命令之后,绘制新图像时将不再清除已有图像;使用 holdoff 命令将恢复缺省状态.图 11.6 也可由下列语言实现:

$\gg$x=linspace(-2 * pi,2 * pi);y1=sin(x);y2=cos(x);
$\gg$plot(x,y1);holdon;   %先画正弦函数图像.
$\gg$plot(x,y2);holdoff;   %后画余弦函数图像.

Matlab 提供了一系列对曲线的线型、颜色及标记的控制符,如表 11.3 所示.

表 11.3

控制符	线型或标记	控制符	颜 色	控制符	标 记
—	实 线	g	绿 色	.	点
:	点 线	m	品红色	O	圆 圈
—.	点划线	b	蓝 色	x	叉 号
——	虚 线	c	青 色	+	加 号
h	六角星	w	白 色	*	星 号
v	倒三角	r	红 色	s	正方形
^	正三角	k	黑 色	d	菱 形
>	左三角	y	黄 色	p	五角星

这些符号的不同组合可以为图像设置不同的线型、颜色及标记. 调用时可以使用一个或多个控制符. 若为多个, 各控制符直接相连, 不需任何分隔符. 具体格式为: plot(x_1, y_1, ′控制组合 1′, x_2, y_2, ′控制组合 2′, …, x_n, y_n, ′控制组合 n′). 如前述的正弦函数我们希望使用"点线、蓝色、黑圈"来描绘, 余弦函数用"虚线、红色、五角星"来描绘(图 11.7), 可使用如下命令:

```
>>x=linspace(-2*pi,2*pi);y1=sin(x);y2=cos(x);
>>plot(x,y1,′:bo′,x,y2,′--rp′)
```

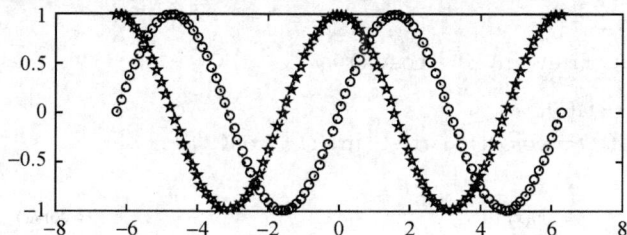

图 11.7

我们还可以使用 grid, title, xlabel, ylabel 等命令在图像上添加网格、标题、x 轴注解、y 轴注解等. 在图像的任何已知位置添加一字符串可以使用 text 命令, 更为方便的是用鼠标的落地来确定添加字符串的位置的 gtext 命令. 由如下命令可以产生的图 11.8.

```
>>x=linspace(-2*pi,2*pi);y1=sin(x);y2=cos(x);
>>plot(x,y1,x,y2);
>>grid on;                 %显示网格;使用 grid off 命令取消网格显示.
>>title(′Sine  and  Cosine′);   %添加标题.
>>xlabel(′x′);             %添加 x 轴注解.
>>ylabel(′y1,y2′);          %添加 y 轴注解.
>>text(6.2,0,′y=sin x′);    %在(6.2,0)处添加字符串 y=sin x
>>gtext(′y=cos x′);        %使用此命令后,鼠标在图像窗口会出现十字标
                            跟随鼠标移动,在需要的位置点击鼠标,即确定
                            字符串 y=cos x 的放置位置.
```

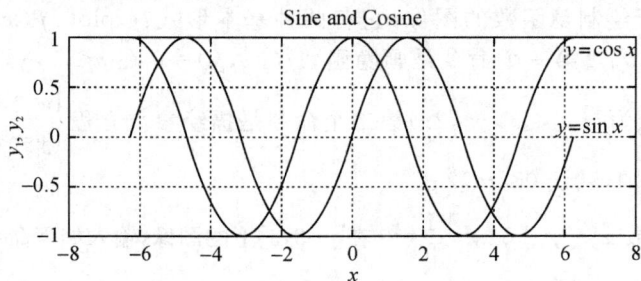

图 11.8

如果我们希望在图像窗口中同时出现几个坐标系, 每个坐标系显示不同的图像. Matlab 提供了 subplot 函数可以实现这样的功能, 调用格式为: subplot(m, n, p). 此命令本身并不绘制图像, 它只是将图像窗口分割成 m 行 n 列共 $m \times n$ 个子窗口, 子窗口从左到右, 由上至下进行编号, 并把 p 指定的子窗口设置为当前窗口. 绘图 11.9 的命令如下:

```
>>x=linspace(-2*pi,2*pi);
>>y1=sin(x);y2=cos(x);y3=y1.*y2;
>>subplot(2,2,1);
>>plot(x,y1);title('y=sin(x)');
>>subplot(2,2,2);
>>plot(x,y2);title('y=cos(x)');
>>subplot(2,2,3);
>>plot(x,y3);title('sin(x)*cos(x)');
>>subplot(2,2,4);
>>plot(x,sin(x)+cos(x));title('sin(x)+cos(x)');
```

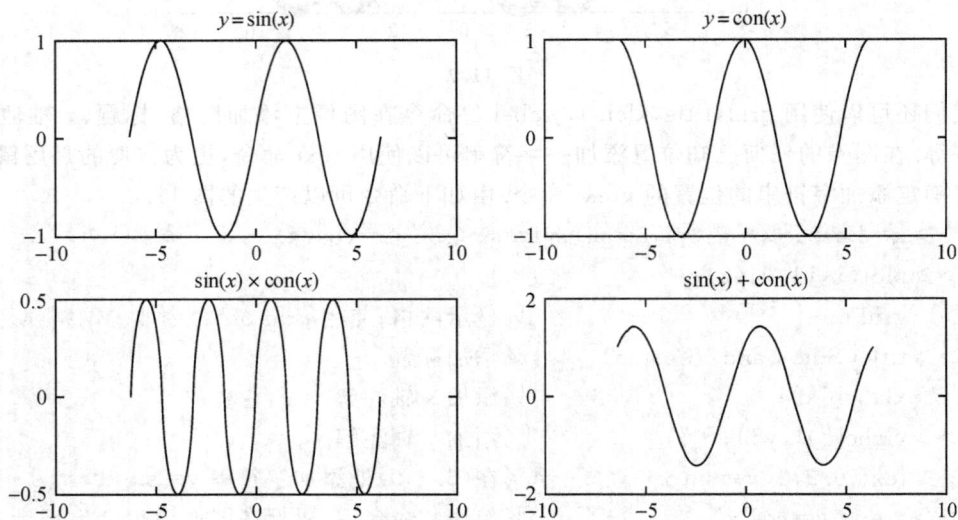

图 11.9

3. ezplot 函数

ezplot 函数用于绘制隐函数的图像,它有两种基本形式:ezplot$(f(x,y),[a,b])$ 和 ezplot$(x(t),y(t),[a,b])$. 第一个命令是画隐函数 $f(x,y)=0$ 在 $a \leqslant x,y \leqslant b$ 上的图像,若缺省 x、y 的范围,默认为 $-2\pi \leqslant x,y \leqslant 2\pi$;第二个命令是描绘参数方程 $\begin{cases} x=x(t) \\ y=y(t) \end{cases}$,　$a \leqslant t \leqslant b$ 的图像,若缺省 t 的范围,默认 $0 \leqslant t \leqslant 2\pi$.

例如,绘制隐函数 $x^3+y^3-5xy+\dfrac{1}{5}=0$ 在 $[-3,3]$ 上的图像,输入如下命令即得图 11.10.

```
>>ezplot('x^3+y^3-5*x*y+1/5',[-3,3])
```

若要绘制 $\begin{cases} x=t\cos t \\ y=t\sin t \end{cases}$,　$0 \leqslant t \leqslant 4\pi$ 的图像,则输入如下命令即得图 11.11.

```
>>ezplot('t*cos(t)','t*sin(t)',[0,4*pi])
```

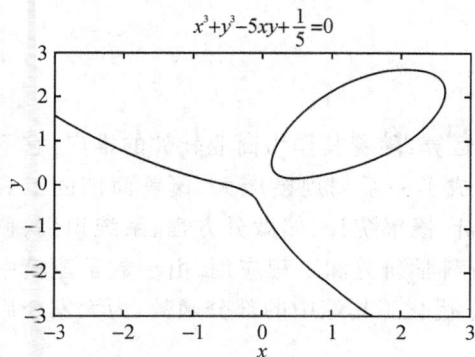

图 11.10

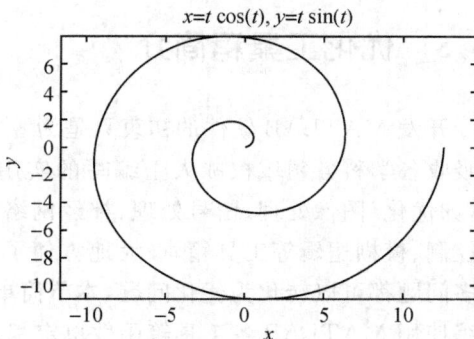

图 11.11

11.4.2　三维图像

plot3 命令将绘制二维图像的函数 plot 的特性扩展到三维空间. 除了数据多了一维外,它的调用风格与 plot 相同,具体调用格式为:$plot3(x_1,y_1,$ $z_1,'$控制组合 $1',x_2,y_2,z_2,'$控制组合 $2',\cdots,x_n,$ $y_n,z_n,'$控制组合 $n')$,这里的 x_i,y_i,z_i 为格式相同的向量或矩阵,控制组合的形式和 plot 函数相同. plot3 常用于绘制单变量的三维曲线. 如绘制函数 $x=t\sin t,y=t\cos t,z=t$ 的常见图像(图 11.12),可使用如下命令:

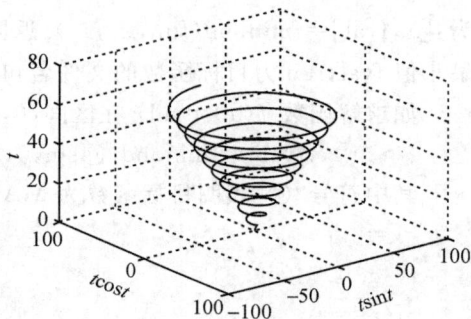

图 11.2

```
>>t=linspace(0,20 * pi,1000);
>>plot3(t. * sin(t),t. * cos(t),t);
>>grid on;
>>xlabel('tsin t');ylabel('tcos t');zlabel('t');
```

MATLAB 中绘制带网格的曲面图使用 mesh 函数. 此函数利用 $x-y$ 平面的矩形网格点对应的 z 轴坐标值. 在三维直角坐标系内各点一一画出,然后用直线段将相邻的点联结起来形成网状曲面. MATLAB 中生成平面矩形网格点的函数为 meshgrid,它的功能是利用给定的两个向量生成二维网格点.

mesh 函数的调用非常简单,如我们希望绘制二元函数

$$z=\frac{\sin(\sqrt{x^2+y^2})}{\sqrt{x^2+y^2}}$$

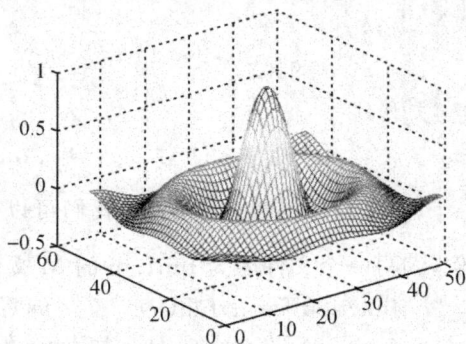

图 11.3

的网格图(图 11.13),可使用如下命令:

```
>>x=linspace(-10,10,50);y=linspace(-10,10,50);
>>[xx,yy]=meshgrid(x,y);                          %生成平面网格点.
>>r=sqrt(xx.^2+yy.^2);z=sin(r)./r;                %生成 z 坐标矩阵.
>>mesh(z)                                          %生成网格图.
```

11.5　优化工具箱简介

开发 MATLAB 软件的初衷只是为了方便矩阵运算,随着其作为商业软件的推广,它不断吸收各学科各领域权威人士编写的实用程序,形成了一系列规模庞大、覆盖面广的工具箱,如优化、图像处理、信号处理、神经网络、小波分析、概率统计、偏微分方程、系统识别、鲁棒控制、模糊逻辑等工具箱,极大地方便了我们进行科学研究和工程应用. 由于数学建模中很多问题都可以转化为优化问题,本节简单介绍一下优化工具箱中的部分函数,为大家今后熟练使用 MATLAB 各工具箱函数奠定基础.

11.5.1　无约束最小值

函数 fminbond 用来寻找单变量函数在固定区间内的最小值点及最小值,常用调用格式为:$[x,\text{fval}]=\text{fminbnd}(\text{fun},x_1,x_2)$. 返回函数 fun 在区间$(x_1,x_2)$上的最小值点 x 和对应的最小值 fval,fun 为目标函数的文件名句柄或目标函数的表达式字符串.

如求解函数 $f(x)=\sin x$ 在区间$(0,2\pi)$内的最小值及最小值点,使用如下命令即可:

```
>>[x,fval]=fminbnd(@sin,0,2*pi)
```

其中符号"@"表明目标函数为 MATLAB 自定义的正弦函数 sin. m,运行结果为:

```
x=
    4.7124
fval=
  -1.0000
```

如果目标函数不是 MATLAB 自定义的函数,若目标函数表达式比较简单,如求函数 $f(x)=\dfrac{\ln(1+x^2)}{x}$ 在区间$(-3,2)$内的最小值及最小值点,可以直接用如下命令:

```
>>[x,fval]=fminbnd('log(1+x^2)/x',-3,2)        %注意单引号
x=
  -1.9803
fval=
  -0.8047
```

如果目标函数比较复杂,我们可以定义一个函数 M 文件,以函数 $f(x)=\dfrac{\ln(1+x^2)}{x}$ 为例,编写一个文件名为 fun1. m 的 M 文件:

```
function f=myfun(x)        %编写 M 文件时,此处的"myfun"与文件名可以不一致.
f=log(1+x^2)/x;           %注意要有分号.
```

然后调用 fminbnd 函数:

```
>>[x,fval]=fminbnd(@fun1,-3,2)    %注意此处是"fun1"并不是"myfun".
```

fminsearch 和 fminunc 都是用来求无约束多元函数的最小值的函数,两个函数的常用格式为:$[x,\text{fval}]=\text{fminsearch}(\text{fun},x_0)$ 和 $[x,\text{fval}]=\text{fminunc}(\text{fun},x_0)$. 都是从初值 x_0 开始搜索函数 fun 的最小值点和最小值,但两个函数的搜索路线不相同. 当目标函数的阶数大于 2 时,使用 fminunc 比 fminsearch 更有效,当目标函数高度不连续时,使用 fminsearch 更有

效. 如我们希望求出 $f(x)=e^{x_1}(4x_1^2+2x_2^2+3x_1x_2+2x_2+3)$ 的最小值, 首先编写目标函数的 M 文件 fun2. m：

```
function f=myfun(x)
f=exp(x(1))*(4*x(1)^2+2*x(2)^2+3*x(1)*x(2)+2*x(2)+3);
                                        %注意 x(1)、x(2)的写法.
```

然后调用 fminsearch 或 fminunc 函数：

```
>>[x,fval]=fminsearch(@fun2,[0,0])    %"[0,0]"从初值(0,0)点开始搜索.
```

或

```
>>[x,fval]=fminunc(@fun2,[0,0])
```

结果为：

```
x=
    -0.2936   -0.2798
fval=
    2.3771
```

fminsearch 和 fminunc 两个函数得到的最小值点可能是不相同的, 这是由于两函数各自的搜索方向不同造成的, 其实这两个函数可能只得到初值点附近的局部最小值(点), 而不一定是全局最小值(点). 事实上, 前述的 fminbnd 及后面要介绍的 fmincon 都可能只得到局部最小值(点).

11.5.2　线性规划

线性规划问题是指目标函数和约束条件均为线性函数的问题, MATLAB 解决线性规划问题的标准格式为：

$$\min \quad f'x$$
$$\text{s.t.} \quad A \cdot x \leqslant b$$
$$A_{eq} \cdot x = b_{eq}$$
$$lb \leqslant x \leqslant ub$$

其中 f、x、b、b_{eq}、lb、ub 均为列向量, A、A_{eq} 为矩阵, $A \cdot x \leqslant b$ 为线性不等式约束条件, $A_{eq} \cdot x = b_{eq}$ 为线性等式约束条件, $lb \leqslant x \leqslant ub$ 为变量 x 的取值范围. MATLAB 提供解决此标准形式的线性规划的函数为 linprog, 其最常用的调用格式为：

```
[x,fval]=linprog(f,A,b,Aeq,beq,lb,ub)
```

返回最小值点 x 和对应的最小值 fval. 若无某些约束条件, 调用时对应位置的参数均用中括号 "[]" 代替. 如求解线性规划问题：

$$\max \quad -2x_1-3x_2-6x_3+5x_4$$
$$\text{s.t.} \quad x_1-x_2-2x_3-4x_4 \leqslant 0$$
$$x_2+x_3-x_4 \geqslant 0$$
$$x_1+x_2+x_3+x_4 = 1$$
$$x_1 \geqslant 0, x_2 \geqslant 0, x_3 \geqslant 0, x_4 \geqslant 0$$

首先输入目标函数及各约束条件中所涉及的向量或矩阵：

```
>>f=[2;3;6;-5];
>>A=[1,-1,-2,-4;0,-1,-1,1];b=[0;0];
>>Aeq=[1,1,1,1];beq=[1];
>>lb=[0;0;0;0];
```

然后调用 linprog 函数：

```
>>[x,fval]=linprog(f,A,b,Aeq,beq,lb,[])    %无上界
x=
    0.0000
    0.5000
    0.0000
    0.5000
fval=
   -1.0000                          %原目标函数最大值为 1.
```

这里的向量或矩阵 f、A、b、A_{eq}、b_{eq}、lb 都是将原模型转化为标准形式后的向量或矩阵.

【例 11.17】 某厂每日 8 小时的产量不低于 1800 件. 为了进行质量控制,计划聘请两种不同水平的检验员. 一级检验员的标准为:速度 25 件/小时,正确率 98%,计时工资 4 元/小时;二级检验员的标准为:速度 15 小时/件,正确率 95%,计时工资 3 元/小时. 检验员每错检一次,工厂要损失 2 元. 为使总检验费用最省,该工厂应聘一级、二级检验员各几名?

【解】 设需要一级和二级检验员的人数分别为 x_1、x_2 人,则应付检验员的工资为：

$$8 \times 4 \times x_1 + 8 \times 3 \times x_2 = 32x_1 + 24x_2$$

因检验员错检而造成的损失为：

$$(8 \times 25 \times 2\% \times x_1 + 8 \times 15 \times 5\% \times x_2) \times 2 = 8x_1 + 12x_2$$

故目标函数为：

$$\min z = (32x_1 + 24x_2) + (8x_1 + 12x_2) = 40x_1 + 36x_2$$

约束条件为：

$$\begin{cases} 8 \times 25 \times x_1 + 8 \times 15 \times x_2 \geqslant 1800 \\ 8 \times 25 \times x_1 \leqslant 1800 \\ 8 \times 15 \times x_2 \leqslant 1800 \\ x_1 \geqslant 0, x_2 \geqslant 0 \end{cases}$$

线性规划模型：

$$\min z = 40x_1 + 36x_2$$

$$\text{s. t.} \begin{cases} 5x_1 + 3x_2 \geqslant 45 \\ x_1 \leqslant 9 \\ x_2 \leqslant 15 \\ x_1 \geqslant 0, x_2 \geqslant 0 \end{cases}$$

```
c=[40;36];
A=[-5,-3];b=[-45];
Aeq=[];beq=[];
vlb=zeros(2,1);vub=[9;15];

[x,fval]=linprog(c,A,b,Aeq,beq,vlb,vub)
```

结果为：

```
x=
        9.0000
        0.0000
fval=360
```

即只需聘用 9 个一级检验员.

MATLAB 优化工具箱还提供了求解二次规划问题的 quadprog 函数, 求解有非线性约束条件的多元函数的最小值的 fmincon 函数, 等等. 以上只是对优化工具箱的简单介绍, 各函数的详细用法请参照在线帮助系统.

综合练习

1. 在命令窗口中键入表达式 $z = x^5 + e^{xy} - \sin x \ln y - 3 \arcsin x$, 并求出 $x = \dfrac{1}{2}, y = 1$ 时 z 的值.

2. 求 $x^2 - \cos x = 0$ 的根.

3. 求下列函数的极限

(1) $\lim\limits_{x \to \infty} \left(1 - \dfrac{2}{x}\right)^{3x}$ 　　　　　　　　(2) $\lim\limits_{x \to 0} \dfrac{e^x - 1 - x}{\ln(1 + 2x^2)}$

(3) $\lim\limits_{x \to 9} \dfrac{\sqrt{x - 6} - \sqrt{3}}{\sqrt{3x - 18} - 3}$

4. 求下列函数的导数

(1) $y = (\sin x)^x$

(2) $y = \ln(1 + x)$

(3) $z = x^2 + \sin(xy) + 2xy^3$, 求 $\dfrac{\partial z}{\partial x}, \dfrac{\partial z}{\partial y}$

(4) $z = x^3 + \ln(x + y) - 2xy^2, \dfrac{\partial^2 z}{\partial x^2}, \dfrac{\partial^2 z}{\partial x \partial y}$

5. 求下列函数的积分

(1) $\displaystyle\int \sin(2x - 3)\mathrm{d}x$ 　　　　　　　　(2) $\displaystyle\int_0^\pi e^x \sin x \mathrm{d}x$

6. 用 fplot 作出 $y = x\cos 2x$ 在 $[-\pi, \pi]$ 内的图像.

7.在同一个坐标系内作出 $y = e^x$、$y = x^2$ 在 $(-2, 2)$ 内的图像.

8.某厂生产某种产品 q 件时的总成本函数为 $C(q) = 20 + 4q + 0.01q^2$(元),单位销售价格为 $p = 14 - 0.01q$(元/件),试求:(1)产量为多少时可使利润达到最大?(2)最大利润是多少?

9.求行列式 $A = \begin{vmatrix} 1 & 2 & 3 & 4 \\ -1 & 0 & 1 & 3 \\ 2 & 1 & 0 & 0 \\ 4 & -3 & -2 & 3 \end{vmatrix}$.

10.设 $A = \begin{pmatrix} 1 & 0 & 3 \\ 1 & 1 & 2 \\ -1 & 3 & 6 \end{pmatrix}$, $B = \begin{pmatrix} 2 & 1 & 3 \\ -1 & 2 & 7 \\ 0 & 2 & 1 \end{pmatrix}$, 求 $2A - 3B, AB$.

11.解线性方程组 $\begin{cases} x_1 + 2x_2 + 3x_3 - x_4 = 15 \\ x_1 + x_2 + 2x_3 + 3x_4 = 2 \\ 3x_1 - x_2 - x_3 - 2x_4 = 2 \\ 2x_1 + 3x_2 - x_3 + 3x_4 = 3 \end{cases}$.